国家出版基金项目

"十四五"时期国家重点出版物出版专项规划项目

材料先进成型与加工技术丛书

申长雨　总主编

超临界流体发泡聚合物技术

赵　玲　胡冬冬　刘　涛　著

科学出版社

北京

内 容 简 介

本书为"材料先进成型与加工技术丛书"之一。绿色高效的超临界流体发泡制备多孔聚合物技术，是实现聚合物材料轻量化和高性能化的直接手段。发泡材料多尺度结构-性能调控及产品制件成型，与合适发泡原材料、可控工艺过程、高效发泡设备及三者的相互匹配等息息相关。本书是基于作者及团队在超临界流体发泡热塑性聚合物和热固性聚合物方面的多年研究成果的总结，并对国内外该领域最新研究进展进行了综述和系统分析，内容包括：聚合物发泡发展史及其基本原理、超临界流体发泡技术概述（第1章）；超临界流体发泡聚合物基础（第2章）；超临界流体发泡聚合物行为调控（第3章）；超临界流体间歇发泡技术及其应用（第4章）；超临界流体微孔注塑发泡成型技术及其应用（第5章）；超临界流体挤出发泡技术及其应用（第6章）；超临界流体中反应与发泡耦合技术（第7章）。

本书内容丰富，图文并茂、系统全面、新颖、可读性强，可供从事高分子成型与加工、发泡材料应用开发的科技人员、相关专业高等院校师生参考使用。

图书在版编目（CIP）数据

超临界流体发泡聚合物技术 / 赵玲，胡冬冬，刘涛著. -- 北京：科学出版社，2025.6. --（材料先进成型与加工技术丛书 / 申长雨总主编）.
ISBN 978-7-03-082342-7

Ⅰ.TB34

中国国家版本馆 CIP 数据核字第 20252W9G07 号

丛书策划：翁靖一

责任编辑：翁靖一　田亚亭 / 责任校对：杨　赛
责任印制：徐晓晨 / 封面设计：东方人华

科学出版社 出版
北京东黄城根北街 16 号
邮政编码：100717
http://www.sciencep.com

北京中科印刷有限公司印刷
科学出版社发行　各地新华书店经销

*

2025 年 6 月第 一 版　开本：720×1000　1/16
2025 年 6 月第一次印刷　印张：16 3/4
字数：320 000

定价：168.00 元
（如有印装质量问题，我社负责调换）

材料先进成型与加工技术丛书
编委会

学术顾问：程耿东　李依依　张立同

总　主　编：申长雨

副总主编（按姓氏汉语拼音排序）：

韩杰才　贾振元　瞿金平　张清杰　张　跃　朱美芳

执行副总主编：刘春太　阮诗伦

丛书编委（按姓氏汉语拼音排序）：

陈　光　陈延峰　程一兵　范景莲　冯彦洪　傅正义

蒋　斌　蒋　鹏　靳常青　李殿中　李良彬　李忠明

吕昭平　麦立强　彭　寿　徐　弢　杨卫民　袁　坚

张　荻　张　海　张怀武　赵国群　赵　玲　朱嘉琦

材料先进成型与加工技术丛书

总　　序

　　核心基础零部件（元器件）、先进基础工艺、关键基础材料和产业技术基础等四基工程是我国制造业新质生产力发展的主战场。材料先进成型与加工技术作为我国制造业技术创新的重要载体，正在推动着我国制造业生产方式、产品形态和产业组织的深刻变革，也是国民经济建设、国防现代化建设和人民生活质量提升的基础。

　　进入 21 世纪，材料先进成型加工技术备受各国关注，成为全球制造业竞争的核心，也是我国"制造强国"和实体经济发展的重要基石。特别是随着供给侧结构性改革的深入推进，我国的材料加工业正发生着历史性的变化。**一是产业的规模越来越大**。目前，在世界 500 种主要工业产品中，我国有 40%以上产品的产量居世界第一，其中，高技术加工和制造业占规模以上工业增加值的比重达到 15%以上，在多个行业形成规模庞大、技术较为领先的生产实力。**二是涉及的领域越来越广**。近十年，材料加工在国家基础研究和原始创新、"深海、深空、深地、深蓝"等战略高技术、高端产业、民生科技等领域都占据着举足轻重的地位，推动光伏、新能源汽车、家电、智能手机、消费级无人机等重点产业跻身世界前列，通信设备、工程机械、高铁等一大批高端品牌走向世界。**三是创新的水平越来越高**。特别是嫦娥五号、天问一号、天宫空间站、长征五号、国和一号、华龙一号、C919 大飞机、歼-20、东风-17 等无不锻造着我国的材料加工业，刷新着创新的高度。

　　材料成型加工是一个"宏观成型"和"微观成性"的过程，是在多外场耦合作用下，材料多层次结构响应、演变、形成的物理或化学过程，同时也是人们对其进行有效调控和定构的过程，是一个典型的现代工程和技术科学问题。习近平总书记深刻指出，"现代工程和技术科学是科学原理和产业发展、工程研制之间不可缺少的桥梁，在现代科学技术体系中发挥着关键作用。要大力加强多学科融合的现代工程和技术科学研究，带动基础科学和工程技术发展，形成完整的现代科学技术体系。"这对我们的工作具有重要指导意义。

过去十年，我国的材料成型加工技术得到了快速发展。**一是成形工艺理论和技术不断革新。**围绕着传统和多场辅助成形，如冲压成形、液压成形、粉末成形、注射成型，超高速和极端成型的电磁成形、电液成形、爆炸成形，以及先进的材料切削加工工艺，如先进的磨削、电火花加工、微铣削和激光加工等，开发了各种创新的工艺，使得生产过程更加灵活，能源消耗更少，对环境更为友好。**二是以芯片制造为代表，微加工尺度越来越小。**围绕着芯片制造，晶圆切片、不同工艺的薄膜沉积、光刻和蚀刻、先进封装等各种加工尺度越来越小。同时，随着加工尺度的微纳化，各种微纳加工工艺得到了广泛的应用，如激光微加工、微挤压、微压花、微冲压、微锻压技术等大量涌现。**三是增材制造异军突起。**作为一种颠覆性加工技术，增材制造（3D 打印）随着新材料、新工艺、新装备的发展，广泛应用于航空航天、国防建设、生物医学和消费产品等各个领域。**四是数字技术和人工智能带来深刻变革。**数字技术——包括机器学习（ML）和人工智能（AI）的迅猛发展，为推进材料加工工程的科学发现和创新提供了更多机会，大量的实验数据和复杂的模拟仿真被用来预测材料性能，设计和成型过程控制改变和加速着传统材料加工科学和技术的发展。

当然，在看到上述发展的同时，我们也深刻认识到，材料加工成型领域仍面临一系列挑战。例如，"双碳"目标下，材料成型加工业如何应对气候变化、环境退化、战略金属供应和能源问题，如废旧塑料的回收加工；再如，具有超常使役性能新材料的加工技术问题，如超高分子量聚合物、高熵合金、纳米和量子点材料等；又如，极端环境下材料成型技术问题，如深空月面环境下的原位资源制造、深海环境下的制造等。所有这些，都是我们需要攻克的难题。

我国"十四五"规划明确提出，要"实施产业基础再造工程，加快补齐基础零部件及元器件、基础软件、基础材料、基础工艺和产业技术基础等瓶颈短板"，在这一大背景下，及时总结并编撰出版一套高水平学术著作，全面、系统地反映材料加工领域国际学术和技术前沿原理、最新研究进展及未来发展趋势，将对推动我国基础制造业的发展起到积极的作用。

为此，我接受科学出版社的邀请，组织活跃在科研第一线的三十多位优秀科学家积极撰写"材料先进成型与加工技术丛书"，内容涵盖了我国在材料先进成型与加工领域的最新基础理论成果和应用技术成果，包括传统材料成型加工中的新理论和新技术、先进材料成型和加工的理论和技术、材料循环高值化与绿色制造理论和技术、极端条件下材料的成型与加工理论和技术、材料的智能化成型加工理论和方法、增材制造等各个领域。丛书强调理论和技术相结合、材料与成型加工相结合、信息技术与材料成型加工技术相结合，旨在推动学科发展、促进产学研合作，夯实我国制造业的基础。

本套丛书于 2021 年获批为"十四五"时期国家重点出版物出版专项规划项目，具有学术水平高、涵盖面广、时效性强、技术引领性突出等显著特点，是国内第一套全面系统总结材料先进成型加工技术的学术著作，同时也深入探讨了技术创新过程中要解决的科学问题。相信本套丛书的出版对于推动我国材料领域技术创新过程中科学问题的深入研究，加强科技人员的交流，提高我国在材料领域的创新水平具有重要意义。

最后，我衷心感谢程耿东院士、李依依院士、张立同院士、韩杰才院士、贾振元院士、瞿金平院士、张清杰院士、张跃院士、朱美芳院士、陈光院士、傅正义院士、张获院士、李殿中院士，以及多位长江学者、国家杰青等专家学者的积极参与和无私奉献。也要感谢科学出版社的各级领导和编辑人员，特别是翁靖一编辑，为本套丛书的策划出版所做出的一切努力。正是在大家的辛勤付出和共同努力下，本套丛书才能顺利出版，得以奉献给广大读者。

中国科学院院士
工业装备结构分析优化与 CAE 软件全国重点实验室
橡塑模具计算机辅助工程技术国家工程研究中心

前　言

高性能聚合物发泡材料为航空航天、国防、交通运输、新能源、包装、电器、运动器械等领域提供了轻质基础原材料。目前全球聚合物发泡材料市场规模超过千亿美元，具有优异机械性能和绝热、隔音、绝缘、缓冲等特性的聚合物发泡材料及其制造技术受到广泛关注。随着我国社会经济的高质量发展和"双碳"战略的推进，轻量化的高性能聚合物材料占据了越来越重要的地位。

以超临界二氧化碳（CO_2）和超临界氮气（N_2）为代表的超临界流体应用于聚合物发泡过程，是轻量化新材料制备技术的发展趋势，将促进聚合物发泡产业的绿色生态发展，可提升塑料加工行业的制造水平。2015 年，工业和信息化部就明确将"超临界二氧化碳发泡塑料制品产业化技术"列为优先发展的产业关键共性技术。通过绿色高效发泡过程实现聚合物材料轻量化符合国家对"基础原材料提升""绿色制造"的要求，对建设资源节约型、环境友好型社会，实现节能减排具有重要意义。

超临界流体发泡技术自 20 世纪 80 年代发明以来，广泛应用于众多热塑性聚合物发泡过程，近年来也开始在环氧树脂、聚氨酯等热固性聚合物发泡过程中应用。超临界流体具有饱和时间短、成核速率高、泡孔尺寸小、泡孔密度高且泡孔形态容易控制等特点，因此主要被用于制备微孔材料。国内超临界流体发泡聚合物的发展起步较国外稍晚，经过近二十年来的迅速发展，在发泡原材料、发泡工艺过程和发泡装备等方面都取得了长足进步，发展和创新了聚合物发泡理论方法，形成了若干具有自主知识产权的聚合物发泡材料制备及其制件成型关键共性技术，将超临界流体发泡从理论和实验研究陆续转化为工业化生产技术。在发泡原材料方面，国产化的发泡专用料不断丰富，如低能耗的聚丙烯（PP）珠粒发泡专用料、高熔体强度 PP/聚对苯二甲酸乙二醇酯（PET）发泡专用料等；在发泡技术和产业化方面，实现了超临界釜压发泡珠粒、超临界连续挤出发泡片板材的国产化，部分技术指标达到国际先进水平；同时注重原始创新，形成了超临界模压发泡制备微孔聚合物片板材技术和无水釜压发泡制备聚合物珠粒技术等一批适用于多种聚合物的通用性技术，产品性能达到国际领先水平。这一切离不开超临界流体发泡领域紧密的产学研合作，能够将创新研究成果快速转化为生产力，实现聚合物发泡技术在国际上由跟跑型为主向并跑型和领跑型转变，全面提升行业发展水平，增强国际竞争力。

当然，在看到上述发展的同时，作者也深刻认识到，超临界流体发泡仍面临一系列挑战。例如，兼顾发泡性能、应用性能和可降解性的可降解聚酯发泡材料的稳定规模制备；航空航天急需耐极端环境的特种工程塑料发泡装备；高频高速通信领域的耐温耐候的低介电微孔材料的成型加工，这些都是需要攻克的难题。

作者团队多年来一直在开展超临界发泡相关领域的系统理论研究和技术攻关。在高熔体强度发泡原材料制备、超临界CO_2与聚合物相互作用、聚合物发泡过程和泡孔结构-性能调控、连续/间歇发泡过程关键工艺和设备等方面，进行了多年持续研发。本书主要汇集了作者团队在超临界流体发泡热塑性聚合物和热固性聚合物方面的多年研究成果，主要涉及超临界流体与热塑性聚合物相互作用及其对发泡行为的调控作用，超临界流体间歇发泡技术及其应用，超临界流体微孔注塑发泡成型技术及其应用，超临界流体挤出发泡技术及其应用，超临界流体中反应与发泡耦合技术等。

为满足高校科研院所和企业相关技术人员学习、科研和工作的需要，作者在其团队多年研究所得成果的基础上，参阅了国内外同行研究的最新进展，系统地撰写了本书。同时，为便于读者更全面地查阅与学习，将撰写时参考的国内外相关专著、期刊等文献，统列在每章的参考文献部分，谨此，向各相关文献的作者致以诚挚敬意和谢意！

本书由华东理工大学赵玲主持撰写并统稿，胡冬冬、刘涛参与撰写；陈弋翀、姚舜、徐梦龙、葛宇凯4位博士后和高秀鲁、薛坤、李为杰、李旭薇、钟文宇等研究生协助参与了部分资料和参考文献的整理。本书涉及的很多研究成果是作者团队多年研究工作的总结和积累，在此感谢团队已经毕业和在读研究生们的辛勤付出以及对本书中的成果所作出的贡献。同时，本书中的研究工作得到了国家重点研发计划项目（2016YFB0302200）的资助，出版工作得到国家出版基金的支持，在此一并表示感谢。

尽管作者多年从事超临界流体发泡的理论研究与技术应用，但对其中的很多问题也处于不断认知的过程中，书中难免有疏漏或不妥之处，恳请读者批评并不吝指正。

赵 玲

2025年3月

目 录

总序

前言

第1章 概述 ⋯⋯⋯⋯⋯⋯⋯⋯⋯⋯⋯⋯⋯⋯⋯⋯⋯⋯⋯⋯⋯⋯⋯⋯⋯⋯⋯⋯⋯ 1
  1.1 聚合物发泡发展史及其基本原理 ⋯⋯⋯⋯⋯⋯⋯⋯⋯⋯⋯⋯⋯⋯⋯ 1
  1.2 超临界流体发泡技术概述 ⋯⋯⋯⋯⋯⋯⋯⋯⋯⋯⋯⋯⋯⋯⋯⋯⋯⋯ 2
    1.2.1 超临界流体发泡引论 ⋯⋯⋯⋯⋯⋯⋯⋯⋯⋯⋯⋯⋯⋯⋯⋯⋯ 2
    1.2.2 间歇发泡与连续发泡 ⋯⋯⋯⋯⋯⋯⋯⋯⋯⋯⋯⋯⋯⋯⋯⋯⋯ 4
    1.2.3 固态发泡与熔融发泡 ⋯⋯⋯⋯⋯⋯⋯⋯⋯⋯⋯⋯⋯⋯⋯⋯⋯ 5
    1.2.4 升温发泡与降压发泡 ⋯⋯⋯⋯⋯⋯⋯⋯⋯⋯⋯⋯⋯⋯⋯⋯⋯ 6
    1.2.5 热塑性聚合物发泡与热固性聚合物发泡 ⋯⋯⋯⋯⋯⋯⋯⋯⋯⋯ 9
    1.2.6 闭孔泡沫与开孔泡沫 ⋯⋯⋯⋯⋯⋯⋯⋯⋯⋯⋯⋯⋯⋯⋯⋯⋯ 10
    1.2.7 聚合物的可发泡性评估 ⋯⋯⋯⋯⋯⋯⋯⋯⋯⋯⋯⋯⋯⋯⋯⋯ 10
  1.3 本章小结 ⋯⋯⋯⋯⋯⋯⋯⋯⋯⋯⋯⋯⋯⋯⋯⋯⋯⋯⋯⋯⋯⋯⋯⋯ 11
  参考文献 ⋯⋯⋯⋯⋯⋯⋯⋯⋯⋯⋯⋯⋯⋯⋯⋯⋯⋯⋯⋯⋯⋯⋯⋯⋯⋯ 11

第2章 超临界流体发泡聚合物基础 ⋯⋯⋯⋯⋯⋯⋯⋯⋯⋯⋯⋯⋯⋯⋯⋯⋯ 14
  2.1 超临界流体在聚合物中的溶解扩散行为 ⋯⋯⋯⋯⋯⋯⋯⋯⋯⋯⋯⋯ 14
    2.1.1 饱和过程 ⋯⋯⋯⋯⋯⋯⋯⋯⋯⋯⋯⋯⋯⋯⋯⋯⋯⋯⋯⋯⋯ 15
    2.1.2 解吸过程 ⋯⋯⋯⋯⋯⋯⋯⋯⋯⋯⋯⋯⋯⋯⋯⋯⋯⋯⋯⋯⋯ 24
  2.2 超临界流体与聚合物的相互作用 ⋯⋯⋯⋯⋯⋯⋯⋯⋯⋯⋯⋯⋯⋯⋯ 25
    2.2.1 超临界流体对聚合物的塑化作用 ⋯⋯⋯⋯⋯⋯⋯⋯⋯⋯⋯⋯ 25
    2.2.2 超临界流体中聚合物的结晶行为 ⋯⋯⋯⋯⋯⋯⋯⋯⋯⋯⋯⋯ 30
    2.2.3 聚合物/超临界流体体系的流变行为 ⋯⋯⋯⋯⋯⋯⋯⋯⋯⋯⋯ 35
  2.3 聚合物发泡材料的尺寸稳定性模拟分析 ⋯⋯⋯⋯⋯⋯⋯⋯⋯⋯⋯⋯ 38
    2.3.1 发泡材料收缩问题分析 ⋯⋯⋯⋯⋯⋯⋯⋯⋯⋯⋯⋯⋯⋯⋯⋯ 38
    2.3.2 发泡材料收缩过程建模 ⋯⋯⋯⋯⋯⋯⋯⋯⋯⋯⋯⋯⋯⋯⋯⋯ 39

2.3.3　发泡材料的抗收缩策略……………………………………………41
　2.4　本章小结…………………………………………………………………42
　参考文献………………………………………………………………………42

第3章　超临界流体发泡聚合物行为调控……………………………………50
　3.1　小分子在聚合物中溶解扩散行为调控…………………………………50
　　3.1.1　添加剂对 CO_2 在聚合物中溶解扩散行为的影响………………51
　　3.1.2　混合发泡剂在聚合物中的溶解扩散行为…………………………55
　　3.1.3　亲 CO_2 添加剂与共发泡剂协同作用调控 CO_2 在聚合物中的溶解扩散行为………………………………………………………59
　3.2　基于聚合物结晶行为调控发泡…………………………………………62
　　3.2.1　基于聚合物结晶行为调控 PP 发泡材料的泡孔形貌………………62
　　3.2.2　基于聚合物结晶行为调控 PET 发泡材料的泡孔形貌……………69
　3.3　基于聚合物流变行为调控发泡…………………………………………73
　　3.3.1　基于聚合物流变行为调控气泡生长行为…………………………73
　　3.3.2　基于聚合物流变行为调控气泡聚并行为…………………………76
　　3.3.3　基于聚合物流变行为调控气泡壁演化……………………………78
　　3.3.4　基于聚合物流变行为调控最佳发泡温度…………………………82
　3.4　聚合物发泡材料尺寸稳定性调控………………………………………85
　　3.4.1　基于混合发泡剂的抗收缩策略……………………………………86
　　3.4.2　基于开孔结构的抗收缩策略………………………………………87
　　3.4.3　基于环境压力变化-动态熟化的抗收缩策略………………………89
　3.5　本章小结…………………………………………………………………91
　参考文献………………………………………………………………………92

第4章　超临界流体间歇发泡技术及其应用…………………………………97
　4.1　超临界 CO_2 发泡制备聚合物珠粒……………………………………97
　　4.1.1　高压 CO_2 水悬浮釜压发泡………………………………………98
　　4.1.2　超临界 CO_2 无水釜压发泡……………………………………101
　4.2　超临界流体模压发泡制备聚合物微孔片板材…………………………106
　　4.2.1　超临界流体模压发泡发展概况……………………………………106
　　4.2.2　超临界流体模压发泡过程优化及强化……………………………108
　　4.2.3　超临界流体模压发泡微孔材料的力学性能及其模拟……………117
　4.3　超临界 N_2 发泡制备聚合物微孔材料………………………………133
　　4.3.1　超临界 N_2 发泡工艺………………………………………………134

4.3.2　超临界 N_2 发泡产品特性 ·· 134
　4.4　本章小结 ··· 135
　参考文献 ·· 136

第 5 章　超临界流体微孔注塑发泡成型技术及其应用 ························· 139
　5.1　微孔注塑发泡成型技术简介 ··· 139
　　5.1.1　微孔注塑发泡成型技术的发展历史与基本原理介绍 ······················ 139
　　5.1.2　微孔注塑发泡成型产品的优点和应用 ·· 141
　5.2　微孔注塑发泡成型装备 ·· 141
　5.3　微孔注塑发泡成型工艺 ·· 144
　　5.3.1　影响微孔注塑过程的主要工艺因素 ·· 145
　　5.3.2　微孔注塑发泡成型的创新辅助工艺 ·· 146
　5.4　微孔注塑发泡成型用材料 ·· 149
　　5.4.1　聚烯烃 PP ··· 149
　　5.4.2　聚酯 PET ··· 151
　　5.4.3　聚酰胺 PA6 ··· 152
　　5.4.4　生物可降解材料 PLA ··· 153
　　5.4.5　其他热塑性材料 ··· 153
　5.5　微孔注塑发泡模拟 ·· 154
　5.6　微孔注塑化学发泡 ·· 157
　　5.6.1　化学发泡剂及注塑化学发泡简介 ·· 157
　　5.6.2　物理与化学微孔发泡的主要异同 ·· 158
　5.7　本章小结 ··· 159
　参考文献 ·· 160

第 6 章　超临界流体挤出发泡技术及其应用 ·· 163
　6.1　超临界流体挤出发泡聚合物过程概述 ··· 163
　6.2　超临界 CO_2 挤出发泡聚苯乙烯技术 ·· 166
　6.3　超临界 CO_2 挤出发泡聚丙烯技术 ·· 169
　　6.3.1　高熔体强度聚丙烯制备及其熔融发泡性能 ······································ 169
　　6.3.2　聚丙烯的挤出发泡行为 ··· 178
　　6.3.3　超临界 CO_2 挤出发泡聚丙烯产业化进展 ····································· 183
　6.4　超临界 CO_2 挤出发泡聚酯技术 ·· 184
　　6.4.1　高熔体强度聚酯制备及其熔融发泡性能 ·· 184
　　6.4.2　聚酯的挤出发泡行为 ··· 190

6.4.3　超临界 CO_2 辅助的聚酯反应改性与发泡一体化技术
　　　　及其产业化应用 199
6.5　超临界 CO_2 挤出发泡聚酰胺-6 技术 200
　　6.5.1　高熔体强度聚酰胺-6 的可控制备及流变表征 200
　　6.5.2　聚酰胺-6 的挤出发泡行为 207
6.6　本章小结 210
参考文献 211

第 7 章　超临界流体中反应与发泡耦合技术　214

7.1　概述 214
7.2　超临界 CO_2 发泡制备微孔聚氨酯泡沫 215
　　7.2.1　聚氨酯及其泡沫制备方法 215
　　7.2.2　CO_2 在聚氨酯体系中的溶解扩散 216
　　7.2.3　高压 CO_2 氛围中的聚氨酯固化过程 217
　　7.2.4　超临界 CO_2 发泡制备聚氨酯微孔发泡材料 221
7.3　超临界 CO_2 发泡环氧树脂 224
　　7.3.1　环氧树脂固化反应动力学 224
　　7.3.2　预固化过程对环氧树脂泡孔形貌的影响 229
　　7.3.3　升温发泡过程参数对环氧树脂泡孔形貌的影响 231
　　7.3.4　不同泡孔形貌环氧树脂发泡材料的压缩性能 234
7.4　超临界 CO_2 发泡制备微孔硅橡胶 235
　　7.4.1　硅橡胶的升温发泡 236
　　7.4.2　硅橡胶的快速降压发泡 240
7.5　本章小结 244
参考文献 244

结束语　248

关键词索引　251

第1章

概　述

1.1 聚合物发泡发展史及其基本原理

近年来，随着我国航空航天、国防、能源、交通、电子电气、包装等行业的蓬勃发展，对高性能、轻量化工程塑料的需求也愈加迫切。通过发泡，在聚合物基体中引入大量均匀分布的气泡结构，是实现其轻量化的一种重要手段，制备得到的聚合物泡沫材料还可具有比强度高、热导率低、隔音性能好以及缓冲性能优良等优点。聚合物泡沫的开发始于 20 世纪 30 年代，第一种获得专利的聚合物泡沫（1931 年）是大孔聚苯乙烯（PS）泡沫（孔径超过 100 μm）。20 世纪 80 年代，麻省理工学院（MIT）的 Nam Suh 教授在发明专利中率先提出了用直径小于 100 μm 的微小气泡发泡聚合物的想法。该发明背后的主要动机是在不影响其性能的情况下降低材料密度（节省材料）和降低成本。21 世纪初，Trexel 公司以麻省理工学院的独家专利权销售微孔发泡技术，商标为 "MuCell®"。同时期，Sung W. Cha 等将超临界流体技术引入微孔发泡工艺中，使得超临界流体发泡工艺陆续商业化应用。21 世纪初，纳米孔泡沫（孔径<1 μm 和孔密度>10^{15} 个/cm³）的制备引发了研究者的广泛关注。众所周知，当泡沫的孔径小于气体分子的平均自由程（70 nm）时，就会发生所谓的"克努森效应"，而聚合物泡沫中纳米孔的存在有助于大大降低材料的热导率，进而达到隔热目的。

与未发泡聚合物相比，聚合物泡沫具有密度低、热导率低、冲击强度高、介电常数低等诸多优点。聚合物泡沫塑料由于其突出的功能特性和低廉的材料成本，可广泛应用于飞机、汽车、食品包装、运动器材、绝缘材料、过滤材料等领域。近年来，对聚合物泡沫的需求增加，加上其广泛的应用，推动了聚合物泡沫行业的快速发展。

制备聚合物泡沫的传统方法为化学发泡技术。化学发泡采用受热分解产生气体的化学试剂作为化学发泡剂来制备低密度产品。然而，化学发泡也存在一些缺点。首先，发泡剂的不完全分解导致所得泡沫中存在残留物，限制了其应用，特别是在医疗行业；其次，化学发泡产生的气体不易在聚合物内均匀扩散，不利于泡孔形貌的调控；最后，化学发泡剂对人体有害，会导致皮肤、呼吸道刺激和过敏反应，不符合绿色环保标准。

除传统化学发泡技术外，在聚合物中添加可膨胀微球进行发泡也是常用的发泡手段。可膨胀微球由热塑性聚合物壳层内含有低沸点液态烃的热膨胀微球（微小塑料球）组成。受热时，壳层变软，内部的碳氢化合物会突然膨胀，从而形成微球囊。将可膨胀微球与聚合物树脂基材混合后，可以让材料获得诸如减轻质量和改善柔韧性等各种目标特征和特性。与传统化学发泡技术相比，使用可膨胀微球发泡技术可获得更为均匀的泡孔结构、更光滑细致的产品表面效果、更为可控的加工温度以及更高的发泡倍率。然而，利用可膨胀微球制备的发泡产品存在泡孔尺寸大（如难以制备纳米尺寸泡孔）、发泡窗口的温度上限低（难以应用于高温工程材料）等缺陷，无法满足高端发泡产品的需求。

为了满足绿色化和高端化发泡产品的发展需求，超临界流体物理发泡被认为是替代聚合物发泡过程中传统化学发泡和可膨胀微球发泡的可持续替代方案。

1.2　超临界流体发泡技术概述

通过聚合物的绿色高效发泡技术实现聚合物材料轻量化和高性能化，与发泡原材料、发泡工艺、发泡设备、发泡材料结构-性能调控及产品制件成型等息息相关。接下来，将重点介绍聚合物发泡过程中涉及的发泡剂、成型技术、发泡原材料等。

1.2.1　超临界流体发泡引论

超临界流体结合了液体和气体的特性。它们表现出类似于液体的密度和溶剂化特性，同时具有与气体相当的扩散率和黏度水平。超临界流体对聚合物的塑化作用可大幅降低熔体黏度、熔点和玻璃化转变温度（T_g），这有利于获得适宜的加工条件，并且易于控制加工过程。与化学发泡相比，使用超临界流体进行聚合物发泡具有多项优势，包括不含有机溶剂、无毒、可更好地控制发泡条件（如温度和压力），以及能够实现具有更高孔密度、均匀孔径分布和更小孔径的微孔泡沫的制备。因此，使用超临界流体制备聚合物泡沫已成为研究重点。在传统的超临界流体中，氯氟烃（CFCs）和氢氯氟烃（HCFCs）对臭氧层破坏较为严重，氢氟烃（HFCs）加剧了温室效应，碳氢化合物（HCs）由于其高可燃性而具有潜在危害。表 1-1 为常见的超临界流体的临界条件。

表 1-1　典型超临界流体的临界条件

超临界流体	临界温度/℃	临界压力/bar[a]
二氧化碳	31	74
氮气	−147	34
氨	132	113
二乙醚	194	36
己烷	234	30
丙酮	235	47
甲醇	239	81
乙醇	243	64
甲苯	319	41
水	374	221

a. 1 bar = 10^5 Pa。

近年来，为了满足绿色、健康和无污染的发展需求，超临界流体被认为是替代聚合物发泡过程中传统化学发泡剂的可持续替代品。如图 1-1 所示，超临界 CO_2 发泡过程主要可以分为以下四个阶段[1]：

（1）发泡剂气体在聚合物基体内溶解、扩散，形成聚合物-气体的均相溶液。

（2）通过调节温度或改变压力形成聚合物-气体的不稳定状态，使溶解在聚合物基体内的气体达到过饱和状态，引发气泡的成核。

（3）随着气核周围的气体分子向气核内的不断扩散，泡孔长大。

（4）随着泡孔外气体浓度和聚合物材料温度的降低，泡孔停止生长，定型，形成发泡聚合物。

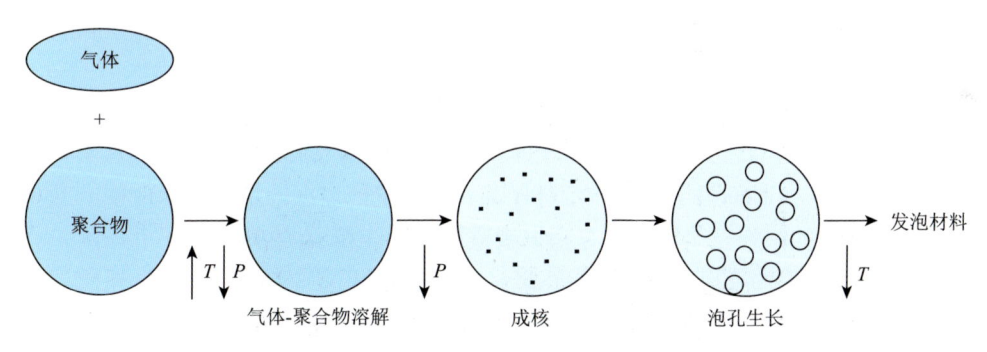

图 1-1　超临界 CO_2 发泡过程示意图[1]

聚合物发泡过程中常用的超临界流体有超临界 CO_2 和超临界 N_2。超临界 CO_2 具备多项优点：①CO_2 作为空气的组分之一，制备成本较低，来源广泛，不污染环境；②无毒无色，化学性质较为稳定；③临界温度和临界压力较低，易于操作控制，对增压设备要求不高；④CO_2在聚合物中溶解度高、扩散能力强、成核密度高，有利于多孔聚合物材料的制备；⑤发泡后聚合物基体中残留的CO_2含量低。

而以N_2作为发泡剂的超临界流体发泡技术的主要特点如下：①泡孔尺寸更小，泡孔密度更高，且泡孔分布更均匀；②N_2扩散较慢，形成的泡沫不太可能塌陷，有利于弹性材料的发泡。近年来，在发泡技术过程中引入了共发泡剂（$CO_2 + N_2$），以提高发泡聚合物的能力。

1.2.2 间歇发泡与连续发泡

基于发泡成型过程中所用设备类型以及操作连续性，超临界CO_2发泡成型工艺可划分为：间歇式发泡（如珠粒发泡、模压发泡等）、微孔注塑发泡、连续挤出发泡。

J. E. Martini 等[2]在1981年首次采用间歇式发泡成型工艺制备微孔发泡产品，该制备方法的最大优点为设备投入成本低、过程参数可控性强、所得发泡材料泡孔均匀且致密。然而，间歇式发泡成型法中操作过程的不连续性以及发泡气体在聚合物基质中较慢的扩散速率，导致该工艺存在生产周期长、成型效率低等不足[3]，多用于小批量生产以及实验室理论研究，为其他连续化的泡沫生产工艺提供技术参考。

珠粒发泡（bead foaming）是基于间歇式发泡过程，可大规模制备高倍率、具有复杂三维形状的泡沫材料的成熟发泡工艺[4]。可发泡 PS 是最早也是最常用的珠粒泡沫产品，其因低成本以及易加工性能而广泛用于包装行业多年[5]。然而，可发泡 PS 由于较差的机械性能、较低使用温度以及可回收性差而被限制使用[6]。为了解决这些问题，可膨胀聚乙烯（PE）以及可发泡 PP 受到了人们的广泛关注。可发泡 PP 因具有优异的机械性能以及能量吸收性能而被用作保险杠冲击保护的核心材料[7]。此外，可发泡 PP 产品还被拓展到隔热、隔音及结构支持等高性能应用场合[8]。为满足环境标准，生物可降解材料可发泡聚乳酸（PLA）也被大规模开发并使用[9]。最近，一种新型柔性珠粒泡沫产品，即可发泡热塑性聚氨酯（TPU），因具有质软及优异的回弹性等优点，有望大规模用于缓冲和运动防护产品[10]。

另一种基于间歇式发泡过程工业化生产泡沫产品的发泡工艺是模压发泡（mold foaming）。模压发泡具体过程为先将热压或挤出成型的聚合物片板材置于可耐高温、高压的发泡柜中，在一定温度下经CO_2充分饱和后快速泄压实现发泡过程，进一步修剪可得到规整的聚合物泡沫片板材。Jiang[11]以低结晶度的 PP 和低硬段含量的 TPU 为发泡原料，通过预加热消除部分晶型以及采取预成型板材气道结构的特殊设计等策略大大缩短聚合物/CO_2体系建立溶解平衡的时间，实现

PP、TPU 微孔泡沫板材的工业化大规模制备。

微孔注塑发泡过程是气体注射系统与传统注塑成型的结合,其技术思想源于 20 世纪 80 年代 Martini-Vvedensky 等申请的微孔泡沫注塑成型技术专利[12]。与传统注塑成型工艺相比,微孔注塑成型技术具有以下优点:①在保证产品力学性能的前提下显著减轻注塑件质量,达到节省材料和节约成本的目的;②熔体内部存有气体可避免制品体积收缩,因而无需保压阶段,大大缩短成型周期;③气体的塑化作用可使聚合物体系黏弹性降低,从而实现低注塑压力、低锁模力及较低温度下制品成型,显著降低能耗;④发泡过程中内应力的释放可明显减少甚至消除翘曲等缺陷,显著提升制品的尺寸稳定性及加工精度。目前商业化较为成熟的微孔注射成型工艺除了美国 Trexel 公司开发的 Mucell®工艺,还有瑞士 Sulzer Chemtech 公司的 Optifoam®技术、德国 Demag 公司的 Ergocell®技术以及德国 Arburg 公司与 IKV 研究所合作开发的 Profoam®技术。

挤出发泡是快速、高效制备聚合物泡沫的连续化过程,且易于规模化生产[13]。在挤出发泡加工过程中,首先将聚合物颗粒进料至挤出机中,然后将发泡剂注入挤出机机筒中,得以在高温、高压下将气体充分溶解到聚合物基质中。溶解的气体将塑化聚合物熔体,聚合物/气体均相混合物将沿着挤出机流动。随后聚合物/气体混合物从模头处挤出,模头处的压降使聚合物/气体体系产生热力学不稳定性并引起相分离,进而诱导气泡成核和生长并形成泡沫。使用不同几何形状的模头可将泡沫挤出成型为管状、棒状、板状等产品。挤出发泡设备类型、工艺参数、发泡原材料特性将决定最终泡沫产品的质量。

1.2.3　固态发泡与熔融发泡

结晶聚合物发泡过程研究的初始阶段都集中于固态发泡工艺。结晶聚合物固态发泡工艺的温度较低,CO_2 在基体内的扩散速率慢,形成聚合物/CO_2 溶液所需的时间长达数天甚至十几天,工艺周期很长。而且,聚合物基体内晶区的存在会使得发泡过程较难调控:一方面,由于 CO_2 不能溶解于晶区,饱和过程中无法形成均匀的聚合物/CO_2 溶液;另一方面,在泡孔成核阶段,晶区作为气泡的异相成核点,提供了大量的稳定成核点,而在泡孔生长阶段,晶区的存在增大了聚合物基体的硬度,从而阻止泡孔的进一步生长和合并[14]。美国华盛顿大学的 Kumar 等提出了一种将间歇的固态发泡工艺改变为半连续发泡工艺的方法[15, 16]。首先制作一卷固态聚合物,层与层之间用多孔纸条或者其他透气性的材料隔开,将聚合物卷暴露于高压 CO_2 环境中一段时间,使气体溶解在聚合物中至一定的浓度。饱和过程通常在室温条件下进行,饱和压力一般为 1400 psi①,饱和时间一般

---

① 1 psi = 6.89476×10³ Pa。

为 3～100 h。待饱和结束后，将聚合物卷从高压环境中取出，并采用热水浴或者热油浴对其加热。聚合物卷被牵引着经过热源，并与多孔纸分开，条状聚合物以连续的方式进行发泡。因此，这种发泡方法是一种半连续的方法，已实现工业化生产，但其生产效率仍然较低。结晶聚合物固态发泡的加工温度窗口较窄，一般在其结晶峰温度附近，较低的加工温度使得发泡原材料的结晶度较高、气泡难以生长，而较高的加工温度会消除发泡原材料的晶区、降低其黏弹性从而无法得到理想的发泡产品。

结晶聚合物的熔融发泡过程可以大大缩短超临界流体在聚合物基体中的溶解扩散时间，进而大幅提升发泡效率。但常规结晶聚合物一般为结构规整的线型聚合物，在温度低于其熔点时，材料坚硬，无法发泡；当温度升高使其晶区熔融，聚合物直接进入黏流态，熔体强度急剧下降，无法有效抑制气泡孔的凝并和破裂，从而得不到理想的泡孔结构。通常聚合物熔体强度或黏弹性的提高可以通过提高分子量、拓宽分子量分布或者引入长链支化结构实现，其中通过在聚合物基体中引入长链支化结构的方法已被证实是改善聚合物黏弹性和提升聚合物发泡性能的高效手段[17]，同时还能保持聚合物本身特性（如力学性质等）。一般来说，结晶聚合物的熔融发泡窗口下限由其结晶性能决定，而熔融发泡窗口上限则由其流变性能决定，长链支化结构的引入可通过提升发泡窗口的上限进而大大拓宽发泡窗口。

1.2.4 升温发泡与降压发泡

超临界流体发泡过程根据气泡的成核方式，主要可分为两大类：快速降压发泡与逐步升温发泡，前者通过压力的快速释放使得溶解在聚合物中的发泡剂达到热力学不稳定状态，从而诱导泡孔的成核与生长；而后者则是通过温度的逐步提升来实现。下面将简述这两种发泡过程的典型流程。

1. 快速降压法

如图 1-2 所示，聚合物首先在高压釜中被发泡剂（CO_2 或 N_2）所饱和，以形成聚合物/气体均相体系。在聚合物/气体均相体系达到饱和时间后，通过在高温下快速减压至大气压的方法，气体在聚合物中成核并生长[18]。后续过程就是将发泡形成的样品冷却定型，最终形成微孔结构。在快速降压法中，饱和过程所使用的温度往往高于升温法。快速降压发泡过程分为 CO_2 饱和、气泡成核/生长等阶段，如图 1-3 所示。

快速降压的间歇发泡法首先由 Goel 和 Beckman[19, 20]提出。快速降压发泡时发泡剂在更高的温度和压力下扩散进入聚合物基体，达到平衡后快速卸压，使聚合物基体内的气体达到过饱和态，引发气泡成核。由于高温高压下发泡剂在聚合物基体内的扩散速率大幅提高，因此快速降压发泡的饱和时间显著缩短。

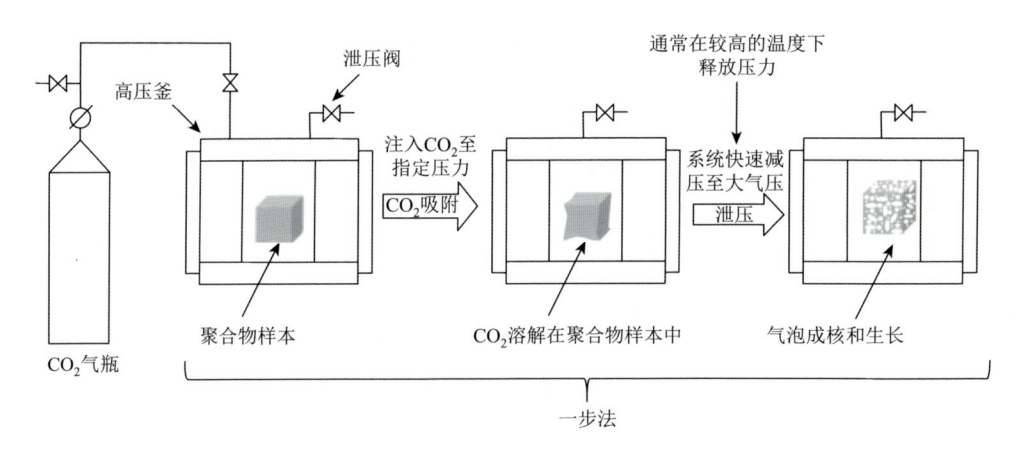

图 1-2　快速降压法间歇发泡过程[18]

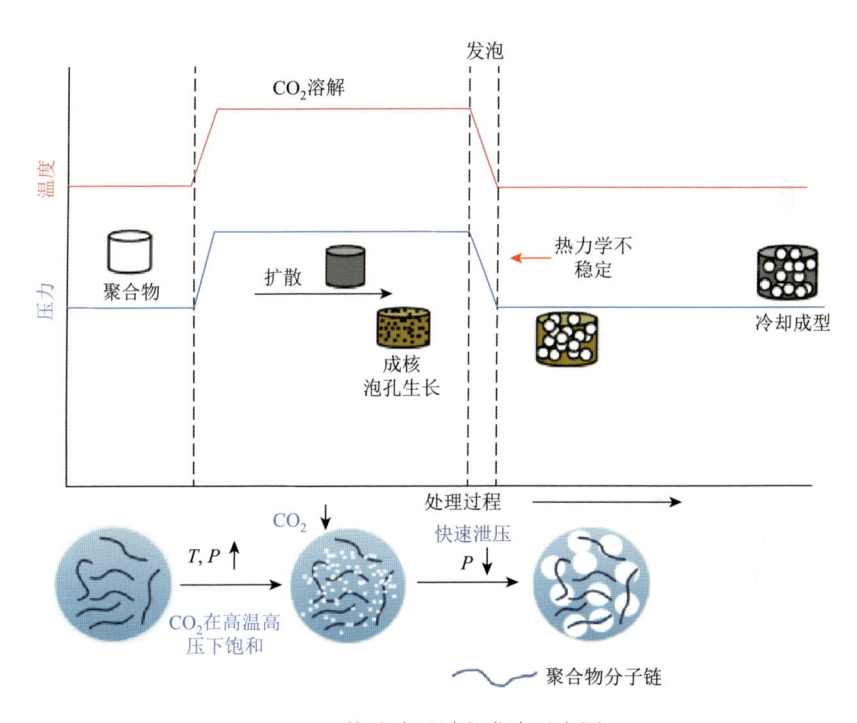

图 1-3　快速降压过程发泡示意图

Costeux 和 Zhu[21]使用快速降压法发泡 PMMA-co-EMA（具有 50 wt%①丙烯酸乙酯的聚甲基丙烯酸甲酯无规共聚物）。实验表明，在 0.5 wt%二氧化硅的作用下，共聚物的 CO_2 吸收量没有明显的变化。用水进行后发泡处理后，能够得到

---

① wt%表示质量分数。

泡孔尺寸为 95 nm、泡孔密度为 $8.6×10^{15}$ 个/cm^3、发泡倍率为 4.88（绝对密度为 242 kg/m^3）的发泡材料。Costeux 等[22]使用相同的方法发泡 PMMA-*co*-EMA。在不使用成核剂的情况下，发泡温度较之前还降低 5℃。共聚物的 CO_2 吸收量有明显增加。泡孔尺寸降低到 80 nm，而泡孔密度与发泡倍率分别增至 $15×10^{15}$ 个/cm^3 与 5。Costeux 等[23]还采用一种 50 wt%/50 wt% SAN/MMA-EA（聚苯乙烯丙烯腈/甲基丙烯酸甲酯-丙烯酸乙酯）的混容共混物制造平均泡孔尺寸为 92 nm、泡孔密度为 $4.7×10^{15}$ 个/cm^3、发泡倍率为 3.5 的发泡材料。共混物中 MMA-EA 的存在，使得 MMA-EA 比 SAN 有更好的 CO_2 溶解能力。

Yang 等[24]通过快速降压法发泡含 5 wt%球形有序介孔二氧化硅（OMS）的 PS。实验结果表明，纯 PS 和 PS/0.5 wt% OMS 的 CO_2 吸收量差不多，快速卸压后可得到平均泡孔尺寸为 7.8 μm、泡孔密度为 $3.55×10^9$ 个/cm^3、发泡倍率为 8.6 的发泡材料。

2. 逐步升温法

在升温法（图 1-4）中，通常在一个较低的温度下形成聚合物/气体均相体系。在达到饱和时间后，将样品从高压釜中取出，随后进行第二步操作，将过饱和样品浸渍在热油浴中，在一定温度下持续一段时间，以诱导气泡成核、生长。最后，将样品从热油浴中取出，并浸入冷水浴进行冷却。在升温发泡过程中，同样涉及 CO_2 饱和、气泡成核和生长等阶段，如图 1-5 所示。

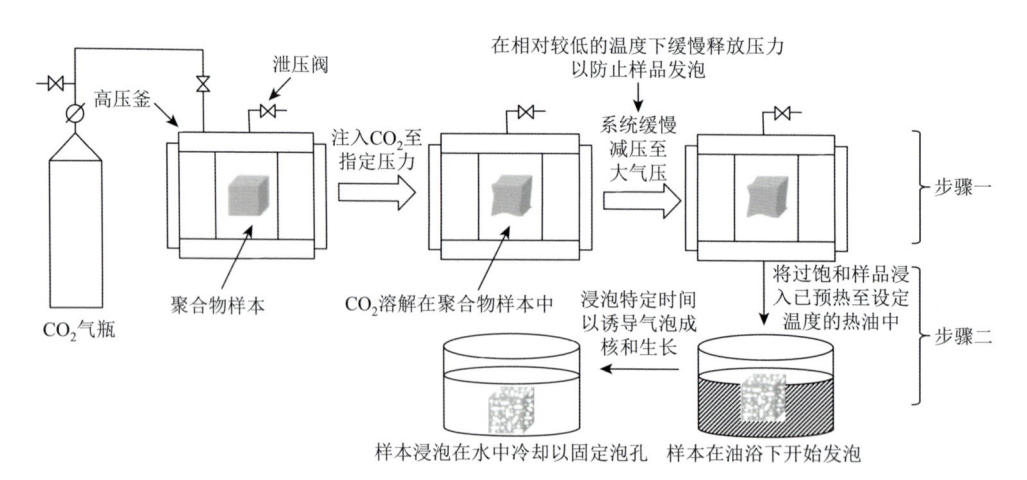

图 1-4　升温法间歇发泡过程[18]

Guo 和 Kumar[25]在-30℃条件下长时间饱和聚碳酸酯（PC）。随后，将样品取出高压釜，放在 70℃的热硅油浴中发泡（升温法），最终形成了平均泡孔尺寸为 21 nm、泡孔密度为 $4.1×10^{14}$ 个/cm^3、发泡倍率为 0.56 的发泡材料。Miller 等[26]

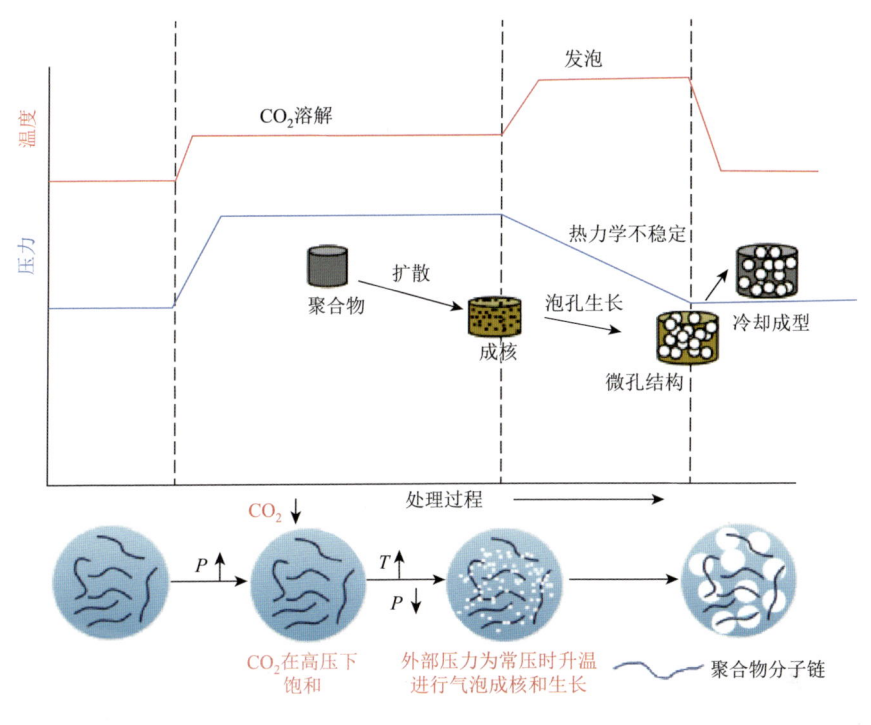

图 1-5 升温法间歇发泡示意图

使用升温法间歇发泡，在低温低压下饱和聚醚酰亚胺（PEI）片材 280 h，随后在热硅油浴中发泡，最终形成了泡孔尺寸为 30 nm、发泡倍率为 1.43 的发泡材料。

1.2.5 热塑性聚合物发泡与热固性聚合物发泡

热塑性聚合物是一种可以多次熔化和重组的树脂，热塑性聚合物中的分子链为直链或支链，且分子链之间没有化学键，加热时流动软化、冷却时硬化。相对于热固性聚合物，热塑性聚合物的发泡过程简单易控制。例如，对于无定形热塑性聚合物的超临界流体发泡过程，可将其加热至玻璃化转变温度之上，待超临界流体充分扩散、溶解至聚合物基体中，进一步升温或降压诱发热力学不稳定状态进行发泡；对于结晶型热塑性聚合物的超临界流体发泡过程，可通过调控其结晶或流变性能，进行固态发泡或熔融发泡，以制备形貌可控的高性能泡沫。然而，相比于热固性聚合物泡沫，热塑性聚合物泡沫的耐热性能较差。

与热塑性聚合物先成型后发泡的加工路径不同，超临界流体发泡热固性聚合物往往是交联反应和发泡同步进行的过程（即使采用预固化步骤将过程分布实施，超临界流体饱和和发泡过程中往往也会发生交联固化反应）。该体系具有双重复杂性：其一，三维网络结构的形成与泡孔生长存在动力学竞争；其二，反应过程中流变特性、官能团活性等参数的动态变化，使得物理发泡与化学交联强烈耦合。例如，超临界流体在热固性聚合物中溶解和扩散行为随反应的进行会持续变化；热固性聚合物反应程度和速率与气泡生长速率需协调匹配，方可调控泡孔形貌。因此，超临界流体发泡热固性聚合物微孔材料的挑战性主要源于其反应-发泡耦合机制：一方面，大分子网络的化学交联与泡孔生长的物理过程动态交互；另一方面，超临界流体的引入进一步改变了体系的热力学与流变特性，使整个过程涉及多尺度、多物理场的复杂协同作用。

1.2.6 闭孔泡沫与开孔泡沫

根据泡孔结构的不同，不同的聚合物发泡材料适用不同的应用领域。若所含有的泡孔绝大多数为相互连通的，则这种泡沫材料称为开孔发泡材料；若所含有的泡孔绝大多数为互不连通的独立单元，则这种泡沫材料称为闭孔发泡材料。闭孔型聚合物发泡材料可应用于包装、汽车零部件、体育器材、隔热、建筑和航空航天等要求材料质量轻、力学性能高的领域。开孔型材料则可应用于吸音、过滤、膜分离、吸附和组织工程支架材料等领域[27]。

1.2.7 聚合物的可发泡性评估

可发泡性是评价聚合物原料是否适合发泡的重要指标。许多研究人员基于发泡实验和离线流变性质表征研究了聚合物的可发泡性，特别在初期主要通过直接发泡实验研究可发泡性[28, 29]，Yu等[30, 31]将可发泡性定义为聚合物在给定发泡条件下以相对较高的发泡倍率（至少为2）发泡的固有能力，该方法定量描述了可发泡性，但参数是发泡温度窗口和给定温度下的材料密度梯度，该方法基于发泡实验现象提出发泡性概念，并未研究可发泡性对发泡过程的影响。

随着流变学的发展，一些研究者[32, 33]使用流变学来解释聚合物的可发泡性。Gunkel等[34]在对PP/POE共混物可发泡性的研究工作中表明，有一个最佳的复数黏度"窗口"来获得具有优异形态的发泡材料；Zhang等[35]对聚烯烃弹性体（POE）和PP的可发泡性进行了研究，他们观察到复数黏度的增加导致熔体膨胀增强，发现高熔体黏度是有利的，因为它导致气泡破裂前较长时间的气泡生长；Bhattacharya等[36]研究高熔体强度PP/黏土纳米复合材料的发泡行为时观察到较高的熔体黏度能够限制泡孔尺寸和防止泡孔聚结，而较低的熔体黏度有利于泡孔的生长；Zhai等[37]研究了分子量对POE的黏弹性和发泡行为的影响，发现分子量的增加导致弹性模量和复数黏度的增加，这促进了泡孔结构在较高发泡温度下的稳定性，此外这也会导致泡孔的生长受到限制，从而形成较小的泡孔；还有一些研究人员[34, 38]通过动态振荡测量以及聚合物的熔体强度解释了可发泡性，发现较高的复数黏度

（或弹性模量）和熔体强度意味着聚合物支持气泡生长的能力更强，即具有更好的发泡能力。然而，对可发泡性的描述仍然以定性为主，需要发泡实验来验证。

1.3 本章小结

聚合物发泡材料现已被广泛应用于航空航天、轨道交通、新能源汽车、风力发电、缓冲包装等众多领域，成为影响国计民生的重要基础材料。传统的聚合物发泡材料存在不利于环保、性能较差等诸多不足之处，开发新型、环保、高性能的聚合物发泡材料成为高分子加工领域的重要发展方向。超临界流体发泡聚合物技术是制备聚合物微孔材料的新方法，是实现聚合物材料轻量化、减量化和高性能化的重要途径。超临界流体发泡聚合物材料的内部含有大量均匀分布、致密的气泡结构，具有密度低，比强度高，隔音、隔热等阻隔性能以及能量吸收性能优良等特点，其相关的基础研究和技术开发得到各界的广泛关注。然而，聚合物发泡过程的研究涉及聚合物加工、热力学、流变学、流体力学、质量和热量传递以及设备设计制造等诸多研究领域，是一项跨学科、跨领域、具有典型化学工程研究特色的重要科研工作。尽管发泡过程中涉及的一些基本概念与原理在近年的工作中逐渐为学术界所认知，但发泡工艺的设计仍无法摆脱以实验摸索为主的现状。基于聚合物发泡材料重要性以及应用的广泛性，加之发泡过程中仍有众多难点尚待解决，厘清发泡过程机理、影响因素、发泡材料结构-性能关系等对于高性能聚合物发泡材料的开发与应用具有重要的指导意义。

参 考 文 献

[1] Xu Z M, Jiang X L, Liu T, et al. Foaming of polypropylene with supercritical carbon dioxide[J]. The Journal of Supercritical Fluids, 2007, 41: 299-310.

[2] Martini J E. The production and analysis of microcellular foam[D]. Cambridge: Massachusetts Institute of Technology, 1981.

[3] Maio E D, Kiran E. Foaming of polymers with supercritical fluids and perspectives on the current knowledge gaps and challenges[J]. The Journal of Supercritical Fluids, 2018, 134: 157-166.

[4] 翟文涛, 江俊杰. 热塑弹性体超临界流体间歇发泡过程中的基本问题[J]. 高分子学报, 2024, 55: 369-395.

[5] Doroudiani S, Omidian H. Environmental, health and safety concerns of decorative mouldings made of expanded polystyrene in buildings[J]. Building and Environment, 2010, 45: 647-654.

[6] Fu Z, Jia J, Li J, et al. Transforming waste expanded polystyrene foam into hyper-crosslinked polymers for carbon dioxide capture and separation[J]. Chemical Engineering Journal, 2017, 323: 557-564.

[7] Hossieny N, Ameli A, Park C B, et al. Characterization of expanded polypropylene bead foams with modified steam-chest molding[J]. Industrial & Engineering Chemistry Research, 2013, 52: 8236-8247.

[8] Lan X, Zhai W, Zheng W, et al. Critical effects of polyethylene addition on the autoclave foaming behavior of polypropylene and the melting behavior of polypropylene foams blown with *n*-pentane and CO_2[J]. Industrial & Engineering Chemistry Research, 2013, 52: 5655-5665.

[9] Nofar M, Ameli A, Park C B. Development of polylactide bead foams with double crystal melting peaks[J]. Polymer, 2015, 69: 83-94.

[10] Ge C, Ren Q, Wang S, et al. Steam-chest molding of expanded thermoplastic polyurethane bead foams and their mechanical properties[J]. Chemical Engineering Science, 2017, 174: 337-346.

[11] Jiang X. Microcellular thermoplastic polyurethane foamed sheet with a high foaming ratio and method of manufacturing the same: US 16317032[P]. 2020-12-10.

[12] Martini-Vvedensky J E, Suh N P, Waldman F A. Microcellular closed cell foams and their method of manufacture: US 06140383[P]. 1984-09-25.

[13] 赵正创, 欧阳春发, 相旭, 等. 微发泡聚合物材料的研究进展[J]. 化工进展, 2016, 35: 209-215.

[14] 赵玲, 刘涛. 超临界CO_2辅助聚合物加工[J]. 化工学报, 2013, 64: 436.

[15] Kumar V, Juntunen R P, Barlow C. Impact strength of high relative density solid state carbon dioxide blown crystallizable poly (ethylene terephthalate) microcellular foams[J]. Cellular Polymers, 2000, 19: 25-37.

[16] Kumar V, Schirmer H G. Semi-continuous production of solid state polymeric foams[P]. US 5684055, 1994-12-13.

[17] Zhang Z, Xing H, Qiu J, et al. Controlling melt reactions during preparing long chain branched polypropylene using copper *N*, *N*-dimethyldithiocarbamate[J]. Polymer, 2010, 51: 1593-1598.

[18] Okolieocha C, Raps D, Subramaniam K, et al. Microcellular to nanocellular polymer foams: Progress (2004~2015) and future directions: A review[J]. European Polymer Journal, 2015, 73: 500-519.

[19] Goel S K, Beckman E J. Generation of microcellular polymeric foams using supercritical carbon dioxide. Ⅰ: Effect of pressure and temperature on nucleation[J]. Polymer Engineering & Science, 1994, 34: 1137-1147.

[20] Goel S K, Beckman E J. Generation of microcellular polymeric foams using supercritical carbon dioxide. Ⅱ: Cell growth and skin formation[J]. Polymer Engineering & Science, 1994, 34: 1148-1156.

[21] Costeux S, Zhu L. Low density thermoplastic nanofoams nucleated by nanoparticles[J]. Polymer, 2013, 54: 2785-2795.

[22] Costeux S, Khan I, Bunker S P, et al. Experimental study and modeling of nanofoams formation from single phase acrylic copolymers[J]. Journal of Cellular Plastics, 2015, 51: 197-221.

[23] Costeux S, Bunker S P, Jeon H K. Homogeneous nanocellular foams from styrenic-acrylic polymer blends[J]. Journal of Materials Research, 2013, 28: 2351-2365.

[24] Yang J, Huang L, Zhang Y, et al. Mesoporous silica particles grafted with polystyrene brushes as a nucleation agent for polystyrene supercritical carbon dioxide foaming[J]. Journal of Applied Polymer Science, 2013, 130: 4308-4317.

[25] Guo H, Kumar V. Some thermodynamic and kinetic low-temperature properties of the PC-CO_2 system and morphological characteristics of solid-state PC nanofoams produced with liquid CO_2[J]. Polymer, 2015, 56: 46-56.

[26] Miller D, Chatchaisucha P, Kumar V. Microcellular and nanocellular solid-state polyetherimide (PEI) foams using sub-critical carbon dioxide: Ⅰ. Processing and structure[J]. Polymer, 2009, 50: 5576-5584.

[27] 李妍凝, 刘智峰, 包锦标, 等. 超临界流体技术制备聚合物开孔发泡材料的研究进展[J]. 材料导报, 2015, 29: 15-21.

[28] Liu C S, Wei D F, Zheng A N, et al. Improving foamability of polypropylene by grafting modification[J]. Journal of Applied Polymer Science, 2006, 101: 4114-4123.

[29] Kuang T R, Chen F, Fu D J, et al. Enhanced strength and foamability of high-density polyethylene prepared by pressure-induced flow and low-temperature crosslinking[J]. RSC Advances, 2016, 6: 34422-34427.

[30] Yu C Y, Wang Y, Wu B T, et al. A direct method for evaluating polymer foamability[J]. Polymer Testing, 2011, 30: 118-123.

[31] Yu C Y, Wang Y, Wu B T, et al. Evaluating the foamability of polypropylene with nitrogen as the blowing agent[J]. Polymer Testing, 2011, 30: 887-892.

[32] Kabamba E T, Rodrigue D. The effect of recycling on LDPE foamability: Elongational rheology[J]. Polymer Engineering & Science, 2008, 48: 11-18.

[33] Kharbas H A, Ellingham T, Manitiu M, et al. Effect of a cross-linking agent on the foamability of microcellular injection molded thermoplastic polyurethane[J]. Journal of Cellular Plastics, 2016, 53: 407-423.

[34] Gunkel F, Spörrer A N J, Lim G T, et al. Understanding melt rheology and foamability of polypropylene-based TPO blends[J]. Journal of Cellular Plastics, 2008, 44: 307-325.

[35] Standau T, Zhao C J, Bonten S C, et al. Chemical modification and foam processing of polylactide (PLA) [J]. Polymers, 2019, 11: 306.

[36] Bhattacharya S D, Inamdar M S. Polyacrylic acid grafting onto isotactic polypropylene fiber: Methods, characterization, and properties[J]. Journal of Applied Polymer Science, 2007, 103: 1152-1165.

[37] Zhai W T, Leung S N, Wang L, et al. Preparation of microcellular poly (ethylene-*co*-octene) rubber foam with supercritical carbon dioxide[J]. Journal of Applied Polymer Science, 2010, 116: 1994-2004.

[38] Xia T, Xi Z H, Liu T, et al. Melt foamability of reactive extrusion-modified poly (ethylene terephthalate) with pyromellitic dianhydride using supercritical carbon dioxide as blowing agent[J]. Polymer Engineering & Science, 2015, 55: 1528-1535.

第2章

超临界流体发泡聚合物基础

超临界流体发泡聚合物过程中，超临界流体/气体溶入聚合物，可以塑化聚合物，增加其对小分子的吸附能力，影响其结晶速率，降低聚合物的玻璃化转变温度以及聚合物的熔点。另外，超临界 CO_2 降低了聚合物某些晶型结晶时的能垒，诱导聚合物结晶，提高聚合物的熔点和熔融焓；或影响晶型结构，促进聚合物晶型转变或构象转变。在超临界流体溶解扩散过程中，聚合物的结构和形态都会发生显著变化，从而改变聚合物的基本物性（界面张力、结晶行为和流变行为等）。超临界流体溶解进入聚合物基体所导致的体系性质变化必然显著地影响到聚合物发泡过程，对超临界流体与聚合物作用机制的深刻认识也直接关系到超临界流体发泡过程的开发和优化，对调控发泡产品的泡孔形貌和应用性能至关重要。本章将介绍超临界流体发泡聚合物过程中的溶解扩散过程及其所导致的聚合物结构和形态变化。

2.1 超临界流体在聚合物中的溶解扩散行为

随着超临界流体技术的发展，人们对高压吸附过程的关注进一步增加。在各种气体中，超临界 CO_2 和超临界 N_2 在聚合物中的溶解度对于超临界流体辅助的聚合物改性和加工过程具有很强的实用价值。溶解在聚合物中的 CO_2 对聚合物具有塑化作用，可以降低聚合物的玻璃化转变温度（T_g）或熔融温度（T_m），并且改变聚合物体系的流变性质，从而允许其在较低温度下加工，这些对于聚合物发泡至关重要。超临界 N_2 常用于微孔注塑发泡和间歇发泡过程，能产生具有小孔径的多孔材料；其与空气扩散速率接近，发泡后制品的收缩水平明显低于超临界 CO_2 发泡。当 CO_2 和 N_2 的混合物用作聚合物的物理发泡剂时，有望改善发泡制品的泡孔形貌。

发泡过程中的气体扩散主要分为两种情况：①在聚合物熔体/发泡剂均相溶液

的形成阶段，气体分子向聚合物的自由体积内扩散；②气泡成核后，自由体积内的气体又从聚合物熔体扩散进入气泡核，促使气泡增长。在气体饱和阶段，扩散速率大，有利于短时间内在分子水平上溶入聚合物基体，尽快形成聚合物/气体均相体系，提高生产能力，同时可以避免气泡的提前成核和不均匀增长。气泡生长阶段，气泡生长速率受到其扩散速率和聚合物黏弹性影响，同时气体向聚合物基体外的逃逸解吸会导致泡孔收缩甚至塌陷，影响发泡材料的尺寸稳定性。因此，在聚合物发泡过程中，需要同时关注发泡剂气体的饱和过程和解吸过程。

总体上，聚合物的许多特性，包括黏度、界面张力、流变行为、熔融结晶行为等都会受到高温高压下溶解气体的溶解扩散和塑化作用的影响。因此，溶解度和扩散速率是理解和预测这些性质变化的关键参数。气体在聚合物中的溶解和扩散行为对于发泡过程及发泡材料的泡孔结构控制具有显著影响。本节以超临界流体的饱和过程为主，介绍用于获得聚合物中气体/超临界流体溶解度和扩散系数的实验和理论方法，并简要介绍解吸过程。其中超临界流体又以超临界 CO_2 为主，兼及超临界 N_2。

2.1.1 饱和过程

发泡剂气体饱和过程中，溶解度决定了挤出发泡和注塑发泡过程中气体的注入量上限；而气体扩散系数确定间歇发泡中溶解平衡所需的饱和时间，为注塑和挤出发泡中螺杆长度的设计提供依据，以保证和聚合物共混均匀，形成均相体系。因此饱和过程的气体溶解度和扩散系数对于发泡过程调控、发泡工艺和装备设计具有指导意义。

1. 溶解度的理论方法

CO_2 在聚合物中的溶解度主要取决于 CO_2 与聚合物之间的相互作用，因此聚合物种类的不同从根本上决定了 CO_2 溶解度的差异，研究表明 CO_2 在聚合物中的溶解度随着聚合物极性基团的增大而增大[1]。在同一种聚合物中，CO_2 溶解度主要受温度和压力的影响，因此可通过调控温度和压力来调节 CO_2 在特定聚合物中的溶解度。本小节将简要讨论基本理论、各种状态方程（EOS）和溶解度模型。常用的描述聚合物/气体二元体系的模型或方程主要有三类：一是亨利定律模型及双膜模型；二是近代高分子热力学中基于 Flory-Huggins 格子理论的格子流体方程，典型代表有 Sanchez-Lacombe 状态方程（S-L EOS）和 Simha-Somcynsky 状态方程（S-S EOS）；三是基于微扰理论的微扰硬链理论（PHCT）方程和统计关联流体理论（SAFT）方程。

1）亨利定律模型和双膜模型

亨利定律是较为经典的描述气体在液体中溶解度的模型，对于处于熔融状态的聚合物，由于其分子链处于完全自由运动状态，性质接近于液体，因此亨利定律也常用于描述气体在熔融态聚合物中的溶解过程，其模型表达式为

$$c = k_H P \tag{2-1}$$

式中，k_H 为亨利常数；c 和 P 分别为气体的浓度和压力。研究表明，亨利定律仅在低压下较为可靠，常用于求低于 2 MPa 的溶解度数据；而在高压下实际情况明显偏离亨利定律。这种偏差可以通过引入朗缪尔型吸附等温线得到改善。

气体在玻璃态聚合物中的溶解行为常用双膜模型描述。CO_2 的吸附等温线在聚合物的 T_g 上下表现出不同的压力依赖性。低于 T_g 时，根据双膜模型，吸附浓度与压力的关系可以表述为

$$c = k_H P + \frac{c_L b P}{1 + bP} \tag{2-2}$$

式中，c 和 P 分别为吸附浓度和压力；k_H 为亨利常数；c_L 和 b 分别为饱和吸附浓度和朗缪尔亲和能。吸附以两种模式发生：服从亨利定律和服从朗缪尔方程的吸附模式。当温度低于聚合物 T_g 时，吸附符合双膜模型；高于 T_g 时，在低压范围内，吸附浓度与压力的关系通常是线性的，并且可以用亨利定律描述，即 c_L 为零。尽管此模型成功地描述了 CO_2 在聚合物中的吸附行为并关联了 CO_2 在聚合物中的溶解度，但模型的三个参数都是温度的函数，同时在高压下，k_H 还是与 CO_2 溶解量有关的函数，因此限制了该模型在高温和高压条件下的应用。

2）格子流体模型

高分子长链结构在空间上可呈现不同的构型，故采用球形结构小分子的活度系数表达式和状态方程关联高分子热力学行为时，无法正确表达其混合熵。为此，研究者引入了晶格模型，将高分子链以链节为单位占据多个晶格，假定不同晶格（聚合物链或溶剂小分子的片段）之间的体积相同，同时假设聚合物链段和溶剂小分子片段可以在晶格中相互替换，由统计力学表达高分子链的不同构象，以此合理估算聚合物的混合熵。

经典的 Flory-Huggins 密堆积格子理论是所有晶格模型的基础。在该模型中，混合物的热力学性质强烈依赖于每个纯组分的热力学性质（体积、可压缩性等）。Cheng 和 Bonner 等首先使用 Flory-Huggins 理论来研究气体在聚合物中的溶解度，可用于研究有限压力和溶解气体浓度范围内的溶解度和相平衡。Flory-Huggins 理论模型的缺陷也是显而易见的，其假设所有晶格都被聚合物链节或溶剂小分子占据，无法反映聚合物/气体体系的温度、压力和混合造成的体积变化，因此该理论无法预测高压和高溶解气体浓度范围内的等温数据。为了克服这一缺点，研究者将空穴引入晶格中，建立了以 Sanchez-Lacombe（S-L）状态方程和 Simha-Somcynsky（S-S）状态方程为代表的格子流体模型。

图 2-1 为 Flory-Huggins 的密堆积晶格模型和以 S-L 状态方程为代表的格子流体模型。由图可见，密堆积格子流体中聚合物分子链占据整个格子空间，而非密堆积格子流体中，格子空间由分子链和空穴组成，因此格子流体模型可以反映温度和压力变化所导致的聚合物体积的变化。

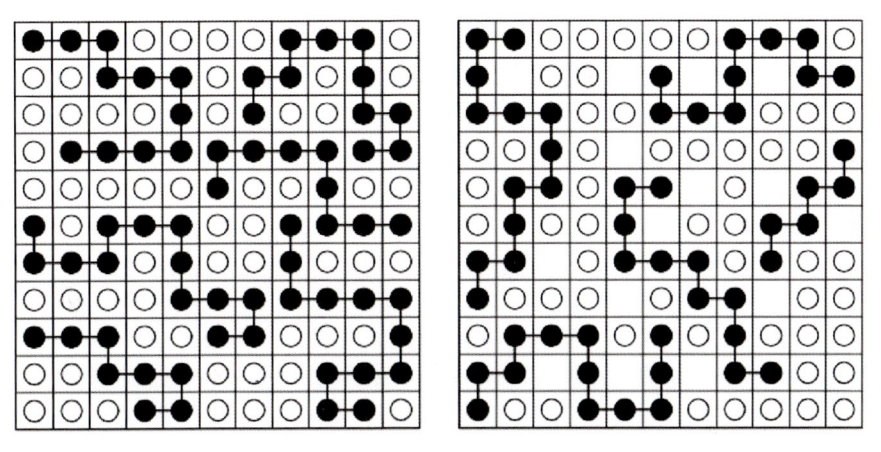

图 2-1 Flory-Huggins 密堆积晶格模型和 S-L EOS 非密堆积晶格模型[2]

黑圈和白圈分别代表聚合物分子链和溶剂小分子

S-L 状态方程具有纯物质的三个特征参数，分别为温度特征参数 T^*、压力特征参数 P^* 和密度特征参数 ρ^*，这些特征参数可通过测定聚合物的 P、V、T 数据得到。S-L 状态方程特别适用于含有不同分子尺寸的混合物体系[3]，一般采用体积分数平均法则来测定，方程的表达式为

$$\tilde{P} = -\tilde{\rho}^2 - \tilde{T}\left[\ln(1-\tilde{\rho}) + \left(1-\frac{1}{r}\right)\tilde{\rho}\right] \quad (2\text{-}3)$$

式中，$\tilde{T} = \dfrac{T}{T^*}$；$\tilde{P} = \dfrac{P}{P^*}$；$\tilde{\rho} = \dfrac{\rho}{\rho^*}$；$r = \dfrac{MP^*}{RT\rho^*}$。引入二元相互作用参数 δ_{ij} 来修正 P^*：

$$P_{ij}^* = (1-\delta_{ij})(P_i^* P_j^*)^{0.5} \quad (2\text{-}4)$$

S-L 状态方程适用于气态和液态，气相成分的化学势的计算方法与液相的计算方法相同，表 2-1 是该方程中 CO_2 和 N_2 的典型特征参数。与 Flory-Huggins 理论不同，S-L 状态方程不需要定义气体的标准状态（即气体标准状态逸度）。S-L 状态方程结构简单，物理意义明确，能够将可用的实验数据有效外推预测聚合物在高温和高压下的热力学性质，且在分子量大小差别很大的混合物的热力学方面也有很好的关联效果，因此被广泛用于描述气体在聚合物中的溶解，S-L 方程中纯聚合物的典型特征参数如表 2-2 所示。

表 2-1　S-L 状态方程中 CO_2 和 N_2 的典型特征参数[4]

物质	T^*/K	P^*/MPa	ρ^*/(kg/m³)
CO_2	300	630	1515
CO_2	316	412.6	1369
CO_2	327	453.5	1460
CO_2	353.2	329.1	1240
N_2	159	103.6	803.4
N_2	145	160	943
N_2	160	103.8	810
N_2	160.2	103.3	802

表 2-2　S-L 状态方程中纯聚合物的典型特征参数[4]

物质	T^*/K	P^*/MPa	ρ^*/(kg/m³)
LDPE	671	354.9	887
HDPE	650	425	905
PP	679.5	312.2	864.8
PET	818	642	1368
PMMA	503	696	1269
PS	738.5	375.7	1012
PLA	655.5	561.5	1331
尼龙 6（nylon 6）	935	343.8	1289

注：LDPE 为低密度聚乙烯；HDPE 为高密度聚乙烯；PP 为聚丙烯；PET 为聚对苯二甲酸乙二醇酯；PMMA 为聚甲基丙烯酸甲酯；PS 为聚丙烯；PLA 为聚乳酸。

为了改进聚合物熔体的 Flory-Huggins 理论，Simha 等在晶格理论的基础上提出了 Simha-Somcynsky 空穴理论，认为高分子体积变化由格子大小和空穴数量共同变化引起，提出了空穴理论状态方程，即 Simha-Somcynsky（S-S）方程，表达式为

$$\frac{\tilde{P}\tilde{V}}{\tilde{T}} = (1-\eta)^{-1} + \frac{2yQ^2(1.011Q^2 - 1.2045)}{\tilde{T}} \quad (2\text{-}5)$$

$$\frac{s}{3c}\left[\frac{s-1}{s} + \frac{\ln(1-y)}{y}\right] = \frac{\eta - \frac{1}{3}}{\eta} + \frac{y}{6\tilde{T}}Q^2(2.4098 - 3.033Q^2) \quad (2\text{-}6)$$

式中，$Q = \left(\dfrac{1}{y\tilde{V}}\right)^2$；$\eta = 2^{-\frac{1}{6}} y Q^{\frac{1}{3}}$；$y$ 为被占据的格子位体积分数；s 为分子链的链段数；$3c$ 为有效外部自由度。与 S-L 方程不同，在 S-S 方程中，格子体积也可以随温度和压力变化。S-S 方程可用于分析平衡和非平衡条件下单相体系和多相体系的热力学性质，该方程广泛应用于分析聚合物和弹性体的热力学性质[5]。

由于实际流体存在于连续空间中，而并不存在于晶格中，因此产生了非格子流体理论模型。van der Waals 认为可以单独考虑流体分子之间的吸引力和排斥力，因此发展了微扰理论。常用的微扰理论模型有 PHCT 方程和 SAFT 方程。

PHCT 方程是以硬球链方程为参考项，通过微扰理论考虑吸引力的作用而建立的。该方程认为聚合物分子是由硬球链段构成的。

另一个常用的描述超临界 CO_2/聚合物体系的状态方程是 SAFT 方程，已被证明可以成功地预测宽密度范围内小分子的热力学性质，并且还有效地应用于聚合物熔体及其混合物，以研究气体在聚合物中的溶解度。该模型比 S-L 方程更复杂，但它考虑分子间氢键等特定的相互作用。

2. 溶解度的测试方法

CO_2 在聚合物中的溶解度通常可通过压力衰减法、重力法、频率法、光谱法等测定。

1）压力衰减法

压力衰减法的原理是通过测定溶解前后高压池中的 CO_2 压力差而获得 CO_2 的溶解度。压力衰减方法之所以被广泛应用是因为该方法较简单，但是由于压力传感器对温度较敏感[6]，压力衰减法不适用于高温下测量 CO_2 在聚合物中的溶解度。此外，该方法需要较多样品量，需要较长的时间才能达到 CO_2 溶解平衡。

2）重力法

重力法的原理是通过测定 CO_2 溶解前后样品的质量差来计算 CO_2 的溶解度。目前最精确的测试方法是使用高温高压磁悬浮天平（MSB），即样品放置在高压容器内，根据样品吸收 CO_2 后浮力的变化而确定 CO_2 在聚合物中的溶解度。由于 MSB 可以将高精度电子天平保持在室温环境条件下，这使其适合高温高压下气体在聚合物中溶解度和扩散的测量[7]。但是，根据 MSB 测试得到的只是 CO_2 在聚合物中的表观溶解度，并没有考虑聚合物在 CO_2 中由体积变化引起的浮力变化，因此溶胀校正对于获得准确的溶解度非常重要。聚合物在 CO_2 中的溶胀度可以通过 Sanchez-Lacombe 状态方程（S-L EOS）进行预测或者通过可视化直接测量聚合物在 CO_2 中体积的变化而得到。

3）频率法

频率法可用于测量高压下气体在聚合物中的溶解度，又称压电法。频率法测量溶解度时，使用石英晶体微天平（QCM），将聚合物涂抹于薄石英晶体上，然后夹在两个金属电极之间，通过电场的变化得到气体溶解所导致的频率变化[8]，然后利用石英晶体的谐振频率随其质量的变化特性，根据频率的变化计算得到 CO_2 的溶解度。但频率法对聚合物在晶体上的黏附性要求比较高，从而限制了适用于频率法的聚合物的应用。

4）光谱法

CO_2 溶解在聚合物中时，其与聚合物之间的相互作用可在红外光谱上产生特征峰，该特征峰与 CO_2 含量之间关系可由 Beer-Lambert 方程得到，由此可测定 CO_2 在聚合物中的溶解度。光谱法操作简单，精确度高，由于该测定方法可以从分子尺度上分析分子间的相互作用力，因此该法在测定 CO_2 在聚合物中的溶解度时，可排除其他溶解在聚合物中的气体的影响，准确测定 CO_2 的溶解度。此外，与前三种溶解度测定方法相比，光谱法特别适合多元组分气体在聚合物中的吸附测试，可准确测定每种气体的吸附量。研究人员还使用光谱仪来监测聚合物/超临界流体体系中聚合物的厚度变化，考察 CO_2 对聚合物的溶胀作用，Shinkai 等测量了聚二甲基硅氧烷（PDMS）、PMMA、聚甲基丙烯酸正丁酯（PBMA）和 PS 四种聚合物的溶胀行为，其结果与之前的研究方法得到的数据一致。表 2-3 是已报道的 CO_2 在常见纯聚合物中的溶解度。

表 2-3　文献报道的 CO_2 在常见纯聚合物中的溶解度

聚合物	聚合物性质	压力范围/MPa	温度范围/℃	测定方法	溶解度	参考文献
PS	M_w = 187000, PDI = 2.66	3.5～20	100～180	压力衰减法	11.6%（在 100℃和 18.6 MPa 下）	[9]
HDPE	M_w = 111000, PDI = 13.6	6～18	60～100	压力衰减法	13.2%（在 60℃和 17.4 MPa 下）	[10]
PP	M_w = 197000, PDI = 4.7	1～15	100～150	压力衰减法	13.7%（在 100℃和 12.5 MPa 下）	[11]
PMMA	M_w = 80200, PDI = 1.92	0～11	30～50	解吸法	25%（在 30℃和 11 MPa 下）	[12]
PS	M_w = 263000, PDI = 2.92	0～14	40	吸收法	9%（在 40℃和 14 MPa 下）	[13]
LDPE	ρ = 0.915 g/cm³	0～5	35	吸收法	2.6%（在 5 MPa 下）	[14]
PMMA	M_w = 134000, PDI = 1.19	0～5	−30～100	吸收法	39.3%（在−30℃下）3.9%（在 100℃下）	[15]
PS	M_w = 175000, PDI = 2.12	0～10.5	120～150	磁悬浮天平	4.9%（在 120℃和 10.5 MPa 下）	[16]
PMMA	M_w = 50000	0～19	50	磁悬浮天平	55%（在 19 MPa 下）	[17]

续表

聚合物	聚合物性质	压力范围/MPa	温度范围/℃	测定方法	溶解度	参考文献
PP	M_w = 197000, PDI = 5.1	0～30	180～220	磁悬浮天平	21%（在 200℃ 和 30 MPa 下）	[18]
PS	M_w = 250000	0～7	35～65	石英天平	10%（在 35℃ 和 7 MPa 下）	[19]
PP	T_m = 167℃, ρ = 0.91 g/cm³	0～15	40	近红外光谱法	7%（在 40℃ 和 15 MPa 下）	[20]

注：M_w 为重均分子量；PDI 为多分散性指数。

3. 超临界 CO_2 在聚合物中的扩散

CO_2 的溶解扩散速率决定了 CO_2 在聚合物中达到饱和的时间，CO_2 的解吸扩散速率决定了泡孔生长形貌和稳定性。

由于 CO_2 对聚合物的性质影响显著，CO_2 在聚合物基体中的扩散机理非常复杂。当温度高于聚合物的 T_g 时，CO_2 在聚合物中的扩散遵循经典的 Fick 扩散定律[21]。对于一维简单几何体（圆柱和超薄片）的解吸数值方程解，将质量吸收率与其他测量变量如溶胀度、压力相关联。当温度低于聚合物的 T_g 时，CO_2 在聚合物中的扩散可以通过双膜模型或修正双膜模型来描述。CO_2 在聚合物中的扩散系数，一般根据 CO_2 在聚合物中的吸附曲线结果，采用 Fick 定律计算得到，也可以通过溶胀法[22, 23]和光谱法[24]测得。

假设气体扩散仅为 CO_2 在样品高度方向的一维扩散，扩散过程可用 Fick 第二扩散定律描述。J. Crank[25]推导得到片状样品在一维扩散过程中，样品质量的变化和扩散系数的关系式如式（2-7）所示：

$$\frac{M_t}{M_{eq}} = 1 - \frac{8}{\pi^2} \sum_{n=0}^{\infty} \frac{1}{(2n+1)^2} \exp\left[\frac{-(2n+1)^2 \pi^2 Dt}{4L^2}\right] \quad (2-7)$$

式中，M_t 和 M_{eq} 分别为时刻 t 和溶解平衡时样品的质量；L 为样品厚度，取溶胀后熔体厚度的平均值；D 为气体扩散系数。

由于受到气体与聚合物间的相互作用、聚合物的自由体积、聚合物链的松弛时间、聚合物的结晶度等因素的影响，气体在聚合物中的实际扩散更加复杂。气体和聚合物基体间的相互作用会强烈影响扩散过程。

除了通过实验方法获得气体在聚合物中的扩散系数，分子模拟可以高效计算 CO_2 在聚合物中的扩散系数。Shanks 等[26]用全原子分子模拟计算了 CO_2 在 PET 中的扩散系数。由于时间和长度的限制，全原子分子模拟尺度是有限的，因为它只能计算有限数量的具有硬原子势的原子[27, 28]。相反，耗散粒子动力学（DPD）模拟是进行聚合物模拟的有效工具。在 DPD 计算中，聚合物以珠粒表示，并受软排斥势力控制,从而扩增了计算规模[29-32],因此可以利用 DPD 高效计算 CO_2 在聚合物中的扩散系数。

聚合物的自由体积对 CO_2 扩散影响非常显著。自由体积主要指的是聚合物中没有被分子链占有的纳米空穴[33]。随着温度的升高,聚合物的链运动加强,从而会产生更多的自由体积,导致 CO_2 在聚合物中的扩散会加快[34]。对于压力而言,在低压下,随着压力的升高,CO_2 在聚合物中的扩散系数随着 CO_2 溶解度的增加而增大,当压力较高时,CO_2 会对聚合物产生静压作用,减少了自由体积,导致 CO_2 扩散系数的降低[35]。聚合物的松弛时间对扩散系数也有影响,通常用 Deborah 数(*De*)来描述松弛时间对扩散的影响,即松弛时间与特征扩散时间之比,只有当 *De* 较小或较大时,扩散遵循 Fick 定律[36]。对于结晶聚合物来说,Brantley 等发现 CO_2 在无结晶 PET 和部分结晶 PET 样品中的扩散系数基本相同,从而证实对于半结晶型聚合物,CO_2 主要在无定形区扩散。

自由体积分为静态自由体积和动态自由体积。静态自由体积为聚合物中的固定空隙,当气体溶解在聚合物中时,主要占据静态自由体积空隙,因此静态自由体积影响气体在聚合物中的溶解度及气体溶解后对聚合物的塑化作用引起的溶胀度[37];同时气体分子在扩散过程中主要是在聚合物的自由体积空隙之间跳跃,因此自由体积也影响气体的扩散系数。动态自由体积主要由分子链运动时形成的瞬时空隙产生,其并不构成聚合物的固定的自由体积,因此不影响溶解度和溶胀度,但其影响气体分子在自由体积空隙之间的跳跃,从而影响扩散系数[38]。基于自由体积理论,研究者建立了多种自由体积扩散模型,预测气体在聚合物中的扩散系数[33, 39-42]。

Cohen 和 Turnbull[39]首先提出自由体积理论,将小分子在聚合物中扩散系数表达为自由体积分数倒数的指数函数。对于聚合物/小分子二元体系,Vrentas 和 Duda[42]提出了相互扩散系数(D_{mutual})和小分子自扩散系数(D_1)关系式,如式(2-8)所示:

$$D_{mutual} = \frac{x_2 D_1 + x_1 D_2}{RT}\left(\frac{\partial \mu_1^P}{\partial \ln x_1}\right)_{T,P} \quad (2\text{-}8)$$

式中,D_2 为聚合物相向小分子相的自扩散系数;x_1 和 x_2 分别为小分子相和聚合物相的摩尔分数;μ_1^P 为小分子相在压力 P 下的化学势,由 Flory 热力学理论计算得到。

由于聚合物相向小分子相的自扩散系数 D_2 远远小于 D_1,因此 D_{mutual} 可简化为

$$D_{mutual} = \frac{x_2 D_1}{RT}\left(\frac{\partial \mu_1^P}{\partial \ln x_1}\right)_{T,P} \quad (2\text{-}9)$$

基于此 Cohen-Turnbull 理论,Maeda 等[41]将自扩散系数表达为一个简单的自由体积倒数的指数函数,如式(2-10)所示:

$$D_1 = A\exp\left(\frac{-B}{V_{\text{free}}}\right) = A\exp\left(\frac{-B}{\hat{V}_{\text{mix}} - \hat{V}_{\text{mix}}^0}\right) \qquad (2\text{-}10)$$

式中，$\hat{V}_{\text{mix}}$、$\hat{V}_{\text{mix}}^0$ 分别为二元体系在特定温度、压力下和在绝对零度下的特征体积；A 和 B 为模型参数，其与扩散小分子有关而与聚合物无关。Maeda 等用该模型预测了 CO_2、He 和 CH_4 气体在一些聚合物中的扩散系数；Park 和 Paul[43]也采用该模型关联了气体在一些玻璃态聚合物中的渗透数据。但该模型的主要缺点为无法反映温度和 CO_2 在聚合物中溶解度对扩散的影响。为了克服这一缺点，Fujida[40]对该模型进行修改，将自扩散系数表述为温度和气体浓度的函数，如式（2-11）所示：

$$D_1 = RTA\exp\left(\frac{-B}{f}\right) \qquad (2\text{-}11)$$

式中，f 为自由体积分数，其表达式如式（2-12）所示：

$$f(T, v_\text{d}) = f(T_\text{s}, 0) + \alpha_\text{f}(T - T_\text{s}) - \beta(T)\phi_1 \qquad (2\text{-}12)$$

式中，T_s 为参考温度；$f(T_\text{s}, 0)$ 为参考温度下的自由体积分数；ϕ_1 为气体的体积分数；α_f 为与聚合物种类有关的参数；$\beta(T)$ 为温度的函数。Fujida 等利用该模型预测了有机气体在聚合物中 T_g 以上的扩散系数。但该模型中针对不同的聚合物的 T_s、α_f 和 $\beta(T)$ 的值不同，需要在关联扩散系数前，先确定这些参数；同时由于在不同的 T_s 下，$\beta(T)$、A 和 B 也不尽相同，必须通过扩散实验来确定这些参数，因此该模型对扩散系数的关联过程比较复杂。Kulkarni 和 Stern[44]也提出了可以反映温度和 CO_2 浓度对扩散系数影响的扩散系数模型。该模型的自由体积分数表达式如式（2-13）所示：

$$f(T, P, \phi_1) = f(T_\text{g}, P_\text{s}, \phi_1) + \alpha(T - T_\text{g}) - \beta(P - P_\text{s}) + \gamma\varphi_1 \qquad (2\text{-}13)$$

式中，$f(T_\text{g}, P_\text{s}, \phi_1)$ 为聚合物在其玻璃化转变温度（$T_\text{g} = -10\,°C$）和标准大气压（$P_\text{s} = 0.1\,\text{MPa}$）时的自由体积分数，其中，$\phi_1 = 0$；$\alpha$ 和 β 分别为热膨胀系数和压缩因子；ϕ_1 为 CO_2 体积分数，γ 为其比例系数。该模型中 α 和 β 可通过聚合物的 PVT 数据计算而得，因此该模型较 Fujida 模型更为简单。Kulkarni 和 Stern 用该模型关联了 CH_4、C_2H_4、C_3H_8 和 CO_2 在 PE 中的扩散系数，而 Sato 等[45]也利用该模型关联了 CO_2 在聚丁二酸丁二醇酯（PBS）中的扩散系数。此外，Areerat 等[46]将 Fujida 和 Maeda 的模型相结合，保留了 Fujida 模型中的温度项，并采用了 Maeda 模型中简单的自由体积表达项，提出了新的模型，如式（2-14）所示：

$$D_1 = RTA\exp\left(\frac{-B}{\hat{V}_{\text{mix}} - \hat{V}_{\text{mix}}^0}\right) \qquad (2\text{-}14)$$

式中，A 和 B 为与气体种类有关而与聚合物无关的模型参数，该模型既可反应温度的影响，又采用了简单的自由体积表达式，能简便而有效地关联气体在熔融态聚合物中的溶解度。Areerat 等应用该模型关联了 CO_2 在熔融态 LDPE、HEPE、

PP、PS 中的扩散系数，均取得良好的预测效果。表 2-4 是 CO_2 在聚乙内酯（PCL）、PLA、PP 等不同聚合物中的扩散系数。

表 2-4 CO_2 在纯聚合物中的扩散系数

聚合物	聚合物性质	压力范围/MPa	温度/℃	方法	扩散系数/(m²/s)	参考文献
PCL	M_w = 74000	10～20	30～40	磁悬浮天平	$\sim 10^{-9}$	[47]
PLA	M_w = 220000, PDI = 2.2	0～2.5	25	磁悬浮天平	$\sim 10^{-13}$	[48]
PP	—	5～15	145	磁悬浮天平	$(1\sim 2)\times 10^{-9}$	[49]
PC	—	75～175	0～20	磁悬浮天平	$10^{-11}\sim 10^{-10}$	[50]
HDPE	M_w = 111000, PDI = 13.6	6～18	60～100	压力衰减法	$(9.1\sim 16.3)\times 10^{-9}$，当 T = 80℃时	[51]
LDPE	M_w = 250000	0.6～3.2	150	压力衰减法	$\sim 4.4\times 10^{-9}$	[52]

2.1.2 解吸过程

在泡孔生长和成型时，CO_2 在聚合物中的解吸扩散速率决定 CO_2 在聚合物内的停留时间和浓度，从而控制泡孔的生长和稳定。因此，对于快速降压发泡和升温发泡过程，超临界流体在聚合物基体中的解吸速率都会对发泡过程和结果产生影响。

目前测定解吸扩散速率也以重力法为主，通过从高压池中取出吸附平衡后的样品，放置在室温环境条件下的精密天平上，根据样品质量随时间的变化获得解吸动力学，可以逆推估计 CO_2 的溶解度，同时计算解吸扩散系数。解吸法不适用于在解吸过程中形状会发生变化的聚合物。采用解吸法测量 CO_2 在聚合物中的解吸扩散需要避免快速泄压带来的气泡成核生长，因此需要样品在实验温度压力下进行饱和，达到 CO_2 溶解平衡后，将高压釜置于冰水浴中缓慢泄压以防聚合物发泡。泄压结束后，常压室温下将样品放置于高精度天平中，通过数据采集器连接计算机，实时记录样品质量随时间的变化，解吸扩散系数 D_d 可以通过式（2-15）计算得到：

$$\frac{M_t}{M_0} = -\frac{4}{l}\left(\frac{D_d t}{\pi}\right)^{1/2} \qquad (2\text{-}15)$$

式中，M_t 为时刻 t 时 CO_2 在样品中的质量；l 为样品厚度；通过对解吸曲线线性外推至时间 t 为 0 时，得到解吸扩散前样品的质量 M_0。

以 PS 及其共混物的解吸扩散系数测定为例[53]，可以通过 CO_2 在 PS 及其共混物中的解吸扩散曲线（图 2-2）及式（2-15）计算得到解吸扩散系数 D_d 和 CO_2 初始浓度 M_0，列于表 2-5。同时估算溶解度和解吸扩散速率。亲 CO_2 添加剂增加了基体的自由体积，加快了 CO_2 的解吸扩散。CO_2 的解吸扩散速率由 CO_2 与添加剂之间的相互作用和添加剂引起的聚合物自由体积变化共同决定[54]。

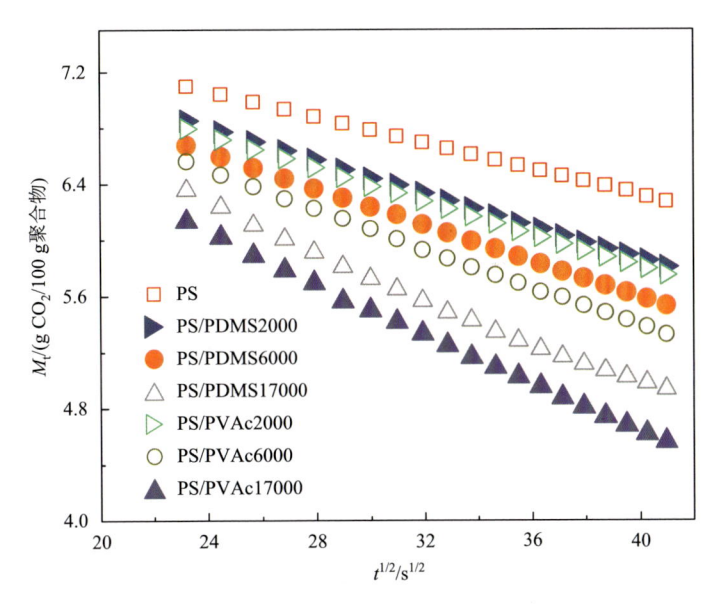

图 2-2　CO_2 在 PS 及其共混物中的解吸扩散曲线

饱和条件为 110℃，15 MPa，数字代表添加物的分子量

表 2-5　CO_2 在 PS 及其共混物中的解吸扩散系数（饱和条件为 110℃，15 MPa）

样品	M_0/(g CO_2/100 g 聚合物)	解吸扩散系数/($\times 10^{-11}$ m²/s)
PS	8.16	3.15
PS/PDMS2000	8.20	4.13
PS/PDMS6000	8.17	5.35
PS/PDMS17000	8.15	9.15
PS/PVAc2000	8.15	4.47
PS/PVAc6000	8.14	5.65
PS/PVAc17000	8.15	9.49

2.2　超临界流体与聚合物的相互作用

2.2.1　超临界流体对聚合物的塑化作用

当 CO_2 扩散进入聚合物内部时，溶解其中的 CO_2 与聚合物链段相互作用，导

致链段的运动能垒降低，宏观表现为 T_g 降低，该过程被称为塑化。塑化可以降低聚合物的黏度，有利于加工过程，同时可以降低聚合物的结晶度，有利于发泡过程。

1. 超临界 CO_2 的塑化作用导致聚合物的 T_g 降低

玻璃化转变是无定形态聚合物材料所特有的性质，是分子链运动形式发生转变的重要表现，它对材料的机械、工艺性能以及聚合物产品的实际用途都具有非常重要的影响，所以一直以来它都是高分子物理研究领域的重要部分。CO_2 对聚合物具有明显的塑化作用，可以降低聚合物的 T_g。聚合物的塑化表现为其分子链的运动能力的提高和链间距的增加。CO_2 分子能与聚合物分子链上某些官能团发生相互作用，而这能减少聚合物分子链间的相互作用，减小分子链运动的阻力从而提高分子链的运动能力。例如，CO_2 分子与 PMMA 链上的羰基间的相互作用是一种类似于 Lewis 酸碱间的作用，这种 CO_2 和高分子链官能团间特殊相互作用解释了 CO_2 在某些聚合物中的溶解度明显强于其在其他材料中的溶解度。CO_2 对聚合物产生塑化作用的同时还能溶胀聚合物基体，从而增大分子链间的自由体积。

目前，对于单一相聚合物的玻璃化转变现象的研究已经较为成熟，研究人员已从大量实验的现象和结果中找到了相应的理论解释，其中应用最广泛的理论有自由体积理论、热力学二级相转变理论以及动力学理论。

超临界 CO_2 环境下聚合物的塑化作用采用热力学理论解释更有说服力。Gibbs 和 E. A. DiMarzio[55]通过统计热力学的方法构造构象配分函数，从塑性剂分子的大小、柔性及其含量 3 个方面研究了小分子（或低聚合度）塑性剂对聚合物二级相转变（类似于玻璃化转变）温度的影响。

T. S. Chow[56]从统计热力学理论出发，借助 Gibbs-DiMarzio 理论得出了形式简单的 T_g 的显式表达式，将影响因素归结为聚合物分子的大小、塑性剂的分子量及其含量以及纯聚合物玻璃化转变时等压热容的变化，再利用量纲分析将聚合物本身的性质（等压热容变、链节分子量、主链原子的化学键数）归结为一个无量纲量，可用比较简单的形式得出较好的结果。

P. D. Condo 等[57]利用 Flory-Huggins 格子理论和 Gibbs-DiMarzio 判据，经过理论推导得到 4 种以压力为变量的 T_g 曲线，并将影响因素归结为以下 3 个方面：压缩流体（小分子或低聚体）在聚合物中的溶解度、聚合物分子链的柔性和纯流体的临界温度。事实上，聚合物中流体的含量是影响 T_g 的直接因素，流体的临界温度和聚合物分子链的柔性只影响溶解度和纯聚合物的 T_g，从而间接地影响聚合物-溶剂系统的 T_g 和系统压力的关系。

所有关于 CO_2 对聚合物塑化作用的理论分析都是基于晶格流体理论，其中，Chow 模型是最早用于预测 CO_2 对聚合物 T_g 影响的模型：

$$\ln\left(\frac{T_g}{T_{g0}}\right) = \beta_c[(1-\theta_c)\ln(1-\theta_c) + \theta_c\ln\theta_c] \tag{2-16}$$

式中，T_{g0} 为聚合物原本的玻璃化转变温度；模型参数 β_c 和 θ_c 的表达式为

$$\beta_c = \frac{zR_g}{M_p\Delta C_{polymer}} \tag{2-17}$$

$$\theta_c = \frac{M_p}{zM_d}\frac{w}{1-w} \tag{2-18}$$

式中，z 为格子坐标参数，一般是 1 或 2；R_g 为气体常数；M_p 为聚合物单体的分子量；M_d 为溶剂的分子量；$\Delta C_{polymer}$ 为发生玻璃化转变时聚合物热容的变化；w 为溶剂在聚合物中的质量分数。

Chow 模型可以很好地预测 PS 在 CO_2 中的 T_g，但由于模型中未考虑气体分子与聚合物之间的强相互作用，Zhang 等发现对于 PMMA/CO_2 系统，Chow 模型预测的 T_g 远低于测量值。Hwang 等提出了 Cha-Yoon[58]模型，该模型考虑了聚合物的密度：

$$T_g = T_{g0}e^{-M_w-\frac{1}{3}\rho_s-\frac{1}{4}\alpha w} \tag{2-19}$$

式中，T_{g0} 为聚合物的玻璃化转变温度；T_g 为溶解了质量分数为 w 的气体的聚合物/气体体系的玻璃化转变温度；M_w 为聚合物的重均分子量；ρ_s 为聚合物密度；α 为聚合物常数；w 为气体在聚合物中的质量分数。

严水霖[59]利用 Chow 模型预测了不同温度下 PS/CO_2 系统的 T_g，PS/CO_2 熔体 T_g 随压力的升高而降低，随温度的升高而升高。在某些聚合物/气体系统中，饱和压力与聚合物/CO_2 状态之间的关系也取决于温度。对于 PMMA/CO_2 系统[60]，在恒定压力下检测到两个 T_g，在较低的温度下，较多的 CO_2 溶解在 PMMA 中；当温度升高时，气体溶解度迅速降低并导致出现第二个 T_g。

Condo 等[57, 61]和 Kikic 等[62]基于格子流体理论（lattic fluid theory）[63, 64]和玻璃化转变的 Gibbs-DiMarzio[65]标准，提出了预测高压下聚合物 T_g 降低的理论模型，模型中涉及一个很重要的参数，CO_2 与聚合物之间的二元相互作用参数（ψ），通过调节 ψ 的数值可以得到几种不同的 T_g 随 CO_2 压力升高而降低的趋势，如图 2-3 所示。

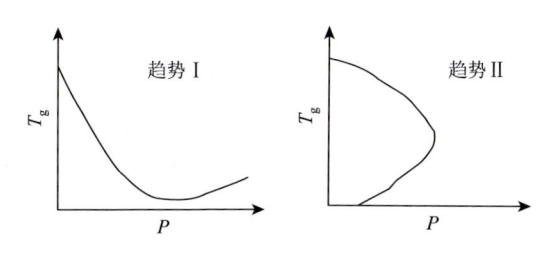

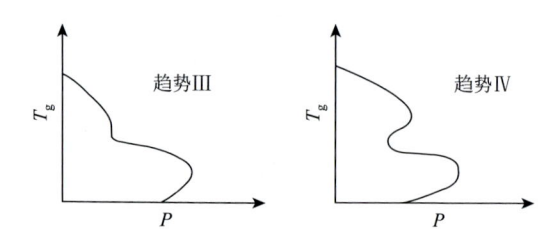

图 2-3　CO_2/聚合物体系中四种不同的 T_g 降低趋势

在实际研究中，最为常见的聚合物在 CO_2 中 T_g 降低的趋势为趋势Ⅰ，如聚丙烯酸、PS、PET 等大多数聚合物[66, 67]。

PMMA 出现了趋势Ⅳ的变化规律；趋势Ⅱ和趋势Ⅲ都是在 CO_2/PMMA 或 CO_2/PS 体系中，通过调节二元相互作用参数而模拟计算得到，但是在实际实验研究中，尚未被证实。不同研究者采用的实验方法不同、假定的二元相互作用参数不同，得到的结果会有很大的差异，但所假定的参数必须以小分子在聚合物中的溶解度实验数据为基准，否则模拟结果将不具有实际意义。

溶解进入聚合物的 CO_2 会显著降低聚合物的 T_g。当聚合物与 CO_2 间的相互作用较强时，聚合物在 CO_2 中的 T_g 会下降更多。测试原理的差异导致不同的测试方法得到的聚合物在高压 CO_2 下的 T_g 存在显著差异。

基于玻璃化转变理论，在常规条件下测量聚合物 T_g 的方法主要有膨胀计法、差示扫描量热法（DSC）、核磁共振（NMR）法、反相色谱法和温度-形变曲线法、力学松弛谱法和介电松弛谱法等。其中最常用的为热分析法和温度-形变曲线法，热分析法是基于聚合物在玻璃化转变前后，聚合物的热容发生突变，包括差热分析（DTA）和差示扫描量热法。温度-形变曲线法的理论依据是在发生玻璃化转变时聚合物的形变量发生突变，但在超临界 CO_2 环境下上述方法均难以实现。

目前，高压 DSC 是最简单的测试方法。但一般高压 DSC 的压力上限大概为 10 MPa，因为高压下测试基线的稳定性会降低。Wen-Chou V. Wang 和 Edward J. Kramer[68]通过跟踪蠕变柔量随温度的变化找出突变点，得出超临界 CO_2 环境下聚合物的 T_g。此方法是高压环境下测量较为有效的方法。

作者团队研究了共发泡剂对 PS 的增塑作用，采用 DSC 测量了 90℃下在醇中饱和一段时间后的 PS/溶剂的 T_g，用于验证 Chow 模型拟合 PS/共发泡剂体系的 T_g，模型和实验数据吻合良好。

CO_2 在聚合物基体的含量直接影响到塑化作用的强弱。Goel 等[67]在研究温度和压力对 PMMA 成核的影响中发现，溶解了 12% CO_2 的 PMMA，基体的 T_g 从 105℃下降到 40℃。考虑到 CO_2 的压力与溶解度存在关联，Huang 等[70]利用高压

DSC 考察了 PLA、PS 和 PC 在高压 CO_2 下的塑化作用，T_g 的降低与饱和压力表现出良好的线性关系。

2. 超临界 CO_2 的塑化作用导致聚合物界面张力降低

超临界 CO_2 的塑化作用增大了聚合物的自由体积，从而减弱了聚合物分子链间的相互作用，且超临界 CO_2 在聚合物中的溶解降低了聚合物熔体的整体密度，客观上导致了聚合物间界面张力的降低。目前，国际上公认的可用于高温高压环境下聚合物熔体与 CO_2 体系间界面张力的测量方法为悬滴法。悬滴法主要是利用高压视窗结合实时监控装置，对高压环境中聚合物悬滴的形状进行测量，再通过方程等对聚合物熔体的界面张力进行计算。

陈文婷[71]通过悬滴法测定了超临界 CO_2 环境下 PP、PES 熔体的界面张力，测定的 PP/CO_2 体系的界面张力见表 2-6。在一定温度压力范围内随 CO_2 压力的增大，聚合物的界面张力值基本呈线性减小，但当压力继续升高时，CO_2 在聚合物中的溶解度增加有限，因此界面张力随 CO_2 压力变化几乎趋于不变。但是，PS 在超临界 CO_2 中的界面张力随 CO_2 压力增加而逐渐降低[72]，当压力超过 CO_2 的临界压力时，其界面张力随压力增加继续减小。

表 2-6 超临界 CO_2 环境中 PP 界面张力值

190℃		210℃		230℃	
压力/MPa	界面张力/(dyn/cm)	压力/MPa	界面张力/(dyn/cm)	压力/MPa	界面张力/(dyn/cm)
0	14.12	0	13.97	0	13.67
3.85	13.42	3.19	12.80	3.12	12.54
6.67	12.91	5.33	12.23	5.40	11.82
7.70	12.15	6.99	11.90	7.26	11.21
8.10	11.97	8.33	11.44	9.78	10.33
10.77	11.45	10.45	11.17	—	—

注：1 dyn = 10^{-5} N。

仲华[73]利用对称悬滴法，考察了改性 PET 熔体在 CO_2 环境下的界面张力。结果表明，在实验范围内改性 PET 熔体在 CO_2 环境中的界面张力随着温度和 CO_2 压力的增加呈现减小的趋势，随着 CO_2 压力的增加，改性 PET 熔体的界面张力对温度依赖性减弱。

杨泽等[74]研究了多元醇/CO_2 体系除了考察界面张力对温度与压力的依赖性，还探究了界面张力与 CO_2 溶解度的关系。研究表明，CO_2 在多元醇中的溶解度增加，可以使两相间的差异性、密度差减小，其塑化作用可以导致多元醇的表观黏度下降，最终降低了多元醇在 CO_2 相中的界面张力。

2.2.2 超临界流体中聚合物的结晶行为

聚合物的结晶发生在熔体向固体的转变过程中,其结晶过程是大分子链段重新排列进入晶格,由无序变为有序的松弛过程。CO_2 溶解在聚合物中会造成其溶胀,同时,高压 CO_2 也会对聚合物产生静压力,溶胀和静压力都会改变聚合物分子链的运动方式和排列,从而影响聚合物的结晶动力学,最终导致聚合物在 CO_2 中的结晶温度(T_c)、T_m、结晶度等方面都发生变化,CO_2 对聚合物的塑化作用会降低其 T_g 和 T_m,诱导聚合物结晶等。超临界 CO_2 对聚合物结晶行为的影响可以从两个方面体现:一是对熔融态聚合物结晶过程的影响,包括等温结晶和非等温结晶过程;二是对固态聚合物冷结晶过程的影响,即诱导聚合物结晶。

1. 聚合物等温和非等温结晶过程

超临界 CO_2 对熔融态聚合物的等温结晶过程和非等温结晶过程有很大的影响。等温结晶过程中,CO_2 的加入会降低聚合物的 T_g 和平衡熔点(T_m^0),但不同类型聚合物的 T_g 和平衡熔点随 CO_2 压力的变化呈现出不同的趋势[75]。聚合物等温结晶过程的结晶速率随温度的变化而改变,达到最大结晶速率时的温度 T_{max} 近似为 $T_m^0 + T_g$。根据聚合物的 T_m^0 和 T_g 随 CO_2 压力变化的关系,将聚合物分为两种类型:①等规聚丙烯(iPP)和 PLA 类,CO_2 对其 T_g 的降低作用与对其 T_m^0 的降低作用大致相当,此时 CO_2 的溶解能够降低聚合物成核控制温度范围内的结晶速率,而使晶体生长控制(自扩散控制)温度范围内的结晶速率增加[76];②PET 和间规聚苯乙烯(sPS)类,CO_2 对其 T_g 的降低作用大于对其 T_m^0 的降低,此时结晶速率随着 CO_2 的溶解而提高。

超临界 CO_2 对聚合物非等温结晶过程的影响主要是通过高压 DSC 来研究 CO_2 对聚合物结晶行为的影响。Kishimoto 等[77]和 Zhang 等[78]研究表明 iPP 的 T_c 随着 CO_2 压力的升高而降低。熔融态聚合物在 CO_2 中的非等温结晶过程,更为接近 CO_2 辅助聚合物加工中的挤出成型和注塑成型等过程,因而对熔融态聚合物在 CO_2 中的非等温结晶动力学的研究具有重要的实际应用价值。

超临界 CO_2 降低了聚合物的 T_g,导致聚合物的 T_c 下降,在较低温度下就开始结晶。Handa 等[79]研究了甲基取代聚醚醚酮(PEEK)在不同温度和压力下的退火过程,发现 CO_2 能够明显促进结晶,且相同退火温度下的熔融峰面积随着压力增加而增加;Liao 等[80]研究了超临界 CO_2 对线型聚双酚 A 型碳酸酯的诱导结晶效应,结果表明 CO_2 能诱导其产生不稳定晶体,在曲线上对应低温熔融峰,而已存在的稳定晶体结构在曲线上则对应高温熔融峰,CO_2 使两种晶体的片晶厚度增加,熔融峰的位置随着温度上升而向高温方向移动。

2. 聚合物冷结晶过程

当聚合物从熔体状态降温时，分子链来不及重新排列充分结晶，当再次升温时其能在较低温度发生结晶的现象称为冷结晶现象，PET、PLA、PEEK 等聚合物都能发生冷结晶。高压 CO_2 的塑化作用增加了分子链的流动能力，使得 PLA 能在更低的温度下发生冷结晶[81]。在 70℃不同压力下，在常压下 PLA 结晶时间长达 700 min，随着 CO_2 压力的增加，PLA 的等温冷结晶时间减少，当 CO_2 压力达到 2 MPa 时，等温冷结晶时间减少至 10 min 左右。此外，有研究者发现，升温速率也会影响 PLA 的冷结晶温度（T_{cc}），但在高压 CO_2 的条件下，PLA 的 T_{cc} 始终是降低的，PLA 可以在室温甚至 0℃就能发生冷结晶。

3. 超临界 CO_2 对不同聚合物结晶的影响

1）聚烯烃类

对于聚乙烯、聚丙烯等聚烯烃。Li 等[82]研究表明，高压 CO_2 的存在对 iPP 基体有很强的塑化作用，可有效地将结晶峰推迟到较低温度区，如图 2-4 所示。CO_2 溶解到 iPP 和间规聚丙烯（sPP）后，CO_2 与 iPP 大分子链相互作用，能够提高后者的有序性，不同长度的螺旋结构含量均有所增加，产生诱导结晶[83]，较高的 CO_2 压力能够使得诱导结晶过程所需要的时间大大缩短；CO_2 与 sPP 高分子链之间的相互作用使得一部分处于亚稳态的平面锯齿构象转变为稳定的螺旋构象，改善了间规聚丙烯的结晶行为。高压 CO_2 能诱导 iPP 退火结晶，退火前的 iPP 为 α 晶型和非晶态。在较低温度下，通过 CO_2 等温处理，iPP 链从非晶相结晶，仅观察到一种晶型，即 α 晶型。在较高温度下，通过 CO_2 等温处理，非晶相结晶和现有晶体片层增厚，处理后的 iPP 中还出现了少量 γ 型晶体[84]。

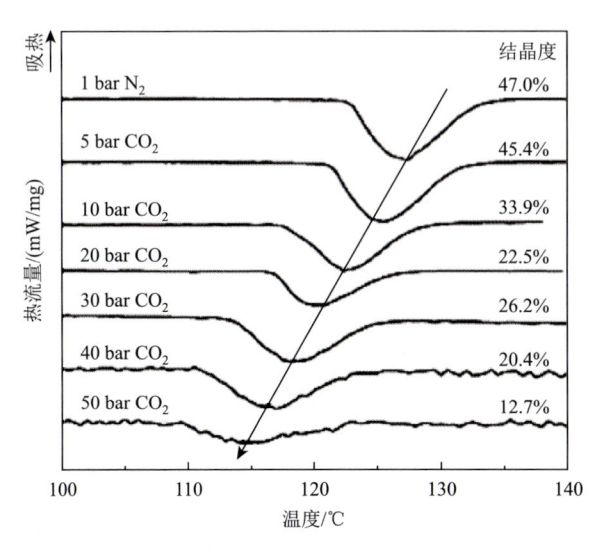

图 2-4 等规聚丙烯 T_c 随 CO_2 压力的变化

采用高压流变仪也可研究高压 CO_2 环境中的结晶行为，随着 CO_2 压力增加，LDPE 结晶速率明显降低；此外，在 CO_2 气氛下，起始 T_c 推迟到较低的温度[85]。同时，经过超临界 CO_2 和不同过程淬火，iPP 可以形成纳米级介晶相畴[86]。

2）聚乳酸

CO_2 的存在可以显著降低 PLA 的 T_c，降低相同温度下 PLA 的结晶活化能并使 PLA 的结晶速率与结晶焓明显提高。等温和非等温结晶结果表明，增加 CO_2 压力可以缩短半结晶时间。在等温和低冷却速率的非等温结晶过程中，通过利用 CO_2 的塑化效应促进更完美的晶体形成，同时限制晶体成核速率，在 15 bar CO_2 压力下实现了非常高的结晶度。在较高的 CO_2 压力下，由于链缠结，形成了大量较不紧密的晶体，最终结晶度降低。高冷却速率下的非等温结果表明，由于结晶时间缩短，所有 CO_2 含量下的总结晶度都有所下降[87]。

Li 等[88]利用高压 DSC 对高压 CO_2 下 PLA 熔体的非等温结晶行为进行了详细研究。CO_2 可以作为控制 PLA 熔体结晶行为的有力工具，即降低 PLA 熔体的 T_c，加快 PLA 熔体的结晶速率[89]，同时 CO_2 也可以降低聚合物的界面张力，这使 PLA 的结晶活化能随 CO_2 压力的升高而明显降低。Liu 等研究发现 CO_2 可以提高中心球晶和新形成球晶的完整性，高压 CO_2 下链运动的增加改变了再结晶球晶和新形成球晶的结晶形态，有利于形成更完美的晶体[90]。

3）聚对苯二甲酸乙二醇酯

高压 CO_2 的存在，降低了 PET 的 T_c，当 CO_2 压力较高时，PET 的 T_g 甚至可以低于室温[91]。CO_2 塑化作用导致 PET 的 T_g 下降程度远大于 T_m 下降程度，CO_2 的溶解加快了 PET 的结晶速率。当结晶处于成核控制区域时，CO_2 会减缓 PET 的结晶速率；当结晶处于生长控制区域时，CO_2 会增加 PET 的结晶速率。

Li 等[94]研究了在 25℃和高压 CO_2 条件下 PET 结晶的本征动力学，并通过 Avrami 方程进行关联。利用 MSB 和 Fick 第二定律测量了 PET 对 CO_2 的吸附，提出了一种耦合 CO_2 在 PET 中扩散和 CO_2 诱导结晶的模型，计算了不同饱和时间下 PET 中的 CO_2 浓度和结晶度分布，发现只有当 CO_2 压力超过一定值时，才会诱导 PET 结晶，同时显著降低 PET 的结晶时间，如图 2-5 所示。

4）聚酰胺

与线型 PA6 相比，改性 PA6 的扩链结构可作为晶体成核位点，显著降低结晶半衰期，结晶速率提高[95, 96]。随着 CO_2 压力的增加，PA6 的结晶度下降，这是由于溶解的 CO_2 对 PA6 分子链的塑化作用，有效推迟了 PA6 熔体的结晶过程，同时降低了结晶所需的耗散能量从而提高了其结晶速率。此外，随着 CO_2 压力的增加，改性 PA6 的结晶速率变得更高，并且在高压 CO_2 环境下的所有样品的 Avrami 指数 n 都介于 3~4，且 n 值随压力增加而降低，这说明 CO_2 阻止了晶体的充分生长，但没有改变 PA6 的晶体生长方式，仍为球晶生长。

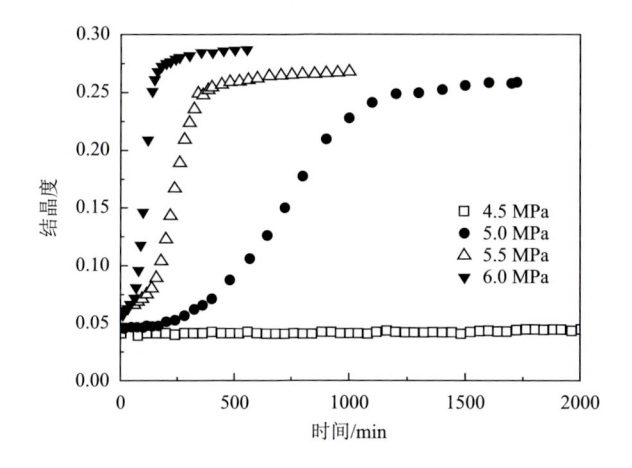

图 2-5　不同饱和时间下 PET 基体内结晶度分布[94]

5）热塑性弹性体

热塑性弹性体通常是由极性不同的软段和硬段组成，由于其热力学不相容性，软硬段形成微区，即微相分离。其硬段序列的聚集区将会发生结晶，其结晶过程受很多因素影响，其中小分子气体的增塑作用会影响硬段域的结晶行为。

首先，对于 TPU 和 PEBA 而言，其硬段通常呈现不同尺寸的微晶结构，长程有序晶体在较高的温度下熔化，而短程有序晶体在较低的温度下熔化。因此，不同尺寸或不同的晶体结构导致了双熔融峰现象[97,98]。较高的退火温度加上 CO_2 的塑化作用，会增强硬段链的流动性，导致短链有序向长链有序转变。当溶解 CO_2 介入在退火过程中，随着饱和压力和饱和温度的增加，导致低熔点熔融峰到更高的温度，并出现一个新的高熔化温度峰值，且结晶度开始明显降低。随着熔融峰移至更高的温度，出现了一些较完美晶体，但键合作用非常弱的硬段晶体也可能被溶解的 CO_2 破坏。在溶解 CO_2 的存在下，结晶度也显著降低。饱和压力的增加会增加晶体成核速率，晶体数量的增加确实会阻碍晶体生长的分子迁移率，因此，尽管存在塑化 CO_2，但是随着饱和压力的增加，结晶度仍会降低。

其次，CO_2 与聚合物的极性基团之间可以发生相互作用，这些极性基团中电负性高的 N 元素和 O 元素作为电子供体而 CO_2 作为电子受体而发生 Lewis 酸碱作用。以 TPU 为例，其红外吸收峰显示，N—H、C—O、C═O 等极性基团的红外吸收峰有往高波数偏移的趋势，并且这种偏移趋势随着 CO_2 压力的升高而变大。此外，经超临界 CO_2 退火后的 TPU 的拉伸强度提高明显，与原料 TPU 相比，经热退火后的拉伸强度略微提高，而经 CO_2 退火后的 TPU 的拉伸强度提高明显[99]。

4. 超临界 CO_2 诱导晶型转变

超临界 CO_2 也会诱导多晶态聚合物晶型转变，CO_2 对聚合物的塑化作用也可降低多晶态聚合物中某些晶型的结晶能垒，使聚合物结晶后的晶型结构改变。CO_2 不仅能够降低聚合物结晶时的某些晶型的结晶能垒，同时也能改变聚合物"固态-固态"转变过程的能垒，使聚合物产生新的晶型转变过程。

在某些聚合物中存在多种晶型结构，如 α 晶型、β 晶型以及 γ 晶型，对很多聚合物来说都是多晶型结构，如在热塑性聚氨酯中存在稳定的 α 晶型和不稳定的晶型，在退火条件下不稳定的晶型会转化为稳定的 α 晶型，在室温下退火使晶型全部转化为 α 晶型所需要的时间约为三天。采用 CO_2 退火，可以加快 TPU 的 β 型晶体与 α 型晶体之间的转化速率，只需几个小时就可以完成，使得更多的不稳定的 β 型晶体转化成了稳定的 α 型晶体[99]。

作者团队利用原位高压原位傅里叶变换红外光谱，结合高压 DSC 以及 X 射线衍射等方法，系统研究了如何利用 CO_2 调控多晶型聚合物等规聚丁烯-1（iPB-1）晶型结构，如图 2-6 所示。控制晶型Ⅱ向晶型Ⅰ转变在低温高压 CO_2 环境中进行，可使该晶型转变过程在极短时间内完成[100]，是迄今报道的促进 iPB-1 晶型Ⅱ向晶型Ⅰ转变最有效的方法；针对 iPB-1 晶型Ⅲ，发现 CO_2 溶解入聚合物基体中，改变了晶型Ⅲ退火向晶型Ⅱ转变的途径，即由常压气氛下的"固态-固态"转变过程变为 CO_2 中的"熔融-重结晶"过程[101]；升温条件下，晶型Ⅲ熔融过程中向晶型Ⅱ的转变由"固态-固态"和"熔融-重结晶"两个过程组成，CO_2 在 iPB-1 中的溶解抑制了"固态-固态"转变过程[102]；发现溶解入 CO_2 的熔融态 iPB-1 非等温结晶可直接生成晶型Ⅰ′[103]；研究了 CO_2 发泡 iPB-1 过程中晶型结构的变化，结果表明，利用 iPB-1 发泡过程中聚合物基体形变使分子链取向能改变结晶过程，可直接从熔融态获得低密度多孔 iPB-1 晶型Ⅰ材料[104]。

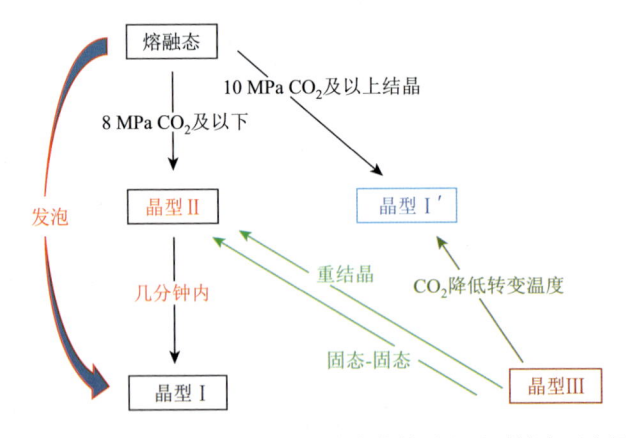

图 2-6 等规聚丁烯-1 在 CO_2 环境中的结晶和晶型转变示意图

超临界 CO_2 中多晶态聚合物晶型转变的研究对认识晶型转变机理具有重要理论意义。同时，由于聚合物的晶型结构显著影响其力学性能及其他性能，因此通过调控 CO_2 的物理化学性质来调控其晶型结构具有重要的实用价值。

2.2.3 聚合物/超临界流体体系的流变行为

聚合物的流变行为在泡孔生长过程中直接影响着黏度和松弛时间，间接影响着基体的压力、速度分布，从而影响着气体在聚合物中的溶解、泡孔成核与生长。研究流变学对发泡的影响主要包含两个方面，第一是判定材料是否适合发泡，通过表征在常压或高压环境下聚合物的黏弹性间接预测发泡行为。一般剪切变稀现象越明显、损耗因子越低表明聚合物的长支链较多，其弹性较好，对发泡有利。第二是对聚合物/CO_2 均相溶液的流变行为进行定量化表征，因为高压 CO_2 本身会塑化聚合物，对其黏弹性产生影响。表征聚合物/CO_2 均相溶液的黏弹性能够直接考察发泡状态下的流变行为，并为发泡过程计算或流场模拟提供数据支撑。

1. 聚合物在高压下流变测试

小分子在聚合物中的溶解必然会对聚合物产生塑化效应，改变其黏弹性。定量研究其塑化程度对于发泡材料和发泡过程设计具有指导意义。相比常压流变测试，高压流变测试遇到的挑战目前主要包括两个方面：第一是 CO_2 在聚合物中溶解扩散形成均相溶液；第二是高压 CO_2 环境下测试过程中应力的施加与反馈。对此目前主要有两种测试模式：压力驱动和曳力驱动。

压力驱动包含两种测试方法——毛细管流变仪或狭缝流变仪[105-110]，两种方法本质上没有太大区别，仅是与上游流道接口和加工难度不同，在挤出发泡机末端连接毛细管模头，聚合物/CO_2 溶液的形成主要通过螺杆剪切和静态混合器混合，通过测量毛细管不同位置的压力变化表征剪切应力，体积流率表征剪切速率。

曳力驱动方法主要有落球黏度计和旋转流变[111-116]。一般落球黏度计用于测试黏度相对较小的体系，主要进行的是单点测试，局限性较大，过程与毛细管流变测试有一定相似之处。旋转流变基本测试原理与常压条件下测试相似，都是基于应力或应变控制，但是一般采用磁力耦合代替轴承连接解决腔体密封问题。Park 和 Dealy 自行设计的高压平板流变仪可以较为成功地测定聚合物在高压环境中的流变性质，测试压力和温度都高于普通高压流变测试条件。通过对 HDPE 流变性能的测试，发现当 N_2 和 CO_2 溶解的摩尔数相同时，其塑化程度一致[114,117]。Wingert 等对传统同轴圆筒夹具进行改造，将外筒由普通金属替换成多孔金属，外层再辅以夹套，CO_2 通过多孔金属壁由径向向熔体扩散，扩散时间能够显著缩短[115]。

Anton Paar 公司开发的高压平板流变也被广泛用于超临界 CO_2 环境下聚合物的流变性质测试[113, 118, 119]。

作者团队采用高温高压流变仪（HAAKE MARS Ⅲ）对 CO_2 环境中聚合物流变行为进行了测试。与传统常压流变测试相比，高压流变测试为了保持高压系统密封，采用磁力耦合驱动代替轴承连接驱动，其扭矩范围为 0.06~200 N·cm，温度和压力上限分别能够达 300℃和 400 bar。

2. 静压力对聚合物流变性能的影响

静压力对聚合物流变性能的影响主要基于聚合物的分子结构，目前普遍基于 Barus 方程来关联静压力平移因子随静压力的变化[120]。对于 HDPE，随着静压力增加出现拐点的原因主要归结于其自由体积较小，随着静压力增加，分子链段逐渐压缩聚集，当聚集达到一定程度的时候，其对静压力就不再敏感，即出现拐点。对于 LDPE，由于自由体积较大，能够提供足够空间使链段压缩，当压力升高到一定程度时也会出现类似的拐点。

对于 HDPE，为了更好地关联平移因子，分两段进行拟合，即拟合区间分为 0~10 MPa 和大于 10 MPa。对于 LDPE，在整个压力区间，静压力与损耗因子（$\tan\delta = G''/G'$）的关系如下：随着静压力的增加，弹性模量和黏性模量同时增加，损耗因子逐渐减小，即弹性模量增加速率高于黏性模量。

3. 静压力和 CO_2 溶解共同作用对流变性能的影响

从实验角度独立考察 CO_2 溶解对聚合物流变性质的影响是无法实现的，因为 CO_2 若要溶解进入聚合物基体必须保证静压力的存在。通过估算扩散系数或者实验结果连续不变性都能确定饱和时间。

在 CO_2 饱和条件下，损耗因子随着 CO_2 饱和压力增加也逐渐增加，即其弹性模量降低幅度会大于黏性模量。基于 He 条件下损耗因子的变化可以发现，相比黏性模量，弹性模量对静压力和/或 CO_2 溶解量更加敏感。结合聚合物加工过程，尤其是对于挤出发泡过程，Park 和 Malone 等基于损耗因子提出了聚合物熔融发泡的可发泡因子 $F = \rho D(\tan\delta)^{0.75} \leqslant 1.8$，其中，$\rho$ 为发泡样品密度，D 为泡孔平均孔径。显然，较小的 $\tan\delta$ 值是有利于发泡过程的，即保持相对较高的弹性模量和较低的黏性模量。保持较高的静压力和较低的 CO_2 浓度有利于损耗因子的降低。因此，在实际挤出发泡过程中，应该尽量提高机筒的压力，如通过增加螺杆转速、降低机筒温度、增加模头背压等。根据经典成核理论，提高机筒压力能够有效提高泄压速率，有利于泡孔成核。同时，在满足发泡需求的情况下可适当降低 CO_2 的注入量，提高发泡剂的使用效率，以保证熔体的黏弹性尽量处于较合适的范围。根据泡孔生长理论，熔体黏弹性越好，越有利于泡孔的生长，能够有效避免泡孔合并和破裂，形成闭孔结构，同时能够有效控制泡孔孔径，获得结构可控的泡孔形貌。

4. CO_2 溶解量对流变性质的影响

相比温度和静压力的影响可以采用实验直接表征得到，CO_2 溶解量对聚合物流变学的影响是无法独立通过实验考察的，因为 CO_2 的溶解必然伴随静压力的饱和。但是，独立考察 CO_2 溶解量对聚合物的影响是十分有意义的。例如，为了保证加工过程的稳定性，挤出发泡过程中 CO_2 的注入量必然低于熔融温度、压力对应的溶解度，以避免聚合物/CO_2 均相体系在机筒内发生分相。结合"2. 静压力对聚合物流变性能的影响"中静压力的影响能够完整考察不同 CO_2 注入量下的流变学性能。基于此，首先假设静压力的影响与 CO_2 溶解量的影响能够分开基于 Fujita 和 Kishimoto 曾提出的描述 CO_2 溶解对流变学影响的模型（F-K 模型）[121]。作者团队基于高压流变仪原位测定了高压 CO_2 体系下聚丙烯和聚乙烯的流变行为特性。

以聚乙烯为例，表 2-7 列出了浓度平移因子与溶解气体量的关系和模型拟合情况，拟合得到的 LDPE 的自由体积也要明显高于 HDPE，这主要归因于长支链的存在使得链段排列相对杂乱，链段之间形成较大的空间。

表 2-7 HDPE 和 LDPE 在不同 CO_2 溶解量下的 F-K 模型拟合参数[122]

温度/℃	HDPE		LDPE	
	f	θ	f	θ
150	0.08	0.25	0.10	0.15
160	0.07	0.25	0.11	0.18
170	0.07	0.12	0.10	0.17
180	0.07	0.13	0.11	0.19

注：f 是自由体积分数；θ 是溶解的气体对自由体积的贡献。

5. 高压 CO_2 对不同聚合物流变行为的影响

1）LDPE/LLDPE 共混体系

在聚合物发泡过程中，刚性模量和特征松弛时间（λ）不断变化。在相同的 λ 下，不同的刚性模量对应不同的黏度。对于较高黏度的熔体，气泡生长速率较低。这主要是因为高黏度是气泡生长过程中的阻力之一。气泡生长过程中较长的 λ 值意味着不仅气泡周围的累积应力松弛需要更长的时间，而且累积应力所需的时间也更长。因此，λ 的变化在泡沫生长过程的模拟中至关重要。这种变化的本质是由聚合物基质释放 CO_2 引起的分子链运动变化所驱动的。在高频区域，流变仪上磁体和转子的惯性有可能会导致系统信号滞后和不稳定，从而会导致测试结果存在较大误差。但是，相关数据表明，在本构模型拟合的过程中，高频区域的 λ 的影响可以忽略不计。对于线型低密度聚乙烯（LLDPE）/LDPE 共混物的复数黏度（η^*），在不同的 CO_2 压力下，随着 CO_2 压力的增加，η^* 会由于分子链运动的加强而降低[123]。

2）高压 CO_2 对 PP 流变行为的影响

CO_2 对聚合物的塑化作用会同时改变聚合物的熔融行为和流变行为，这有可能会导致聚合物的熔体强度不满足发泡要求。与熔融态发泡不同，在半固态发泡过程中，聚合物中仍然会存在一些结晶区，从而影响聚合物的流变性能，进而影响聚合物的可发泡性。因此，不能像熔融态发泡那样在常压下预测流变特性的发泡行为，如 PP[124]。随着 CO_2 压力的增加，PP 的 η^* 由于分子链的运动增强而减小。在低 CO_2 压力下，由于大部分晶区仍然存在，PP 的流变行为以固态为特征，其复数黏度与频率呈显著的线性关系。然而，随着 CO_2 压力的增加，更多的晶体区域已经熔化，这表明低频下的复数黏度趋于稳定，PP 表现出熔融状态的特性。在低温（37℃）下，PP 在 0.1~20.73 MPa 的不同 CO_2 压力下的流变行为由于大部分晶体区域的存在而始终表现出固态特性，这意味着更长的特征弛豫时间和刚性模量。在较高温度下，随着 CO_2 压力的增加，PP 中的塑化作用增强，使 PP 的流变行为呈现熔融态特征。

3）高压 CO_2 对硅橡胶流变行为的影响

不同预硫化时间的硅橡胶也会影响其流变行为。当硅橡胶的预硫化时间从 6 min 增加到 18 min 时，化学交联网络增强，从而进一步增加了 η^* 和 G'。当 P_s 从 10 MPa 增加到 14 MPa 时，η^* 和 G' 均降低，这主要是因为会有更多的 CO_2 可以渗透到硅橡胶基质中，这大大增加了橡胶链的运动活性并破坏了 SiO_2 和聚甲基乙烯基硅氧烷（PMVS）之间的联系。与此同时，CO_2 对聚合物的塑化作用也与时间有关，因此不同压力下的试样之间的差异随着时间的推移而扩大。

4）CO_2、N_2 以及增塑剂对 PLA 流变行为的影响

CO_2 和 N_2 在不同温度下对 PLA 的塑化作用不同[126]。N_2 同样可以像 CO_2 那样对聚合物起到一定的塑化作用。当 N_2 的浓度增加到某一程度时，PLA 的剪切黏度并不会继续降低，而是处于一个十分接近于水平线的水平，因此在高浓度 N_2 氛围下 PLA 的复数黏度大概率要高于 CO_2 氛围下的复数黏度。

2.3 聚合物发泡材料的尺寸稳定性模拟分析

2.3.1 发泡材料收缩问题分析

聚合物发泡结束后，由于气体浓度差的驱动，聚合物发泡材料内的发泡剂有渗透出发泡材料的趋势，而空气则有渗透进发泡材料的趋势，从而使聚合物发泡材料还需经历一个老化过程（即发泡剂/空气的交换过程）。该老化过程可能会影响聚合物发泡材料的尺寸稳定性，进而可能影响聚合物发泡材料的性能及应用。

在老化过程中，如果发泡剂从发泡材料中渗透出去的速率比空气进入发泡材料的速率更快，那么聚合物发泡材料内部将形成负压。这种负压现象对聚合物发泡材料尺寸稳定性的影响主要取决于聚合物本身。刚性聚合物发泡材料（如 PS 发泡材料、PET 发泡材料等）具有足够的刚性来支撑发泡后的泡孔结构，使得其尺寸稳定性通常不受老化过程的影响。然而，柔性聚合物发泡材料（如 PE 发泡材料、TPU 发泡材料、PBST 发泡材料等）通常具有良好的柔性和较差的刚性，使得其无法支撑负压下的泡孔结构，导致发泡产品在老化过程中可能会遭遇严重的收缩和变形问题。因此，对于柔性聚合物发泡材料，其制备过程除了受到气泡成核和气泡生长的影响外，还受到老化过程的显著影响，即发泡产品的尺寸稳定性与老化过程密切相关。

2.3.2 发泡材料收缩过程建模

在具有闭孔结构的发泡材料中，气体将在两个孔的孔壁之间进行传质，从而实现气体交换。由于泡孔中的气体扩散比其在聚合物中快得多，因此气体通过泡孔壁的速度决定了质量传递的速度。

如图 2-7 所示，抗收缩能力的模拟基于立方体晶胞模型。线弹性方程（PE 泡沫）或三阶 Ogden 超弹性方程（TPU 泡沫）用于描述泡孔壁的力学行为，理想气体方程式用于描述泡孔中气体的状态。为了分析发泡材料的抗收缩能力，进行了以下假设：

（1）发泡材料的泡孔结构是均匀分布的立方泡孔，由于对称效应，示意图中仅显示了发泡材料厚度的一半。

（2）气体交换仅发生在厚度方向，而其他两个维度上不发生气体交换。

（3）气体的扩散系数和渗透系数是恒定的，不受其他气体存在的影响。

（4）气体交换过程可以认为是等温的。

图 2-7　具有闭孔结构的发泡材料示意图

（5）横向泡孔壁仅在与应力方向平行的方向上被压缩或恢复。

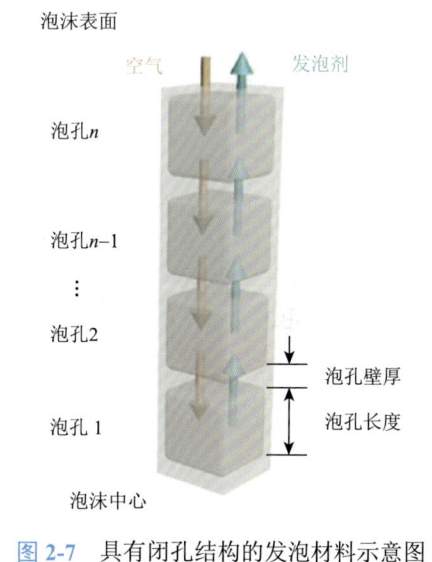

基于以上假设，气体传输方程如下：

$$\frac{\mathrm{d}m_{\mathrm{gas},i_{\mathrm{cell}}}}{\mathrm{d}t} = -\frac{p_{\mathrm{gas}} A_{\mathrm{gas}}}{h_{\mathrm{cell}}}(P_{\mathrm{gas}1} - P_{\mathrm{gas}2}) \qquad (2\text{-}20)$$

在发泡材料中心位置（$i_{\mathrm{cell}} = 1$）：

$$\frac{\mathrm{d}m_{\mathrm{gas}\,i_{\mathrm{cell}}}}{\mathrm{d}t} = -\frac{p_{\mathrm{gas}}A_{\mathrm{gas}}}{h_{\mathrm{cell}}}(P_{\mathrm{gas}\,1} - P_{\mathrm{gas}\,2}) \quad (2\text{-}21)$$

在发泡材料中间位置 [$i_{\mathrm{cell}} = 2 \sim (n_{\mathrm{cell}} - 1)$]：

$$\frac{\mathrm{d}m_{\mathrm{gas}\,i_{\mathrm{cell}}}}{\mathrm{d}t} = -\frac{p_{\mathrm{gas}}A_{\mathrm{gas}}}{h_{\mathrm{cell}}}(P_{\mathrm{gas}\,n_{\mathrm{cell}}-1} - 2P_{\mathrm{gas},n_{\mathrm{cell}}} + P_{\mathrm{gas},n_{\mathrm{cell}}+1}) \quad (2\text{-}22)$$

在发泡材料表面位置（$i_{\mathrm{cell}} = n_{\mathrm{cell}}$）：

$$h_{\mathrm{cell}} = \left(\frac{1}{\sqrt[3]{1 - \rho_{\mathrm{foam}}/\rho_{\mathrm{foam0}}}} - 1\right) l_{\mathrm{foam0}} \quad (2\text{-}23)$$

$$l_{\mathrm{foam0}} = \frac{1}{2n_{\mathrm{cell}}}\left(1 - \frac{\rho_{\mathrm{foam}}}{\rho_{\mathrm{foam0}}}\right) L_{\mathrm{foam0}} \quad (2\text{-}24)$$

式中，$m_{\mathrm{gas},i_{\mathrm{cell}}}$ 为泡孔 i_{cell} 中气体的质量；p_{gas} 为气体渗透率；A_{gas} 为气体渗透面积；$P_{\mathrm{gas},i_{\mathrm{cell}}}$ 为泡孔 i_{cell} 中气体的分压；h_{cell} 为泡孔壁的厚度；l_{foam0} 为初始泡孔长度；n_{cell} 为泡孔壁的数量；ρ_{foam0} 为未发泡材料的堆积密度；ρ_{foam} 为发泡材料的堆积密度；L_{foam0} 为初始发泡材料厚度。

对于给定的泡孔体积和温度，气体压力与质量的关系为

$$P_{i_{\mathrm{cell}}}^{\mathrm{CO}_2} A_{\mathrm{gas}} l_{i_{\mathrm{cell}}} = \frac{m_{i_{\mathrm{cell}}}^{\mathrm{CO}_2}}{M_{i_{\mathrm{cell}}}^{\mathrm{CO}_2}} RT \quad (2\text{-}25)$$

$$P_{i_{\mathrm{cell}}}^{\mathrm{N}_2} A_{\mathrm{gas}} l_{i_{\mathrm{cell}}} = \frac{m_{i_{\mathrm{cell}}}^{\mathrm{N}_2}}{M_{i_{\mathrm{cell}}}^{\mathrm{N}_2}} RT \quad (2\text{-}26)$$

$$P_{i_{\mathrm{cell}}}^{\mathrm{air}} A_{\mathrm{gas}} l_{i_{\mathrm{cell}}} = \frac{m_{i_{\mathrm{cell}}}^{\mathrm{air}}}{M_{i_{\mathrm{cell}}}^{\mathrm{air}}} RT \quad (2\text{-}27)$$

$$P_{i_{\mathrm{cell}}}^{\mathrm{total}} = P_{i_{\mathrm{cell}}}^{\mathrm{CO}_2} + P_{i_{\mathrm{cell}}}^{\mathrm{N}_2} + P_{i_{\mathrm{cell}}}^{\mathrm{air}} \quad (2\text{-}28)$$

式中，$l_{i_{\mathrm{cell}}}$ 为泡孔 i_{cell} 的当前泡孔长度；$M_{i_{\mathrm{cell}}}^{\mathrm{gas}}$ 为气体分子量；$P_{i_{\mathrm{cell}}}^{\mathrm{total}}$ 为泡孔 i_{cell} 中的总气压。泡孔中的当前单元格长度是通过泡孔的收缩率来进行计算的。

初始条件为

$$P_{i_{\mathrm{cell}}}^{\mathrm{CO}_2+\mathrm{N}_2}\big|_{t=0} = P_{\mathrm{a}} \quad (2\text{-}29)$$

$$P_{i_{\mathrm{cell}}}^{\mathrm{air}}\big|_{t=0} = 0 \quad (2\text{-}30)$$

式中，P_{a} 为大气压。

随后，可以通过式（2-31）计算总发泡材料体积相对于初始发泡材料体积的变化：

$$\frac{V_{\mathrm{foam}}(t)}{V_{\mathrm{foam0}}} = \frac{n_{\mathrm{cell}} h_{\mathrm{cell}} + \sum\limits_{i_{\mathrm{cell}}=1}^{n_{\mathrm{cell}}} l_{i_{\mathrm{cell}}}}{n_{\mathrm{cell}}(h_{\mathrm{cell}} + l_{\mathrm{foam0}})} \quad (2\text{-}31)$$

泡孔中气体质量的变化将导致泡孔体积在被压缩或反弹后发生变化。因此，在下一时间步长计算之前，通过式（2-32）调整泡孔中的气压：

$$P_{i_{cell}}(\text{adj}) = P_{i_{cell}} \frac{l_{i_{cell}}(t-1)}{l_{i_{cell}}(t)} \quad (2\text{-}32)$$

在下一时间步长的计算中，将每个泡孔中调整后的气体分压用作初始气体压力。

2.3.3 发泡材料的抗收缩策略

由于 CO_2 较快的解吸扩散速率和软质聚合物发泡材料较差的刚性模量，聚合物发泡材料通常存在严重的收缩问题，尺寸稳定性较差。针对收缩过程分析和收缩过程模型建立，可以从发泡剂解吸扩散行为、聚合物基体模量和泡孔结构实现发泡材料的抗收缩过程，提高聚合物发泡材料的尺寸稳定性。

1. 基于发泡剂提高发泡材料尺寸稳定性

针对 CO_2 高扩散速率形成的泡孔内负压现象，可以采用渗透系数低的发泡剂（如 N_2、$i\text{-}C_4H_{10}$）与 CO_2 形成混合发泡剂，在不影响聚合物发泡性能、发泡材料倍率的前提下，提高发泡材料的尺寸稳定性。

在收缩和尺寸稳定性模型中，相邻泡孔间的泡孔壁均可视为发泡剂/空气交换的屏障（膜），且通过泡孔壁的渗透是发泡剂/空气交换的速率控制步骤。以 CO_2/N_2 和 $CO_2/i\text{-}C_4H_{10}$ 形成的混合发泡剂，N_2 和 $i\text{-}C_4H_{10}$ 通过泡孔壁的渗透速率远低于 CO_2 的渗透速率，在发泡材料老化过程中，残留在泡孔中的 N_2 或 $i\text{-}C_4H_{10}$ 可以抵抗负压导致的泡孔收缩，随着空气扩散进入泡孔，发泡材料得到恢复，收缩率降低。因此老化阶段的初始 N_2 或 $i\text{-}C_4H_{10}$ 质量分数越高，混合发泡剂渗透出泡沫的速率就越慢，发泡材料的尺寸稳定性就越好。作者团队采用 CO_2/N_2 和 $CO_2/i\text{-}C_4H_{10}$ 混合发泡剂制备了高发泡倍率、低收缩率的 LDPE 发泡材料。

2. 基于开孔结构提高发泡材料尺寸稳定性

对于常规闭孔发泡材料，CO_2 通过泡孔壁的渗透速率远高于空气的渗透速率，因此导致发泡材料面临收缩的问题。而开孔结构的引入有利于提高 CO_2 和空气的置换效率，使空气可以及时扩散进入泡孔，防止泡孔内负压的形成。因此，在发泡材料中引入开孔结构也有利于提高发泡材料的尺寸稳定性。

作者团队分别制备了具有开孔结构的 LLDPE/LDPE 和 PBST/PLA 发泡材料。引入开孔结构和增加开孔率提高了 CO_2 和空气的交换速率，其中通过简单控制 LLDPE 加入量和 CO_2 饱和压力（如 10 wt% LLDPE 和 15 MPa CO_2），制备具有高发泡倍率（约 25）和良好稳定性的 LDPE/LLDPE 开孔发泡材料。

3. 基于聚合物基体模量提高发泡材料尺寸稳定性

软质聚合物发泡材料具有较差的刚性模量，无法支撑负压下的泡孔结构，导致发泡材料存在严重的收缩和变形问题。针对软质聚合物发泡材料刚性不足引起的尺寸稳定性差，可以从聚合物基体出发，提高聚合物基体的弹性模量和刚度。而提高聚合物基体弹性模量的方法有调控聚合物的熔融结晶行为和结晶度、将聚合物与其他刚性聚合物或填料共混等方法，通过提高聚合物分子链间的缠结效应，降低分子链的弛豫行为，改善聚合物分子链的刚性，延长 CO_2 和空气的置换时间，来优化发泡材料的尺寸稳定性。

作者团队通过在 TPU 中引入高强度纤维（硼酸镁晶须）和原纤化聚四氟乙烯（PTFE），形成 TPU/晶须和 TPU/PTFE 复合材料，晶须和 PTFE 与 TPU 分子链之间形成的拓扑网络结构降低了分子链的弛豫回弹和运动能力，为空气及时扩散进入泡孔提供了有效时间，制备了具有较高发泡倍率和低收缩率的 TPU 发泡材料。

2.4 本章小结

本章系统综述了超临界流体在聚合物中的溶解扩散行为，超临界流体对聚合物塑化作用、熔融结晶行为和流变特性的影响，为调控发泡产品的泡孔形貌和应用性能提供了理论指导。针对热塑性聚氨酯等软质聚合物发泡材料，提出了影响发泡材料尺寸稳定性的因素（CO_2 远高于空气的扩散速率和软质聚合物较差的刚性），并建立了泡孔收缩过程模型，最后提出了利用混合气发泡、构建开孔结构以及提高聚合物基体模量等方法实现发泡材料的抗收缩行为，改善发泡材料的尺寸稳定性。

参 考 文 献

[1] Tomasko D L，Li H，Liu D，et al. A review of CO_2 applications in the processing of polymers[J]. Industrial & Engineering Chemistry Research，2003，42（25）：6431-6456.

[2] 陈淼灿，赵玲，刘涛，等. 压力衰减法测定 CO_2 在固态聚对苯二甲酸乙二醇酯中的溶解度[J]. 华东理工大学学报（自然科学版），2007（4）：445-449.

[3] Sanchez I C，Lacombe R H. Statistical thermodynamics of polymer solutions[J]. Macromolecules，1978，11（6）：1145-1156.

[4] Kiran E，Sarver J A，Hassler J C. Solubility and diffusivity of CO_2 and N_2 in polymers and polymer swelling，glass transition，melting，and crystallization at high pressure：A critical review and perspectives on experimental methods，data，and modeling[J]. The Journal of Supercritical Fluids，2022，185：105378.

[5] Xie H，Simha R. Theory of solubility of gases in polymers[J]. Polymer International，1997，44（3）：348-355.

[6] Sato Y，Takikawa T，Takishima S，et al. Solubilities and diffusion coefficients of carbon dioxide in poly（vinyl

acetate) and polystyrene[J]. The Journal of Supercritical Fluids, 2001, 19 (2): 187-198.

[7] Téllez-Pérez C, Sobolik V, Montejano-Gaitán J G, et al. Impact of swell-drying process on water activity and drying kinetics of Moroccan pepper (*Capsicum annum*) [J]. Drying Technology, 2015, 33 (2): 131-142.

[8] Buttry D A, Ward M D. Measurement of interfacial processes at electrode surfaces with the electrochemical quartz crystal microbalance[J]. Chemical Reviews, 1992, 92 (6): 1355-1379.

[9] Sato Y, Yurugi M, Fujiwara K, et al. Solubilities of carbon dioxide and nitrogen in polystyrene under high temperature and pressure[J]. Fluid Phase Equilibria, 1996, 125 (1-2): 129-138.

[10] Sato Y, Fujiwara K, Takikawa T, et al. Solubilities and diffusion coefficients of carbon dioxide and nitrogen in polypropylene, high-density polyethylene, and polystyrene under high pressures and temperatures[J]. Fluid Phase Equilibria, 1999, 162 (1-2): 261-276.

[11] Li D, Liu T, Zhao L, et al. Solubility and diffusivity of carbon dioxide in solid-state isotactic polypropylene by the pressure-decay method[J]. Industrial & Engineering Chemistry Research, 2009, 48 (15): 7117-7124.

[12] Liu D, Li H, Noon M S, et al. CO_2-induced PMMA swelling and multiple thermodynamic property analysis using Sanchez-Lacombe EOS[J]. Macromolecules, 2005, 38 (10): 4416-4424.

[13] Qian Y H, Cao J M, Li X K, et al. Diffusion and desorption of CO_2 in foamed polystyrene film[J]. Journal of Applied Polymer Science, 2018, 135 (1): 45645.

[14] Kamiya Y, Hirose T, Mizoguchi K, et al. Gravimetric study of high-pressure sorption of gases in polymers[J]. Journal of Polymer Science Part B: Polymer Physics, 1986, 24 (7): 1525-1539.

[15] Guo H, Kumar V. Solid-state poly (methyl methacrylate) (PMMA) nanofoams. Part I: Low-temperature CO_2 sorption, diffusion, and the depression in PMMA glass transition[J]. Polymer, 2015, 57: 157-163.

[16] Azimi H R, Rezaei M. Solubility and diffusivity of carbon dioxide in St-MMA copolymers[J]. The Journal of Chemical Thermodynamics, 2013, 58: 279-287.

[17] Ruiz-Alsop R N, Mueller P A, Richards J R, et al. Simultaneous *in situ* measurement of sorption and swelling of polymers in gases and supercritical fluids[J]. Journal of Polymer Science Part B: Polymer Physics, 2011, 49 (8): 574-580.

[18] Chen J, Liu T, Zhao L, et al. Determination of CO_2 solubility in isotactic polypropylene melts with different polydispersities using magnetic suspension balance combined with swelling correction[J]. Thermochimica Acta, 2012, 530: 79-86.

[19] Wissinger R G, Paulaitis M E. Swelling and sorption in polymer-CO_2 mixtures at elevated pressures[J]. Journal of Polymer Science Part B: Polymer Physics, 1987, 25 (12): 2497-2510.

[20] Champeau M, Thomassin J M, Jérôme C, et al. *In situ* FTIR micro-spectroscopy to investigate polymeric fibers under supercritical carbon dioxide: CO_2 sorption and swelling measurements[J]. The Journal of Supercritical Fluids, 2014, 90: 44-52.

[21] Muth O, Hirth T, Vogel H. Investigation of sorption and diffusion of supercritical carbon dioxide into poly (vinyl chloride) [J]. The Journal of Supercritical Fluids, 2001, 19 (3): 299-306.

[22] Royer J R, DeSimone J M, Khan S A. Carbon dioxide-induced swelling of poly (dimethylsiloxane) [J]. Macromolecules, 1999, 32 (26): 8965-8973.

[23] Martinache J D, Royer J R, Siripurapu S, et al. Processing of polyamide 11 with supercritical carbon dioxide[J]. Industrial & Engineering Chemistry Research, 2001, 40 (23): 5570-5577.

[24] Kazarian S G, Vincent M F, Eckert C A. Infrared cell for supercritical fluid-polymer interactions[J]. Review of Scientific Instruments, 1996, 67 (4): 1586-1589.

[25] Crank J. The Mathematics of Diffusion[J]. Review of Scientific Instruments, 1976, 50: 134685.

[26] Shanks R, Pavel D. Simulation of diffusion of O_2 and CO_2 in amorphous poly (ethylene terephthalate) and related alkylene and isomeric polyesters[J]. Molecular Simulation, 2002, 28 (10-11): 939-969.

[27] Shelley J C, Shelley M Y. Computer simulation of surfactant solutions[J]. Current Opinion in Colloid & Interface Science, 2000, 5 (1-2): 101-110.

[28] Eslami H, Karimi-Varzaneh H A, Müller-Plathe F. Coarse-grained computer simulation of nanoconfined polyamide-6, 6[J]. Macromolecules, 2011, 44 (8): 3117-3128.

[29] Wang J J, Li Z Z, Gu X P, et al. A dissipative particle dynamics study on the compatibilizing process of immiscible polymer blends with graft copolymers[J]. Polymer, 2012, 53 (20): 4448-4454.

[30] Gai J G, Li H L, Schrauwen C, et al. Dissipative particle dynamics study on the phase morphologies of the ultrahigh molecular weight polyethylene/polypropylene/poly (ethylene glycol) blends[J]. Polymer, 2009, 50 (1): 336-346.

[31] Sliozberg Y R, Andzelm J W, Brennan J K, et al. Modeling viscoelastic properties of triblock copolymers: A DPD simulation study[J]. Journal of Polymer Science part B: Polymer Physics, 2010, 48 (1): 15-25.

[32] Maurel G, Goujon F, Schnell B, et al. Prediction of structural and thermomechanical properties of polymers from multiscale simulations[J]. RSC Advances, 2015, 5 (19): 14065-14073.

[33] Park H B, Jung C H, Lee Y M, et al. Polymers with cavities tuned for fast selective transport of small molecules and ions[J]. Science, 2007, 318 (5848): 254-258.

[34] Danner R P. Measuring and correlating diffusivity in polymer-solvent systems using free-volume theory[J]. Fluid Phase Equilibria, 2014, 362: 19-27.

[35] Chen J, Liu T, Yuan W, et al. Solubility and diffusivity of CO_2 in polypropylene/micro-calcium carbonate composites[J]. The Journal of Supercritical Fluids, 2013, 77: 33-43.

[36] Wind J D, Sirard S M, Paul D R, et al. Relaxation dynamics of CO_2 diffusion, sorption, and polymer swelling for plasticized polyimide membranes[J]. Macromolecules, 2003, 36 (17): 6442-6448.

[37] Forsyth M, Meakin P, MacFarlane D R, et al. Free volume and conductivity of plasticized polyether-urethane solid polymer electrolytes[J]. Journal of Physics: Condensed Matter, 1995, 7 (39): 7601.

[38] Choudalakis G, Gotsis A D. Permeability of polymer/clay nanocomposites: A review[J]. European Polymer Journal, 2009, 45 (4): 967-984.

[39] Cohen M H, Turnbull D. Molecular transport in liquids and glasses[J]. The Journal of Chemical Physics, 1959, 31 (5): 1164-1169.

[40] Fujida H. Diffusion in polymer-diluent systems[M]. Berlin, Heidelberg: Springer Berlin Heidelberg, 2006: 1-47.

[41] Maeda Y, Paul D R. Effect of antiplasticization on gas sorption and transport. III. Free volume interpretation[J]. Journal of Polymer Science Part B: Polymer Physics, 1987, 25 (5): 1005-1016.

[42] Vrentas J S, Duda J L. Diffusion in polymer-solvent systems. II. A predictive theory for the dependence of diffusion coefficients on temperature, concentration, and molecular weight[J]. Journal of Polymer Science: Polymer Physics Edition, 1977, 15 (3): 417-439.

[43] Park J Y, Paul D R. Correlation and prediction of gas permeability in glassy polymer membrane materials via a modified free volume based group contribution method[J]. Journal of Membrane Science, 1997, 125 (1): 23-39.

[44] Kulkarni S S, Stern S A. The diffusion of CO_2, CH_4, C_2H_4, and C_3H_8 in polyethylene at elevated pressures[J]. Journal of Polymer Science: Polymer Physics Edition, 1983, 21 (3): 441-465.

[45] Sato Y, Takikawa T, Sorakubo A, et al. Solubility and diffusion coefficient of carbon dioxide in biodegradable

polymers[J]. Industrial & Engineering Chemistry Research, 2000, 39 (12): 4813-4819.

[46] Areerat S, Funami E, Hayata Y, et al. Measurement and prediction of diffusion coefficients of supercritical CO_2 in molten polymers[J]. Polymer Engineering & Science, 2004, 44 (10): 1915-1924.

[47] Fanovich M A, Jaeger P. Sorption and diffusion of compressed carbon dioxide in polycaprolactone for the development of porous scaffolds[J]. Materials Science and Engineering: C, 2012, 32 (4): 961-968.

[48] Rocca-Smith J R, Lagorce-Tachon A, Iaconelli C, et al. How high pressure CO_2 impacts PLA film properties[J]. Express Polymer Letters, 2017, 11 (4): 320-333.

[49] Qiang W, Zhao L, Gao X, et al. Dual role of PDMS on improving supercritical CO_2 foaming of polypropylene: CO_2-philic additive and crystallization nucleating agent[J]. The Journal of Supercritical Fluids, 2020, 163: 104888.

[50] Sun Y, Matsumoto M, Kitashima K, et al. Solubility and diffusion coefficient of supercritical-CO_2 in polycarbonate and CO_2 induced crystallization of polycarbonate[J]. The Journal of Supercritical Fluids, 2014, 95: 35-43.

[51] Ushiki I, Hayashi S, Kihara S, et al. Solubilities and diffusion coefficients of carbon dioxide and nitrogen in poly (methyl methacrylate) at high temperatures and pressures[J]. The Journal of Supercritical Fluids, 2019, 152: 104565.

[52] Davis P K, Lundy G D, Palamara J E, et al. New pressure-decay techniques to study gas sorption and diffusion in polymers at elevated pressures[J]. Industrial & Engineering Chemistry Research, 2004, 43 (6): 1537-1542.

[53] Qiang W, Hu D, Liu T, et al. Strategy to control CO_2 diffusion in polystyrene microcellular foaming via CO_2-philic additives[J]. The Journal of Supercritical Fluids, 2019, 147: 329-337.

[54] Chen P, Gao X, Zhao L, et al. Preparation of biodegradable PBST/PLA microcellular foams under supercritical CO_2: Heterogeneous nucleation and anti-shrinkage effect of PLA[J]. Polymer Degradation and Stability, 2022, 197: 109844.

[55] Gibbs J H, DiMarzio E A. Nature of the glass transition and the glassy state[J]. The Journal of Chemical Physics, 1958, 28 (3): 373-383.

[56] Chow T S. Molecular interpretation of the glass transition temperature of polymer-diluent systems[J]. Macromolecules, 1980, 13 (2): 362-364.

[57] Condo P D, Sanchez I C, Panayiotou C G, et al. Glass transition behavior including retrograde vitrification of polymers with compressed fluid diluents[J]. Macromolecules, 1992, 25 (23): 6119-6127.

[58] Hwang Y D, Cha S W. The relationship between gas absorption and the glass transition temperature in a batch microcellular foaming process[J]. Polymer Testing, 2002, 21 (3): 269-275.

[59] 严水霖. 挤出机口模中发泡过程的群体平衡模拟[D]. 上海: 华东理工大学, 2018.

[60] Condo P D, Johnston K P. Retrograde vitrification of polymers with compressed fluid diluents: experimental confirmation[J]. Macromolecules, 1992, 25 (24): 6730-6732.

[61] Condo P D, Paul D R, Johnston K P. Glass transitions of polymers with compressed fluid diluents: Type II and III behavior[J]. Macromolecules, 1994, 27 (2): 365-371.

[62] Kikic I, Vecchione F, Alessi P, et al. Polymer plasticization using supercritical carbon dioxide: Experiment and modeling[J]. Industrial & Engineering Chemistry Research, 2003, 42 (13): 3022-3029.

[63] Huggins M L. Some properties of solutions of long-chain compounds[J]. The Journal of Physical Chemistry, 1942, 46 (1): 151-158.

[64] Sanchez I C, Lacombe R H. An elementary molecular theory of classical fluids. Pure fluids[J]. The Journal of Physical Chemistry, 1976, 80 (21): 2352-2362.

[65] DiMarzio E A, Gibbs J H. Chain stiffness and the lattice theory of polymer phases[J]. Journal of Chemical

Physics, 1958, 28 (5): 807-813.

[66] Liu T, Garner P, DeSimone J M, et al. Particle formation in precipitation polymerization: Continuous precipitation polymerization of acrylic acid in supercritical carbon dioxide[J]. Macromolecules, 2006, 39 (19): 6489-6494.

[67] Handa Y P, Zhang Z. A new technique for measuring retrograde vitrification in polymer-gas systems and for making ultramicrocellular foams from the retrograde phase[J]. Journal of Polymer Science Part B: Polymer Physics, 2000, 38 (5): 716-725.

[68] Wang W C V, Kramer E J, Sachse W H. Effects of high-pressure CO_2 on the glass transition temperature and mechanical properties of polystyrene[J]. Journal of Polymer Science: Polymer Physics Edition, 1982, 20 (8): 1371-1384.

[69] Goel S K, Beckman E J. Plasticization of poly (methyl methacrylate) (PMMA) networks by supercritical carbon dioxide[J]. Polymer, 1993, 34 (7): 1410-1417.

[70] Huang E, Liao X, Zhao C, et al. Effect of unexpected CO_2's phase transition on the high-pressure differential scanning calorimetry performance of various polymers[J]. ACS Sustainable Chemistry & Engineering, 2016, 4 (3): 1810-1818.

[71] 陈文婷. 超临界CO_2环境中聚合物的界面张力[D]. 上海: 华东理工大学, 2012.

[72] Park H, Park C B, Tzoganakis C, et al. Surface tension measurement of polystyrene melts in supercritical carbon dioxide[J]. Industrial & Engineering Chemistry Research, 2006, 45 (5): 1650-1658.

[73] 仲华. 原位熔融缩聚改性的PET及其CO_2发泡过程研究[D]. 上海: 华东理工大学, 2013.

[74] 杨泽, 胡冬冬, 刘涛, 等. 高压气体氛围中的聚氨酯非等温固化动力学[J]. 化工学报, 2018, 69 (11): 4728-4736.

[75] Takada M, Hasegawa S, Ohshima M. Crystallization kinetics of poly (L-lactide) in contact with pressurized CO_2[J]. Polymer Engineering & Science, 2004, 44 (1): 186-196.

[76] Li B, Ma X, Zhao G, et al. Green fabrication method of layered and open-cell polylactide foams for oil-sorption via pre-crystallization and supercritical CO_2-induced melting[J]. The Journal of Supercritical Fluids, 2020, 162: 104854.

[77] Kishimoto Y, Ishii R. Differential scanning calorimetry of isotactic polypropene at high CO_2 pressures[J]. Polymer, 2000, 41 (9): 3483-3485.

[78] Zhang Z, Nawaby A V, Day M. CO_2-delayed crystallization of isotactic polypropylene: A kinetic study[J]. Journal of Polymer Science Part B: Polymer Physics, 2003, 41 (13): 1518-1525.

[79] Handa Y P, Roovers J, Wang F. Effect of thermal annealing and supercritical fluids on the crystallization behavior of methyl-substituted poly (aryl ether ether ketone) [J]. Macromolecules, 1994, 27 (19): 5511-5516.

[80] Liao X, Wang J, Li G, et al. Effect of supercritical carbon dioxide on the crystallization and melting behavior of linear bisphenol A polycarbonate[J]. Journal of Polymer Science Part B: Polymer Physics, 2004, 42 (2): 280-285.

[81] Yu L, Liu H, Dean K. Thermal behaviour of poly (lactic acid) in contact with compressed carbon dioxide[J]. Polymer International, 2009, 58 (4): 368-372.

[82] Li D C, Liu T, Zhao L, et al. Foaming of linear isotactic polypropylene based on its non-isothermal crystallization behaviors under compressed CO_2[J]. The Journal of Supercritical Fluids, 2011, 60: 89-97.

[83] Li B, Zhu X, Hu G H, et al. Supercritical carbon dioxide-induced melting temperature depression and crystallization of syndiotactic polypropylene[J]. Polymer Engineering & Science, 2008, 48 (8): 1608-1614.

[84] Tao L, Ling Z, Xinyuan Z. CO_2-induced crystallization of isotactic polypropylene by annealing near its melting temperature[J]. Journal of Macromolecular Science, Part B, 2010, 49 (4): 821-832.

[85] Wan C, Lu Y, Liu T, et al. Foaming of low density polyethylene with carbon dioxide based on its in situ crystallization behavior characterized by high-pressure rheometer[J]. Industrial & Engineering Chemistry Research, 2017, 56 (38): 10702-10710.

[86] Bao J B, Liu T, Zhao L, et al. Carbon dioxide induced crystallization for toughening polypropylene[J]. Industrial & Engineering Chemistry Research, 2011, 50 (16): 9632-9641.

[87] Nofar M, Zhu W, Park C B. Effect of dissolved CO_2 on the crystallization behavior of linear and branched PLA[J]. Polymer, 2012, 53 (15): 3341-3353.

[88] Li D, Liu T, Zhao L, et al. Foaming of poly (lactic acid) based on its nonisothermal crystallization behavior under compressed carbon dioxide[J]. Industrial & Engineering Chemistry Research, 2011, 50 (4): 1997-2007.

[89] Zhai W, Ko Y, Zhu W, et al. A study of the crystallization, melting, and foaming behaviors of polylactic acid in compressed CO_2[J]. International Journal of Molecular Sciences, 2009, 10 (12): 5381-5397.

[90] Li S, Liu F, Liao X, et al. Effect of molecular chain mobility induced by high-pressure CO_2 on crystallization memory behavior of poly (D-lactic acid) [J]. Crystal Growth & Design, 2021, 21 (12): 7116-7127.

[91] Zhong Z, Zheng S, Mi Y. High-pressure DSC study of thermal transitions of a poly (ethylene terephthalate) /carbon dioxide system[J]. Polymer, 1999, 40 (13): 3829-3834.

[92] Takada M, Ohshima M. Effect of CO_2 on crystallization kinetics of poly (ethylene terephthalate) [J]. Polymer Engineering & Science, 2003, 43 (2): 479-489.

[93] Brantley N H, Kazarian S G, Eckert C A. In situ FTIR measurement of carbon dioxide sorption into poly (ethylene terephthalate) at elevated pressures[J]. Journal of Applied Polymer Science, 2000, 77 (4): 764-775.

[94] Li D, Liu T, Zhao L, et al. Controlling sandwich-structure of PET microcellular foams using coupling of CO_2 diffusion and induced crystallization[J]. AIChE Journal, 2012, 58 (8): 2512-2523.

[95] Xu M, Chen Y, Liu T, et al. Determination of modified polyamide 6's foaming windows by bubble growth simulations based on rheological measurements[J]. Journal of Applied Polymer Science, 2019, 136 (42): 48138.

[96] Xu M, Yan H, He Q, et al. Chain extension of polyamide 6 using multifunctional chain extenders and reactive extrusion for melt foaming[J]. European Polymer Journal, 2017, 96: 210-220.

[97] Nofar M, Küçük E B, Batı B. Effect of hard segment content on the microcellular foaming behavior of TPU using supercritical CO_2[J]. The Journal of Supercritical Fluids, 2019, 153: 104590.

[98] Barzegari M R, Hossieny N, Jahani D, et al. Characterization of hard-segment crystalline phase of poly (ether-block-amide) (PEBAX®) thermoplastic elastomers in the presence of supercritical CO_2 and its impact on foams[J]. Polymer, 2017, 114: 15-27.

[99] 李德鹏. 热塑性聚氨酯与二氧化碳的相互作用关系及其超临界 CO_2 模压发泡研究[D]. 上海: 华东理工大学, 2017.

[100] Li L, Liu T, Zhao L, et al. CO_2-induced crystal phase transition from form Ⅱ to Ⅰ in isotactic poly-1-butene[J]. Macromolecules, 2009, 42 (6): 2286-2290.

[101] Li L, Liu T, Zhao L, et al. CO_2-induced polymorphous phase transition of isotactic poly-1-butene with form Ⅲ upon annealing[J]. Polymer, 2011, 52 (15): 3488-3495.

[102] Li L, Liu T, Zhao L, et al. CO_2-induced phase transition of isotactic poly-1-butene with form Ⅲ upon heating[J]. Macromolecules, 2011, 44 (12): 4836-4844.

[103] Li L, Liu T, Zhao L. Direct melt-crystallization of isotactic poly-1-butene with form Ⅰ' using high-pressure CO_2[J]. Polymer, 2011, 52 (24): 5659-5668.

[104] Li L, Liu T, Zhao L. Direct fabrication of porous isotactic poly-1-butene with form I from the melt using CO_2[J].

Macromolecular Rapid Communications, 2011, 32 (22): 1834-1838.

[105] Ansari M, Zisis T, Hatzikiriakos S G, et al. Capillary flow of low-density polyethylene[J]. Polymer Engineering & Science, 2012, 52 (3): 649-662.

[106] Royer J R, DeSimone J M, Khan S A. High-pressure rheology and viscoelastic scaling predictions of polymer melts containing liquid and supercritical carbon dioxide[J]. Journal of Polymer Science Part B: Polymer Physics, 2001, 39 (23): 3055-3066.

[107] Royer J R, Gay Y J, Desimone J M, et al. High-pressure rheology of polystyrene melts plasticized with CO_2: Experimental measurement and predictive scaling relationships[J]. Journal of Polymer Science Part B: Polymer Physics, 2000, 38 (23): 3168-3180.

[108] Areerat S, Nagata T, Ohshima M. Measurement and prediction of LDPE/CO_2 solution viscosity[J]. Polymer Engineering & Science, 2002, 42 (11): 2234-2245.

[109] Han C D, Ma C Y. Rheological properties of mixtures of molten polymer and fluorocarbon blowing agent. Ⅱ. Mixtures of polystyrene and fluorocarbon blowing agent[J]. Journal of Applied Polymer Science, 1983, 28 (2): 851-860.

[110] Han C D, Ma C Y. Rheological properties of mixtures of molten polymer and fluorocarbon blowing agent. Ⅰ. Mixtures of low-density polyethylene and fluorocarbon blowing agent[J]. Journal of Applied Polymer Science, 1983, 28 (2): 831-850.

[111] Liu K, Kiran E. Miscibility, viscosity and density of poly (ε-caprolactone) in acetone + CO_2 binary fluid mixtures[J]. The Journal of Supercritical Fluids, 2006, 39 (2): 192-200.

[112] Liu K, Schuch F, Kiran E. High-pressure viscosity and density of poly (methyl methacrylate) + acetone and poly (methyl methacrylate) + acetone + CO_2 systems[J]. The Journal of Supercritical Fluids, 2006, 39 (1): 89-101.

[113] Raps D, Köppl T, de Anda A R, et al. Rheological and crystallisation behaviour of high melt strength polypropylene under gas-loading[J]. Polymer, 2014, 55 (6): 1537-1545.

[114] Park H E, Dealy J M. Effects of pressure and supercritical fluids on the viscosity of polyethylene[J]. Macromolecules, 2006, 39 (16): 5438-5452.

[115] Wingert M J, Shukla S, Koelling K W, et al. Shear viscosity of CO_2-plasticized polystyrene under high static pressures[J]. Industrial & Engineering Chemistry Research, 2009, 48 (11): 5460-5471.

[116] Kiran E, Gokmenoglu Z. High-pressure viscosity and density of polyethylene solutions in n-pentane[J]. Journal of Applied Polymer Science, 1995, 58 (12): 2307-2324.

[117] Park H E, Dealy J, Münstedt H. Influence of long-chain branching on time-pressure and time-temperature shift factors for polystyrene and polyethylene[J]. Rheologica Acta, 2006, 46: 153-159.

[118] Kelly C A, Howdle S M, Shakesheff K M, et al. Viscosity studies of poly (DL-lactic acid) in supercritical CO_2[J]. Journal of Polymer Science Part B: Polymer Physics, 2012, 50 (19): 1383-1393.

[119] Kelly C A, Murphy S H, Leeke G A, et al. Rheological studies of polycaprolactone in supercritical CO_2[J]. European Polymer Journal, 2013, 49 (2): 464-470.

[120] Harris K R. Temperature and pressure dependence of the viscosity of the ionic liquid 1-butyl-3-methylimidazolium acetate[J]. Journal of Chemical & Engineering Data, 2020, 65 (2): 804-813.

[121] Fujita H, Kishimoto A. Diffusion-controlled stress relaxation in polymers. Ⅱ. Stress relaxation in swollen polymers[J]. Journal of Polymer Science, 1958, 28 (118): 547-567.

[122] Wan C, Sun G, Liu T, et al. Rheological properties of HDPE and LDPE at the low-frequency range under supercritical CO_2[J]. The Journal of Supercritical Fluids, 2017, 123: 67-75.

[123] Chen Y, Wan C, Liu T, et al. Evaluation of LLDPE/LDPE blend foamability by *in situ* rheological measurements and bubble growth simulations[J]. Chemical Engineering Science, 2018, 192: 488-498.

[124] Chen Y, Xia C, Liu T, et al. Application of a CO_2 pressure swing saturation strategy in PP semi-solid-state batch foaming: Evaluation of foamability by experiments and numerical simulations[J]. Industrial & Engineering Chemistry Research, 2020, 59 (11): 4924-4935.

[125] Liao X, Xu H, Li S, et al. The effects of viscoelastic properties on the cellular morphology of silicone rubber foams generated by supercritical carbon dioxide[J]. RSC Advances, 2015, 5 (129): 106981-106988.

[126] Fernández-Ronco M P, Hufenus R, Heuberger M. Effect of pressurized CO_2 and N_2 on the rheology of PLA[J]. European Polymer Journal, 2019, 112: 601-609.

第3章

超临界流体发泡聚合物行为调控

在超临界流体聚合物发泡过程中，超临界 CO_2、N_2 或丁烷等小分子发泡剂会溶解扩散进入聚合物基体，改变聚合物的熔融结晶行为、流变特性，进而影响聚合物的发泡行为和发泡材料的尺寸稳定性。小分子发泡剂在聚合物中的溶解扩散行为决定了聚合物/发泡剂体系达到饱和的时间，影响聚合物发泡材料的生产效率；发泡剂会塑化聚合物基体，影响聚合物的结晶行为和晶体结构分布，不同聚合物的结晶行为会显著影响其发泡过程；聚合物的流变特性会影响发泡过程中的泡孔形貌演变，适宜的黏弹性响应有利于维持稳定的泡孔结构，避免泡孔聚并或坍塌；聚合物发泡材料在熟化过程中，泡孔内的发泡剂有向空气扩散的趋势，空气有渗透进泡孔的趋势，可能会影响聚合物发泡材料的尺寸稳定性，进而影响其性能及应用。

因此，本章将从发泡剂在聚合物中的溶解扩散行为、聚合物的结晶行为、聚合物的流变特性和聚合物发泡材料的尺寸稳定性四个方面阐述聚合物超临界流体发泡行为的调控过程，最终制备泡孔形貌均匀、尺寸稳定性良好、性能优异的聚合物发泡材料。

3.1 小分子在聚合物中溶解扩散行为调控

小分子发泡剂在聚合物中的溶解度是超临界流体发泡聚合物过程中的重要参数。以超临界 CO_2 为例，由于 CO_2 对聚合物有塑化作用，溶解在聚合物中的 CO_2 会降低聚合物的玻璃化转变温度和熔融温度，拓宽发泡温度窗口[1]，使得发泡条件更温和；此外，提高 CO_2 的溶解度会提高成核密度，并为泡孔生长提供动力。在发泡过程的饱和阶段，CO_2 在聚合物中的扩散系数决定了饱和时间，对生产周期有很大影响，同时扩散系数对挤出发泡螺杆的长径比等设备设计非常重要，需要足够的时间确保气体和聚合物混合均匀。在泡孔生长阶段，CO_2 在聚合物中的解吸扩散系数决定了聚合物内的 CO_2 浓度，对泡孔的生长和成型有显著的影响。由于 CO_2 对聚合物的性质影响显著，以及受到气体与聚合物间的相互作用、聚合物的自由体积、聚合物链的松弛时间、聚合物的结晶度等因素的影响，CO_2 在聚合物中的溶解扩散行为更加复杂。

工业上常采用环保、无爆炸风险的超临界 CO_2 进行聚合物泡沫生产，但是，实际生产中普遍存在 CO_2 在聚合物中的溶解度低、扩散速率快的问题，导致聚合物发泡的气泡成核生长过程没有足够的驱动力促进气泡成核生长；在泡沫熟化过程中，CO_2 的高扩散系数形成的气泡内外压差会诱导泡沫尺寸稳定性差。本节将从添加剂、混合发泡剂和亲 CO_2 添加剂与共发泡剂协同作用三方面综合分析发泡剂在聚合物中的溶解扩散行为，实现聚合物泡沫的稳定生产。

3.1.1 添加剂对 CO_2 在聚合物中溶解扩散行为的影响

根据聚合物基体改性方法和调控 CO_2 溶解扩散行为的作用机制不同，添加剂可分为亲 CO_2 添加剂和填料型添加剂，亲 CO_2 添加剂可以提高 CO_2 在聚合物中的溶解度，填料型添加剂则作为屏障改变 CO_2 在聚合物基体中的扩散路径来调控 CO_2 的解吸扩散行为。

1. 亲 CO_2 添加剂

大多数聚合物，如 PP、PET、PS 等，与 CO_2 之间相互作用较差，导致 CO_2 在这些聚合物中普遍存在溶解度低的问题，这对于制备高性能聚合物泡沫材料是不利的。需要选择与 CO_2 相互作用强的添加剂，通过与 CO_2 的高相互作用实现 CO_2 在聚合物中高富集。其中，常见的亲 CO_2 添加剂主要包括含氟聚合物、含硅聚合物以及羰基聚合物，研究者将不同类型的亲 CO_2 添加剂引入不同的聚合物体系，实现了 CO_2 溶解扩散行为的精准调控，制备了性能优异的聚合物泡沫，表 3-1 中列举了几种亲 CO_2 添加剂调控 CO_2 在不同聚合物中的溶解扩散行为。

表 3-1 亲 CO_2 添加剂调控聚合物的溶解扩散行为

聚合物体系	温度/℃	压力/MPa	溶解扩散行为	文献
PP/PDMS	155~175	/	溶解度和泡孔密度提高	Wang 等[2]
PS/PS-*b*-PFDA	0	30	全氟嵌段聚合物吸附 CO_2	Dumon 等[3]
PP/PTFE	155~210	17.2	溶解度提高 17%~23%	Rizvi 等[4]
PS/PMMA	120	13.7	储存 CO_2，泡沫密度提高一个数量级	Han 等[5]
PS/PVAc	110	5~15	溶解度提高 0%~38.89%	Qiang 等[6]
PS/PDMS	110	5~15	溶解度提高 0%~50%	Qiang 等[6]
PP/PDMS	145	5~15	溶解度提高 0%~30.08%	Qiang 等[7]

含氟聚合物与 CO_2 之间存在具有路易斯酸/碱性质的相互作用，氟原子与 CO_2 中的碳原子相互作用，形成路易斯碱，同时氟附近的氢原子具有正电荷，可以与 CO_2 中的氧原子相互作用，形成路易斯酸[8]。含氟聚合物与 CO_2 之间形成的路易斯酸/碱相互作用，而且 CO_2 优先聚集在比 C—H 键极性更强的 C—F 键的氟原子附近，有利于提高 CO_2 在聚合物中的溶解度。Cooper[9]提出了含氟聚合物与 CO_2 间可以形成弱聚合物的假设，这些相互作用增加了 CO_2 在含氟聚合物中的溶解度。Rizvi[4]在 PP 中共混 0.3 wt%的 PTFE，CO_2 的溶解度提高 17%～23%。含氟聚合物虽然与 CO_2 之间的亲和性最好，但价格昂贵且有毒性，可实用性不佳。

含硅聚合物是仅次于含氟聚合物中最亲 CO_2 的聚合物，含硅聚合物的分子链较柔韧[10]，可以提高聚合物基体的自由体积，储存更多 CO_2。根据 Kirby 等[11]对聚合物在超临界 CO_2 中相行为的研究发现，相较于其他聚合物，聚二甲基硅氧烷（PDMS）具有更高的自由体积，使 CO_2 在 PDMS 中溶解度较高，而且安全环保、热稳定性高，被广泛引入聚合物基体中以提高 CO_2 在聚合物中的溶解度和优化聚合物泡沫的泡孔结构。

除了含氟聚合物和含硅聚合物外，对于碳氢类聚合物，含羰基的聚合物与 CO_2 间也能形成相互作用，羰基作为电子供体，CO_2 作为电子受体[12]。Shieh 等[13]研究了羰基含量对 CO_2 在乙烯-乙酸乙烯酯共聚物（EVA）橡胶中平衡溶解度的影响，发现羰基对 CO_2 吸附过程影响较大。学者们相继研究了 CO_2 与羰基类聚合物的相互作用，目前报道中发现聚乙酸乙烯酯（PVAc）是碳氢类聚合物中与 CO_2 相互作用最强的聚合物[11]。

除了实验可以评估不同亲 CO_2 添加剂与 CO_2 的亲和性以及对 CO_2 溶解扩散行为的影响外，分子动力学模拟也可以有效评估 CO_2 与聚合物间的相互作用以及相容性，为筛选符合要求的亲 CO_2 添加剂提供了可能。Fried 等[14]采用从头算分子模拟辨识了 CO_2 与含氟聚合物间的相互作用，发现 CO_2 与氟代烷基团形成了四极-偶极相互作用。作者团队[15, 16]结合从头算和分子动力学模拟系统研究了具有不同支链结构、不同共聚单体，以及不同分子量的 PVAc 及其共聚物与 CO_2 的亲和性，发现在 PVAc 中引入含有醚基的共聚单体可以显著提高 CO_2 亲和性，而引入支链度更高的端基有助于增加聚合物自由体积分数，降低聚合物与聚合物之间的相互作用，进而增强了 PVAc 的亲 CO_2 性。

亲 CO_2 添加剂调控 CO_2 的溶解扩散行为不仅与亲 CO_2 添加剂的种类有关，也与亲 CO_2 添加剂的分子量密切相关。根据 Qiang 等[6]的研究，CO_2 在共混物中的溶解度随亲 CO_2 添加剂分子量的增加而降低（图 3-1）；相较于 PVAc，PDMS 可以进一步增加 CO_2 在聚合物中的溶解度，因为 PDMS 与 CO_2 的亲和性更强[17, 18]。PDMS 分子链的自由体积随分子量的增加而减小，导致 PDMS 与 CO_2 的相容性随分子量的增加而减弱[18, 19]。

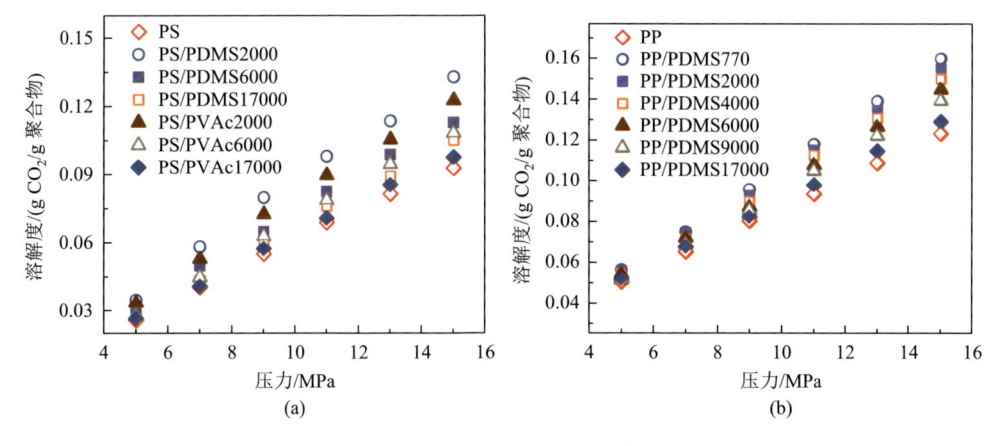

图 3-1 110℃下 CO_2 在聚合物中的溶解度
（a）PS/亲 CO_2 添加剂体系；（b）PP/PDMS 体系

不同亲 CO_2 添加剂对 PS 发泡过程调控的机制如图 3-2 所示：相较于 PVAc，CO_2 在 PS/PDMS 中溶解扩散较快且解吸扩散较慢，维持了 CO_2 在基体中的高浓度，增加成核密度并维持气泡生长动力，减小了 PS 发泡材料的泡孔孔径的同时提高发泡倍率。

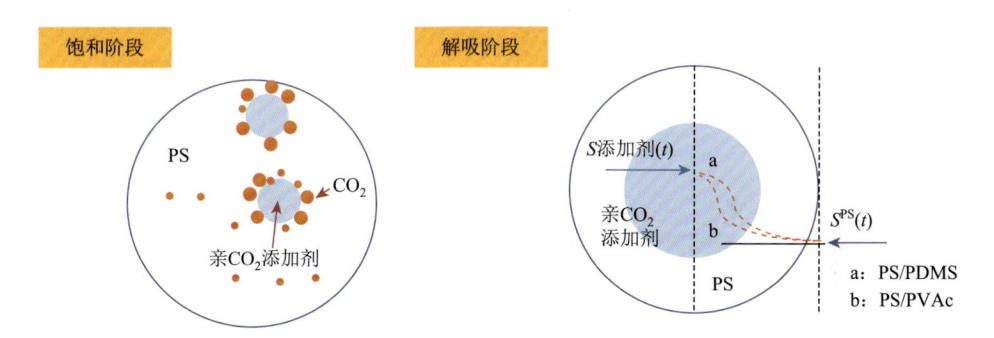

图 3-2 亲 CO_2 添加剂对 PS 发泡过程调控的机制示意图

2. 填料型添加剂

在泡孔生长和聚合物泡沫熟化过程中，CO_2 较高的扩散速率会降低泡孔结构和聚合物泡沫的尺寸稳定性，亲 CO_2 添加剂虽然可以提高 CO_2 在聚合物中的溶解度，促进泡孔成核生长，但是对聚合物泡沫的稳定性作用有限。填料型添加剂可以改变 CO_2 的解吸扩散行为，进而调控聚合物发泡过程。

填料型添加剂多以无机添加剂为主，包括石墨、滑石粉、蒙脱土、碳纳米管和纳米黏土等。与单一聚合物或聚合物共混不同的是，加工过程中复合材料中的填充物一般是以固态形式存在于聚合物熔体中，填充物的内部结构以及与聚合物

之间的界面特性对 CO_2 在复合材料中的溶解度和扩散能力有很大影响。无机粒子分散在聚合物基体中可以改变 CO_2 在基体内的扩散路径，降低 CO_2 的扩散速率，对稳定泡孔结构具有积极作用。不同类型的填料型添加剂、不同的几何形貌以及添加剂含量均影响 CO_2 的溶解扩散行为，相关研究见表 3-2。

表 3-2　填料型添加剂调控聚合物溶解扩散行为

聚合物体系	溶解度影响	扩散速率影响	参考文献
PE/TiO_2	无影响	—	Areerat[20]
PP/黏土	无影响	降低扩散系数	Taki[21]
HDPE/PP/木纤维	降低溶解度	提高扩散系数	Rachtanapun 等[22]
PS/木纤维	降低溶解度	降低扩散系数	Doroudiani 等[23]
PLLA/羟基磷灰石	提高溶解度	降低扩散系数	Markocic 等[24]
PMMA/黏土	无影响	提高扩散系数	Manninen 等[25]
PEI/碳纳米管	提高溶解度	提高扩散系数	Lim 等[26]
iPP/改性微米 $CaCO_3$	无影响	无影响	Chen 等[27]
iPP/纳米 $CaCO_3$	提高溶解度	提高扩散系数	Chen 等[27]
iPP/纳米蒙脱石	降低溶解度	降低扩散系数	Chen[28]
iPP/CNF	提高溶解度	提高扩散系数	Chen[28]
TPU/硼酸镁晶须	降低溶解度	降低扩散系数	Gao 等[29]

填料型添加剂的尺寸会显著影响 CO_2 的溶解扩散行为。微米 $CaCO_3$ 填料的加入对 CO_2 在聚合物中的溶解度几乎无影响，而纳米 $CaCO_3$ 填料的加入通过增大聚合物基体的自由体积来提高 CO_2 在复合材料中的溶解度，添加 10%的纳米 $CaCO_3$ 可以提高 25%的 CO_2 溶解度。CO_2 在 iPP/微米 $CaCO_3$ 复合材料中的扩散系数随着填料含量的增大而减小，而在 iPP/纳米 $CaCO_3$ 复合材料中的扩散系数随着填料含量的增大而增大[28]。

不同的几何形状在调控 CO_2 溶解扩散行为上也存在较大差异。与纳米 $CaCO_3$ 的作用机制不同，引入纳米蒙脱石，其会与分子链发生缠结（图 3-3），降低复合材料的自由体积，CO_2 在复合材料中的溶解度略低于在纯聚合物中的溶解度；同时，纳米蒙脱石填料的加入还延长了气体的扩散路径。Gao 等[29]制备了尺寸稳定性的 TPU 复合材料泡沫，其作用机制与纳米蒙脱石的作用效果相近。硼酸镁晶须均匀分散在 TPU 复合材料泡沫的泡孔壁周围，阻碍 CO_2 的解吸扩散，延缓了 CO_2 扩散到空气的时间。

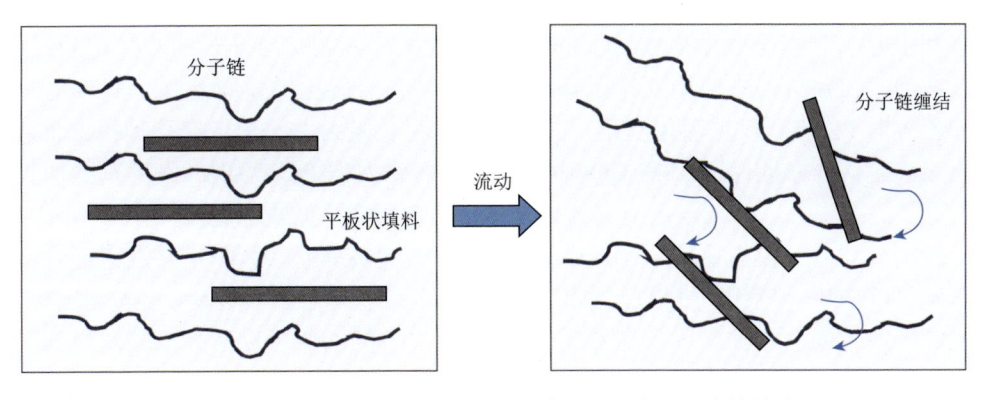

图 3-3 纳米蒙脱石对聚合物分子链运动影响——缠结效应

对于不同种类的填料，碳纳米纤维（CNF）对 CO_2 溶解扩散行为的调控机制与纳米蒙脱石和硼酸镁晶须的作用机制完全相反。CNF 表面的吸附能在调控 CO_2 在聚合物基体中的溶解扩散行为上起着重要作用。CNF 对 CO_2 存在较强烈的吸附作用，CO_2 在 iPP/CNF 复合材料中的溶解度随着 CNF 含量的增加而增大，而 CNF 对 CO_2 强烈的吸附作用也增强了气体扩散速率，CO_2 在 iPP/CNF 复合材料中的扩散系数随着 CNF 含量的增加而增大。此外，填料型添加剂的表面性质也在一定程度上影响 CO_2 的溶解扩散行为，经过表面改性的填料会消除与聚合物基体的界面空隙，对 CO_2 的溶解度影响不大。

填料型添加剂调控 CO_2 的溶解扩散行为的机理由填料型添加剂的种类、形状、表面性质共同决定。亲 CO_2 型添加剂通过提高 CO_2 的扩散速率来降低聚合物发泡过程中 CO_2 的饱和时间，而填料型添加剂作为屏障改变 CO_2 的扩散路径来降低 CO_2 的解吸扩散行为，进而改善聚合物泡沫的尺寸稳定性。

3.1.2 混合发泡剂在聚合物中的溶解扩散行为

1. CO_2/醇基共发泡剂

与添加剂调控 CO_2 在聚合物中的溶解扩散行为不同，由于工艺条件和聚合物基体的改性对改善 CO_2 在聚合物中的溶解扩散行为是有限的，仅使用 CO_2 作为聚合物发泡剂难以制备高发泡倍率的发泡材料，研究者们发现在 CO_2 中添加共发泡剂，能够提高发泡剂在聚合物中的溶解度、降低发泡剂的解吸扩散系数，制备性能优异的聚合物泡沫，具体研究见表 3-3。共发泡剂调控 CO_2 在聚合物中的溶解扩散行为可从聚合物基体和共发泡剂与 CO_2 相互作用两部分来分析。共发泡剂可以塑化聚合物基体，提高聚合物基体的自由体积，可以储存更多 CO_2；此外，共发泡剂与 CO_2 强烈的相互作用可以提高 CO_2 在聚合物中的溶解度和扩散速率。

醇基共发泡剂通过与 CO_2 形成路易斯酸碱相互作用提高与 CO_2 的作用强度，

有利于 CO_2 在聚合物中聚集。Gendron 等[30]在 CO_2 中加入 3 wt%的乙醇对 PS 进行发泡，CO_2 与乙醇的相互作用减缓了 CO_2 在聚合物中的解吸速率，同时 CO_2 和乙醇对 PS 起到双重塑化作用，减少了泡孔生长阻力，优化了泡孔结构。北京化工大学何亚东团队[31, 32]在 CO_2 中加入乙醇和水发泡 PS，发现共发泡剂的加入有利于泡孔生长，共发泡剂对基体更强的塑化作用会降低发泡温度。作者团队[33]通过实验和分子模拟比较了水、乙醇、丙酮和乙酸乙酯作为 CO_2 共发泡剂对聚苯砜（PPSU）和聚砜（PSU）发泡的影响，相比于其他共发泡剂，乙醇和 CO_2 能够形成较强的相互作用，在 CO_2 中加入 10 wt%的乙醇可以明显提高发泡剂在聚合物中的溶解度，得到了发泡倍率较高的发泡材料，并拓宽了 PPSU 和 PSU 发泡温度区间。因此，在 CO_2 中加入共发泡剂可以改善发泡剂在聚合物中的溶解度。

表 3-3　共发泡剂调控 CO_2 在聚合物中的溶解扩散行为

聚合物体系	共发泡剂体系	溶解扩散行为影响	文献
PCL/PLA	CO_2/乙酸乙酯	—	Salerno 等[34]
PCL	CO_2/乙醇	提高 CO_2 溶解度	Tsivintzelis 等[35]
PS	CO_2/乙醇	降低解吸速率	Gendron 等[30]
PS	CO_2/乙醇 CO_2/水	提高 CO_2 溶解度	何亚东等[31, 32]
PVA	CO_2/水	提高 CO_2 溶解度	Zhao 等[36]
PPSU、PSU	水、乙醇、丙酮、乙酸乙酯	提高 CO_2 溶解度	Hu 等[33]
PS	CO_2/醇	提高 CO_2 溶解度	Qiang 等[37]
PP	CO_2/醇	提高 CO_2 溶解度	Gao 等[38]

除醇基共发泡剂的种类能够改变 CO_2 的溶解扩散行为外，不同碳链长度的醇基共发泡剂也会改变 CO_2 的溶解扩散行为。以 PS 为例，Qiang 等[37]通过解吸法研究了不同碳链长度的醇基共发泡剂对 CO_2 在 PS 中溶解扩散行为的影响。图 3-4 为发泡剂在 PS 中的解吸曲线，发泡剂在 PS 中的溶解度随着醇碳链的增长而增加，醇提高了发泡剂的溶解度参数，且溶解度参数随着醇碳链的增长而增加。长碳链醇与 CO_2 间相互作用较强，显著提高了 CO_2 在 PS 中的溶解度；相较于 CO_2，醇分子体积较大，在 PS 中的溶解度随着温度的升高会增大，增加了发泡剂在高温下的溶解度。

不同碳链长度的醇基共发泡剂对 PS 溶解扩散行为的差异、对 CO_2 的相互作用以及对 PS 基体的塑化作用，共同影响 PS 的发泡过程。正丁醇在高温下溶解度

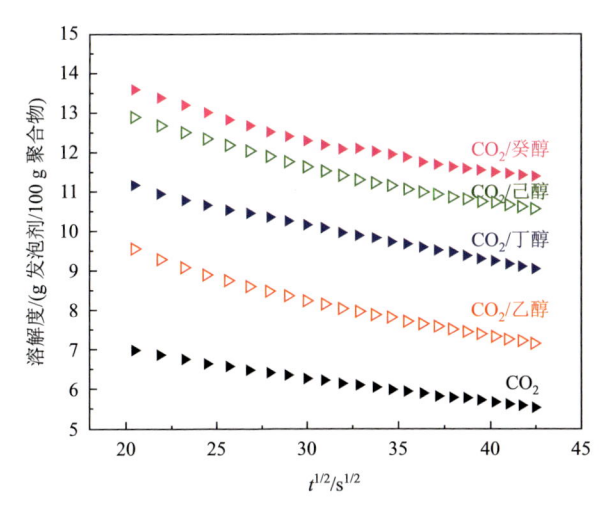

图 3-4　90℃下发泡剂在 PS 中的解吸曲线

更高，增强了对 PS 的塑化作用，90℃下 PS 的发泡倍率从 2.4 增至 7.2；相较于其他醇，仅有乙醇在 90℃发泡泄压时可能发生相变，减弱了其对基体的塑化作用，所以得到的 PS 发泡材料的发泡倍率较小。

2. CO_2/N_2 混合发泡剂

由于聚合物基体的热收缩和物理发泡剂在基体中的高扩散速率（远高于空气的扩散速率），高发泡倍率泡沫的收缩是发泡过程中最常见的现象，尤其是较软的 LDPE 和弹性体材料。醇基共发泡剂虽然可以通过与 CO_2 的相互作用和塑化聚合物基体以提高 CO_2 在聚合物中的溶解度，但是无法降低聚合物泡沫在熟化过程中 CO_2 的解吸扩散行为，导致聚合物泡沫内外形成负压，不利于泡沫的尺寸稳定性。

可以引入低扩散速率的发泡剂（如 N_2）来提高发泡材料的尺寸稳定性，N_2 的扩散速率与空气的扩散速率相当，采用 CO_2/N_2 混合发泡剂进行聚合物发泡时，泡孔中残留的 N_2 为其提供一定压力，降低了发泡材料的收缩程度，同时缩小后的孔径和变薄的壁厚提高了空气扩散进入泡孔的速度，进而降低发泡材料的收缩率。已有研究者通过 CO_2/N_2 混合发泡剂制备了性能优异、尺寸稳定性良好的 LDPE、TPU、PEBA、聚酯弹性体（TPEE）、聚丁二酸-对苯二甲酸丁二醇酯（PBST）等聚合物泡沫，其中 TPU 和 PEBA 等弹性体泡沫已实现工业化生产。Chen 等[39]采用 CO_2/N_2 作为混合发泡剂，根据泡孔内外压差为零的原理和 TPU 微孔发泡材料的收缩性能综合模型，提出了改变环境压力的动态熟化策略，当发泡环境中 N_2 含量为 10 wt%时，发泡材料稳定后的发泡倍率最高。

不同温度、压力下，CO_2 和 N_2 在聚合物中的溶解扩散行为是不同的[40-42]，如图 3-5 和表 3-4 所示。在给定温度下，N_2 和 CO_2 在 LDPE 中的溶解度与气体压力呈现出亨利定律的线性关系。然而，随着温度升高，N_2 在 LDPE 中的溶解度增大，

但 CO_2 的溶解度减小，不同气体可能表现出相反的趋势，这主要归因于不同气体与聚合物间的溶解热（即焓变 ΔH）差异。对于 N_2/聚合物体系，$\Delta H > 0$；对于 CO_2/聚合物体系，$\Delta H < 0$。由阿伦尼乌斯方程（$K = K_0 e^{\frac{\Delta H}{RT}}$）可知，当 $\Delta H > 0$ 时，N_2 溶解度与温度呈现出正相关关系；当 $\Delta H < 0$ 时，CO_2 溶解度与温度呈现出负相关关系。

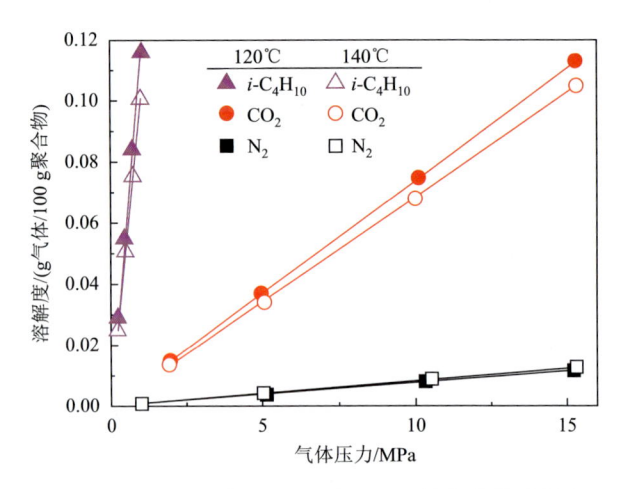

图 3-5 N_2、CO_2 和 i-C_4H_{10} 在 LDPE 熔体中的溶解度

实心为亨利定律对溶解度的拟合结果[41]

表 3-4 不同发泡剂在 LDPE 中的亨利常数[41]

温度/℃	K/($\times 10^{-3}$ MPa^{-1})		
	N_2	CO_2	i-C_4H_{10}
120	0.76	7.4	111.3
140	0.83	6.8	98.1

在给定溶解度下，CO_2 和 N_2 的溶解度压力遵循 $N_2 > CO_2$ 的顺序，直接影响聚合物发泡的泄压速率，可能会显著影响气泡成核能力。与溶解度过低或溶解度压力过低的纯气体不同，$N_2 + CO_2$ 混合气体可以很容易实现聚合物发泡所需的溶解度和溶解度压力，可能有助于泡孔形貌的可控制备。

3. CO_2/烷烃混合发泡剂

与 CO_2 和 N_2 不同，烷烃类发泡剂在聚合物中的亨利常数极高，较低的烷烃压力即可在聚合物中达到较高的压力，而且工业上制备 PE 发泡材料仍主要采用异丁烷作为发泡剂。以 CO_2 和烷烃形成混合发泡剂，可以通过调控发泡剂的溶解扩散行为，制备泡孔形貌优异、收缩率低的聚合物泡沫。Nistor 等[43]研究了正戊

烷和环戊烷作为 CO_2 混合发泡剂对 PS 发泡的影响，混合发泡剂增加了 CO_2 在 PS 中的溶解度，PS 发泡材料的泡孔孔径和发泡倍率随混合发泡剂浓度的增加而增大。

张洪[40]研究了 CO_2/i-C_4H_{10} 混合发泡剂对 LDPE 泡沫尺寸稳定性的影响，采用解吸法测定了纯气体和混合气体在 LDPE 薄片中的解吸扩散行为，如图 3-6 所示。纯 CO_2 在 LDPE 薄片中的解吸速率远快于纯 i-C_4H_{10} 的解吸速率。在 250 min 时，纯 CO_2 几乎可视为得到完全解吸，而纯 i-C_4H_{10} 仅解吸了 20 wt%。对于 CO_2/i-C_4H_{10} 混合气体，其在 LDPE 中的解吸曲线可近似于相应纯气体解吸曲线的加权平均值（图中虚线）。对混合气体的解吸过程作出进一步分析：在解吸前期（解吸时间 <250 min），混合气体在 LDPE 薄片中的解吸速率主要由 CO_2 和 i-C_4H_{10} 共同控制，且其解吸速率随初始 i-C_4H_{10} 分率的增加而降低，介于纯 CO_2 和纯 i-C_4H_{10} 的解吸速率之间；在解吸后期，由于 LDPE 中的 CO_2 可视为得到完全解吸，因此混合气体在 LDPE 薄片中的解吸速率可近似于纯 i-C_4H_{10} 的解吸速率，即在解吸后期，LDPE 中几乎只剩下 i-C_4H_{10}。对于纯 CO_2，其在 LDPE 中的解吸扩散速率较快，导致纯 CO_2 发泡 LDPE 的收缩问题将发生在泡沫制备的后期；而对于 CO_2/i-C_4H_{10} 混合气体，其在解吸后期可表现出纯 i-C_4H_{10} 的解吸速率，这对于发泡 LDPE 可能是有利的。

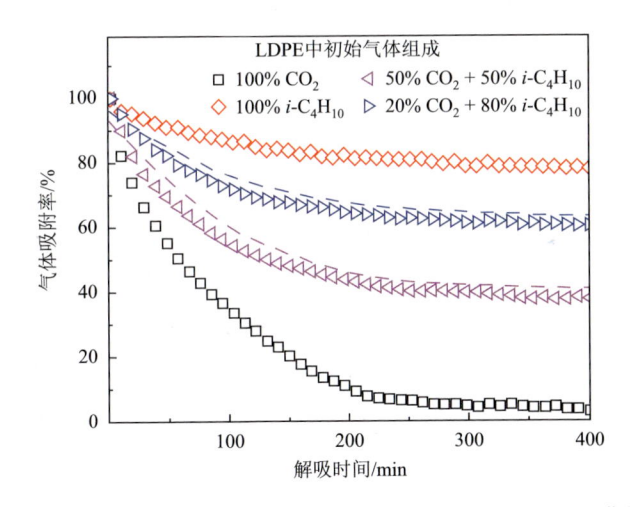

图 3-6　25℃下纯气体和混合气体在 LDPE 中的归一化解吸曲线

虚线为相应纯气体解吸曲线的加权平均值

3.1.3　亲 CO_2 添加剂与共发泡剂协同作用调控 CO_2 在聚合物中的溶解扩散行为

基于上述两小节的论述，亲 CO_2 添加剂难以减缓 CO_2 的解吸扩散进而不能提高发泡倍率，而共发泡剂不能有效减小发泡材料的泡孔尺寸。鉴于单一添加剂难以满足调控发泡结果的需求,期望选择合适的亲 CO_2 添加剂和共发泡剂作为填料型添加剂,在饱和过程中形成发泡剂局部高浓区,加快 CO_2 的溶解扩散;在气泡生长过程中,共发泡剂能够抑制 CO_2 向泡孔外的扩散,以利于泡孔生长,从而实现大、小分子添加剂间的协同作用,以改善 CO_2 溶解的同时控制 CO_2 的扩散行为,进而调控发泡过程和发泡产品形貌。现有报道中采用的填料型添加剂主要为无机成核剂和共发泡剂,以同时提高材料的发泡倍率和泡孔密度。Zhang 等[44]在 PS 基体中加入对水吸附效果不同的成核剂,并用 CO_2/水作为发泡剂,可以制备具有明显双孔径结构的 PS 发泡材料。Li 等[45]在使用 CO_2/水发泡 PP 时,在 PP 中添加亲水性的无机填料以增加水在基体中的溶解度。

作者结合亲 CO_2 添加剂和共发泡剂的优点,采用亲 CO_2 添加剂和共发泡剂协同作用共同调节 CO_2 在 PS 中溶解扩散行为,并成功制备了双峰泡孔结构的泡沫[46]。共发泡剂为乙醇时,发泡剂在 PS/PDMS 中的浓度顺序为:PS/PDMS2000＜PS/PDMS17000＜PS/PDMS6000(图 3-7)。由于发泡剂与 PDMS 的相互作用能随着 PDMS 的分子量的增加而减小,发泡剂在 PS/PDMS2000 中的理论饱和溶解度应最高。如表 3-5 所示,乙醇为共发泡剂时,发泡剂在 PS/PDMS 中的解吸扩散系数并不随着分子量的增加而单调增加,顺序为 PS/PDMS2000＞PS/PDMS17000＞PS/PDMS6000,表明短中碳链醇加速了 CO_2 在 PS/低分子量 PDMS 中的解吸扩散。从溶解度数据可以看出,乙醇和 PDMS 的协同作用优于单一添加剂对 CO_2 溶解度的调控。

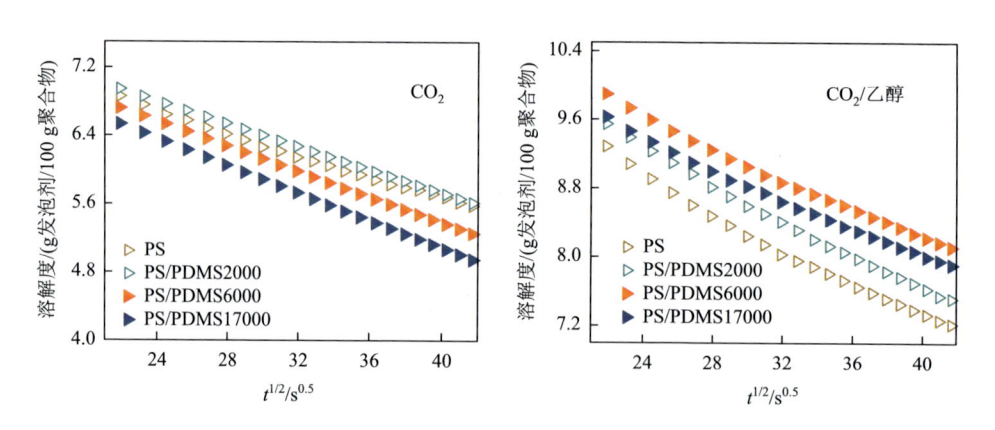

图 3-7　饱和温度下发泡剂在 PS/PDMS 中的解吸扩散曲线

表 3-5　发泡剂在 PS 及 PS/PDMS 中的溶解度及解吸扩散系数

基体	发泡剂	溶解度/(g 发泡剂/100 g 聚合物)	解吸扩散系数/($\times 10^{-11}$ m^2/s)
PS	CO_2	8.22	4.74
PS/PDMS2000		8.42	5.01

续表

基体	发泡剂	溶解度/(g 发泡剂/100 g 聚合物)	解吸扩散系数/($\times 10^{-11}$ m²/s)
PS/PDMS6000	CO_2	8.35	6.21
PS/PDMS17000		8.29	7.34
PS	CO_2/乙醇	11.43	5.91
PS/PDMS2000		11.75	6.05
PS/PDMS6000		11.86	4.15
PS/PDMS17000		11.77	4.48

在亲 CO_2 添加剂和共发泡剂协同作用对提前形成的泡孔的作用机制中，CO_2 与低分子量的 PDMS 间的相互作用较强，因此饱和过程中发泡剂在低分子量的 PDMS 相中形成了局部高浓度区，而泄压过程中这些区域提高了提前成核的气泡密度[47]。随着 PDMS 的分子量增加，CO_2 与 PDMS 相互作用减弱，PDMS 相中的发泡剂浓度变低，减少了聚合物中提前形成泡孔的数目；基体黏度决定了泡孔孔径，相较于乙醇，正丁醇和正己醇对 PS 的塑化作用较强，成核后气泡生长受到的阻力更小，导致提前形成的泡孔尺寸更大。这些提前形成的泡孔对 CO_2 和共发泡剂在聚合物中的解吸扩散具有不同影响：对于 CO_2，泡孔相当于聚合物间的通道，加快了 CO_2 的扩散；对于共发泡剂，Bernardo 等[48]对醇在 PS 中溶解扩散的研究发现，聚合物内的泡孔能够成为直链醇的"储存区"。因此，聚合物基体内适中的泡孔数目和泡孔尺寸能够提高共发泡剂在 PS 中的浓度，促进共发泡剂与 CO_2 相互作用进而抑制 CO_2 的解吸扩散。

对比只添加亲 CO_2 添加剂，加入共发泡剂后增加了大小泡孔孔径间的差异，如图 3-8 所示，这是由于共发泡剂增加了 CO_2 与 PDMS 间的相互作用，泡孔在 PDMS 相中更容易提前成核和生长，形成大泡孔。对比只添加共发泡剂，发现加入 PDMS 明显减小了 PS 基体相中小泡孔的孔径，说明亲 CO_2 添加剂此时依然为高浓度区，能够作为成核剂促进 PS 相中气泡的成核，从而显著减小泡孔孔径。

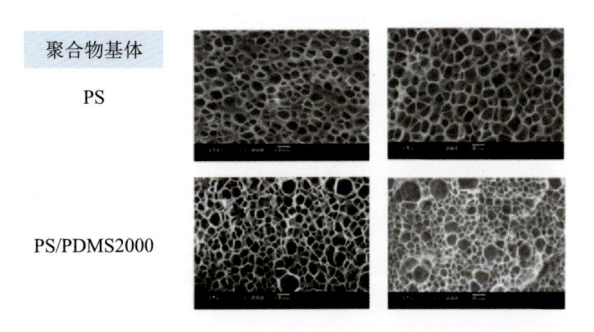

图 3-8　15 MPa 下 CO_2/醇制备的 PS 及 PS/PDMS 发泡材料的 SEM 图

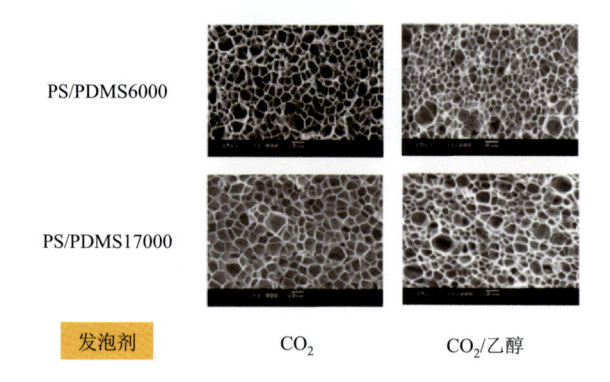

图 3-8　15 MPa 下 CO_2/醇制备的 PS 及 PS/PDMS 发泡材料的 SEM 图（续）

3.2　基于聚合物结晶行为调控发泡

CO_2 溶解到聚合物基体，会塑化聚合物，改变聚合物分子链的排布，影响其结晶性能和结晶域分布，进而影响其发泡性能和发泡材料的泡孔形貌。不同的 CO_2 压力和饱和温度会诱导聚合物发生不同程度的结晶，改变结晶域分子链的排列状态。由本书 2.2.2 小节可知，不同聚合物在 CO_2 体系下的结晶行为不同，不同的结晶行为对发泡行为的调控也存在差异。对于 PP 等聚烯烃类聚合物，其具有较高的结晶度和较快的结晶速率，PP 的结晶特性对其发泡行为和发泡温度窗口非常敏感，可发泡的温度区间极窄，高压 CO_2 对 PP 有很强的塑化作用，可以将结晶峰向低温区迁移，诱导 PP 结晶和不同晶型的转变。对于 PET 和 PLA 等聚合物，在熔体降温过程中，分子链来不及重新排列，导致其在再次升温时能在较低温度下发生冷结晶现象。在 CO_2 调控 PET 结晶过程中，不同结晶状态的 PET 对 CO_2 的响应不同，结晶处于成核控制区域时，CO_2 会减缓 PET 的结晶速率；当结晶处于生长控制区域时，CO_2 会增加 PET 的结晶速率。

因此，本节选择具有不同结晶特性的聚合物 PP 和 PET，详细阐述通过调控聚合物的结晶行为，来调控 PP 和 PET 的发泡行为和发泡材料的泡孔形貌。

3.2.1　基于聚合物结晶行为调控 PP 发泡材料的泡孔形貌

PP 的结晶行为在不同的 CO_2 压力和饱和温度下的响应不同。当 iPP 在低于其熔点的一定温度下发泡时，如果 CO_2 压力较低，其对 iPP 的塑化效应较小，则 iPP 有可能因硬度太高而无法发泡[49]。因此每一个发泡温度对应一个 iPP 可发泡的最低 CO_2 压力。图 3-9 为发泡条件为 156℃、10.4 MPa 时 iPP 发泡的泡孔形态，此时 iPP 基体内仅有零星的微米级泡孔生成，在微米级泡孔周围，有许多次微米级的泡孔生成。这些以微米级泡孔为中心呈放射状分布的次微米级泡孔，显示了对应的球晶的织态结构，可以确定微米级的泡孔生成于球晶的中心[50]。

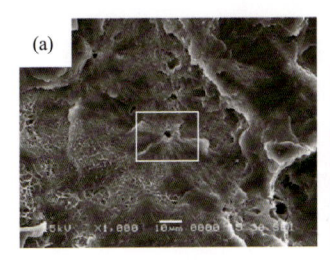

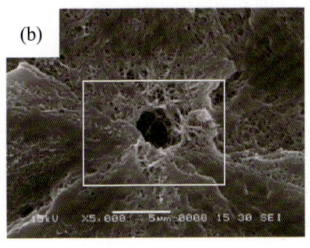

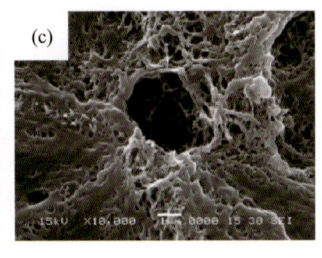

图 3-9　（a）发泡条件为 156℃、10.4 MPa 时 iPP 发泡的泡孔形态；（b）和（c）为更大放大倍数的 SEM 图

微米级泡孔首先生成于球晶中心这一事实与 iPP 球晶的中心区域及其放射状主体区域结构上的不同有关。Okada 等[51]指出，由于 iPP 结晶初期的结晶速率较快，在 iPP 结晶初期生成的晶胚的结晶结构很不完善。他们注意到这样的晶胚即使生长到半径为 0.5 μm 时仍然很不完善。Weng 等[52, 53]指出，iPP 球晶的中心可以在一个较低的温度变得完全熔融，而此时其放射状主体区域仍然保持不受影响。基于上述结论和本小节的实验观察，可以认为在 10.4 MPa、156℃的发泡条件下，iPP 球晶的中心已经开始熔融，而其占主体地位的放射状片晶则基本保持不受影响。一旦球晶中心熔融，泡孔的成核和生长就容易在此处发生。

另外，球晶中心周围生成的呈放射状分布的次微米级泡孔表明：在上述的发泡条件下，泡孔成核已经开始在溶解了 CO_2 气体的片晶间无定形区发生。此外，一些较薄的片晶在此条件下已经开始熔融。当球晶中心开始熔融时，片晶间的区域可以有一定程度的形变发生。然而，因为相邻的未熔融片晶及片晶间物质较高黏度的限制，生成于片晶间的泡孔此时没有机会进一步长大，如图 3-10 所示。

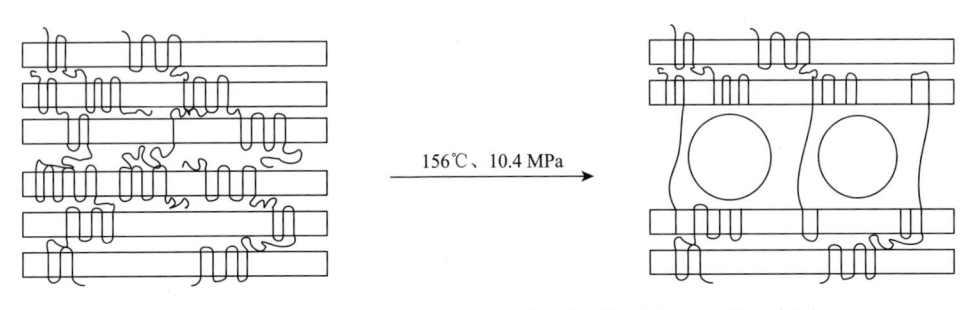

图 3-10　在较低 CO_2 压力下泡孔生成于片晶间无定形区的示意图

图 3-11 所示为发泡温度 156℃，CO_2 饱和压力升高到 11.7 MPa 时，在不同尺度下观察到的 iPP 发泡后的球晶形貌。在此发泡条件下，iPP 的熔融仍然非常有

限。与 156℃、10.4 MPa 时 iPP 的发泡相似,此时在球晶的中心也有微米级泡孔生成 [图 3-11(a)和(b)]。然而,它们比图 3-9 所示的球晶中心的微米级泡孔要大。另外,此时在片晶间生成的不再是次微米级的泡孔,而是呈开孔结构的泡孔 [图 3-11(c)和(d)]。在一定的发泡温度下,CO_2 饱和压力的提高将导致 iPP 内溶解的 CO_2 气体量的增加,并且也会导致 iPP 熔点的降低。从而球晶中心进一步熔融,导致此时在球晶中心生成更大的泡孔。由于 CO_2 饱和压力的提高,此时片晶间的无定形物质和更多相对较薄的片晶也变得熔融。通常,除了由穿越好几个片晶及片晶间无定形层的连接分子(tie molecule)组成的连接微纤(tie fibril),片晶间的无定形物质主要由分子量较低或等规度不高的分子链组成,由于这些分子链不具备结晶所必需的规整性,因而在结晶时被排出片晶之外[54, 55]。从而,当片晶间无定形层变得熔融时,其拉伸黏度将会非常低。可见,由于此时片晶间物质处于熔融态,在泡孔生长阶段泡孔破裂就会容易发生,结果生成于片晶间的泡孔便会变成开孔结构。

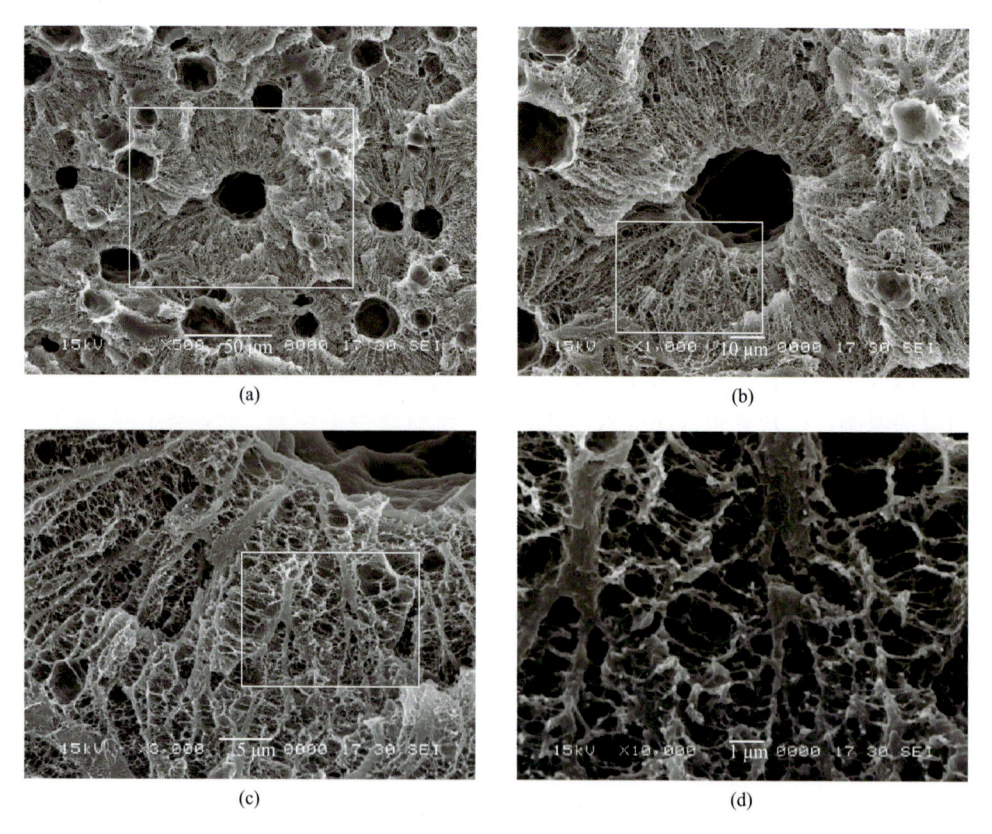

图 3-11　(a)为 156℃、11.7 MPa 时 iPP 发泡得到的泡孔形态;(b)为(a)中白色方框的放大图;(c)为(b)中白色方框的放大图;(d)为(c)中白色方框的放大图

从图 3-11（c）和（d）中还可见，发泡后可以清晰观察到被分离开的树枝状片晶束。处于熔融态的片晶间区域形成的泡孔在生长时将相邻片晶撑开。然而，与从外部施加拉力导致的球晶变形相似[56-61]，在由泡孔生长所引起的球晶变形过程中，不是单个片晶被分离，而是由几十个片晶（根据放射状片晶束厚度估计）组成的片晶束形成一个单元被分离，如图 3-12 所示。结果表明，泡孔生长仅发生在片晶束之间的区域，而不是发生在每一相邻片晶间。由于相邻片晶束被撑开，片晶束间连接片晶的微纤被拉伸，片晶束间与之垂直的微纤如图 3-11（d）所示。

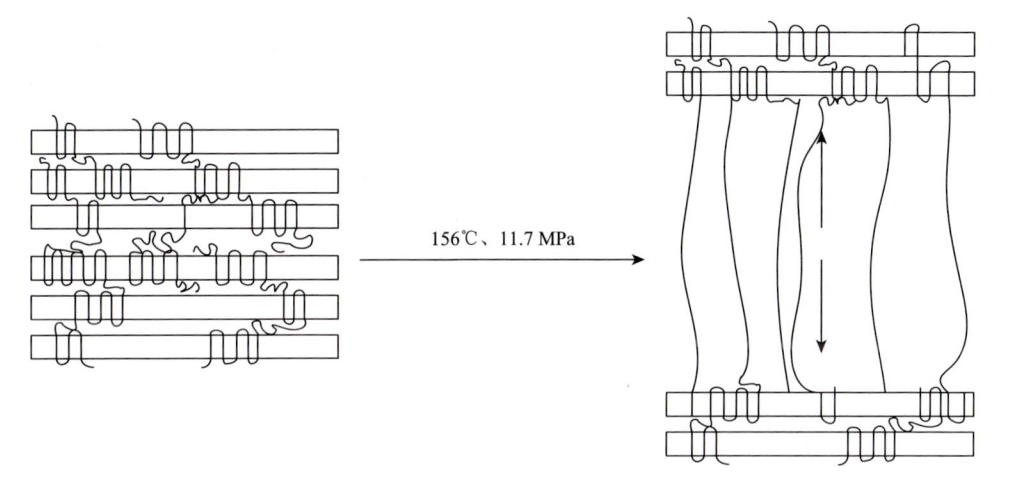

图 3-12　由于泡孔在熔融的片晶间无定形区生长导致的片晶束被拉伸的示意图

泡孔生长只发生于片晶束之间的无定形区，而放射状片晶基本保持不受影响的事实表明，CO_2 分子只能进入 iPP 的无定形区，而不能进入片晶之内。本小节内容首次为气体只能进入半结晶聚合物的无定形区这一假想提供了直接的证据，验证了以往文献中基于气体溶解和扩散所得到的假想。

在此发泡条件下，除有微米级的泡孔生成于球晶的中心外，微米级的封闭泡孔也开始在球晶的边缘处形成。图 3-13（a）的白色框显示此时有封闭泡孔在三个相邻球晶的相交区域内形成。在结晶末期 iPP 球晶生长得足够大时，相邻球晶边缘处的片晶开始接近并发生接触，此时来自不同球晶的片晶要么是互相碰撞，要么是互相穿插，导致在球晶边缘形成由无定形物质组成的岛状区域，这些区域的大小取决于相邻球晶的边缘片晶的接触方式[62]。当来自不同球晶的片晶在边缘处发生相互碰撞时，将会在接触区域产生较大的无定形区。而当边缘处片晶发生相互穿插时，形成的无定形区则较小。可见，由于空间的限制，在三个球晶的相交结合区的无定形区的尺寸会相对较大。这一区域就会比其他的球晶边缘区溶解更

多的 CO_2，从而提高了此处生成泡孔的可能性，同时，此处生成的泡孔也有较大的生长空间。然而，与占主体地位的放射状片晶之间的无定形区相似，在相邻球晶的边缘片晶相互穿插的区域，没有封闭的泡孔生成。例如，如图 3-13（a）中白色框的左边区域所示，相邻球晶边缘的片晶彼此相互穿插，结果没有封闭的泡孔在此处生成。以上结果表明，在给定的发泡温度下，只有当饱和压力足够高时，微米级的泡孔才会在球晶的边缘处形成。

(a)

(b)

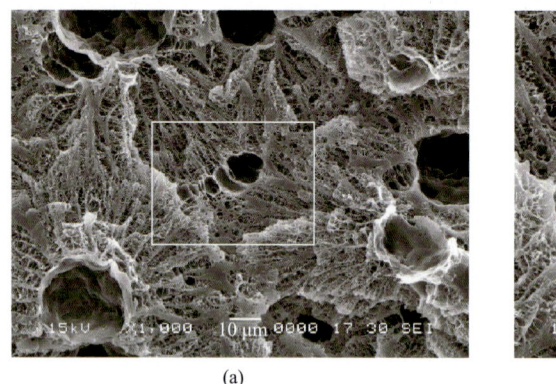

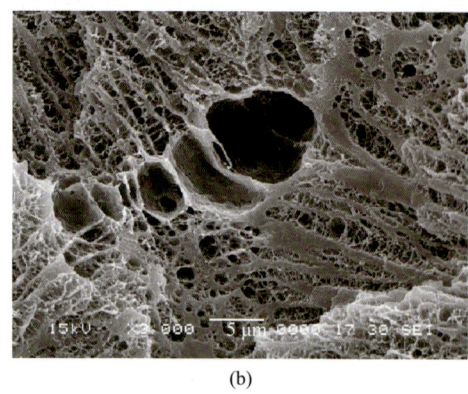

图 3-13　（a）发泡条件为 156℃、11.7 MPa 时球晶边缘的泡孔形态；（b）（a）中白色矩形框的放大图

图 3-14 所示为发泡温度仍然固定在 156℃，而饱和压力升高到 12.8 MPa 时 iPP 发泡得到的泡孔形态。由图可见，有更多的封闭泡孔形成于球晶的边缘区域。由于饱和压力的升高，球晶边缘区域尺寸相对较小的无定形区也可以发泡。但需要指出的是，此时仍然没有封闭的泡孔生成于球晶内占主体地位的放射状片晶区域。

(a)

(b)

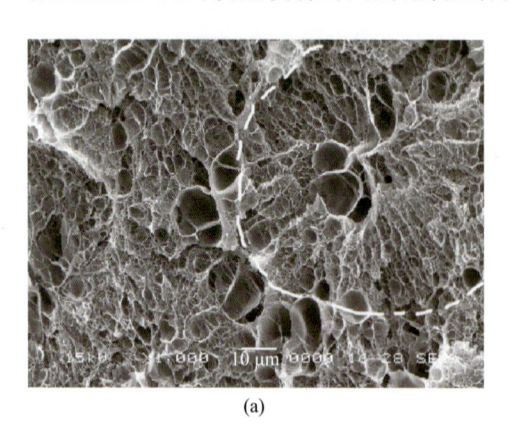

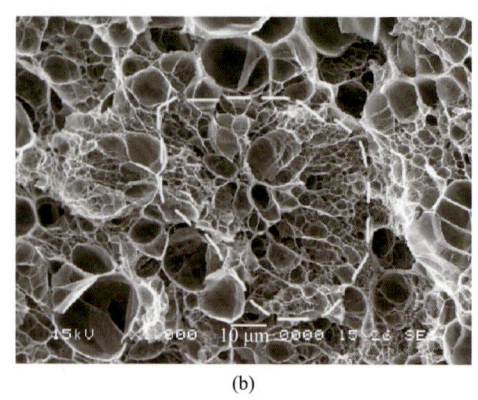

图 3-14　球晶边缘的泡孔形态

发泡条件：156℃、12.8 MPa；虚线所示为球晶的边缘

图 3-15 所示为发泡条件为 156℃、16.1 MPa 时 iPP 发泡得到的泡孔形态。由图可见，此时有更多的微米级封闭泡孔在 iPP 内生成。与 iPP 在较低饱和压力下的发泡不同，此时不再可以从 SEM 图中清晰地识别出球晶的结构。仔细观察这些微米级泡孔可以发现：有些泡孔壁面光滑，而有些泡孔的壁面上则连有被拉伸的微纤，后者在图 3-15（c）、（d）中有更好的显示。基于前面关于较低压力下 iPP 发泡的泡孔形态的讨论，可以推测壁面光滑的泡孔要么生成于球晶的中心，要么生成于球晶的边缘。而既然由连接分子组成的微纤仅出现于球晶内占主体地位的放射状片晶之间无定形区内，那么我们有理由相信连有微纤的泡孔形成于相邻片晶束之间。同时，如图 3-15 所示，由于球晶的中心和边缘的泡孔生长空间较大，在这些区域生成的泡孔尺寸较大，而生成于放射状主体区域的片晶间的泡孔由于受相邻片晶的限制，尺寸相对较小。上述结果表明，当发泡温度为 156℃时，CO_2 饱和压力升高到 16.1 MPa 就足以引起微米级封闭泡孔在放射状主体区域的片晶间生成。由于微米级泡孔在片晶间无定形区的生长，相邻片晶束被撑开。连有受拉伸微纤的泡孔壁则是被弯曲的片晶束，如图 3-16 所示。

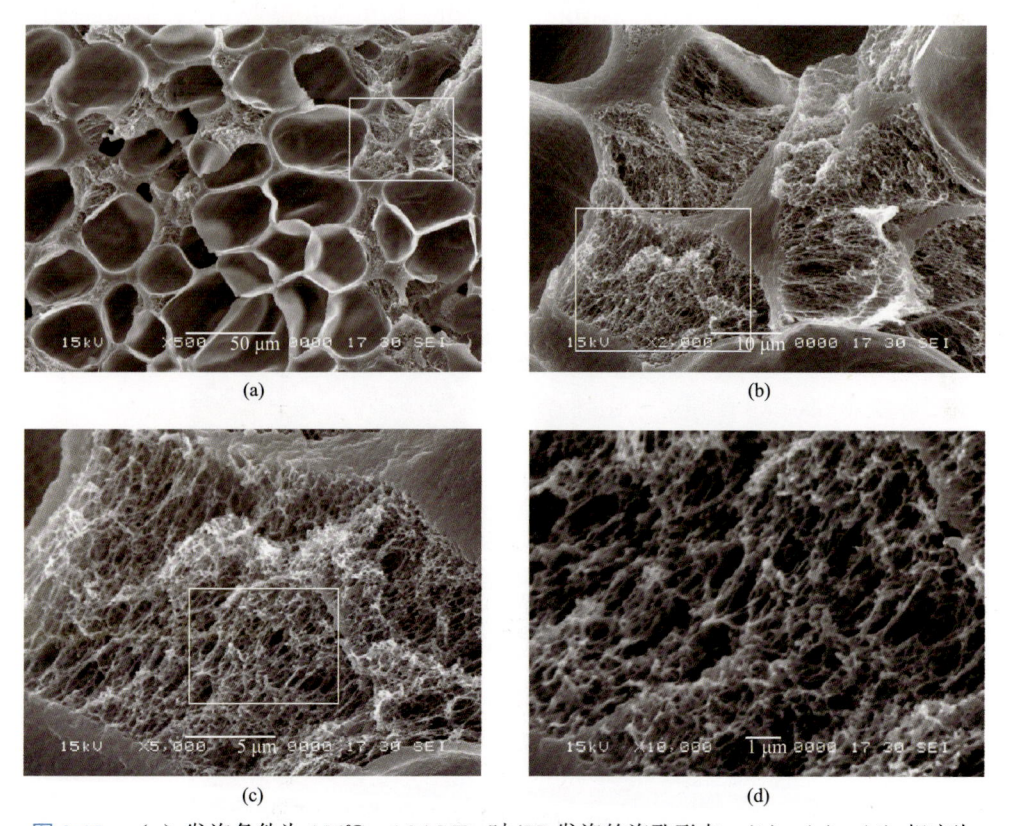

图 3-15 （a）发泡条件为 156℃、16.1 MPa 时 iPP 发泡的泡孔形态；（b）、（c）、（d）相应为前一张 SEM 图的白色框区域的放大图

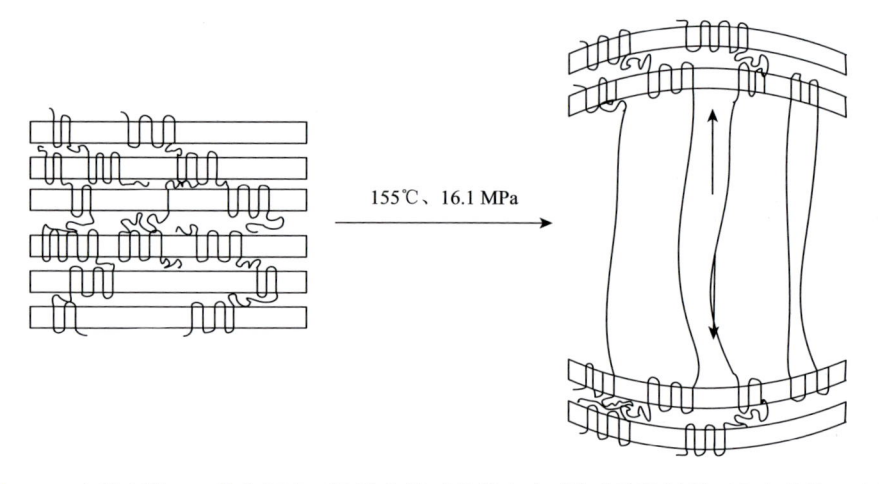

图 3-16　在较高的 CO_2 饱和压力下泡孔生长时片晶束由于泡孔膨胀被撑开和弯曲的示意图

综上所述，iPP 球晶结构对微孔形成的影响依赖于 iPP 球晶的局部特征。当发泡温度接近 iPP 的熔点时，球晶中心首先熔融，结果泡孔首先在此处形成。除球晶的中心外，微孔也形成于球晶的无定形区，包括 iPP 球晶边缘和放射状主体区域的片晶间无定形区。同时，无定形区越大，溶解的 CO_2 越多，生成泡孔的机会就越大。因此，相比于片晶间无定形区，球晶边缘的无定形区生成泡孔所需的 CO_2 饱和压力要低。

图 3-17 所示为发泡条件为 25 MPa、152℃时 iPP 发泡的泡孔形态。注意，相比于前几个发泡条件，此时 CO_2 饱和压力要高许多，而发泡温度则有所降低。如

图 3-17　发泡条件为 25 MPa、152℃时 iPP 发泡得到的泡孔形态

图 3-17 所示，在这样的发泡条件下，孔密度大大增加，并且泡孔的规整性也显著提高。同时，在球晶中心、球晶边缘以及片晶之间的泡孔都似乎以相同的方式生长起来。这可能是因为发泡温度的降低和饱和压力的提高导致了无定形区 CO_2 溶解量的提高，生成于不同区域的泡孔都有机会长大。除此之外，由于压力提高幅度较大，而温度降低幅度则相对较小，发泡温度更接近 iPP 的熔点。因此，在此条件下更多的片晶将变得熔融，这将促进片晶间泡孔的生长。因此生长于片晶之间的泡孔可与生长于球晶中心及边缘的泡孔大小接近。

3.2.2 基于聚合物结晶行为调控 PET 发泡材料的泡孔形貌

PET 在 2 MPa、4 MPa 和 6 MPa CO_2 压力下的熔融曲线通过高压 DSC 获得[64]，如图 3-18 所示，随着 CO_2 压力的增加，PET 基体中 CO_2 的塑化作用增强，从而导致分子链段可以在较低温度下移动。然而，当 CO_2 压力增加到 4 MPa 以上时，由于 CO_2 的静压效应，PET 的熔融曲线几乎没有变化，这种现象与 Zhang 等[63]观察到的现象一致。基于上述现象，可以估计在 CO_2 压力超过 4 MPa 的条件下，合适的发泡温度窗口应该为 244~254℃。

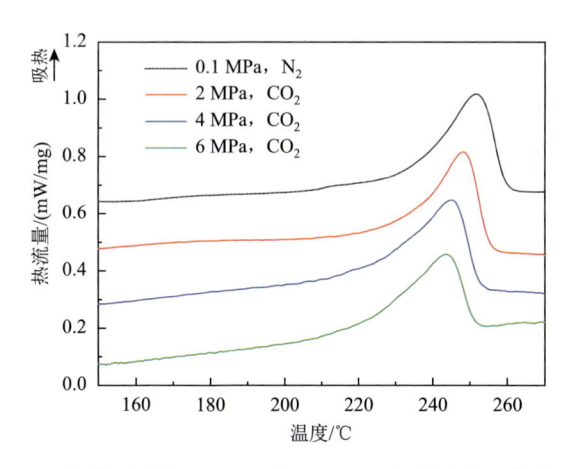

图 3-18 不同气体压力下 PET 在 10℃/min 加热速率下的熔融曲线

根据高压 DSC 测定的发泡温度窗口，分别在 245℃、250℃、255℃和 20 MPa、15 MPa、10 MPa、5 MPa 压力下进行模压发泡实验。PET 发泡材料泡孔形貌 SEM 图如图 3-18 所示。在 245℃和 250℃的发泡温度下，除 5 MPa 外，其他所有压力均可制备泡孔尺寸均匀的 PET 发泡材料。在 255℃时，由于 PET 已经完全熔化，无法支撑泡孔结构，因此大量的泡孔发生了聚并和坍塌。值得注意的是，在 5 MPa 的压力下，所有发泡温度都不能获得 PET 发泡材料。这可能是因为 5 MPa 的压力无法为 PET 的发泡行为提供足够的成核驱动力。

PET 发泡材料的泡孔参数见表 3-6[64]。在 250℃和 20 MPa CO_2 压力的发泡条件下，制备的 PET 发泡材料的发泡倍率为 31.79，泡孔尺寸为（20.93±1.83）μm，泡孔密度为 2.15×10^9 个$/cm^3$，而相同原料挤出发泡得到的 PET 发泡倍率一般不超过 10[65, 66]。在相同的 CO_2 饱和压力下，随着温度的升高，发泡倍率先升高后降低，泡孔尺寸随着发泡倍率的增加而增大。随着温度的升高，PET 基体中的晶体被破坏得更多，气泡的成核和生长变得更容易，因此可发泡性提高。但是，当温度足够高时，基体中的晶体几乎被完全破坏，此时，基体不能支撑气泡的生长，泡孔的聚并和坍塌变得严重，发泡倍率降低。在相同的饱和温度下，随着饱和压力的降低，泡孔尺寸减小，泡孔密度降低，发泡倍率降低，原因是较低的饱和压力会削弱 CO_2 的塑化作用，从而提高聚合物基体的强度，最终限制气泡的生长，同时，较低的饱和压力也降低了成核的驱动力，因此泡孔密度也降低。

表 3-6 不同发泡条件获得的 PET 发泡材料参数

发泡压力/MPa	发泡温度/℃	发泡倍率	平均孔径/μm	泡孔密度/(个/cm^3)
20	245	18.12	16.24±1.23	1.98×10^9
20	250	31.79	20.93±1.83	2.15×10^9
20	255	13.24	—	—
15	245	9.47	8.51±0.73	1.77×10^9
15	250	16.42	11.65±0.93	2.03×10^9
15	255	6.03	—	—
10	245	2.11	3.41±0.22	1.54×10^9
10	250	8.03	7.79±0.69	1.87×10^9
10	255	4.33	—	—
5	245	1.00	—	—
5	250	1.00	—	—
5	255	1.00	—	—

由于结构中苯环的存在，PET 是一种典型的刚性材料，快速降压引起的温降极大地影响了其流变行为。在模压发泡 PET 实验中，将热电偶插入模腔，测试发泡前后的温度差异，从而确定流变行为的测量范围，结果见表 3-7。随着发泡温度的降低和发泡压力的增加，温降逐渐增大，在 20 MPa 的压力条件下，温降可达 50℃以上；而在 5 MPa 时，温降仅为 15～16℃。在高压 CO_2 环境下，CO_2 塑化不仅会改变聚合物的流变性能，还会引起聚合物熔融行为的变化（图 3-19），即随着压力的提高，聚合物的熔程向低温区移动[64]。因此，为了在流变测试中消除熔融行为的影响，结合高压 DSC 数据，在后续的流变测试中，测量温度将比实际温度高 7℃。

表 3-7 发泡前后模腔内的温度变化

发泡压力/MPa	发泡时温度/℃	发泡后温度/℃	温降/℃
20	245	188	57
20	250	195	55
20	255	201	54
15	245	200	45
15	250	206	44
15	255	213	42
10	245	214	31
10	250	220	30
10	255	226	29
5	245	229	16
5	250	234	16
5	255	240	15

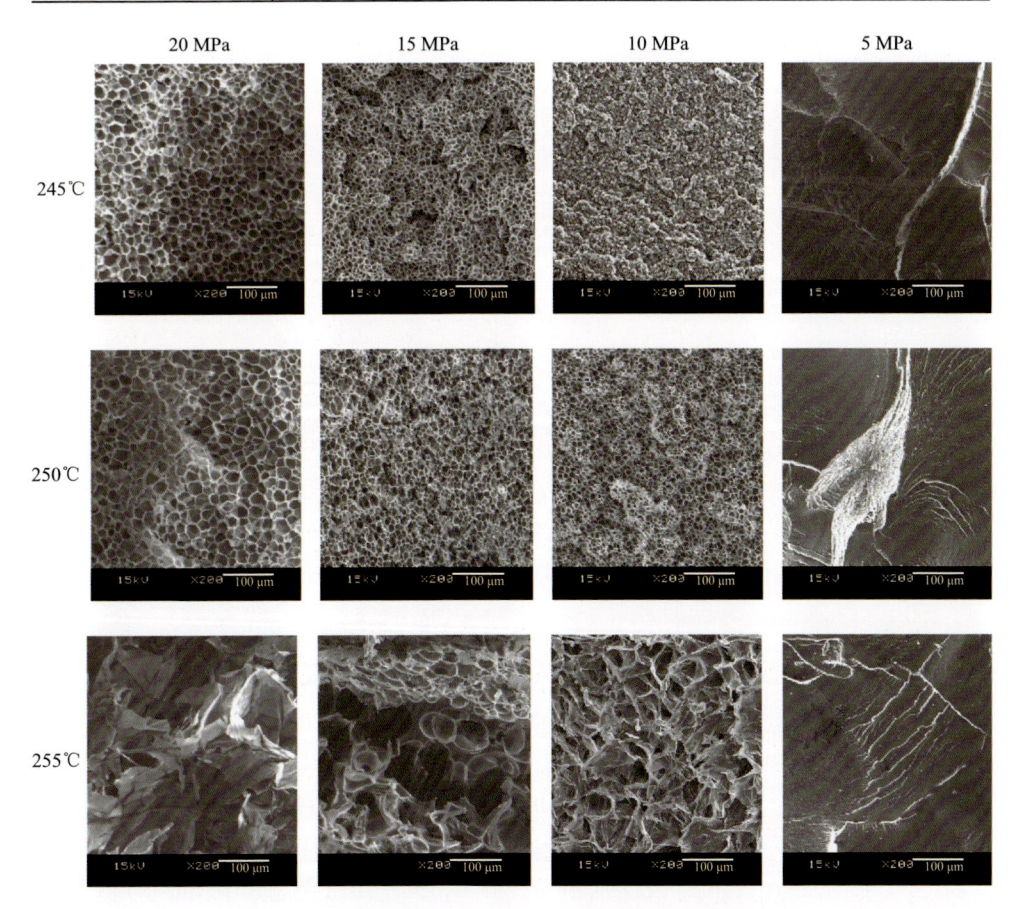

图 3-19 不同发泡条件下 PET 发泡材料的泡孔形貌图

图 3-20 显示了在不同温度下，PET 的复数黏度（η^*）随频率（ω）的变化，频率范围为 0.1～100 rad/s。将 PET 样品加热至初始测量温度，然后冷却至实际测量温度，从而模拟实际降温过程进行动态小幅振荡剪切测试。在所有测试条件下，PET 都表现出固态特性（复数黏度随频率线性变化），但随着测量温度的降低，黏度曲线的斜率增加，这意味着 PET 开始结晶。一般将 PET 加热至完全熔化再冷却结晶时，结晶温度为 172～181℃[65]。然而，在本小节的测试条件下，PET 并没有完全熔化，因此随着温度的降低，PET 基体中未熔化的晶体区域会充当结晶位点并开始结晶，另外，由于测量条件仍在 PET 的熔程范围内，初始测量温度越低，PET 黏度越高[64]。

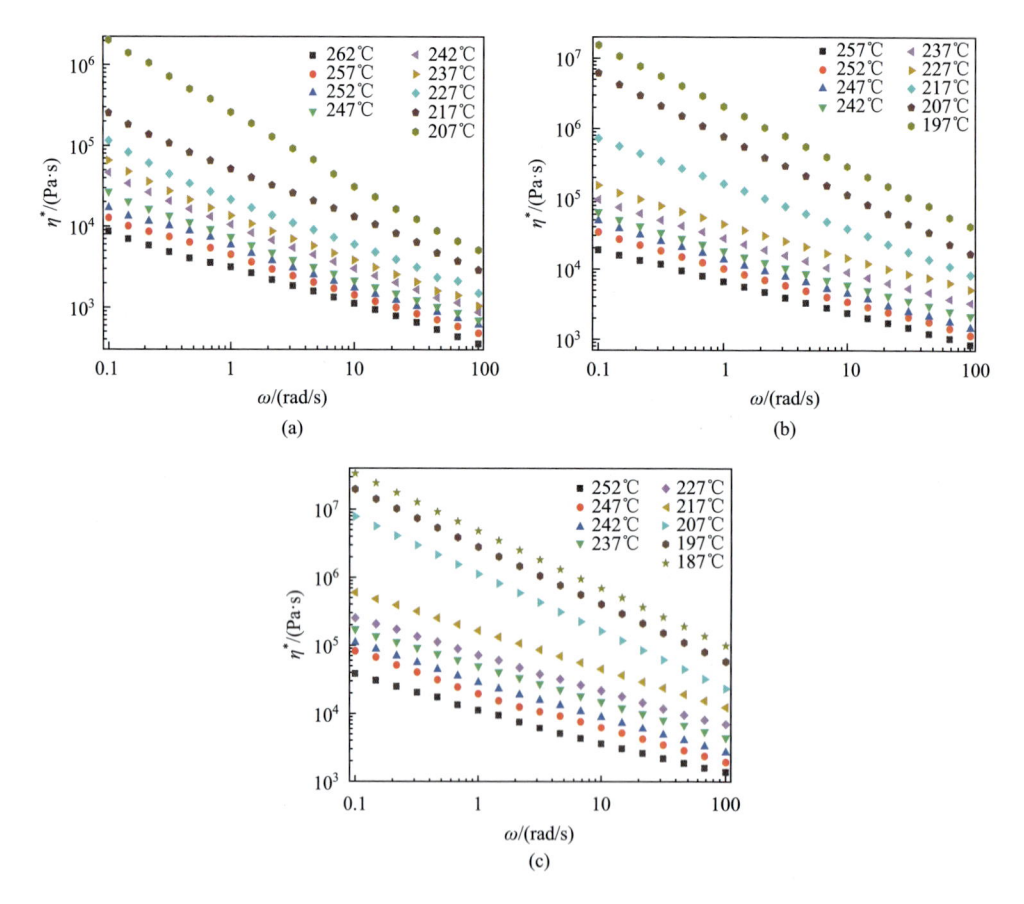

图 3-20　不同温度下 PET 复数黏度随频率的变化

初始测量温度：(a) 262℃；(b) 257℃；(c) 252℃

3.3 基于聚合物流变行为调控发泡

聚合物的流变性能对发泡过程中气泡形貌演变具有巨大的影响。例如，增加拉伸硬化和材料黏度会使得气泡生长过程变得更稳定，阻止气泡壁破裂，降低最终泡沫材料的开孔率；而类似弹性的慢松弛运动则会表现出较大的形变速率差异，增加了气泡壁厚度的不均匀性，并且最终导致泡孔破裂。本节基于发泡实验和计算模拟手段，研究不同结构特性的聚合物的流变行为对气泡生长、聚并及气泡壁演化的影响，明确聚合物黏弹性与最佳发泡温度的量化关系，该研究对可控制备高倍率、泡孔均一致密的发泡材料具有重要的指导意义。

3.3.1 基于聚合物流变行为调控气泡生长行为

材料黏弹性会改变气泡生长过程的阻力，根据热力学定律，气体膨胀过程需要消耗自身内能，因此材料黏弹性对发泡倍率和生长机制有影响。

1. 基于压力平衡气泡生长模型分析不同聚合物气泡生长行为[67]

分别对线型 PP（L-PP）、长链支化 PP（LCB-PP）和长链支化 PET（LCB-PET）三种聚合物进行了发泡实验和对应的气泡生长计算，发泡的温度和压力条件列于表 3-8 中，生长过程压力曲线绘制于图 3-21 中。在模拟计算中使用各聚合物与发泡条件相对应的性能参数和数据作为输入量，基于压力平衡气泡生长（PBB）模型计算了三种聚合物的气泡生长行为，实验测量和计算得到的泡孔尺寸和发泡倍率等详细数据列于表 3-8 中。

表 3-8 发泡条件、泡孔统计及模型计算结果

样品	温度/℃	压力/MPa	ρ_n^a/(个/m³)	R_c^a/μm	R_p^b/μm	发泡倍率 a&b	气体效率 b/MPa⁻¹
LDPE	110	15	1.5×10^{13}	71	70	26 & 22	1.8
LCB-PP	150	15	1.0×10^{14}	47	47	40 & 45	3.5
L-PP	150	12	1.9×10^{14}	30	31	26 & 26	2.0[1st]；11[2nd]
LCB-PET	265	18	1.7×10^{15}	17	17	32 & 33	2.1

a 实验测量结果；b 模拟计算结果；1st 代表低于临界压力的气体效率；2nd 代表高于临界压力的气体效率。

如图 3-21 所示，三种聚合物的气泡生长过程膨胀功对应的降温压降（P_w）曲线形状均不相同，影响气泡生长过程。P_w 与生长阻力引起的能量损失有关，对

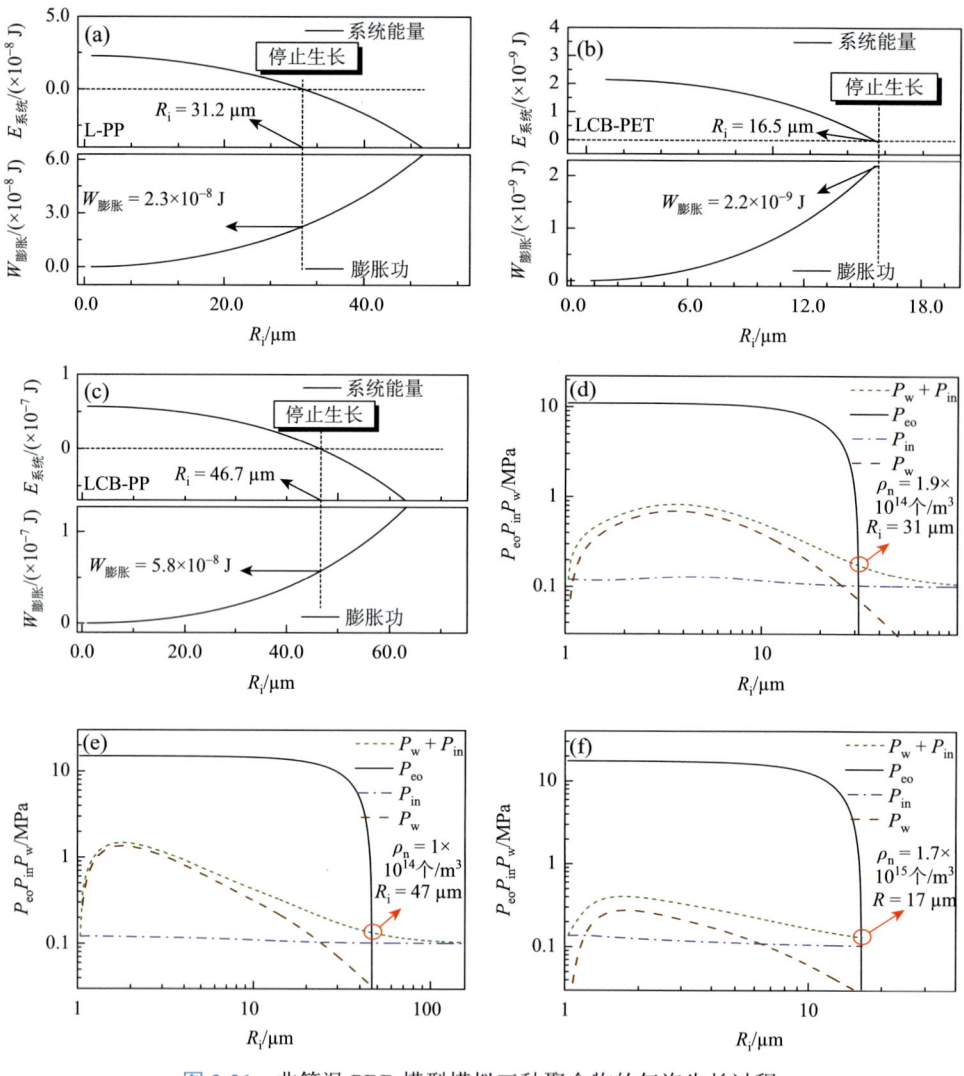

图 3-21 非等温 PBB 模型模拟三种聚合物的气泡生长过程

能量形式：(a) L-PP，(b) LCB-PP，(c) LCB-PET
压力形式：(d) L-PP，(e) LCB-PP，(f) LCB-PET

LCB-PP 和 LCB-PET 样品而言，其 P_w 曲线在气泡生长中后期快速下降，意味着来自气泡壳层的生长阻力的影响迅速衰减。但是 L-PP 的 P_w 曲线却在很大的范围内呈现类似椭圆的形状，意味着气泡壳层阻力持续地限制其生长。P_w 曲线的差异与聚合物的分子结构有关，线型结构和 LCB 结构具有不同的拉伸行为。L-PP 初始拉伸黏度较大，但黏度变化平缓，这意味着材料全程的生长阻碍较为稳定。LCB-PP 的初始拉伸黏度较低，但在产生形变后由于出现拉伸硬化，其拉伸黏度显著增加。较低的初始黏度表明气泡生长初期的阻力较小。当气泡长大后，气泡壁变薄变弱时，拉伸黏度的增加有利于发泡过程的稳定性。据此分析，相对较低的初始黏度和拉伸硬化是适合聚合物发泡的理想流变特性。因此，无论是在过程稳定性方面，还是在获得高发泡倍率方面，LCB 结构都比线型结构更适合发泡应用。

2. 四种聚合物熔融发泡中的发泡剂效率

发泡工业中通常追求在最低的发泡压力下制备最大发泡倍率的泡沫材料，以满足利润和安全的需要。影响倍率的要素之一是发泡压力，然而对每种材料而言，发泡倍率与发泡压力之间的关系是未知的，且通过实验的方式往往难以知晓其内在作用机理。为了全面理解倍率与压力之间的关系，本研究提出了发泡剂效率的概念。发泡剂效率定义为发泡倍率与发泡压力之比。模拟计算和发泡实验均在 11~20 MPa 的压力范围内进行，因为只关注发泡倍率而不考虑孔径，根据之前的结论，发泡倍率对成核密度的敏感性较小，因此将样品的成核密度统一设为 1×10^{13} 个/m³。将发泡倍率的计算值和实验测量值作为发泡压力的应变量绘制在图 3-22 中，从图

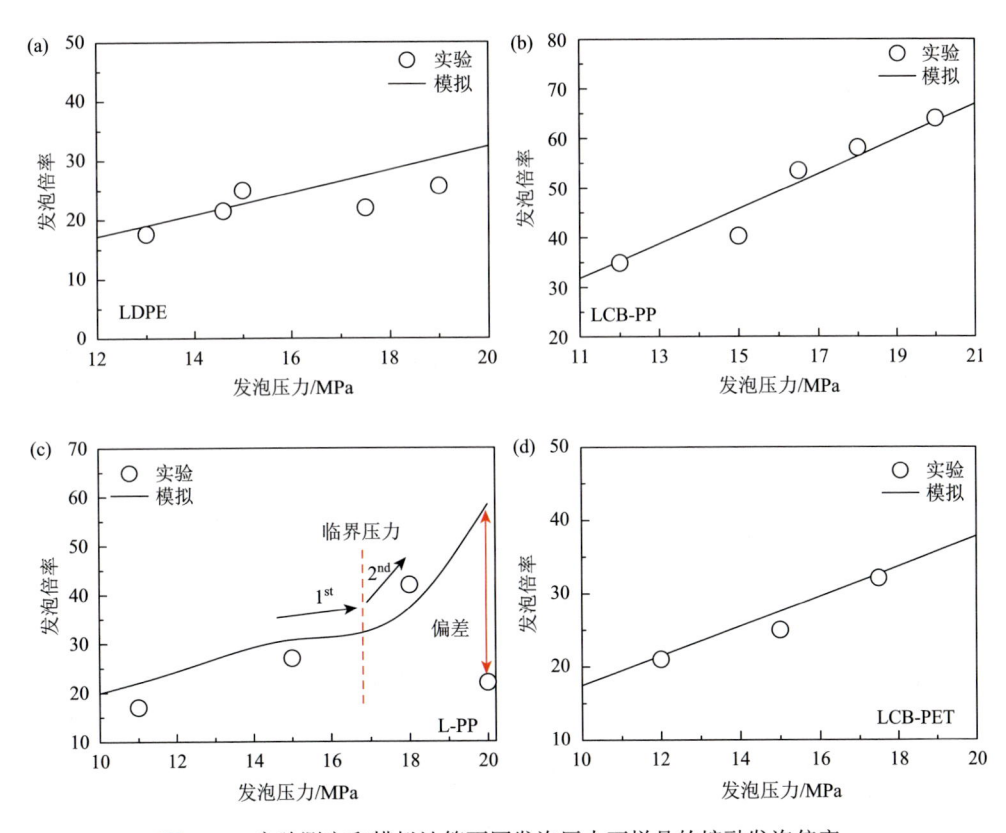

图 3-22 实验测定和模拟计算不同发泡压力下样品的熔融发泡倍率：
（a）LDPE；（b）LCB-PP；（c）L-PP；（d）LCB-PET
1st 代表低于临界压力的气体效率；2nd 代表高于临界压力的气体效率

中可知实验得到的倍率结果与气泡生长计算的倍率结果相吻合，证明非等温 PBB 模型是分析聚合物发泡倍率的一种有效方法。在较高发泡压力下，如超过 20 MPa，塑化作用会导致较大误差[68]。

对长链支化结构聚合物而言，即 LDPE、LCB-PP 和 LCB-PET，倍率-压力曲线几乎呈线性关系，如图 3-22（a）、(b) 和（d）所示，表明发泡剂效率是近似固定的常数，三种聚合物的发泡剂效率分别为 1.8、3.5 和 2.1。LDPE 的倍率对发泡压力不敏感，增加发泡压力只能有限地提高发泡倍率，表明使用高压 CO_2 制备高倍率聚乙烯泡沫是不经济的。LCB-PET 的发泡剂效率与 LDPE 相似，意味着单独的 CO_2 不足以获得理想的高倍率 PET 泡沫。然而，LDPE 和 LCB-PET 低发泡剂效率的原因并不相同。LDPE 体系的低发泡剂效率主要是因为熔体的高黏度消耗了体系大量的能量。而 LCB-PET 发泡剂效率低的主要原因是 CO_2 的低溶解度，有限的体系能量使得最终的发泡倍率低。LCB-PP 的发泡剂效率较高，说明采用 CO_2 为发泡剂制备高倍率 PP 泡沫材料是经济可行的，理论上讲，20 MPa 的 CO_2 足以生产 65 倍的高倍率泡沫。

与长链支化体系不同，线型聚丙烯（L-PP）的倍率曲线呈现出典型的非线性，当发泡压力增加到 17 MPa 时，发泡倍率开始随压力增加而加速提高。在较低发泡压力下，气体效率较低，约为 2.0 MPa^{-1}，但在高发泡压力下，气体效率提高到 11 MPa^{-1}。第二阶段出现发泡剂效率提高是由于 L-PP 的线型结构，L-PP 初始黏度高是第一阶段气体效率低的原因。与 LCB 聚合物相比，由于没有应变硬化，拉伸后的 L-PP 的拉伸黏度较低，表明在气泡生长后期的生长阻力较低，使得当气泡尺寸进入这个范围之后能快速增长。

3.3.2 基于聚合物流变行为调控气泡聚并行为

为了更好地对比样品气泡聚并行为，描述气泡生长过程中大小气泡的聚并倾向，可将气泡半径 R_b 作为自变量对临界聚并的小气泡尺寸 R_{cs} 作图[69]。图 3-23 为不同支链密度和支链长度的 LCB-PET 在 265℃下的临界聚并半径（CCR）曲线。曲线的横坐标代表大气泡尺寸，而纵坐标代表小气泡尺寸。对 $R<R_{cs}$ 的小气泡会发生聚并，而满足 $R>R_{cs}$ 的小气泡则能继续存在。因此，CCR 曲线的下方是聚并发生区域，曲线上方是聚并抑制区域。曲线位置越低，意味着发泡过程中气泡聚并发生的概率越低。CCR 曲线能够在整个生长过程中动态地描述气泡聚并行为，是非常有力的量化气泡聚并的工具。借助 CCR 曲线分析气泡聚并，可以量化不同分子结构的 LCB-PET 的聚并行为，并探寻其中的规律。

中等分子量的原生纤维级 PET（V-PET）及其改性样品具有相同长度的分子主链，但由于改性反应的差异具有不同的支链密度。低分子量的再生纤维级 PET（R-PET）体系与 V-PET 体系分子结构相同，但分子链长度更短。在图 3-23 展示

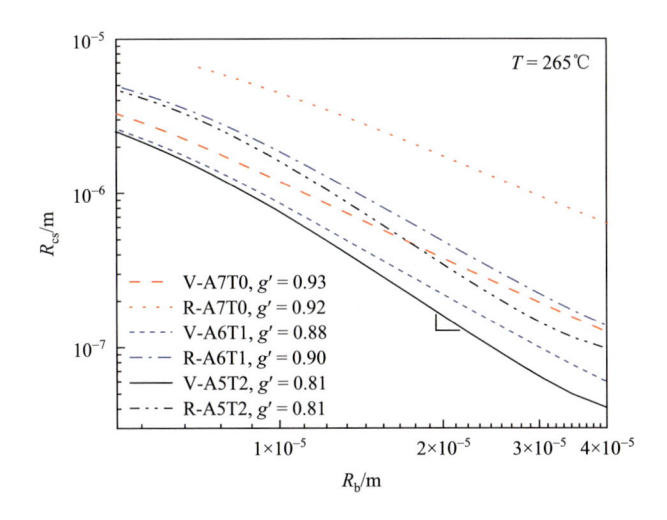

图 3-23　不同支链密度和支链长度的 LCB-PET 在 265℃下的 CCR 曲线

A7T0 表示 ADR 添加量 0.7 wt%；A6T1 表示 ADR 添加量 0.6 wt%、异氰尿酸三缩水甘油酯（TGIC）添加量 0.1 wt%；A5T2 表示 ADR 添加量 0.5 wt%、TGIC 添加量 0.2 wt%

的 CCR 曲线中，样品 V-A5T2 的 CCR 曲线位于最下方，这也表明它具有比其他材料更加优异的聚并抑制能力。对链长固定的分子结构而言，增加支链的数目会改变气泡的聚并行为，使得 CCR 曲线出现两个变化。其一，整条 CCR 曲线的位置下降，这种下降与材料的线性黏弹性的提升有关。LCB-PET 的支链结构会产生额外的分子链摩擦和缠结，降低了材料的松弛速率，延长了松弛过程，同时使得材料的零剪切黏度迅速上升。其二，CCR 曲线斜率的变化，CCR 曲线的斜率随着支链密度增加而明显增大。斜率增大与拉伸过程中出现的拉伸硬化现象有关，材料的拉伸硬化强弱由支链占比控制，支链数量的增加会显著增强拉伸硬化，导致 CCR 曲线斜率变大。因此，增加线性黏弹性使得 CCR 曲线的初始位置降低，而拉伸硬化使得 CCR 曲线的下降速率增大，表明气泡生长过程的气泡聚并被抑制。在实际的实验研究中，也同样发现增加拉伸硬化和材料黏度会使得发泡过程变稳定，因此模拟结果与实验结果吻合。

LCB-V-PET 与 LCB-R-PET 体系的分子结构相似，但由于原料分子量差异导致支链的长度不同，因此分析两体系的 CCR 曲线可以明确支链长度对气泡聚并的影响，如图 3-23 所示。例如，R-A5T2 和 V-A5T2 样品有基本相同的支链密度，$g' = 0.81$，它们的 CCR 曲线表现出类似的斜率和曲线形状，但是 V-A5T2 样品的曲线位置比 R-A5T2 更低。类似的结果可以在 R-A6T1 和 V-A6T1 的对比中观察得到（也见于 R-A7T0 和 V-A7T0 的对比）。支链增长导致 CCR 曲线的下移，提升了抑制气泡聚并的能力，这意味着可发泡性的提升。LCB-V-PET 体系比 LCB-R-PET 体系普遍具有更好的发泡结果。LCB-V-PET 体系具有更强的可发泡性，可以由 CCR 曲线随分子量的增加而降低来解释，增加链长或分子量抑制了气泡聚并，从而提升了材料的可发泡性。研究表明[70]，通过固相增黏方法提高 PET 的分子量可以提升其可发泡性，这种方法本质上也是增加链长，降低 CCR 曲线的位置，抑制聚并。尽管链长与增加支链的数量均能增强抑制气泡聚并的能力，但它们的变化机制有一定区别，具体表现为：提升分子量导致 CCR 曲线水平下移，而增加支链密度则会同时改变曲线斜率和初始位置。

3.3.3 基于聚合物流变行为调控气泡壁演化

气泡壁形貌会对气泡生长和最终的气泡形貌产生影响，严重的气泡壁不均匀性最终会导致孔壁破裂，宏观表现为泡沫开孔率提升。利用气泡壁的不均匀性还能够设计制备高开孔率泡沫材料，在吸声、吸波、吸油和催化领域有潜在应用，在需要力学性能的场合则需要闭孔结构来维持材料最佳的机械性能。因此，气泡壁均匀性的调节有着重要的实际应用价值。此外，从材料可发泡性的角度，维持一个相对均匀的气泡壁结构有利于获得更稳定的泡孔生长过程，提高了材料的可发泡性。

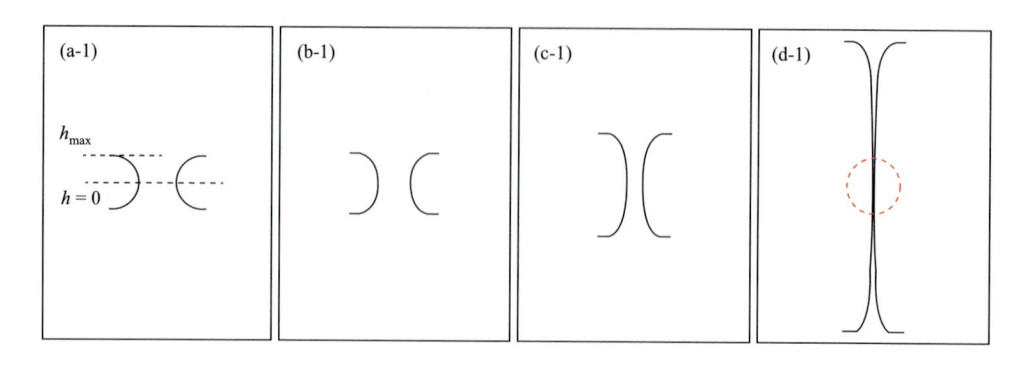

1. 拉伸硬化对气泡壁形貌演化的影响[70]

材料的拉伸硬化程度可由 MSF 模型中的 f_{max}^2 定量调节，当 $f_{max}^2 = 1$ 时材料没有拉伸硬化。维持成核条件和温度不变，在壁面形貌计算中，对比有拉伸硬化的实际泡沫级 PET（F-PET）的孔壁演化和假设没有拉伸硬化时的情形，可以明确拉伸硬化在其中的作用和影响。

图 3-24 展示了不同生长阶段气泡壁的形貌，从中可以看出无论有没有拉伸硬化的存在，气泡壁厚度都随着气泡生长在纵向上展现出更严重的不均匀性，气泡壁的厚度从初始阶段就存在一定的不均匀性，表现为顶端更厚而中部更薄，且这种初始不均匀性在后续生长中加剧。承受拉伸最为明显的区域是初期最薄弱的气泡壁中部，其厚度迅速衰减，并且可以预见的是，随着拉伸的增大，中部将会率先出现气泡壁破裂的情形。对比图 3-24（d-1）和（d-2），不难发现，拉伸硬化在形貌演化过程起到的作用格外明显，拉伸硬化阻止了气泡壁中部厚度的快速衰

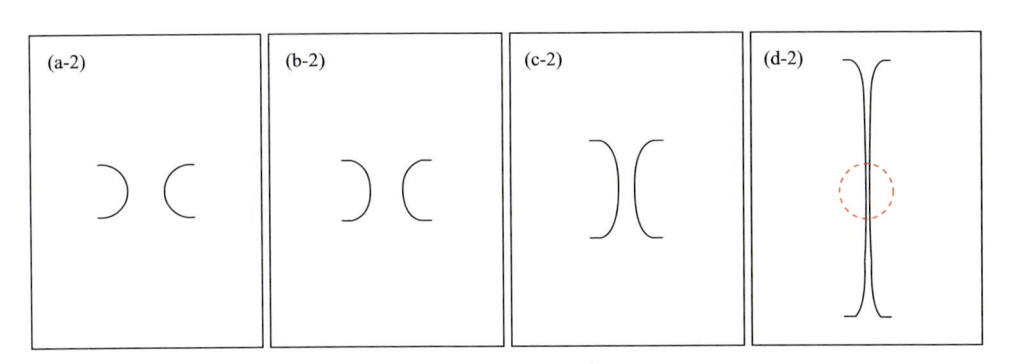

图 3-24 气泡壁形貌演化过程图

图标中的字母用以区分生长程度：R/R_0 = 1（a）、1.2（b）、2（c）和 7（d）；图标中数字用以区分计算是否包含熔体的拉伸硬化；h 为变化的观测点高度，h_{max} 为气泡上顶端的高度

减，并把一部分拉伸形变转移到两侧气泡壁中，使得中间段形成了有一定厚度且相对均匀的区域，这意味着拉伸硬化提供的额外应力保护了薄弱位置，有助于提高气泡壁的均匀性。

在 265℃下制备得到 F-PET 泡沫的泡孔结构如图 3-25 所示，对比其结构可证实模拟得到的气泡壁形貌是合理的。由于图中的壁面结构过于微小，随机选择三个区域的气泡壁放大观察，实际的气泡壁形状与演算得到的形貌基本类似。对拉伸程度较小的气泡来说，孔壁还保持着一定的初始圆形弧度，但对于拉伸较为剧烈的孔壁而言，气泡壁的中段呈现"平板"形状，这两种结构与计算得到的不同生长程度下的样貌吻合。需要注意的是，实验结果是模拟计算的佐证而非完全等同，因为模拟需要用到真实的成核与生长参数才能还原实际生长过程，而模拟计算中带入的是平均值，两者存在差异。

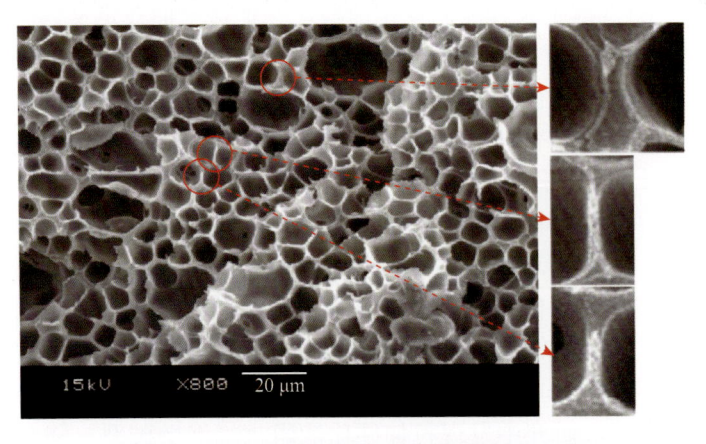

图 3-25 265℃下制备的 F-PET 泡沫的 SEM 图

引入速度分布的概念可以仔细分析气泡壁的变形运动，图 3-26（a）展示了在 $R/R_0 = 7$ 时刻，气泡壁每个位置的应变速率分布，其中横坐标中的 h 和 h_{max} 分别为变化的观测点高度和气泡上顶端的高度，位置信息标注在图 3-24（a-1）中。形变速率分布表明，拉伸硬化有助于形成一个更加均匀的速度分布，使得气泡壁即使是在较大程度的拉伸下依然能保持较好的速度均匀性，但是没有拉伸硬化的样品则表现出巨大的应变速率差异。对最终的气泡壁形貌而言，气泡壁各处均匀性的形变速度意味着最终的气泡壁厚度均匀。因此，速度分布分析结果与形貌演化图中的结果吻合。

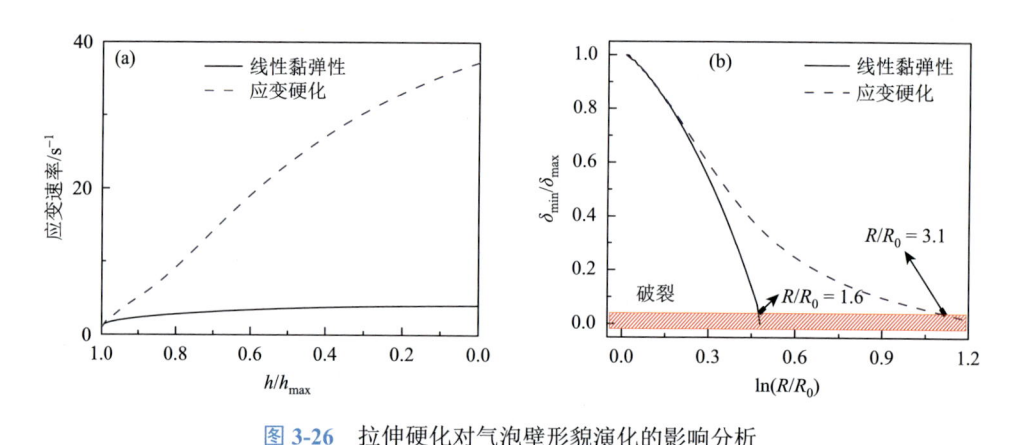

图 3-26　拉伸硬化对气泡壁形貌演化的影响分析

（a）气泡壁应变速率随高度的分布图；（b）气泡壁拉伸均匀性（BSU）曲线：气泡壁厚度差（$\delta_{min}/\delta_{max}$）随尺寸的演化过程

此外，在图 3-26（b）图中展示了气泡壁厚度差（最厚点和最薄点的壁厚比值，$\delta_{min}/\delta_{max}$）随气泡生长程度的变化曲线，并把这一曲线定义为气泡壁拉伸均匀性（BSU）曲线。BSU 曲线可在整个气泡生长过程中量化描述气泡的均匀性，从而更好地分辨气泡壁的均匀性以减少误差。在 BSU 曲线中，快速下坠的曲线代表气泡壁会迅速变得不均匀，而较好均匀性壁面对应的 BSU 曲线应该缓慢下落。在图中可以看出，拉伸硬化情形的 BSU 曲线在后期表现出被"向上提升"的趋势，表明拉伸硬化有效阻止了气泡壁厚度差异的迅速扩大。对具有拉伸硬化的样品而言，其气泡壁可以承受较大的拉伸程度（$R/R_0 = 3.1$）而不断裂（$\delta_{min}/\delta_{max}<0.1$），对应的发泡倍率为 31，满足了 PET 发泡加工的需求。如果没有拉伸硬化，气泡壁的拉伸程度达到 $R/R_0 = 1.6$ 时就到达破裂点，此时的发泡倍率大约只为 4，意味着壁面的均匀性达不到发泡工艺的要求。这些模拟结果与实际的发泡研究结果相吻合，研究中发现拉伸硬化能阻止气泡壁破裂，降低最终泡沫材料的开孔率[72-74]。

2. 松弛运动对气泡壁形貌演化的影响

许多研究表明，材料的松弛运动会影响其可发泡性，一些理论计算表明，长松弛时间的材料会呈现较为稳定的气泡生长过程[75]，但是在这些计算中并未涉及气泡壁的形貌。延长松弛时间是否有益于提高气泡壁的均匀性是未知的，需要进一步研究。因此，利用松弛谱的分割将材料的全部黏弹性分成快松弛和慢松弛运动两部分，分别将两部分的黏弹性带入气泡壁演化模型中考察快、慢松弛运动对气泡壁形貌的影响。保持模拟中的成核条件 $\rho_n = 1.56 \times 10^{10}$ 个/cm^3 和温度条件 $T = 265$℃不变。

图 3-27 展示了两种松弛速率运动形成的气泡壁形貌，模拟结果表明，慢松弛运动的气泡壁出现了更加严重的非均匀性，慢松弛运动产生的气泡壁厚度差异更加明显，而且会导致更早的气泡壁破裂。同时，快松弛运动的情况表现出较好的气泡壁均匀性。模拟展示了非常有意义的结果，快松弛运动在气泡生长过程中起"促进流动和促进均匀性"的作用，使得气泡壁的均匀性增加。这一结果揭示了快松弛运动，或称材料黏性，在气泡生长中的必要性。现有的发泡理论往往忽视了气泡壁形貌及其不均匀性，导致相比于弹性，材料的黏性作用在发泡研究领域受到忽视。

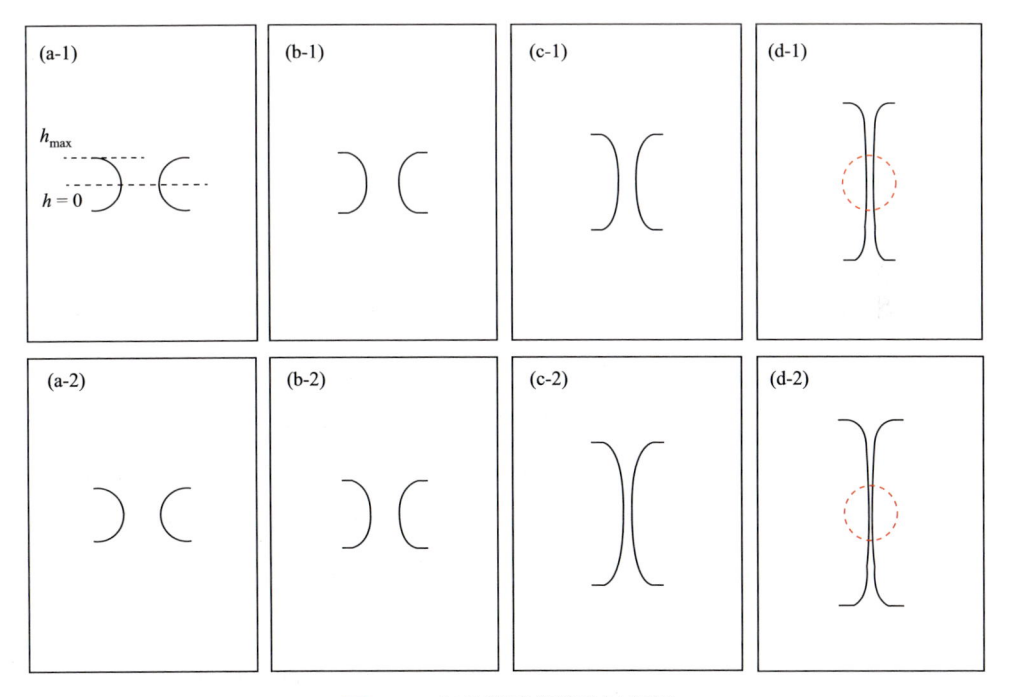

图 3-27　气泡壁形貌演化过程图

图标中的字母 a、b、c、d 用以区分生长程度：其 R/R_0 分别为 1、1.2、2、5；图标中的数字后缀用以区分松弛速率，"1"为快松弛，"2"为慢松弛

图 3-28（a）展示了两种松弛速率运动和它们叠加情况下的气泡壁应变速率分布图。应变速率分布表明，快松弛运动的气泡壁具有最均匀的应变速率，而类似弹性的慢松弛运动则会表现出较大的应变速率差异，增加了气泡壁厚度的不均匀性，并且最终导致气泡破裂。实际 F-PET 材料包含了快松弛和慢松弛两部分的运动，呈现典型的黏弹性，这种综合性质表现出较好的泡孔均匀性。因此，材料的黏性部分在气泡生长中有助于维护均匀的孔壁厚度，这种作用的机理类似于促进流动使得各个位置流速均匀。图 3-28（b）展示了两种松弛特性的气泡壁的 BSU 曲线。对于慢松弛气泡壁来说，泡孔承受非常小的拉伸就达到了破裂标准，$R/R_0 = 1.5$，其对应的发泡倍率仅有 3.4。具有快松弛运动的气泡壁能够承受 $R/R_0 = 4.4$ 的巨大拉伸，其对应的发泡倍率达到了 85。实际的材料能承受 $R/R_0 = 3.1$ 的拉伸，满足发泡倍率达到 30 的标准。因此，理想可发泡材料的流变特性应满足：材料的松弛运动分布合理，具有良好的弹性应力的同时兼具优异的流动性。

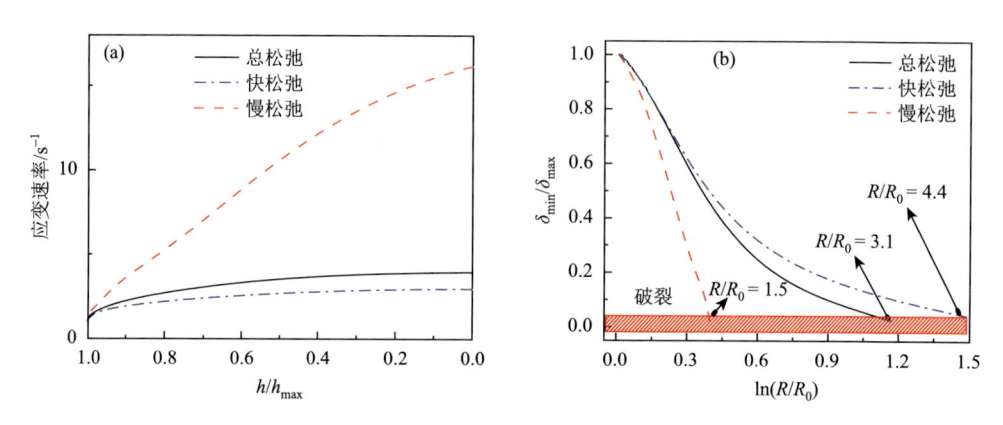

图 3-28 松弛速率对气泡壁形貌演化的影响分析
（a）气泡壁应变速率随高度的分布图；（b）气泡壁拉伸均匀性（BSU）曲线：气泡壁厚度差（$\delta_{min}/\delta_{max}$）随尺寸的演化过程

3.3.4 基于聚合物流变行为调控最佳发泡温度

增加材料黏度和弹性能有效抑制气泡聚并，但同时过高的弹性使得气泡壁在拉伸过程中的均匀性下降。对特性材料而言，其最佳发泡温度是两种机制取舍的结果[71]。

1. 发泡温度对气泡壁形貌演化的影响

在同样的几何条件下，气泡壁形貌的演化随材料黏弹性而变化，而聚合物黏弹性又受到温度的影响。因此，改变发泡温度能影响气泡壁的形貌。基于不同温度下 F-PET 的黏弹性数据，保持初始气泡壁几何形状不变，对不同发泡温度下的气泡壁均匀性进行了模拟计算。图 3-29 展示了不同温度下 F-PET 的 BSU 曲线，结果表明，气泡壁均匀性随着温度的升高得到了提高。这是因为高温提高了聚合物熔体的流动性，从而提高了气泡壁均匀性。在较低的发泡温度下，气泡壁会出现严重的非均匀性，最终导致气泡壁破裂，同时也会导致开孔率升高。

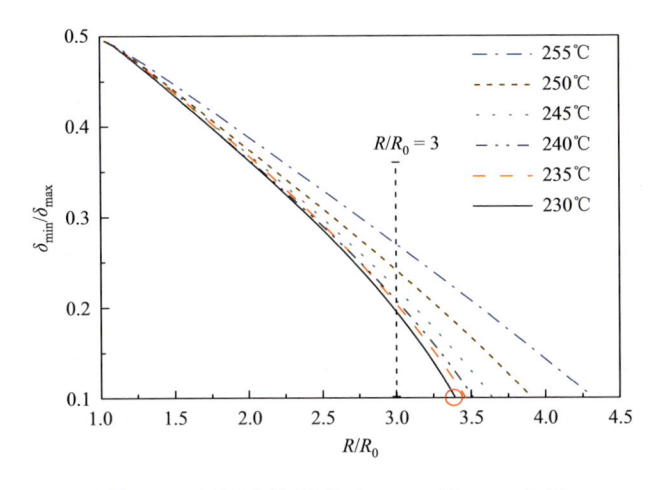

图 3-29　不同发泡温度下 F-PET 的 BSU 曲线

2. 发泡温度对气泡聚并行为的影响

气泡壁的均匀性以及气泡聚并行为都会影响气泡的生长，因此对于理想的气泡生长过程，需要同时抑制气泡壁的破裂和气泡的聚并。较高的发泡温度虽然有利于气泡的均匀性，但也会降低拉伸黏度，进而导致气泡聚并。

气泡的聚并行为可以用压力平衡气泡生长（PBB）模型中的临界聚并半径（CCR）曲线来量化描述。回顾 PBB 模型提出的聚并机制：小气泡可以被大气泡所合并，但合并需要一个必要的尺寸差，这种尺寸差异与材料的黏弹性和表面张力等性质有关。CCR 曲线描述了发生聚并的大小两个气泡必需的尺寸差，即 R_{big} 与 $R_{c,small}$ 的关系，其中 R_{big} 为大气泡的半径，$R_{c,small}$ 为发生聚并的小气泡的临界半径。图 3-30 绘制了不同发泡温度下 F-PET 的 CCR 曲线。CCR 曲线处于低位表明气泡的聚并受到抑制。在较低的发泡温度下，材料的黏度较大抑制气泡聚并，其 CCR 曲线也向下移动。图 3-30 中的标准 CCR 曲线是判断是否发生气泡聚并的标准，如果样品的 CCR 曲线低于标准 CCR 曲线则聚并不会发生。因此发泡温度在 250℃ 及以下时，CCR 曲线比标准曲线位置更低，气泡聚并能被有效抑制，而高于此温度的 CCR 曲线比标准曲线位置更高，在发泡过程中会发生聚并。

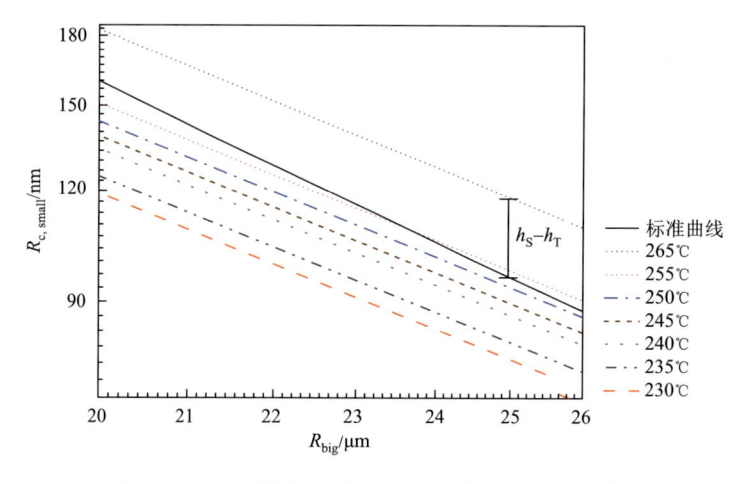

图 3-30　不同发泡温度下 F-PET 样品的 CCR 曲线

3. 最佳发泡温度的模型化定量

为了综合考虑气泡壁破裂和聚并因素，从而系统地理解发泡过程中的气泡聚并和孔壁破裂，需要将聚并和破裂统一考虑。此处定义破裂因子（E）来描述气泡壁均匀性，E 为无因次数且由气泡壁的拉伸均匀性决定，可由 BSU 曲线获得。如图 3-29 所示，当 $\delta_{min}/\delta_{max} = 0.1$ 时，图中 BSU 曲线与横坐标的交点就是描述该温度下气泡壁均匀性的特征值。出现交叉点的位置可以反映气泡壁在拉伸过程的均匀性，交点出现越晚说明气泡壁越均匀。将该交叉点横坐标值记为 ε_{rup}，用来定量描述气泡壁均匀性。气泡壁破裂因子可定义为

$$E = \frac{\varepsilon_{rup,T} - \varepsilon_{rup,230}}{\varepsilon_{rup,c}} \quad (3\text{-}1)$$

式中，$\varepsilon_{rup,T}$ 为考察温度下 BSU 曲线与横坐标轴的交点值；而 $\varepsilon_{rup,230}$ 为特定温度为 230℃时的 ε_{rup} 值。气泡壁破裂因子（E）描述了某一温度下气泡壁均匀性和 230℃气泡壁均匀性的相对差异，当气泡壁破裂系数较大时，表明气泡壁均匀性较好。

采用类似方法，定义气泡聚并因子（H）来描述气泡的聚并。气泡的聚并行为可由 CCR 曲线量化，因此定义的聚并因子使用了 CCR 曲线的信息。如图 3-30 所示，以 $R_{big} = 25\ \mu m$ 时 CCR 曲线上的 $R_{c,small}$ 为特征值，表示 h，从而定义聚并因子：

$$H = \frac{h_S - h_T}{h_S} \quad (3\text{-}2)$$

式中，h_T 为观测温度为 T 时 CCR 曲线中的 h 值；h_S 为标准 CCR 曲线中的 h 值。聚并因子（H）描述了泡沫增长过程中的气泡聚并现象，一个较大的 H 值意味着气泡的聚并受到抑制。

定义气泡壁破裂因子（E）和气泡聚并因子（H）之后，将这两个因子一起作为发泡温度的函数绘制在图 3-31 中。对于理想发泡过程，气泡壁应该是均匀的，对应一个较大的 E 值。此外，气泡聚并需要被抑制，对应于较大的 H 值。在高发泡温度下，虽然气泡壁很均匀，但气泡聚并现象严重。随着温度降低，气泡聚并受到抑制，但拉伸均匀性逐渐变差。气泡壁破裂因子与聚并因子的交点表示要使气泡壁均匀性和抵御聚并能力达到平衡，材料的形变均匀性和聚并抑制能力都应保持在高性能状态。此时，理论最优发泡操作温度 T_{opt} 为 243℃。在实际发泡实验中，240℃和 245℃的发泡效果最好。因此，通过综合的聚并和孔壁均匀性分析，可准确预测出最优发泡操作温度 T_{opt}。

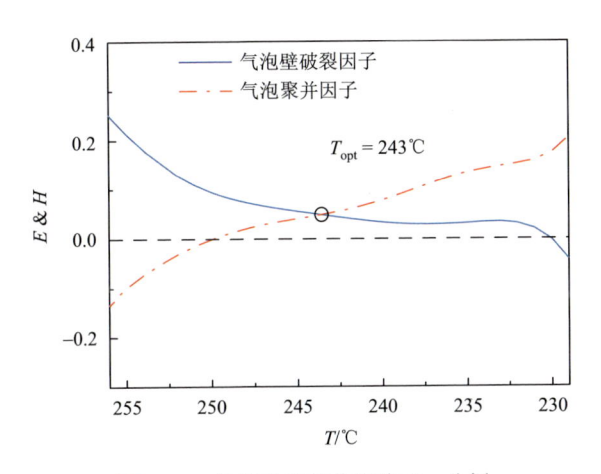

图 3-31　最优发泡操作温度 T_{opt} 分析
气泡壁破裂因子（E）和气泡聚并因子（H）随发泡温度的变化曲线

3.4 聚合物发泡材料尺寸稳定性调控

软质泡沫在生产时通常面临着尺寸不稳定的问题（收缩问题），其一旦发泡结束后，将经历一个老化过程，即泡孔内发泡剂/空气的交换过程。如果发泡剂从泡沫中渗透出来的速率比空气进入泡沫的速率更快，则泡沫内部将形成负压。由于软质聚合物本身的刚性较弱，其无法支撑负压下的泡孔结构，从而导致软质泡沫可能遭遇非常严重的收缩问题。第 2 章中 2.3 节详细阐述了发泡材料存在收缩问题的原因、收缩过程模型的建立以及改善发泡材料尺寸稳定性的抗收缩策略。基于上述讨论，本节将详细介绍基于混合发泡剂、开孔结构和环境压力变化的动态熟化策略的聚合物发泡材料尺寸稳定性的调控手段。

3.4.1 基于混合发泡剂的抗收缩策略

针对 CO_2 的高扩散速率，可以采用 CO_2/N_2 和 $CO_2/i\text{-}C_4H_{10}$ 混合发泡剂，N_2 和 $i\text{-}C_4H_{10}$ 的渗透速率低，残留在泡孔中的 N_2 或 $i\text{-}C_4H_{10}$ 可以抵抗负压导致的泡孔收缩。作者团队已采用 CO_2/N_2 混合发泡剂制备了尺寸稳定性良好的 LDPE 发泡材料、TPU 发泡材料，采用 $CO_2/i\text{-}C_4H_{10}$ 混合发泡剂制备了尺寸稳定性良好的 LDPE 发泡材料。现以 $CO_2/i\text{-}C_4H_{10}$ 混合发泡剂制备 LDPE 发泡材料为例进行阐述。

由于 $i\text{-}C_4H_{10}$ 通过气泡壁的渗透速率远慢于 CO_2，老化阶段的初始 $i\text{-}C_4H_{10}$ 分率越高，混合发泡剂渗透出泡沫的速率就越慢，LDPE 泡沫的尺寸稳定性就越好，图 3-32 为 LDPE 泡沫尺寸稳定性的实验结果和数值模拟结果[76]。当在 LDPE/CO_2 发泡体系中加入大于 0.4 MPa 的 $i\text{-}C_4H_{10}$ 时，实验得到的收缩曲线与纯 $i\text{-}C_4H_{10}$ （100 wt% $i\text{-}C_4H_{10}$）作为发泡剂的模拟曲线吻合良好，表明 0.4 MPa 的 $i\text{-}C_4H_{10}$ 分压即可使得老化阶段的初始 $i\text{-}C_4H_{10}$ 分率达到 100 wt%。结合实验和模拟结果可知，只要发泡实验所采用的 $i\text{-}C_4H_{10}$ 分压大于 0.4 MPa，CO_2 + $i\text{-}C_4H_{10}$ 混合气体制备的 LDPE 泡沫可表现出与纯 $i\text{-}C_4H_{10}$ 制备的 LDPE 泡沫相似的良好尺寸稳定性。

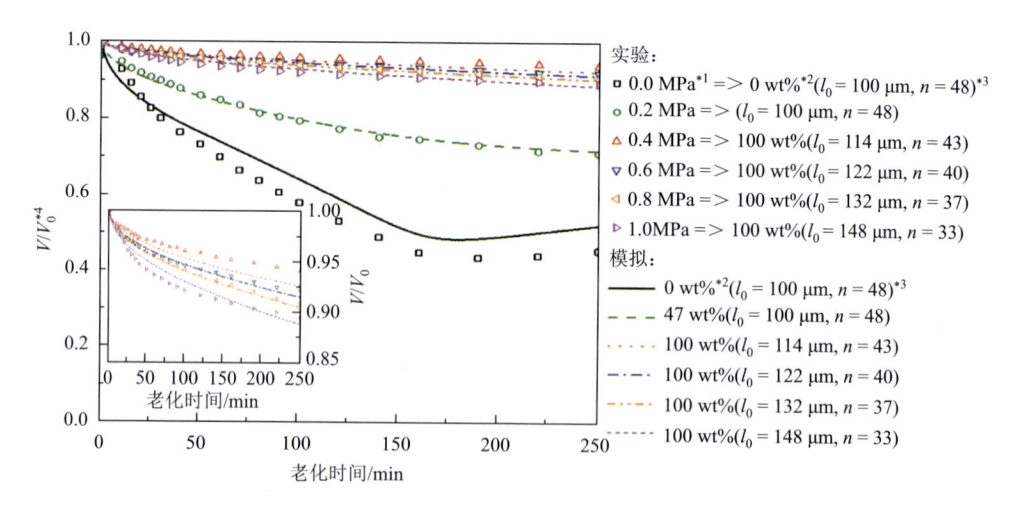

图 3-32　$CO_2/i\text{-}C_4H_{10}$ 混合气体发泡 LDPE 的尺寸稳定性（实验和模拟结果）

*1 发泡实验所采用的 $i\text{-}C_4H_{10}$ 分压（发泡条件为：10 MPa CO_2 加上不同分压的 $i\text{-}C_4H_{10}$）；*2 老化过程中的初始 $i\text{-}C_4H_{10}$ 分率；*3 实验制备的 LDPE 泡沫的泡孔数目（n）和初始泡孔尺寸（l_0）；*4 $V/V_0 = R_v/R_{v_0}$，其中，V_0 和 V 分别为 0 时刻和 t 时刻时的泡沫体积

当发泡实验中 $i\text{-}C_4H_{10}$ 分压大于 0.4 MPa 时，LDPE 泡沫可表现出良好的尺寸稳定性。随着 $i\text{-}C_4H_{10}$ 分压从 0.4 MPa 增加到 1.0 MPa，LDPE 泡沫的倍率由 32 倍提高至 40 倍，泡孔尺寸从 114 μm 增加到 148 μm，厚度方向上的泡孔数目从 43 个

减少到 33 个。当发泡实验中 i-C_4H_{10} 分压大于 0.4 MPa 时，LDPE 泡沫的尺寸稳定性主要受泡沫结构的影响，而不再受到 i-C_4H_{10} 分压的影响。

表 3-9 列出了在不同 i-C_4H_{10} 分压下，CO_2 + i-C_4H_{10} 混合气体作为发泡剂在老化阶段的初始 i-C_4H_{10} 分率（质量分数）[77]。通过向 LDPE/CO_2 发泡体系中加入少量的 i-C_4H_{10}，其在老化阶段的初始 i-C_4H_{10} 分率将远远高于发泡阶段所采用的 i-C_4H_{10} 分率。只要发泡实验所采用的 i-C_4H_{10} 分率高于 36 wt%，CO_2 + i-C_4H_{10} 混合气体制备的 LDPE 泡沫就可表现出与纯 i-C_4H_{10} 制备的 LDPE 泡沫相似的良好尺寸稳定性。

表 3-9　不同 i-C_4H_{10} 分压下，CO_2 + i-C_4H_{10} 混合气体作为发泡剂在老化阶段的初始 i-C_4H_{10} 分率

发泡过程		老化过程
i-C_4H_{10} 分压/MPa	i-C_4H_{10} 分率/wt%[*1]	初始 i-C_4H_{10} 分率/wt%[*2]
0.0	0	0
0.2	22	47
0.4	36	100
0.6	46	100
0.8	53	100
1.0	59	100

*1 发泡实验所采用的 i-C_4H_{10} 分率（发泡条件为：10 MPa CO_2 加上不同分压的 i-C_4H_{10}）；
*2 老化阶段的初始 i-C_4H_{10} 分率。

3.4.2　基于开孔结构的抗收缩策略

除了使用混合发泡剂外，在聚合物泡沫中构筑开孔结构也是显著降低材料收缩的有效方法。作者团队通过向 LDPE 中加入少量 LLDPE、向 PBST 中加入少量 PLA，实现共混物泡沫的泡孔形貌和开孔率的显著变化，从而有望改善 CO_2 发泡 PE 和 PBST 的尺寸稳定性（收缩问题）。

以 LDPE/LLDPE 共混物为例[42]，图 3-33 为 LLDPE 含量对 LDPE/LLDPE 泡沫尺寸稳定性的影响，纯 LDPE 泡沫的倍率随老化时间而急剧下降，表现出严重的收缩问题；通过向 LDPE 中加入 10 wt% LLDPE，LL-10 泡沫的收缩问题得到显著改善；随着 LLDPE 含量的进一步增加，LL-20 泡沫和 LL-30 泡沫均表现出良好的尺寸稳定性。

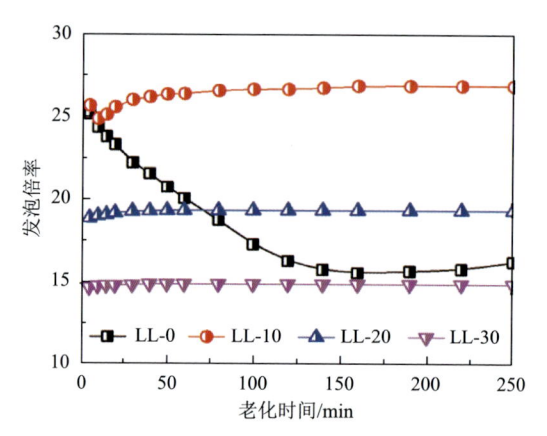

图 3-33　LLDPE 含量对 LDPE/LLDPE 泡沫尺寸稳定性的影响

发泡压力：15 MPa CO_2

图 3-34 为 CO_2 饱和压力对 LDPE/LLDPE 泡沫尺寸稳定性的影响。所有 LL-0 泡沫均发生了严重的收缩变形，从而表现出较差的尺寸稳定性。当加入 10 wt% LLDPE 后，CO_2 饱和压力对 LL-10 泡沫的尺寸稳定性有着显著的影响。LL-10 (10 MPa) 泡沫由于具有较低的开孔率，表现出与 LL-0 泡沫相似的严重收缩行为；而 LL-10 (15 MPa) 泡沫和 LL-10 (20 MPa) 泡沫由于具有较高的开孔率，均表现出良好的尺寸稳定性。因此，开孔率是影响 LL-10 泡沫尺寸稳定性的关键因素。

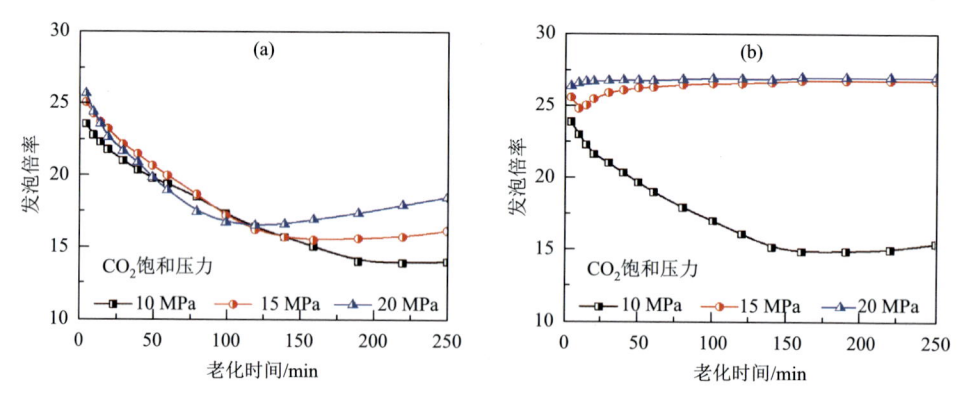

图 3-34　CO_2 饱和压力对 LDPE/LLDPE 泡沫尺寸稳定性的影响

(a) LL-0 泡沫；(b) LL-10 泡沫

对于纯 LDPE，所有 LL-0 泡沫的倍率均经历了一个收缩—恢复的过程，但其恢复均不能达到产品的初始状态。这种收缩—恢复的现象是由 CO_2 和空气的传质速率差造成的。在老化 14 天后，最终的 LL-0 泡沫尽管恢复了大部分尺寸，但仍表现出严重的收缩和变形（图 3-35），这可能是由于严重的收缩行为破坏了泡沫的内部结构。通过向 LDPE 中加入 10 wt% LLDPE，LL-10 (10 MPa) 泡沫由于具有与 LL-0

泡沫相似的严重收缩行为，在老化 14 天后也表现出严重的收缩和变形；而 LL-10（15 MPa）泡沫和 LL-10（20 MPa）泡沫由于具有良好的尺寸稳定性，在老化 14 天后表现出光滑的外表和规则的几何外形，如图 3-35 和图 3-36 所示。仅通过简单控制 LLDPE 加入量和 CO_2 饱和压力，就可以有效解决 LDPE 发泡材料的收缩问题。

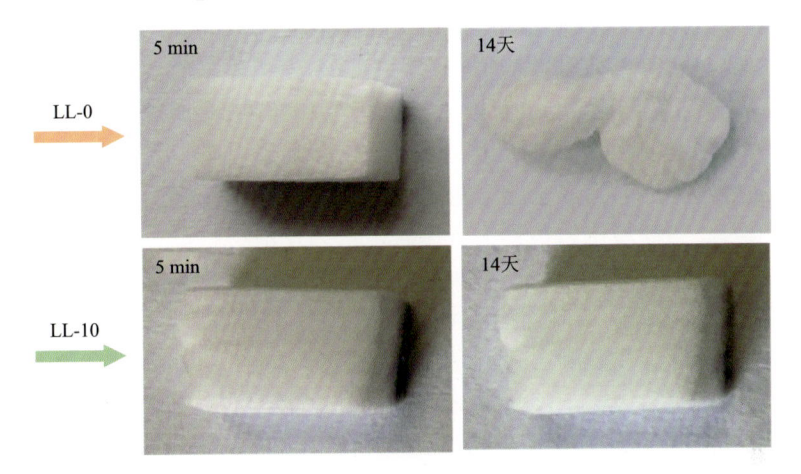

图 3-35　LL-0（15 MPa）泡沫和 LL-10（15 MPa）泡沫的照片

泡沫照片分别是在老化 5 min 和老化 14 天时拍摄的

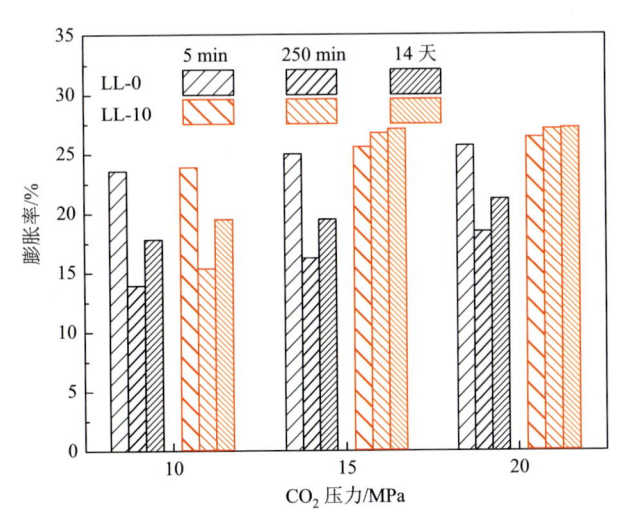

图 3-36　LL-0 和 LL-10 泡沫在不同老化时间的膨胀率

3.4.3　基于环境压力变化–动态熟化的抗收缩策略

弹性体发泡材料的熟化过程是耗时的尺寸稳定阶段。在此阶段，由于发泡材

料中 CO_2 的快速逸出，发泡材料首先收缩，然后由于弹性体基质的记忆效应和随后扩散进入泡孔的空气，发泡材料开始逐渐膨胀直至稳定。改变环境压力以使发泡材料内部和外部的压力相同，使发泡材料的收缩率（V/V_0）始终保持为 0，通过优化熟化过程来提高发泡材料抗收缩能力。

图 3-37 通过数值模拟显示了当发泡材料的收缩率为 0 时，环境压力随熟化时间的变化曲线。随着熟化时间的增长，环境压力先下降，随后上升，最后在大气压下变得稳定。在熟化的初始阶段，发泡材料中的 CO_2 会迅速逸出，气泡内压力降低，因此降低环境压力能够防止发泡材料收缩。随后，一方面 CO_2 的逸出速度开始下降，另一方面有更多的空气进入发泡材料，因此环境压力逐渐增加，直至回到大气压力。当环境压力达到大气压时，认为发泡材料已完成熟化，此时所使用的时间即为熟化时间。随着泡孔中 N_2 含量的减少和发泡材料厚度的增加，熟化时间将变得更长。然而，对于由纯 CO_2 制备的 TPU 发泡材料，在这一模拟中的环境压力将迅速下降至 9200 Pa，然后开始极其缓慢地回升，当熟化至 900 min 时才回升至 9241 Pa。这是因为由纯 CO_2 制备的 TPU 发泡材料中没有 N_2，因此必须将环境压力降低至接近真空才能保持发泡材料的尺寸稳定性。由于很低的环境压力，泡孔中的空气含量非常少，因此只有缓慢增加环境压力才能避免发泡材料的收缩。尽管改变发泡材料内部和外部之间的压力差可以改善发泡材料的收缩行为，从而避免高收缩率，但在这一过程中 CO_2 的渗透率是不变的，因此该方法并不能加速熟化过程。优化的熟化过程将增加熟化时间（在静态熟化过程中，认为收缩率不变时所使用的时间为熟化时间），并且随着环境压力的降低，熟化时间的增加幅度提高，见表 3-10[39]。

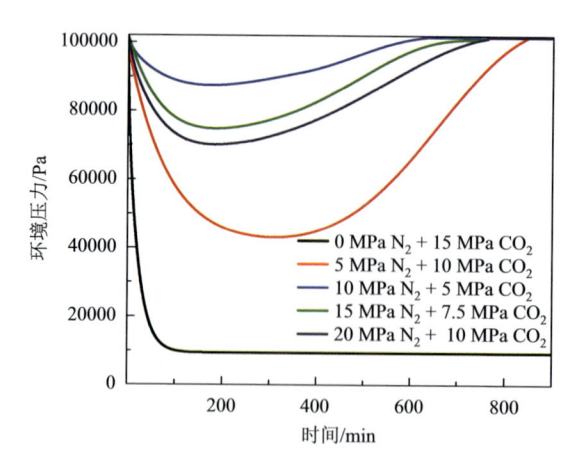

图 3-37　当发泡材料的收缩率为 0 时环境压力随熟化时间变化的曲线

表 3-10　不同熟化过程的熟化时间对比

发泡条件	静态熟化过程/min	动态熟化过程/min
5 MPa N$_2$ + 10 MPa CO$_2$	799.67	848.00
10 MPa N$_2$ + 5 MPa CO$_2$	607.83	633.50
15 MPa N$_2$ + 7.5 MPa CO$_2$	715.83	748.50
20 MPa N$_2$ + 10 MPa CO$_2$	722.17	761.84

图 3-38 为不同熟化策略下 TPU 发泡材料的形貌图，采用优化的熟化策略，纯 CO$_2$ 发泡的样品在从真空烘箱中取出后就开始迅速收缩，发泡倍率仅为 3.1 倍，低于静态熟化过程下的样品发泡倍率。在 5 MPa N$_2$ + 10 MPa CO$_2$ 条件下发泡的样品表面几乎无褶皱，发泡倍率达到了 9.54 倍，收缩率仅为 1.8%，较静态熟化过程下的收缩率降低了 33%。在该策略与 N$_2$/CO$_2$ 混合发泡剂的作用下，TPU 发泡材料几乎不发生收缩。

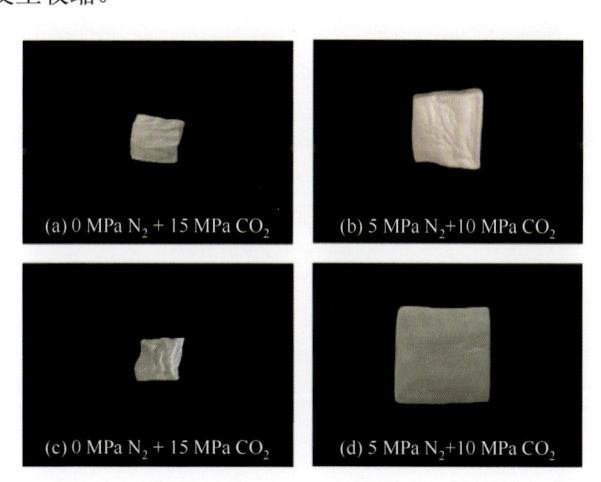

图 3-38　经过不同熟化策略的 TPU 发泡材料表面图像
（a）和（b）静态熟化过程；（c）和（d）优化的熟化过程（图片拍摄于发泡实验 14 天后）

3.5　本章小结

超临界流体发泡聚合物行为调控过程十分复杂，其在发泡过程中会受到发泡剂的溶解扩散行为、聚合物基体的结晶行为、聚合物基体的流变行为的影响，而在发泡完成后其尺寸稳定性还会受到发泡剂种类、泡孔结构、环境压力等多重因素的影响。因此，通过小分子添加剂在聚合物中的溶解扩散行为调控、聚合物结晶行为调控、聚合物流变行为调控可以对发泡过程进行有效的控制，而通过混合发泡剂、开孔结构构筑以及基于环境压力变化的动态熟化策略则可以有效改善发泡材料的收缩问题。

尽管本章介绍了各类发泡行为的调控手段，但聚合物的种类繁多，针对不同的聚合物，其基础特性不同，所使用的调控方法与控制手段也有所差异。此外，针对不同的应用场景，对聚合物的泡孔结构、产品特性也存在不同的需求。因此，在具体生产实践中，需要针对聚合物的具体特性以及产品的应用需求来选择发泡行为的调控方法，从而更好地对整个过程进行调控。

参 考 文 献

[1] Li D, Liu T, Zhao L, et al. Foaming of poly (lactic acid) based on its nonisothermal crystallization behavior under compressed carbon dioxide[J]. Industrial & Engineering Chemistry Research，2011，50（4）：1997-2007.

[2] Wang M, Ma J, Chu R, et al. Effect of the introduction of polydimethylsiloxane on the foaming behavior of block-copolymerized polypropylene[J]. Journal of Applied Polymer Science，2012，123（5）：2726-2732.

[3] Ruiz J, Cloutet E, Dumon M. Investigation of the nanocellular foaming of polystyrene in supercritical CO_2 by adding a CO_2-philic perfluorinated block copolymer[J]. Journal of Applied Polymer Science，2012，126（1）：38-45.

[4] Rizvi A, Tabatabaei A, Barzegari M, et al. *In situ* fibrillation of CO_2-philic polymers: Sustainable route to polymer foams in a continuous process[J]. Polymer，2013，54（17）：4645-4652.

[5] Han X, Shen J, Huang H, et al. CO_2 foaming based on polystyrene/poly (methyl methacrylate) blend and nanoclay[J]. Polymer Engineering & Science，2007，47（2）：103-111.

[6] Qiang W, Hu D, Liu T, et al. Strategy to control CO_2 diffusion in polystyrene microcellular foaming via CO_2-philic additives[J]. The Journal of Supercritical Fluids，2019，147：329-337.

[7] Qiang W, Zhao L, Gao X, et al. Dual role of PDMS on improving supercritical CO_2 foaming of polypropylene: CO_2-philic additive and crystallization nucleating agent[J]. The Journal of Supercritical Fluids，2020，163：104888.

[8] Kilic S, Michalik S, Wang Y, et al. Phase behavior of oxygen-containing polymers in CO_2[J]. Macromolecules，2007，40（4）：1332-1341.

[9] Cooper A I. Polymer synthesis and processing using supercritical carbon dioxide[J]. Journal of Materials Chemistry，2000，10（2）：207-234.

[10] Fink R, Hancu D, Valentine R, et al. Toward the development of "CO_2-philic" hydrocarbons. 1. Use of side-chain functionalization to lower the miscibility pressure of polydimethylsiloxanes in CO_2[J]. The Journal of Physical Chemistry B，1999，103（31）：6441-6444.

[11] Kirby C, Mchugh M. Phase behavior of polymers in supercritical fluid solvents[J]. Chemical Reviews，1999，99（2）：565-602.

[12] Brantley N, Kazarian S, Eckert C. *In situ* FTIR measurement of carbon dioxide sorption into poly (ethylene terephthalate) at elevated pressures[J]. Journal of Applied Polymer Science，2000，77（4）：764-775.

[13] Shieh Y, Lin Y. Equilibrium solubility of CO_2 in rubbery EVA over a wide pressure range: Effects of carbonyl group content and crystallinity[J]. Polymer，2002，43（6）：1849-1856.

[14] Fried J, Hu N. The molecular basis of CO_2 interaction with polymers containing fluorinated groups: Computational chemistry of model compounds and molecular simulation of poly[bis（2, 2, 2-trifluoroethoxy）phosphazene][J]. Polymer, 2003, 44（15）: 4363-4372.

[15] Hu D, Sun S, Yuan P, et al. Exploration of CO_2-philicity of poly（vinyl acetate-co-alkyl vinyl ether）through molecular modeling and dissolution behavior measurement[J]. The Journal of Physical Chemistry B, 2015, 119（38）: 12490-12501.

[16] Bao L, Fang S, Hu D, et al. Enhancement of the CO_2-philicity of poly（vinyl ester）s by end-group modification with branched chains[J]. The Journal of Supercritical Fluids, 2017, 127: 129-136.

[17] Hu D, Zhang Y, Su M, et al. Effect of molecular weight on CO_2-philicity of poly（vinyl acetate）with different molecular chain structure[J]. The Journal of Supercritical Fluids, 2016, 118: 96-106.

[18] Xiong Y, Kiran E. Miscibility, density and viscosity of poly（dimethylsiloxane）in supercritical carbon dioxide[J]. Polymer, 1995, 36（25）: 4817-4826.

[19] Lee J, Cummings S, Beckman E, et al. The solubility of low molecular weight poly（dimethyl siloxane）in dense CO_2 and its use as a CO_2-philic segment[J]. The Journal of Supercritical Fluids, 2017, 119: 17-25.

[20] Areerat S, Hayata Y, Katsumoto R, et al. Solubility of carbon dioxide in polyethylene/titanium dioxide composite under high pressure and temperature[J]. Journal of Applied Polymer Science, 2002, 86（2）: 282-288.

[21] Taki K, Yanagimoto T, Funami E, et al. Visual observation of CO_2 foaming of polypropylene-clay nanocomposites[J]. Polymer Engineering and Science, 2004, 44（6）: 1004-1011.

[22] Rachtanapun P, Selke S, Matuana L. Microcellular foam of polymer blends of HDPE/PP and their composites with wood fiber[J]. Journal of Applied Polymer Science, 2003, 88（12）: 2842-2850.

[23] Doroudiani S, Chaffey C, Kortschot M. Sorption and diffusion of carbon dioxide in wood-fiber/polystyrene composites[J]. Journal of Polymer Science Part B-Polymer Physics, 2002, 40（8）: 723-735.

[24] Markočič E, Škerget M, Knez Ž. Solubility and diffusivity of CO_2 in poly（L-lactide）-hydroxyapatite and poly（D, L-lactide-co-glycolide）-hydroxyapatite composite biomaterials[J]. The Journal of Supercritical Fluids, 2011, 55（3）: 1046-1051.

[25] Manninen A, Naguib H, Nawaby A, et al. CO_2 sorption and diffusion in polymethyl methacrylate-clay nanocomposites[J]. Polymer Engineering and Science, 2005, 45（7）: 904-914.

[26] Lim S, Sahimi M, Tsotsis T, et al. Molecular dynamics simulation of diffusion of gases in a carbon-nanotube-polymer composite[J]. Physical Review E, 2007, 76（1）: 011810.

[27] Chen J, Liu T, Yuan W, et al. Solubility and diffusivity of CO_2 in polypropylene/micro-calcium carbonate composites[J]. The Journal of Supercritical Fluids, 2013, 77: 33-43.

[28] 陈洁. CO_2 在聚丙烯复合材料中溶解和扩散行为及其在注塑发泡模拟中的应用[D]. 上海: 华东理工大学, 2013.

[29] Gao X, Chen Y, Chen P, et al. Supercritical CO_2 foaming and shrinkage resistance of thermoplastic polyurethane/modified magnesium borate whisker composite[J]. Journal of CO_2 Utilization, 2022, 57: 101887.

[30] Gendron R, Moulinie P. Foaming poly（methyl methacrylate）with an equilibrium mixture of carbon dioxide and isopropanol[J]. Journal of Cellular Plastics, 2004, 40（2）: 111-130.

[31] 孙娇, 何亚东, 李庆春, 等. 超临界二氧化碳/乙醇复合发泡聚苯乙烯的实验研究[J]. 塑料, 2012, 41（5）: 100-102.

[32] 孙娇, 何亚东, 李庆春, 等. 超临界二氧化碳/水复合发泡体系制备聚苯乙烯发泡材料[J]. 塑料, 2012, 41（6）: 78-80+118.

[33] Hu D, Gu Y, Liu T, et al. Microcellular foaming of polysulfones in supercritical CO_2 and the effect of co-blowing agent[J]. The Journal of Supercritical Fluids, 2018, 140: 21-31.

[34] Salerno A, Clerici U, Domingo C. Solid-state foaming of biodegradable polyesters by means of supercritical CO_2/ethyl lactate mixtures: Towards designing advanced materials by means of sustainable processes[J]. European Polymer Journal, 2014, 51: 1-11.

[35] Tsivintzelis I, Pavlidou E, Panayiotou C. Biodegradable polymer foams prepared with supercritical CO_2-ethanol mixtures as blowing agents[J]. The Journal of Supercritical Fluids, 2007, 42 (2): 265-272.

[36] Zhao N, Mark L, Zhu C, et al. Foaming poly (vinyl alcohol) /microfibrillated cellulose composites with CO_2 and water as co-blowing agents[J]. Industrial & Engineering Chemistry Research, 2014, 53 (30): 11962-11972.

[37] Qiang W, Zhao L, Liu T, et al. Systematic study of alcohols based co-blowing agents for polystyrene foaming in supercritical CO_2: Toward the high efficiency of foaming process and foam structure optimization[J]. The Journal of Supercritical Fluids, 2020, 158: 104718.

[38] Gao X, Qiang W, Zhao L, et al. Effect of alcohols-regulated crystallization on foaming process and cell morphology of polypropylene[J]. The Journal of Supercritical Fluids, 2021, 175: 105271.

[39] Chen Y, Li D, Zhang H, et al. Antishrinking strategy of microcellular thermoplastic polyurethane by comprehensive modeling analysis[J]. Industrial & Engineering Chemistry Research, 2021, 60 (19): 7155-7166.

[40] Zhang H, Fang Z, Liu T, et al. Dimensional stability of LDPE foams with CO_2 + i-C_4H_{10} mixtures as blowing agent: Experimental and numerical simulation[J]. Industrial & Engineering Chemistry Research, 2019, 58 (29): 13154-13162.

[41] Zhang H, Liu T, Li B, et al. Foaming and dimensional stability of LDPE foams with N_2, CO_2, i-C_4H_{10} and CO_2-N_2 mixtures as blowing agents[J]. The Journal of Supercritical Fluids, 2020, 164: 104930.

[42] Zhang H, Liu T, Li B, et al. Anti-shrinking foaming of polyethylene with CO_2 as blowing agent[J]. The Journal of Supercritical Fluids, 2020, 163: 104883.

[43] Nistor A, Topiar M, Sovova H, et al. Effect of organic co-blowing agents on the morphology of CO_2 blown microcellular polystyrene foams[J]. The Journal of Supercritical Fluids, 2017, 130: 30-39.

[44] Zhang C, Zhu B, Lee L. Extrusion foaming of polystyrene/carbon particles using carbon dioxide and water as *co*-blowing agents[J]. Polymer, 2011, 52 (8): 1847-1855.

[45] Li M, Qiu J, Xing H, et al. *In-situ* cooling of adsorbed water to control cellular structure of polypropylene composite foam during CO_2 batch foaming process[J]. Polymer, 2018, 155: 116-128.

[46] Hu D, Gao X, Qiang W, et al. Formation mechanism of bi-modal cell structure polystyrene foams by synergistic effect of CO_2-philic additive and *co*-blowing agent[J]. The Journal of Supercritical Fluids, 2022, 181: 105498.

[47] Ruiz J, Pedros M, Tallon J, et al. Micro and nano cellular amorphous polymers (PMMA, PS) in supercritical CO_2 assisted by nanostructured CO_2-philic block copolymers-One step foaming process[J]. The Journal of Supercritical Fluids, 2011, 58 (1): 168-176.

[48] Bernardo G, Vesely D. Equilibrium solubility of alcohols in polystyrene attained by controlled diffusion[J]. European Polymer Journal, 2007, 43 (3): 938-948.

[49] Xu Z, Jiang X, Liu T, et al. Foaming of polypropylene with supercritical carbon dioxide[J]. The Journal of Supercritical Fluids, 2007, 41 (2): 299-310.

[50] Jiang X L, Liu T, Xu Z M, et al. Effects of crystal structure on the foaming of isotactic polypropylene using supercritical carbon dioxide as a foaming agent[J]. The Journal of Supercritical Fluids, 2009, 48 (2): 167-175.

[51] Okada T, Saito H, Inoue T. Time-resolved light scattering studies on the early stage of crystallization in isotactic

polypropylene[J]. Macromolecules, 1992, 25 (7): 1908-1911.

[52] Weng J, Olley R, Bassett D, et al. Changes in the melting behavior with the radial distance in isotactic polypropylene spherulites[J]. Journal of Polymer Science Part B: Polymer Physics, 2003, 41 (19): 2342-2354.

[53] Weng J, Olley R, Bassett D, et al. On morphology and multiple melting in polypropylene[J]. Journal of Macromolecular Science, Part B, 2002, 41 (4-6): 891-908.

[54] Charbon C, Swaminarayan S. A multiscale model for polymer crystallization. II: Solidification of a macroscopic part[J]. Polymer Engineering & Science, 1998, 38 (4): 644-656.

[55] Swaminarayan S, Charbon C. A multiscale model for polymer crystallization. I: Growth of individual spherulites[J]. Polymer Engineering & Science, 1998, 38 (4): 634-643.

[56] Peterlin A. Molecular model of drawing polyethylene and polypropylene[J]. Journal of Materials Science, 1971, 6 (6): 490-508.

[57] Nitta K, Takayanagi M. Role of tie molecules in the yielding deformation of isotactic polypropylene[J]. Journal of Polymer Science Part B: Polymer Physics, 1999, 37 (4): 357-368.

[58] Nozue Y, Shinohara Y, Ogawa Y, et al. Deformation behavior of isotactic polypropylene spherulite during hot drawing investigated by simultaneous microbeam SAXS-WAXS and POM measurement[J]. Macromolecules, 2007, 40 (6): 2036-2045.

[59] Sakurai T, Nozue Y, Kasahara T, et al. Structural deformation behavior of isotactic polypropylene with different molecular characteristics during hot drawing process[J]. Polymer, 2005, 46 (20): 8846-8858.

[60] Koike Y, Cakmak M. Real time development of structure in partially molten state stretching of PP as detected by spectral birefringence technique[J]. Polymer, 2003, 44 (15): 4249-4260.

[61] Koike Y, Cakmak M. Atomic force microscopy observations on the structure development during uniaxial stretching of PP from partially molten state: Effect of isotacticity[J]. Macromolecules, 2004, 37 (6): 2171-2181.

[62] Luo Y, Jiang Y, Jin X, et al. Real-time AFM study of lamellar growth of semi-crystalline polymers[J]. Macromolecular Symposia, 2003, 192: 271-280.

[63] Zhang Z, Handa Y. CO_2-assisted melting of semicrystalline polymers[J]. Macromolecules, 1997, 30 (26): 8505-8507.

[64] Chen Y, Yao S, Ling Y, et al. Microcellular PETs with high expansion ratio produced by supercritical CO_2 molding compression foaming process and their mechanical properties[J]. Advanced Engineering Materials, 2022, 24 (3): 2101124.

[65] Yao S, Guo T, Liu T, et al. Good extrusion foaming performance of long-chain branched PET induced by its enhanced crystallization property[J]. Journal of Applied Polymer Science, 2020, 137 (41): 49268.

[66] Fan C, Wan C, Gao F, et al. Extrusion foaming of poly (ethylene terephthalate) with carbon dioxide based on rheology analysis[J]. Journal of Cellular Plastics, 2016, 52 (3): 277-298.

[67] Ge Y, Fang Z, Liu T. Accurate determination of bubble size and expansion ratio for polymer foaming with non-isothermal PBB model based on additional energy conservation[J]. Chemical Engineering Science, 2022, 250: 117415.

[68] Wan C, Lu Y, Liu T, et al. Foaming of low density polyethylene with carbon dioxide based on its *in situ* crystallization behavior characterized by high-pressure rheometer[J]. Industrial & Engineering Chemistry Research, 2017, 56 (38): 10702-10710.

[69] Ge Y, Lu J, Liu T. Analysis of bubble coalescence and determination of the bubble radius for long-chain branched poly (ethylene terephthalate) melt foaming with a pressure balanced bubble-growth model[J]. AIChE Journal,

2020, 66 (4): e16862.

[70] Yan H, Yuan H, Gao F, et al. Modification of poly (ethylene terephthalate) by combination of reactive extrusion and followed solid-state polycondensation for melt foaming[J]. Journal of Applied Polymer Science, 2015, 132 (44): 42708.

[71] Ge Y, Liu T. Numerical simulation on bubble wall shape evolution and uniformity in poly (ethylene terephthalate) foaming process[J]. Chemical Engineering Science, 2021, 230: 116213.

[72] Wang J, Zhu W, Zhang H, et al. Continuous processing of low-density, microcellular poly (lactic acid) foams with controlled cell morphology and crystallinity[J]. Chemical Engineering Science, 2012, 75: 390-399.

[73] Xu M, Yan H, He Q, et al. Chain extension of polyamide 6 using multifunctional chain extenders and reactive extrusion for melt foaming[J]. European Polymer Journal, 2017, 96: 210-220.

[74] Kim D Y, Kim G H, Lee D Y, et al. Effects of compatibility on foaming behavior of polypropylene/polyolefin elastomer blends prepared using a chemical blowing agent[J]. Journal of Applied Polymer Science, 2017, 134 (33): 45201.

[75] Chen Y, Wan C, Liu T, et al. Evaluation of LLDPE/LDPE blend foamability by *in situ* rheological measurements and bubble growth simulations[J]. Chemical Engineering Science, 2018, 192: 488-498.

[76] Zhang H, Fang Z, Liu T, et al. Dimensional stability of LDPE foams with CO_2+ *i*-C_4H_{10} mixtures as blowing agent: Experimental and numerical simulation[J]. Industrial & Engineering Chemistry Research, 2019, 58 (29): 13154-13162.

第4章

超临界流体间歇发泡技术及其应用

超临界流体间歇发泡技术由于其操作便捷、设备投资小，广泛应用于实验室研究。近年来，随着对发泡材料性能的需求不断提升，超临界流体间歇发泡技术逐渐实现了产业化，本章将逐一介绍超临界流体间歇发泡技术中具有代表性的产业化技术应用。

4.1 超临界 CO_2 发泡制备聚合物珠粒

珠粒发泡技术是快速降压法超临界流体间歇发泡技术的典型代表，它是一种非常成熟的工艺，结合了现代泡沫挤出工艺所达到的低密度和泡沫注射成型工艺潜在的复杂零件形状[1]。与泡沫挤出和泡沫注射成型相比，珠粒发泡技术是一种两步制造工艺，包括发泡和通过蒸汽室成型将微小的泡沫珠粒烧结成塑料泡沫部件。通过该工艺，可以轻松地生产出密度为 15～120 kg/m^3 的异型泡沫产品[2]。通过这一技术生产的产品具有优异的性能特征（隔热和隔音、高能量吸收、耐热），这使其应用范围涵盖绝缘材料、包装、运输容器、家具、运动、汽车和航空航天[3]。珠粒发泡最早始于 1949 年，巴斯夫的 Fritz Stastny 博士巧合地发明了可发性聚苯乙烯（EPS），并实现量产，生产了 EPS 的经典牌号 Styropor®（BASF SE）。Fritz Stastny 博士和他的团队利用碳氢化合物作为发泡剂来浸渍 PS 颗粒，并通过加热将它们烧结成泡沫。如今，全球对各种不同密度的 EPS 的需求量已接近每年 500 万 t，建筑行业尤其注重 EPS 的出色绝缘性能。在 20 世纪 70 年代中期，欧洲和日本都开发了一种基于 PE 的新型珠粒泡沫：可发聚乙烯（EPE）。与 EPS 相比，EPE 具有良好的减震性能、黏弹性变形行为和极大的柔韧性，已找到广泛的应用领域，特别是包装缓冲领域[4]。20 世纪 80 年代，发泡聚丙烯（EPP）成功实现了商业化，这标志着在珠粒发泡领域实现了性能上的显著突破。EPP 泡沫具有更加优异的性能，并且具有显著的可回收性。虽然 EPS 已广泛用于低成本的一次性包装、建筑隔热/隔音等应用，但 EPE 和 EPP 珠粒泡沫产品基于其更优异的性能，已经被广泛应用于包装、缓冲、汽车内外饰件和家具等更高附加值的产业领域。值得注意的是，EPS、EPE、EPP 在应用上也受其性能局限，如不具有显著回弹性以及无法生物可降解。随着应用需求的不断增加，自 2010 年以来（图 4-1），不断有新的珠粒泡沫实现了产业化，如具有优异回弹性能的膨胀热塑性聚氨酯（ETPU，用于高性能跑鞋）珠粒、聚苯醚增强的 EPS（用于更高性能的应用场景）珠粒、可生物降解的膨胀聚乳酸（EPLA，用于高环保要求的包装）珠粒、高性能的膨胀聚对苯二甲酸乙二醇酯（EPET，具有优异的力学性能与耐温性能）珠粒。珠粒泡沫的结构特性关系以及产品趋势与前景已经被广泛研究，并在不断向着产业化技术应用的方向前进[1, 5-7]。

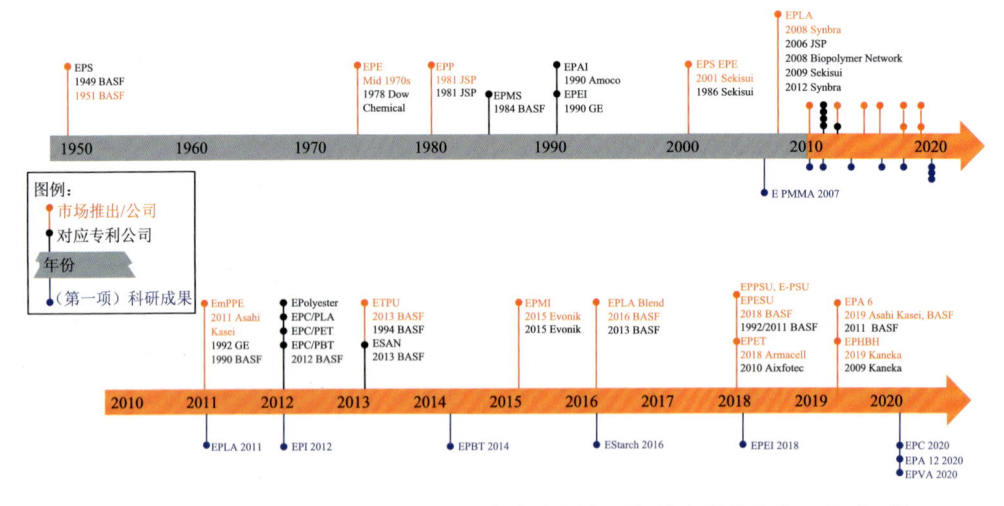

图 4-1 近年来珠粒泡沫的发展进展（版权归属拜罗伊特大学聚合物工程系）[8]

4.1.1 高压 CO₂ 水悬浮釜压发泡

传统的珠粒发泡技术通常采用水悬浮釜压发泡，这可以帮助珠粒实现良好的分散，从而提高良品率。一般来说，根据聚合物的热性能，发泡珠粒分为可发泡珠粒和膨胀珠粒。

可发泡珠粒的代表性聚合物为 PS，在可发泡珠粒（如悬浮聚合[9]）的生产过程中，发泡剂（如戊烷）被直接引入固态聚合物的无定形区域中。由于玻璃化转

变温度 T_g 高于储存温度，因此发泡剂在这些聚合物中的逸出速率非常缓慢，这使其可以在模塑过程之前储存很长时间。Raps 等详细描述了生产可膨胀珠粒的替代方法[1]。

由于半结晶聚合物存在结晶区域，因此在固体聚合物中很难储存大量的发泡剂，且发泡过程受到预发泡时部分结晶的限制。由于发泡剂的增塑作用，一般而言，半结晶聚合物的玻璃化转变温度低于室温，这导致了发泡剂的储存非常困难。因此，半结晶聚合物应该在气体吸收后立即发泡，从而生产膨胀珠粒[10]。对于 EPP 而言，聚丙烯珠粒通常在高压釜中发泡[11]，很少采用挤出发泡后水下切粒的形式[5]。

在珠粒发泡后，一般通过蒸汽成型工艺制造具有复杂几何形状和低密度的珠粒泡沫部件。蒸汽成型过程中通常通过热蒸汽引入的能量来软化单个发泡珠粒的表面。首先，发生表面润湿并出现微弱的范德瓦耳斯力，但是该力太低而无法确保发泡珠粒具有足够的黏附力，因此，随着能量的进一步增加（通常由蒸汽引入），分子链的流动性增加，聚合物链在相邻珠粒的界面上发生相互扩散和缠结，增强珠粒间的黏附力[12, 13]，实现发泡珠粒的蒸汽成型烧结。

无定形材料的蒸汽成型通常发生在其玻璃化转变温度以上（EPS 在 100℃和 110℃之间），在此温度下，分子链具有足够的流动性，因此，分子链可以在发泡珠粒的边界相互缠结。此时发泡珠粒整体仍具有足够高的机械刚度，以确保整个泡沫结构具有足够的稳定性。在蒸汽成型之前，增塑剂通常用作 EPS 珠粒的涂层剂，从而确保材料具有更好的烧结和加工性能，典型代表是甘油三硬脂酸酯、单硬脂酸甘油酯、硬脂酸镁、硬脂酸锌和二氧化硅。与此同时，施加的能量（即蒸汽温度/压力和蒸汽时间）、表面条件、分子量（和分布）和残留的发泡剂（如戊烷）等[14-17]都是影响相互扩散从而影响烧结质量的重要因素。但是，如果蒸汽条件太苛刻（即压力和/或蒸汽时间太高），泡沫结构会恶化，从而使得烧结部件的质量显著下降[15]。

在半结晶聚合物 EPP 的烧结过程中，釜压发泡过程会使聚合物形成典型的双熔融峰结构，从而有利于良好的成型[18]。在饱和过程中，由于施加的热处理使晶体趋近于更加完整，从而形成了较高的熔融峰。而低熔融峰在发泡过程中通常通过冷却形成，在这两个熔融峰之间为理想的焊接温度[5]。有许多学者研究了饱和条件对结晶行为的深入影响[5, 14, 17, 19, 20]。

正如前述所说的那样，传统的 EPS、EPE、EPP 珠粒具有显著的性能缺陷，这导致他们的实际应用被局限在某些特定的领域。基于这些问题，近年来开发了许多具有特殊性能的聚合物发泡珠粒，接下来将对这些材料进行简要介绍。

最典型的例子就是由 BASF 开发的 TPU 制成的珠粒泡沫[21]（Infinergy®），在 2013 年成功应用于阿迪达斯（Adidas）高性能跑鞋的底中，并且这一技术带动了大量相关产业的发展。目前，由于 BASF 的核心专利已到专利保护期，在中国市场，有大量的企业正在产出数以万吨计的 ETPU 产品。

生物可降解发泡珠粒也是近年来研究的重点领域。目前，国外 Synbra Technology BV[22]和 BASF SE[23]已经实现了 EPLA 的量产，这两种产品都是类似于 EPS 的可发泡珠粒，可以使用相同的标准设备进行加工。Synbra Technology BV 的材料是通过 PLA 颗粒的浸渍生产的，这种方法也可以在其他专利中找到，如来自 JSP Corporation[24]、Biopolymer Network Ltd.[25]和 Parker 等的专利[26]。BASF SE 的 EPLA 实际上是 PLA 和 PBS 的混合物，通过环氧基扩链剂改性来提高发泡性能。同样作为半结晶型聚合物，与 EPP 有所不同的是，虽然 EPLA 也可以通过高压釜工艺形成双熔融峰结构，但是其可以通过共聚时调控左旋乳酸（LLA）和右旋乳酸（DLA）的比例或者采用左旋聚乳酸（PLLA）和右旋聚乳酸（PDLA）不同比例的共混来调控结晶行为，使 EPLA 的发泡具有更灵活的调整空间[27]。目前，以国内最大的 PLA 生产商安徽丰原集团有限公司的 PLA 为基料，无锡会通轻质材料股份有限公司研发了 EPLA 产品。堆积密度为 50g/L 的 EPLA 的压缩强度高于同等密度的 EPP 材料，且成型压力较 EPP 更低。除 PLA 外，2018 年还推出了由聚(3-羟基链烷酸酯) (P3HB/PHB)制成的珠粒泡沫[28]，其最大的优势就是在需氧和厌氧条件下均可生物降解，但热稳定性较低。

由于 EPS、EPP 和 EPE 等材料一般热变形温度较低，因此，难以满足苛刻工况条件下的应用。针对这些问题，工程塑料越来越受到学术界和工业界的关注。例如，Evonik AG 开发了聚甲基丙烯酰亚胺（PMI）珠状泡沫塑料[29]，这些发泡珠粒的耐温高达 190℃，耐压高达 35 bar，可以应用于汽车行业的三明治组件，如车身、底盘和附加部件。此外，BASF 也开发了基于聚醚砜（PESU）的高性能热塑性发泡珠粒，并于 2018 年商业化（Ultrason® E）。由于玻璃化转变温度非常高（T_g = 225℃），PESU 的耐温性异常显著，并且，其机械和介电性能也仅表现出轻微的温度依赖性。此外，由于 PESU 本体阻燃，他们非常适用于汽车和航空领域。值得一提的是，PET 发泡珠粒[30-32]、聚酰胺-酰亚胺（PAI）发泡珠粒[33]、聚酰亚胺（PI）发泡珠粒[34]、聚酰胺（PA）发泡珠粒[35]、聚碳酸酯（PC）发泡珠粒[36]等工程塑料也被广泛研究并逐渐商业化。然而，目前标准化蒸汽烧结设备的加工温度由蒸汽压力控制，在成型机上最高可实现约 160℃（大约 5 bar 的蒸汽压力）的烧结温度。由于具有较高熔融或玻璃化转变温度，工程塑料发泡珠粒通常需要更高的烧结温度，这是标准加工设备无法实现的。尽管 Neue Materialien Bayreuth GmbH 和拜罗伊特大学在 2016 年提出了一种基于高压蒸汽的珠粒泡沫加工技术，使用由不锈钢制成的新型珠粒成型腔，加工条件可以提高至 25 bar 蒸汽压力，但这一工艺仍然无法满足一部分工程塑料发泡珠粒，并且具有非常高的能耗。

基于上述问题，无蒸汽焊接工艺成为研究热门领域，这可以大幅度降低生产成本。例如，Kurtz Ersa GmbH and Co 公司于 2017 年开发的一种基于射频的发泡珠粒成型技术[37]，模具中的发泡珠粒通过电磁无线电波加热，从而实现发泡珠粒的烧结，并且通过使用长波无线电波，就可以避免形成局部热点的问题，从而制备均匀的发泡部件。然而，吸收电磁辐射的基本前提是聚合物具有足够高的本征偶极矩，如果不满足此要求，则需要添加极性添加剂，因此这一技术受到了一定的使用限制。此外，FOX Velution GmbH 公司开发了一种基于使用高动态变热系统技术的无蒸汽珠粒泡沫处理技术[38]，通过对型腔进行非常规受控的加热和冷却过程，发泡珠粒可以通过来自模具壁的红外辐射和热传导加热，从而实现烧结。Hofmann 公司也通过 3D 打印技术开发了增材制造的发泡珠粒。借助 3D 打印，发泡珠粒部件可以更快地加热或冷却，从而显著降低能耗和缩短循环时间。增材制造的泡沫塑料工具还为部件表面结构提供了新的设计方向和理念，通过使用增材或减材工艺精细构造模具的内表面，可以创建更多的透气结构。除了已经商业化的焊接技术外，选择性微波烧结[39-42]和模内发泡技术[43]目前也在广泛研究。

4.1.2　超临界 CO_2 无水釜压发泡

传统珠粒发泡工艺一方面将产生大量废水，另一方面对于一些水解严重的材料（如 TPU、PBAT 等）有着应用局限性。作者团队开发了一种喷动床发泡工艺[44]，采用喷动床发泡工艺替代传统珠粒发泡过程，如图 4-2 所示，喷动床发泡装置主要包括四个部分：喷动床、气源系统、增压系统、升降温系统。

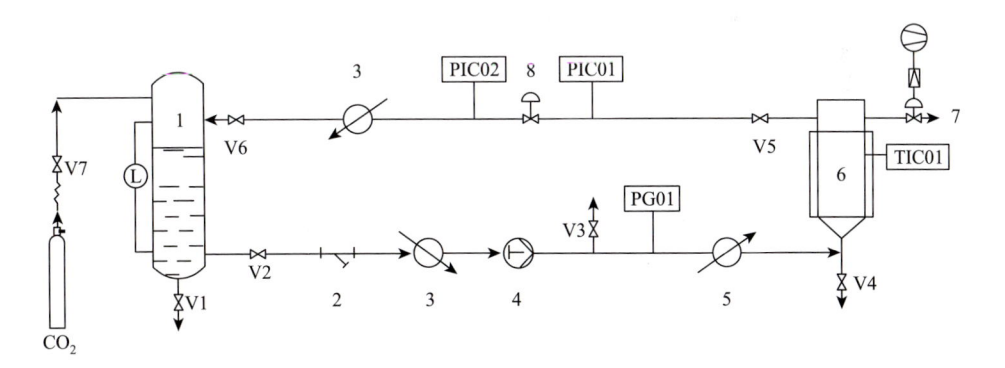

图 4-2　珠粒发泡系统设计图

1. 储罐；2. 过滤器；3. 冷水机；4. 柱塞泵；5. 预热器；6. 喷动床发泡釜；7. 电磁控制球阀；8. 背压阀

1）气源系统

喷动床内所使用的流体为指定温度压力的超临界 CO_2，实验过程中 CO_2 既是喷动床内颗粒喷动的能量来源，也是 TPU 珠粒发泡的发泡剂。将储罐与气体钢瓶相连，储罐在冷水机的作用下被冷却，在压差作用下气体钢瓶中的 CO_2 充入储罐中，待储罐中 CO_2 液位上升至液位计二分之一处，断开钢瓶与储罐的连接，充气完成。

2）增压系统

喷动床发泡系统使用柱塞泵提供高压，液态 CO_2 从储罐流出，进入柱塞泵中，被增压到指定压力，由于柱塞泵的流量具有脉冲，为保证喷动床稳定，柱塞泵后接缓冲罐，消除流量脉冲。为维持发泡釜内压力稳定，发泡釜气流出口处设置背压阀，将压力维持在设定值。根据模拟结果与发泡所需压力，选择额定排量为 40 L/h 的柱塞泵。

3）升降温系统

升降温系统包括三部分：气体预热器、反应釜加热部分和冷水机。CO_2 从缓冲罐流出后被预热器升温至指定温度，进入喷动床中带动颗粒运动，同时加热颗粒，使其受热均匀。反应釜加热部分分为釜体加热和釜盖加热，确保反应釜内温度具有良好的均匀分布。冷水机用于充气时冷却储罐与实验时冷却发泡釜中流出 CO_2，进行循环。

1. CO_2 流速对发泡行为的影响

在这一工艺中，CO_2 气体流速对发泡行为的影响很大，如图 4-3 所示，当 CO_2 流速为 0 m/s 时，热塑性聚氨酯珠粒总体发泡倍率较低，随着 CO_2 流速的上升，珠粒的平均发泡倍率上升，但此时发泡倍率的上下限相差较大，当 CO_2 的流速进一步上升，珠粒发泡倍率的上下限差值逐渐缩小，珠粒更加均匀。提高气体流速可以提高釜内的对流传热，从而减少珠粒之间的温差，最终提高发泡倍率。

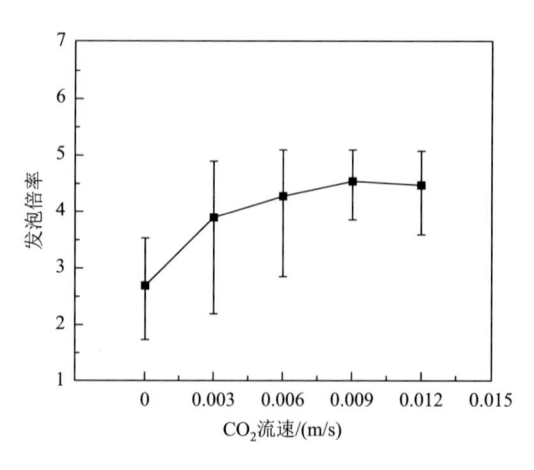

图 4-3 不同 CO_2 流速下珠粒发泡倍率

除此之外，珠粒的发泡也会影响其熔融行为，从而影响后续蒸汽烧结成型，如图 4-4 所示，不同饱和温度下获得的发泡珠粒的熔点不同，通常随着饱和温度的上升，熔点上升。当 CO_2 流速为 0 时，低倍率的发泡珠粒熔点更低，这说明饱和时该珠粒处于温度较低的情况，导致其发泡倍率较低。

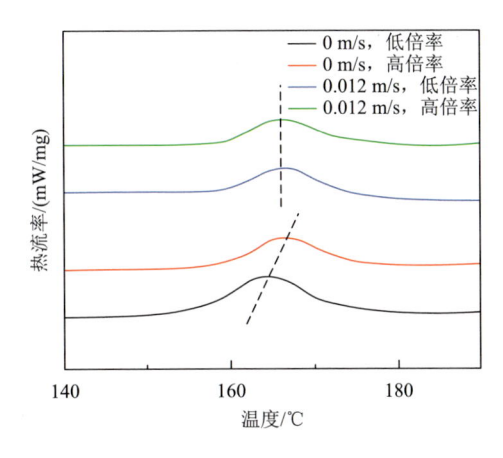

图 4-4　不同 CO_2 流速下发泡珠粒的熔融特性

不同 CO_2 流速下制备的珠粒泡孔形貌如图 4-5 所示。CO_2 流速为 0 m/s 时，发泡倍率较低的珠粒中存在未发泡区域，形成了较厚的皮层，这是由于热塑性聚氨酯珠粒温度较低，外层冷却较快，泡孔生长推动力不足。当 CO_2 流速为 0.012 m/s 时，未发泡区域消失，泡孔壁明显变薄，说明此时珠粒得到了良好加热，喷动状态对发泡结果有利，流速影响珠粒温度分布，进而影响发泡倍率。

(a)　　　　　　　　　　　　(b)

图 4-5　不同 CO_2 流速制得的低发泡倍率珠粒泡孔形貌
（a）流速为 0；（b）流速为 0.012 m/s

2. 发泡温度对发泡行为的影响

从图 4-6 中可以看出，珠粒平均发泡倍率随着温度升高由 140℃的 1.6 上升至 155℃的 5.2，随着温度进一步升高至 160℃，发泡倍率下降到 2.5。图 4-7 为不同温度下发泡珠粒的泡孔形貌。由图中可以看出，温度较低时，泡孔壁较厚，泡孔呈圆形，随着温度的升高，泡孔壁变薄，泡孔向多边形转变，泡孔密度下降，泡孔直径上升。这是由于当温度较低时，CO_2 在 TPU 中的溶解度较高，但此时 TPU 的软段分子运动能力较弱，气泡生长受到阻碍，因此珠粒发泡倍率较低。随着温

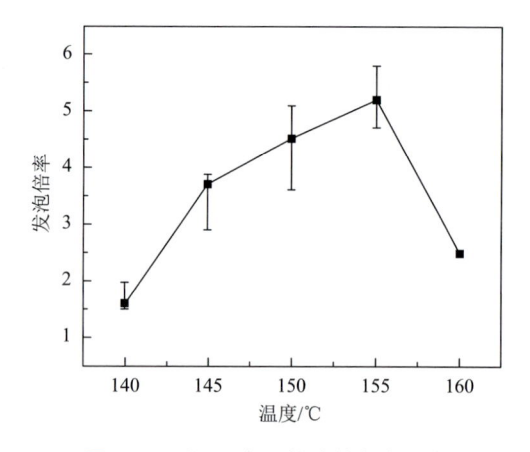

图 4-6 不同温度下的珠粒发泡倍率

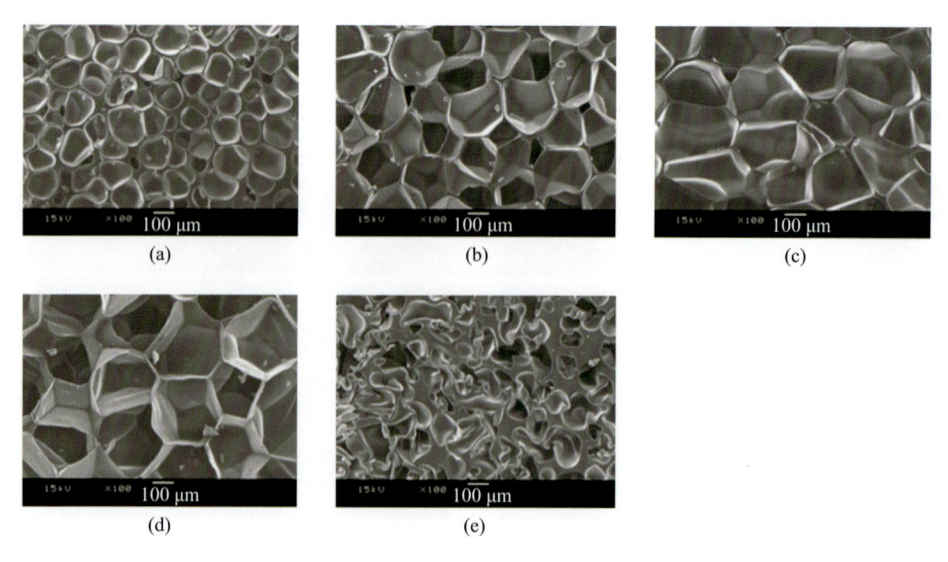

图 4-7 不同温度下的发泡珠粒泡孔形貌
（a）140℃；（b）145℃；（c）150℃；（d）155℃；（e）160℃

度上升，TPU 中软段分子活动性增强，气泡更易生长变大，发泡倍率随之上升，但当温度过高时，泡孔壁无法继续支撑，泡孔熔融塌陷，发泡倍率出现骤降，此时珠粒熔融黏结在一起，故没有发泡倍率上下限差异。

3. CO_2 压力对发泡行为的影响

由图 4-8 可知，珠粒发泡倍率随着压力增大先上升后下降，当压力由 8 MPa 上升至 12 MPa，发泡倍率由 3.3 上升至最大值 7.5，随着压力进一步升高，发泡倍率下降至 2.1。当压力较低时，CO_2 在聚氨酯中的溶解度较小，气泡成核与生长的动力不足，不利于发泡。压力逐渐升高时，CO_2 的溶解度随之升高，更多的气体参与发泡，提高了发泡倍率。压力过大时，CO_2 的塑化作用使聚氨酯分子链的活动性增强，熔体强度降低，泡孔熔融塌陷。不同压力下制得的发泡珠粒泡孔形貌如图 4-9 所示。

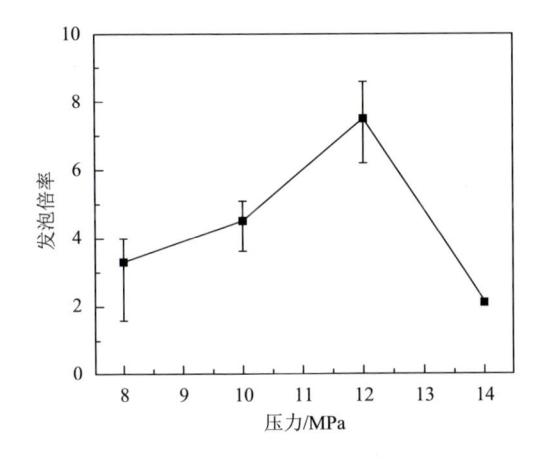

图 4-8 不同压力下珠粒发泡倍率

(a)   (b)

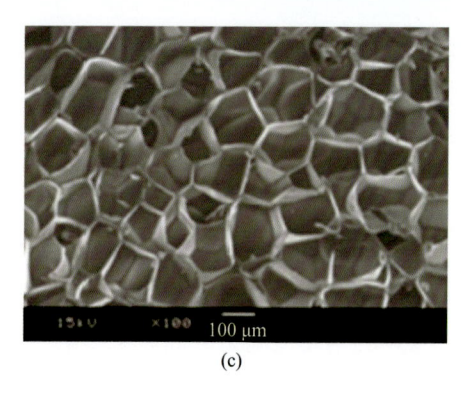

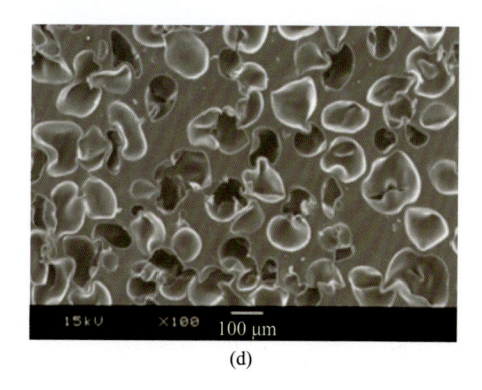

图 4-9　不同压力下的发泡珠粒泡孔形貌

（a）8 MPa；（b）10 MPa；（c）12 MPa；（d）14 MPa

4.2　超临界流体模压发泡制备聚合物微孔片板材

4.2.1　超临界流体模压发泡发展概况

模压发泡法是运用模压机制备发泡片板材的一种常用方法。图 4-10 为模压发泡成型系统图，将聚合物片材和发泡剂置于指定发泡温度、发泡压力的模具中，在达到设定的饱和时间后快速降压并冷却，即可得到发泡片材。但由于在发泡条件下，聚合物通常处于半固态，即聚合物基体内仍然存在部分尚未熔融的晶区，

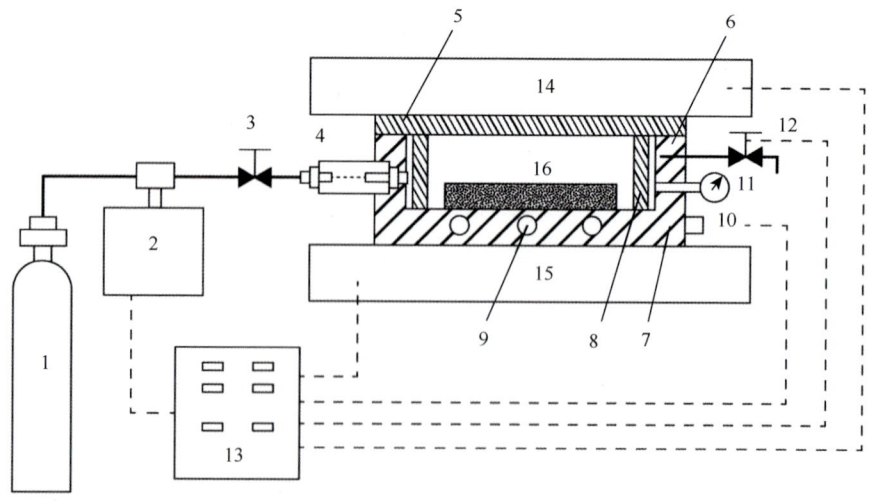

1～4. 超临界流体输送系统；5～9. 模具系统；10. 温度测量装置；11. 压力表；12. 压力释放装置；13. 显示和控制装置；14. 模压机上加热板；15. 模压机下加热板；16. 母板

图 4-10　模压发泡装备示意图[46]

因此该技术尤其适用于加工熔体强度相对较低的聚合物材料。然而，传统模压发泡工艺中以化学发泡剂为主，发泡倍率不高且存在化学残留[45]。随着高温高压设备的发展，近年来逐渐开始有学者关注超临界 CO_2 的模压发泡工艺。

在模压发泡过程中，由于聚合物是在有限空间中生长的，故存在一定的限压发泡行为，这一行为对模压发泡来说是尤为重要的，其不但可以直接影响发泡制品的表观密度，更能够影响发泡制品的微观性能。颜秉敬[46]根据发泡时材料可自由生长的空间维度，把发泡分为三类。第一类为最理想的发泡状态，在空间上不受到任何限制，即三维发泡；第二类为在某一维度进行空间的限制，即二维发泡；第三类在两个维度进行空间的限制，即一维发泡。其中，第二类和第三类统称为受限发泡。

受限发泡可以实现泡孔的定向生长，同时对发泡材料的尺寸定型也有帮助。Khan 等在受限发泡领域开展了大量的研究[47]。他们将聚甲基丙烯酸甲酯（PMMA）与纳米填料进行共混，与此同时在 PMMA 共混物片材的两侧覆盖一层致密的玻璃板，以此制备二维受限的发泡材料。填料的引入可以增强异相成核作用，从而提高发泡材料的泡孔密度。而两侧的玻璃板可以防止溶解在 PMMA 基体内的 CO_2 从两侧快速逸出，从而增加了 CO_2 在材料内的停留时间。使用该方法制备的发泡材料，泡孔直径仅为 100~300 nm（自由发泡条件下一般大于 1 μm），同时，泡孔密度达到了 $5×10^{11}$ 个/cm³，远远大于自由发泡时的泡孔密度。另外，该研究团队还系统地考察了工艺条件对泡孔微观形态的影响，并根据经过改进的成核理论，提出了一种可以利用受限发泡来控制聚合物等温发泡的方法[48]。实际上，使用完全不透气的玻璃板限制泡孔生长的方法存在一定的局限性，如饱和时间将非常长。于是他们在后续实验中，使用带有密集小孔的拉板材料来代替致密的玻璃板，缩短了饱和时间，制备了聚乳酸（PLA）微孔片材[49]。

姜修磊[50]提出了超临界 CO_2 模压发泡制备聚合物微孔发泡材料的方法。该方法采用两段式降压操作，并首次提出使用多层模具的方法来实现超临界 CO_2 模压发泡的工业化生产，其材料涵盖 PLA、PP、聚苯乙烯（PS）、PET 等。随后，姜修磊等[51]又以 CO_2 作为发泡剂，采用模压发泡技术制备了 TPU 发泡板材，研究表明，制备的 TPU 发泡材料具有良好的尺寸稳定性和泡孔形貌，但是由于聚合物基体本身刚度不足，线性收缩率达到 17%~19%。

颜秉敬[46]以超临界 CO_2 为发泡剂，研究了不同发泡工艺对 PP、PS、PET 发泡材料的泡孔结构以及泡孔密度的影响，同时还在熔融状态下，进行了 PET 和 PS 的超临界 CO_2 模压发泡实验研究，结果表明，熔融态模压发泡制备的 PS 发泡材料极易发生收缩与变形现象，但可以通过提高发泡压力或降低发泡温度来改善收缩；熔融态模压发泡难以制备 PET 发泡材料，主要原因是 PET 在高温下的降解非常严重。虽然模压发泡可以制备 PP 发泡材料，但 PP 的可发泡温度窗口非常狭窄，发泡材料的发泡倍率不易控制，采用高熔体强度的 PP 或使用两步法（先高温饱和，随后降温发泡）可以拓宽发泡温度窗口，并且有利于制备泡孔尺寸小、泡孔密度高的 PP 发泡材料。

Zhai 等[34]以 CO_2 和四氢呋喃作为发泡剂，采用模压成型发泡技术，制备了聚酰亚胺（PI）珠粒发泡材料。研究表明，四氢呋喃发泡剂的存在增加了 PI 的气体吸附量，从而导致发泡倍率从 2.9 增加至 15.7。用聚醚酰亚胺（PEI）/氯仿溶液涂覆发泡的 PI 珠粒具有更强的力学性能。

陈弋翀等[52]以 CO_2 为发泡剂，采用模压成型发泡技术，研究了 PET 模压发泡行为。通过模压发泡制备了泡孔尺寸为 3.41～20.93 μm、泡孔密度为 1.54×10^9～2.15×10^9 个/cm³、发泡倍率为 2.11～31.79 的微孔 PET 发泡材料，从泡孔成核与生长两个角度，研究了 PET 的模压发泡行为。

4.2.2 超临界流体模压发泡过程优化及强化

1. 超临界流体模压发泡过程的流场模拟分析

模压发泡的饱和过程处于静态模腔内，模腔内往往由于不存在气体的流动而容易造成温度场、浓度场的不均匀，与此同时，卸压口的分布也会导致降压速率的不同，从而对发泡样品的泡孔形貌、泡孔尺寸以及发泡倍率产生影响。因此，针对模压发泡过程进行 CFD 模拟，减少温度场、浓度场、降压速率对发泡过程的影响对于提升发泡过程效率至关重要。

作者团队[53]针对实验室使用的小试装置进行了 CFD 模拟，探究了优化的操作方式及发泡工艺，如图 4-11 所示，尽管只是使用小试装置，但其对整个过程的优化思路与方法可以在产业化装置中借鉴并应用。

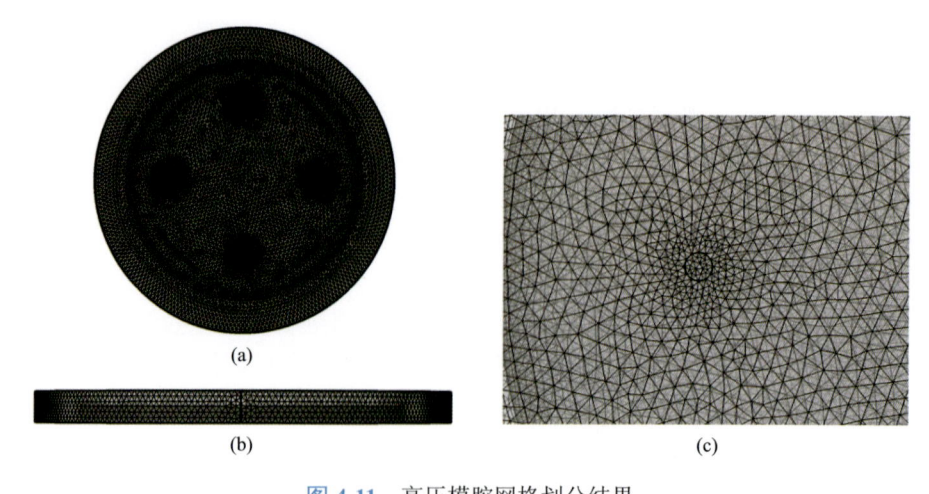

图 4-11 高压模腔网格划分结果

（a）主视图；（b）侧视图；（c）局部加密网格

1）卸压口分布的影响

首先针对卸压口分布进行模拟优化，实际装置的卸压管路是一根外径 10 mm、内径 7 mm 的高压管路，为了与实际降压过程相匹配，如图 4-12 所示，每种情况的卸压口总面积与上述管路相当，模拟了不同卸压口口径与分布情况下的降压情况，从而获得降压速率快、压力分布均匀的卸压口优化结构。

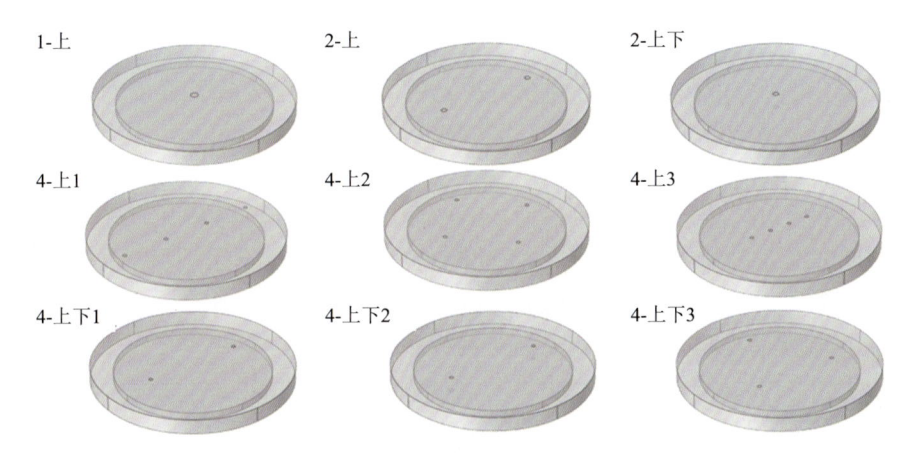

图 4-12　不同类型的卸压口分布

模腔内部压力设置为 15 MPa，卸压口出口压力设置为 0 MPa，进行了瞬态过程模拟。图 4-13 显示了各泄压口结构的压降变化曲线，尽管上下结构的卸压口更利于气体的均匀泄出，但是由于底部气体的补充更慢，因此其降压速率会大大降低；而只在模腔上部存在卸压口的结构中，卸压口分布越多、越均匀，压降变化

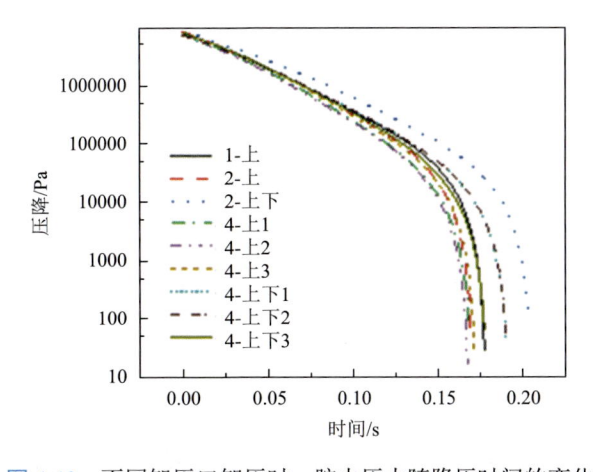

图 4-13　不同卸压口卸压时，腔内压力随降压时间的变化

越大，泄压时间越短。综合上述对流型与降压速率的分析，4-上2结构能够兼顾较均匀的压力场与较快的降压速率。

2）气体流动的影响

通常，模压发泡过程是在静态过程中进行的，随着聚合物母板厚度的增加，达到传质与传热平衡的时间呈几何式增长。通过卸压口在模腔中造成气体流动，从而从单纯的热传导转变为对流传热，提高传热速率，从而提高扩散系数，缩短饱和所需时间。

首先，对静态饱和过程进行计算，初始条件如下：模腔的壁面温度为418.15 K，模腔内部温度为293.15 K；聚合物母板内部气体浓度为0 mol/m³，模腔内部气体浓度为6562.22 mol/m³。如图4-14所示，聚合物母板的中心温度在3000 s以内即可达到加热温度，传热效率较高；而CO_2浓度曲线则在1400 s后开始有明显上升，直至25000 s才达到平衡，因此，缩短聚合物母板的CO_2饱和时间对提高生产效率至关重要。

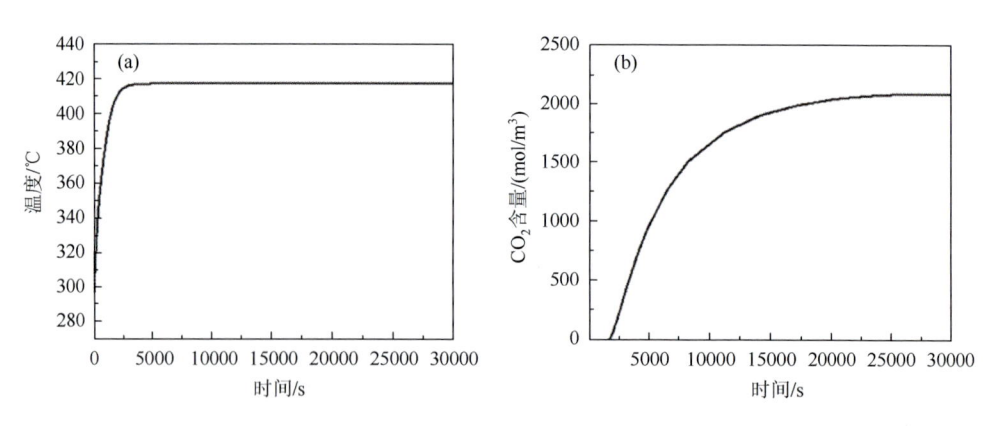

图 4-14 静态过程中，聚合物中心位置的温度（a）、CO_2浓度（b）随饱和时间的变化

随后，模拟了不同气体流动方式下的传热与传质过程，其中不同流动方式的气体总流速恒定为0.02 m/s。如图4-15所示，与静态饱和过程相比，由于对流传热的介入，气体流动下饱和过程的传热效率显著提高。图4-16显示了四种不同的气体流动方式下，模腔内的气体流线分布，平行进气口和交叉进气口的传热效果最差，这是由于气体在进入模腔后很快就从邻近出气口离开，因此对流传热效果有限；而单出气口的传热效果最优，这是由于在总进气量相同的情况下，单出气口条件的进气气速最缓慢，其在模腔内停留时间最久，造成的对流也最强烈，因此传热效果最优。对于传质过程而言，由于在聚合物内的气体饱和快慢取决于扩散系数的高低，由于传热效率的提高，因此CO_2在聚合物中的扩散系数也相应提

高，进而提高了传质效率，气体流动状况下饱和时间仅为 20000 s，比静态过程缩短了 25%的饱和时间。

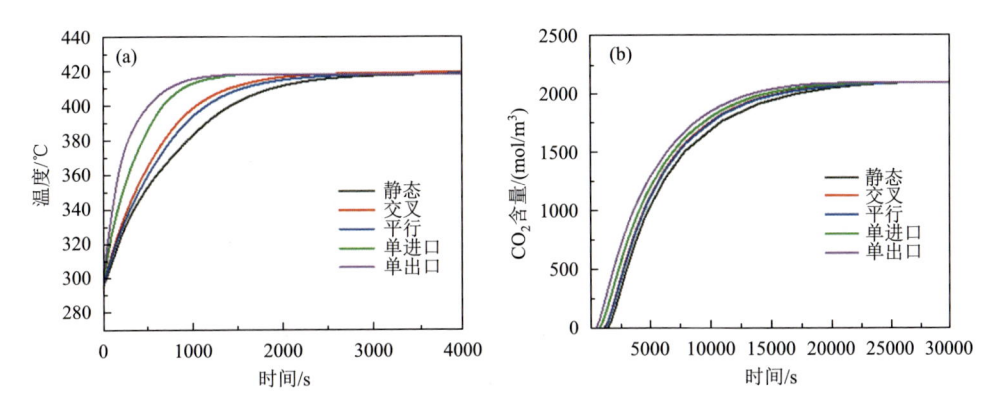

图 4-15　不同气体流动方式下，聚合物中心位置的温度（a）、CO_2 浓度（b）随饱和时间的变化

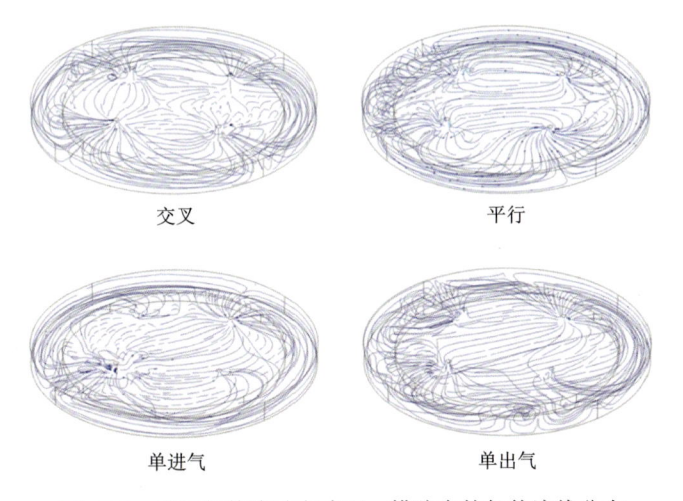

图 4-16　不同气体流动方式下，模腔内的气体流线分布

在单出气口条件下，进一步模拟了不同气体流速对饱和过程的影响，如图 4-17 所示，随着气体流速的增加，传热效率先提高后下降，在气体流速为 0.0067 m/s 时达到最大值。这是由于进入腔体的气体为常温气体，因此过高的气体流速将会带走更多的热量，而传质效率的变化规律与传热效率一致，传质主要受传热影响。

3）加热预处理的影响

气体流动可以提高传热速率，提高温度从而提高扩散系数，但气体流速过快

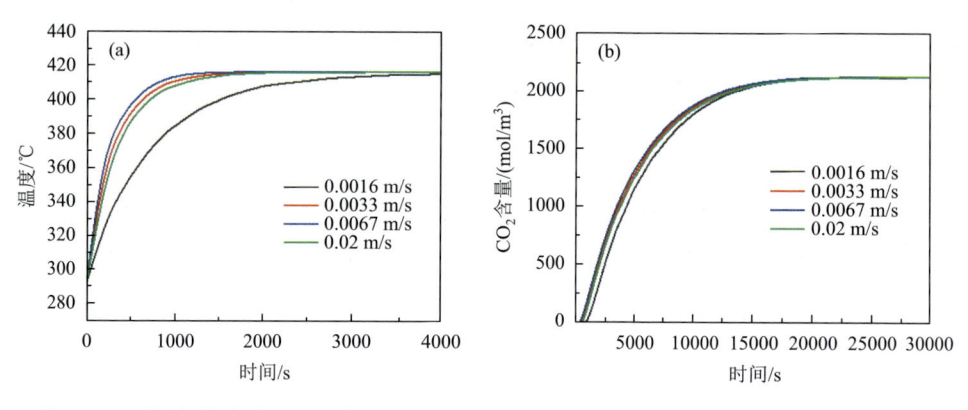

图 4-17 不同气体流速下聚合物中心位置的温度（a）、CO$_2$ 浓度（b）随饱和时间的变化

又会带走大量热量，因此设计了将聚合物母板、气体或其两者同时进行加热的预处理工艺，保证高温下快速的气体扩散速率，进一步提高生产效率。

如图 4-18 所示，随着聚合物母板、气体或整个系统温度的升高，聚合物板材中心位置的升温速率都有所提高，并且聚合物中 CO$_2$ 的扩散速率也有所升高。然而，仅对气体进行加热的预处理工艺对聚合物升温及 CO$_2$ 扩散的贡献较低，这是气体热容量较小的缘故；仅对聚合物板材进行加热的预处理，随着聚合物预处理温度的提高，聚合物中心位置的温度达到平衡的时间缩短，并且由于聚合物基体在较高的温度进行气体扩散，因此气体浓度达到饱和的时间明显缩短，仅需 15000 s 就达到了溶解平衡。对整个体系加热的预处理工艺表现出最快的升温速率与扩散速率，但与仅对聚合物加热的预处理工艺结果比较相近，这是由于聚合物本身的热容量较高，较高温度主要由聚合物母板预热所贡献。

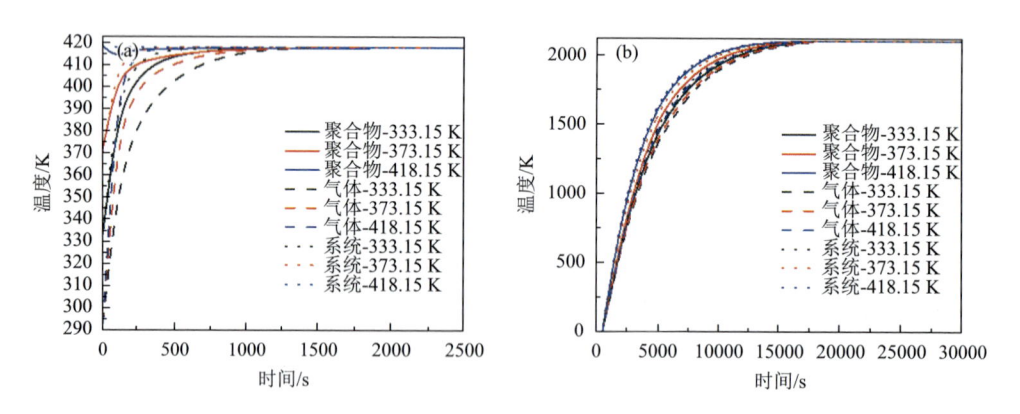

图 4-18 不同预处理工艺下聚合物中心位置的温度（a）、CO$_2$ 浓度（b）随时间的变化

综上所述，在模压发泡过程中，通过合理的排气孔分布设计可以得到均匀压

力场，并且可以提高降压速率；通过引入气体流动、聚合物加热预处理等操作方式，可以快速达到均匀的高温流场，将 CO_2 的饱和时间缩短40%，发泡过程效率大幅提高。

2. 变压饱和策略

CO_2 变压饱和策略已应用于聚合物缩聚过程[54]和脱挥过程[55]。与传统的 CO_2 辅助工艺相比，它可以有效地脱除聚合物中的小分子，促进反应并快速增加分子量。Xia 等[56]将 CO_2 变压饱和策略应用于无定形 PET 的固态升温发泡。该策略可以改善 CO_2 在 PET 中的表观溶解度，从而避免对 PET 的诱导结晶作用。同时，在 PET 中形成的小孔可以缩短 CO_2 的扩散路径，从而实现了饱和时间的缩短和发泡倍率的提高。作者团队将这一策略引入 PP 发泡过程中（图 4-19），从而优化发泡过程、提升发泡倍率、拓展发泡温度窗口。

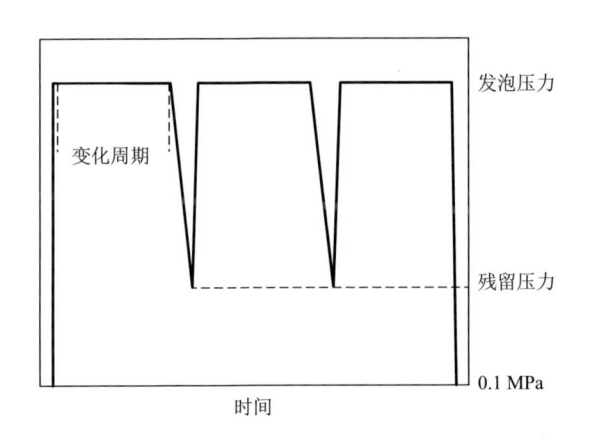

图 4-19 变压饱和过程示意图

1）CO_2 变压饱和策略作用机制分析

在静态饱和过程中，一部分晶体区域由于 CO_2 的增塑作用而融化，并且在降压之前基体中没有小孔出现。当采用 CO_2 变压饱和策略时，聚合物基体中会出现一些空穴，这些小的空穴可以充当 CO_2 的储气室，从而使得聚合物的表观溶解度增加[56]。在低温下［图 4-20（a）］，由于晶体区域的限制，出现在 PP 基体中的小空穴可以保持形貌；随着温度的升高，PP 的熔体强度会随着晶体区域的完全熔融而迅速下降，并且由于变压形成的泡孔不会被聚合物熔体支撑，因此几乎没有空穴［图 4-20（b）］。

直接观察变压饱和过程中 PP 基体内部的变化是非常困难的，因此本小节采用一种间接的方法来观察该现象。即在最后一次快速降压之前通过冷却水将模腔降温冷却，直到压力稳定为止，然后慢慢释放压力以避免发泡，随后将样品在液

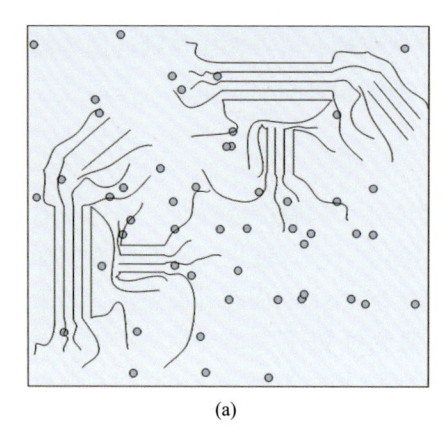

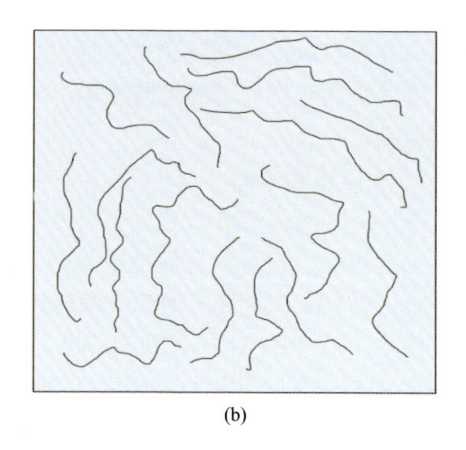

图 4-20　不同温度下 CO_2 变压饱和过程中的 PP 基体形貌示意图

(a) 低温；(b) 高温

氮中进行脆断，拍摄断面的 SEM 图。不同温度条件下，静态饱和过程和变压饱和过程（残余压力为 0 MPa）制备的 PP 样品断面如图 4-21 所示。由于冷却后的缓慢降压过程实际上是热力学变化过程，因此也会造成气泡的成核和生长。可以看出，在 137℃时，存在大量的晶体区域，因此在静态饱和过程中，看不到任何的细小泡孔；而在变压饱和过程中，在断面上出现大量的细小泡孔，证明变压饱和策略可以有效地在 PP 基体内形成小气核。在 145℃时，此时大部分晶体区域已经熔融，由于冷却过程发生了气泡的成核与生长，在静态饱和过程中产生了较大的气泡；而在变压饱和过程中，出现了更多、更大的气泡，这一现象说明在变压饱和过程中，会有更多的泡孔产生并用于储存气体。在 150℃时，由于晶体区域已经完全熔化，无论是静态饱和过程还是变压饱和过程，聚合物熔体均无法支撑泡孔结构，会发生大量的聚并和坍塌，因此聚合物内部形态几乎没有差异，并且 CO_2 的溶解度不会增加。在实际的静态饱和过程中并不会产生气泡，然而通过对比静态饱和过程与变压饱和过程的断面结构，可以看到通过变压饱和策略可以在聚合物基体内形成细小空穴用于储存气体。这种间接的观察方法虽然不能作为定量分析的依据，但是可以合理解释变压饱和策略对于 PP 发泡过程的作用机制。

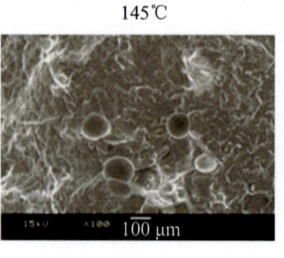

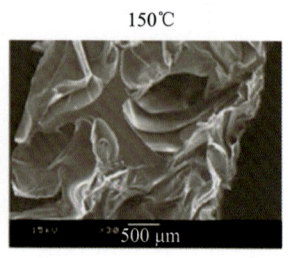

残余压力：0 MPa

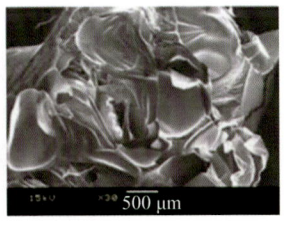

图 4-21　经 CO_2 饱和处理后的 PP 断面形貌图

2）不同饱和方式下 CO_2 在聚丙烯中的溶解扩散行为

通过吸附法测量了不同饱和过程中 CO_2 在 PP 中的溶解度随时间的变化规律，如图 4-22 所示。图 4-22（a）显示了静态饱和过程中 CO_2 在 PP 中需要 60 min 才能达到溶解平衡。一般而言，CO_2 在聚合物中的溶解度随温度的升高而降低，但是由于 PP 处于半固态，升高温度后晶体区域的消失，溶解度反而增加。通过一维扩散方程［式（2-7）］较好地拟合了不同温度下的 CO_2 溶解曲线[57]。

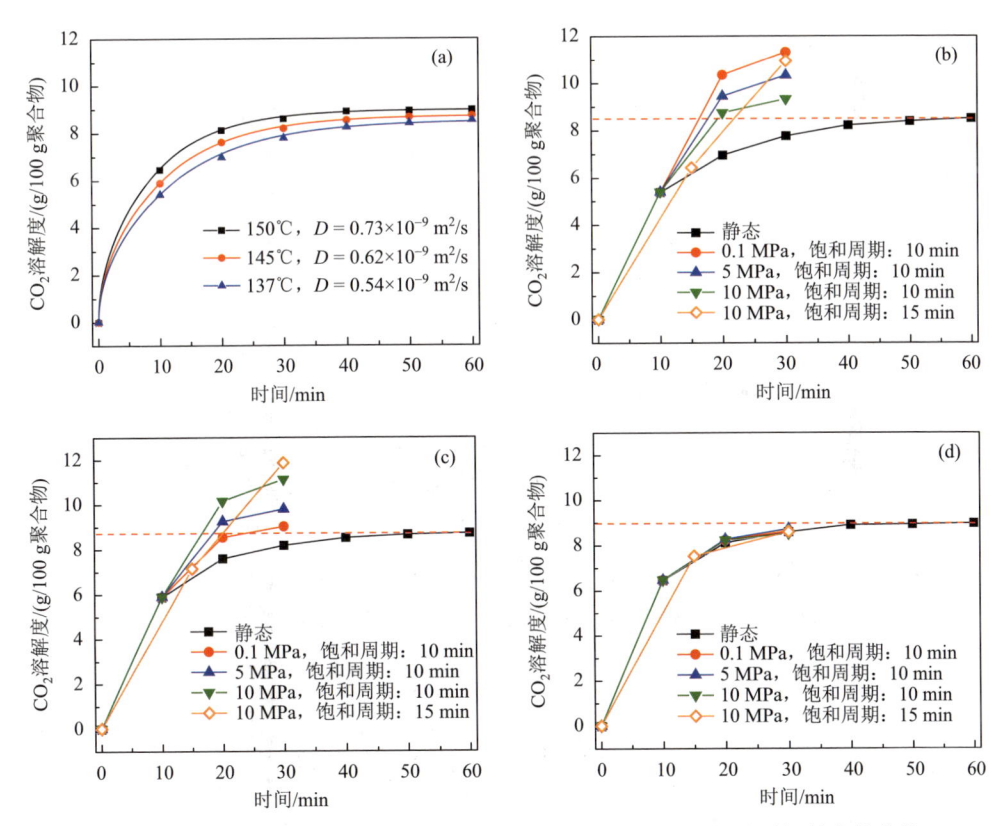

图 4-22　在 15 MPa CO_2 饱和压力下，CO_2 在 PP 基体内的溶解随时间的变化曲线

（a）不同温度下的静态饱和过程；（b）137℃、（c）145℃、（d）150℃下具有不同残余压力和饱和时间的变压饱和过程

图 4-22（b）显示了在 137℃下，不同的饱和过程对 CO_2 溶解度的影响。随着残余压力降低，CO_2 的表观溶解度增加，最大增量约为 30%。图 4-22（c）则显示了在 145℃时的 CO_2 溶解曲线。与 137℃时现象不同，随着残余压力的降低，CO_2 的表观溶解度也降低，但始终高于静态饱和过程的溶解度，这是由于过低的残余压力导致生成的泡孔破裂、聚并，从而可以储存 CO_2 的小气核的数量和总体积减小。在较高的温度下［图 4-22（d）］，由于结晶区域的消失，因此几乎不可能产生可储存 CO_2 的气核，故其表观溶解度几乎不变。此外，还研究了不同摆动周期对溶解度的影响，较低的温度下，较长的摆动期（15 min）会导致 PP 中含有更多的 CO_2，并且在缓慢降压过程中会形成更多的气核，当它们进行两次饱和时，也可以储存更多的 CO_2；即使在 145℃，摆动周期为 15 min 的 CO_2 变压饱和过程也会比 10 min 时具有更高的溶解度。因此，在低温下，可以通过变压过程缩短 CO_2 的饱和时间并且可以提高 CO_2 的表观溶解度，这对于改善发泡性能具有重要作用。

3）不同饱和方式下聚丙烯发泡行为

为了更直观地了解 CO_2 变压饱和策略在聚丙烯半固态间歇发泡过程中的作用效果，在三个典型温度下进行了发泡实验。图 4-23 是在不同饱和条件下得到的 PP 发泡材料的泡孔形貌。

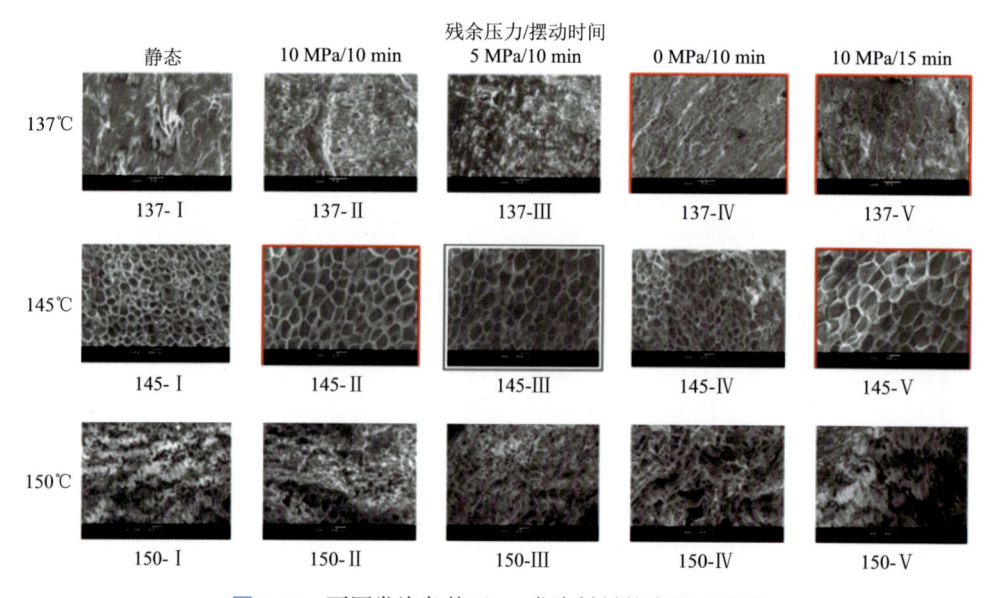

图 4-23　不同发泡条件下 PP 发泡材料的泡孔形貌图

137℃时，通过变压饱和策略，可以看到明显的泡孔结构，并且随着残余压力的降低，泡孔密度迅速增长。在 CO_2 变压饱和过程中，缓慢的降压使得气泡在无定形区域充分生长,并且由于结晶区域处的异相成核效应,出现了大量的泡孔,但晶体区域的存在导致泡孔尺寸明显不均匀。通过反复加压、饱和与降压操作,可以产生大量的开孔结构,如样品 137-Ⅳ、137-Ⅴ的 SEM 图所示。

145℃时,在合适的 CO_2 变压饱和条件下,可以获得具有良好气泡形态的发泡材料样品(样品 145-Ⅱ、145-Ⅲ的 SEM 图),尽管样品中也会存在尺寸不同的泡孔,但与静态饱和过程不同,这是由气泡在不同时间成核所致,泡孔尺寸比样品 145-Ⅰ 的更大,并且泡孔的形态更规则。样品 145-Ⅳ是在残余压力为 0 MPa 时进行发泡的样品,此时过低的残余压力导致泡孔开始出现破裂与塌陷。

150℃时,晶体区域会完全熔融,此时 PP 无法维持泡孔形貌。因此,无论是 CO_2 变压饱和过程还是静态饱和过程,泡孔都发生了明显的破裂和塌陷,由于较低的熔体强度,高温下的 CO_2 变压饱和过程对发泡过程没有帮助。

4.2.3 超临界流体模压发泡微孔材料的力学性能及其模拟

1. 超临界流体模压发泡微孔材料的力学性能

对于发泡材料而言,力学性能是最为关注的特性。作者团队探究了聚丙烯发泡样品的泡孔结构与力学性能的构效关系[53],设计制备了系列 PP 发泡样品并进行了力学性能测试。在测试之前,发泡样品均在 60℃的真空烘箱中退火 24 h,以消除在发泡过程中造成的结晶差异。模压发泡制备的不同 PP 发泡材料的 SEM 图如图 4-24 所示,泡孔参数列于表 4-1。样品(a)、(b)、(e)的发泡倍率相近,但泡孔尺寸不同;而样品(c)、(d)、(e)的泡孔尺寸相近,发泡倍率不同。

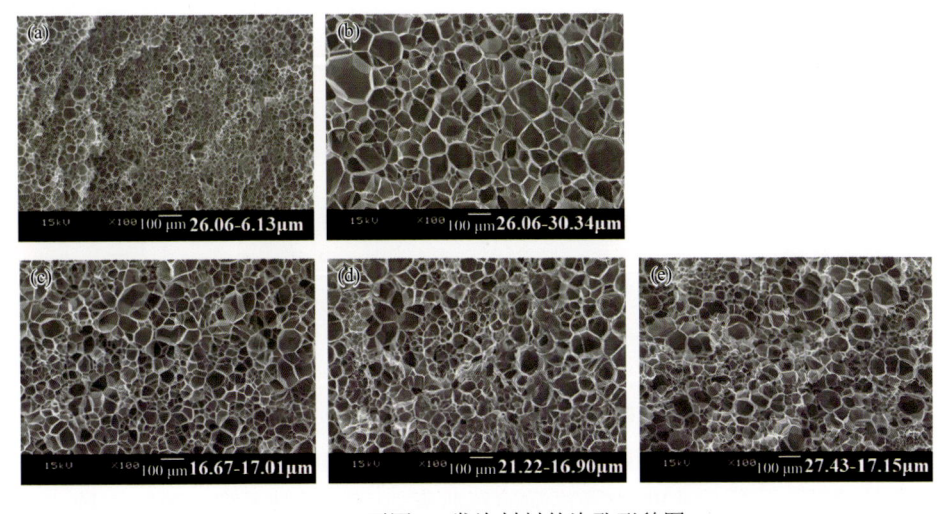

图 4-24 不同 PP 发泡材料的泡孔形貌图

表 4-1　不同发泡条件下的 PP 发泡材料参数

样品编号	发泡温度/℃	发泡压力/MPa	发泡倍率	平均孔径/μm
（a）	149	12	26.06	6.13±0.71
（b）	151	12	26.01	30.34±2.33
（c）	151	10	16.67	17.01±1.85
（d）	153	8	21.22	16.90±1.93
（e）	153	10	27.43	17.15±2.13

图 4-25（a）分别显示了 5 种 PP 发泡样品的压缩应力-应变曲线。压缩弹性模量主要来源于两方面：泡孔壁被压缩时产生的弹性应力以及泡孔内空气被压缩时产生的反作用力。从图中可以直观地观察到，在相同的发泡倍率下，泡孔尺寸越小，材料的压缩弹性模量越高，这是由于在压缩过程中，材料主要发生弯曲形变，较小的泡孔尺寸意味着更薄的泡孔壁，从而提供了更多的弹性应力。而在相同的泡孔尺寸下，发泡倍率越低，材料的压缩弹性模量越高。越低的发泡倍率意味着相同体积下，材料中气体含量越低，此时空气被压缩而产生的反作用力越弱，压缩弹性模量的主要贡献来源于材料本身。图 4-25（b）显示了压缩弹性模量的对比，尽管样品（a）具有更高的倍率，但是由于其泡孔尺寸较小，因此最终压缩弹性模量高于发泡倍率更低的样品（c）和（d）。

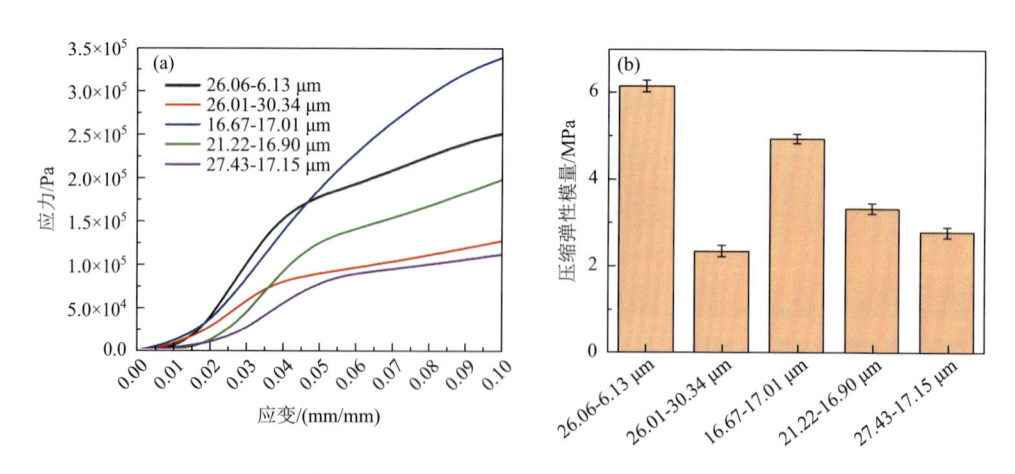

图 4-25　不同 PP 发泡材料的压缩应力-应变曲线（a）及压缩弹性模量（b）

图 4-26 显示了不同 PP 发泡样品的弯曲应力-应变曲线及弯曲弹性模量。与压缩性能的规律相同，在相同的发泡倍率下，泡孔尺寸越小，材料的弯曲弹性模量

越高；在相同的泡孔尺寸下，尽管弯曲弹性模量随发泡倍率的降低而提高，但是由于弯曲测试过程中泡孔内的气体几乎不会被压缩，因此弯曲弹性模量的提高主要取决于材料本身特性。

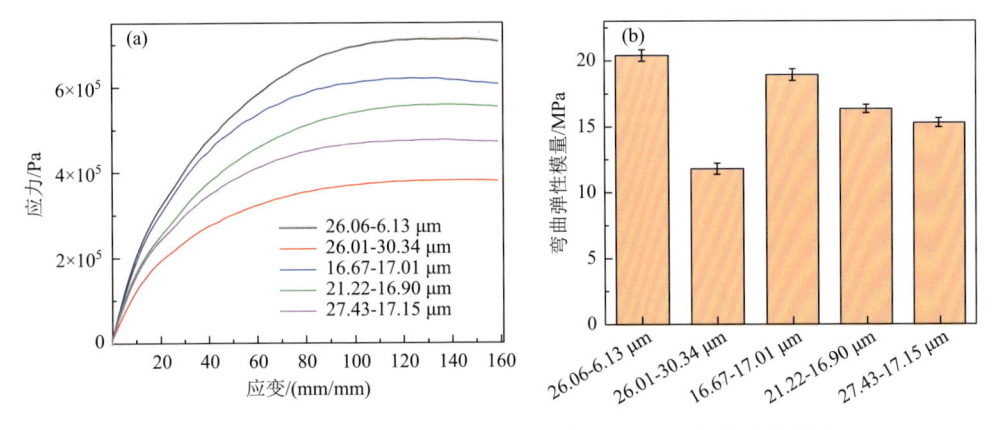

图 4-26　不同 PP 发泡材料的弯曲应力-应变曲线（a）及弯曲弹性模量（b）

图 4-27 显示了不同 PP 发泡样品的拉伸应力-应变曲线及拉伸弹性模量。与压缩性能、弯曲性能的规律不同，在相同发泡倍率下，拉伸弹性模量几乎不变，这是由于拉伸测试过程中，材料主要发生拉伸形变，这与泡孔壁的结构无关，主要依靠材料本身特性的贡献；而随着发泡倍率的降低，相同体积下 PP 固含量提高，拉伸弹性模量提高。

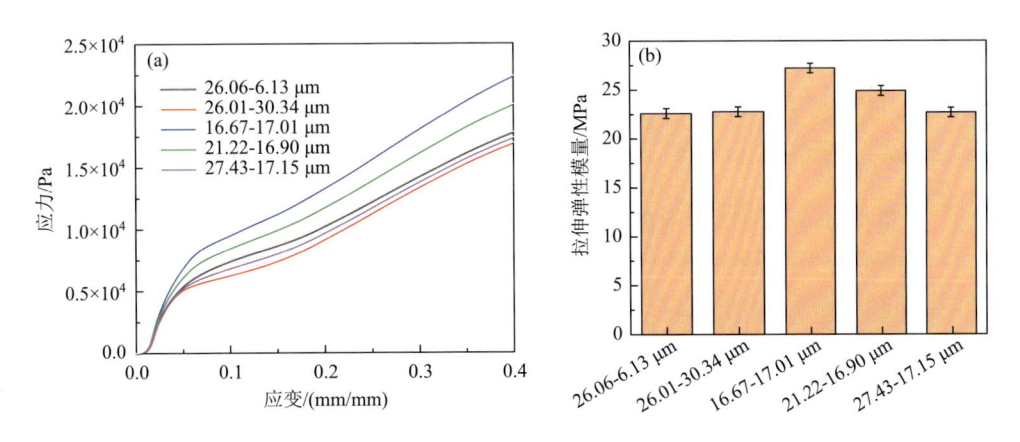

图 4-27　不同 PP 发泡材料的拉伸应力-应变曲线（a）及拉伸弹性模量（b）

因此，对于 PP 发泡材料而言，在相同发泡倍率下，降低泡孔尺寸可以提高材料的压缩弹性模量与弯曲弹性模量,而对于拉伸弹性模量影响甚微;在相同泡孔尺寸下,降低发泡倍率可以同时提高材料的压缩弹性模量、弯曲弹性模量以及拉伸弹性模量。

此外,作者团队还研究了尼龙6(PA6)材料的力学性能。图4-28为固态发泡法和熔融冷却发泡法所得PA6发泡板材的拉伸强度和压缩强度的对比图。如图所示,两种发泡方法所得发泡材料的拉伸强度相差不大。这是由于两种发泡方法得到的发泡材料发泡倍率相似,表观密度相差不大,同时平均泡孔直径大小相似,拉伸强度相差不大。发泡温度较高时,固态发泡法所得的PA6发泡板材的压缩强度较低。分析原因为温度过高时,固态发泡法所得PA6发泡板材泡孔壁薄且直径较大,会出现明显的泡孔收缩现象。大泡孔的产生和泡孔收缩现象导致材料在压缩测试中使得泡孔形变所需的应力减小,最终测试得到的压缩强度较低。

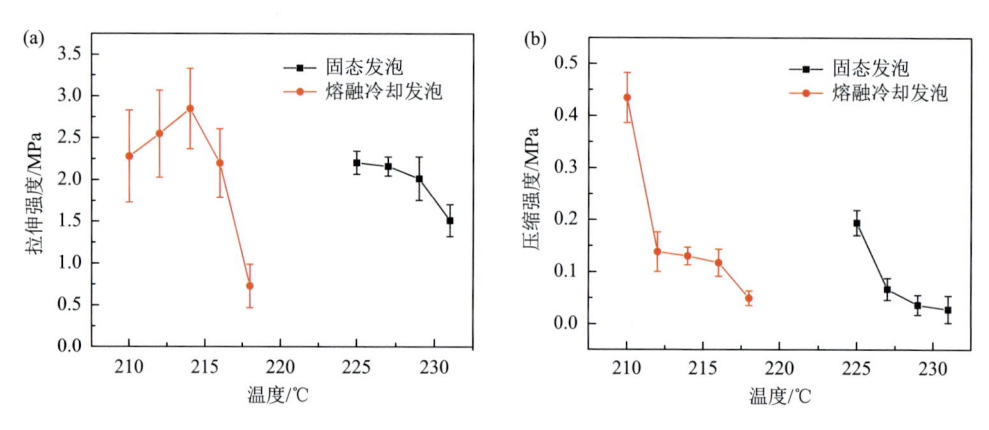

图 4-28 两种发泡方法所得PA6发泡板材的拉伸强度与压缩强度
(a)拉伸强度;(b)压缩强度

2. 超临界流体模压发泡微孔材料力学性能的模拟分析

目前人们为了制备力学性能优良的微孔发泡材料,往往是通过实验测试确定不同发泡倍率和泡孔结构的微孔发泡材料的力学性能,缺少从材料属性和微观结构到力学性能的预测。因此,作者团队[58]还采用有限元模拟的方法,利用COMSOL Multiphysics多物理场仿真软件,建立PA6微孔发泡材料的力学仿真的二维模型,进而实现从材料属性和微观结构到材料力学性能的预测,为制得具备良好力学性能的PA6泡沫板材提供参考。

采用COMSOL Multiphysics软件建立二维模型对PA6发泡材料的力学性能进行模拟。为了简化计算,建立闭孔泡沫几何模型,泡孔的排列方式为简单立方堆砌，如图 4-29 所示。几何模型参数见表 4-2。L 为几何模型的长度，W 为几何模型的宽度，l 为几何模型模拟计算时的指定位移。

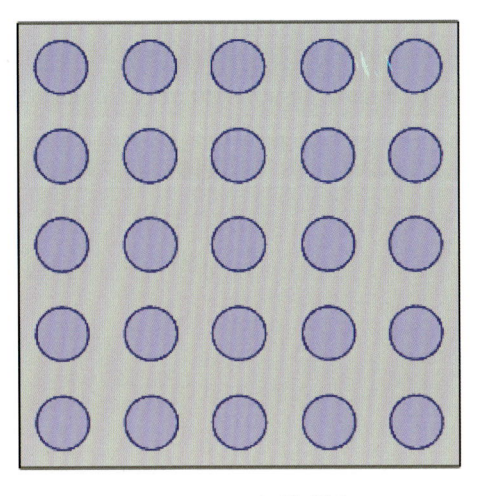

图 4-29　几何模型图

表 4-2　几何模型参数

L/μm	W/μm	l/μm
250	250	25

在几何模型的上边界设置向上的指定位移 25 μm，下边界设置固定约束进行拉伸性能测试模拟。图 4-30 为泡孔直径为 30 μm 的拉伸应力分布结果图。如图所示，拉伸时越靠近上边界的泡孔，变形越明显，各个泡孔的左右两边出现了应力集中。

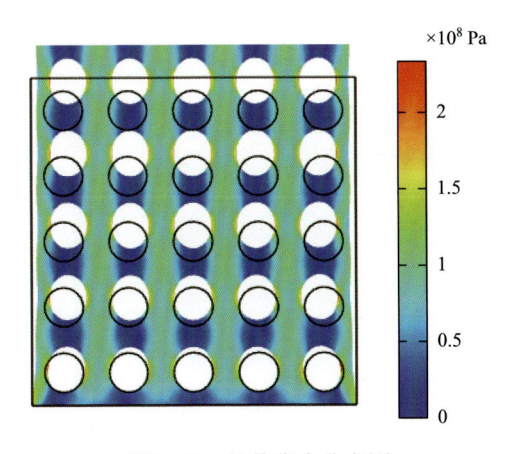

图 4-30　拉伸应力分布图

对几何模型上边界所受的法向应力进行线积分计算得到上边界受到的总拉伸应力。将模拟得到的拉伸应力值与位移应变进行作图，得到拉伸的应力-应变曲线。在设定的应变范围内，模拟计算拉伸应力与应变成线性关系，定性验证了模型的有效性。对拉伸应力-应变曲线进行线性拟合得到直线的斜率即为材料的拉伸弹性模量。以泡孔直径为 10 μm、30 μm、50 μm、70 μm、90 μm 进行拉伸模拟计算，研究泡孔直径大小对于拉伸性能的影响。图 4-31 为不同泡孔直径的拉伸模拟结果，模拟得到的拉伸弹性模量（E）为 95.6~284.1 MPa，可以看到，随着泡孔直径的增大拉伸弹性模量逐渐减小，说明材料的拉伸性能下降。

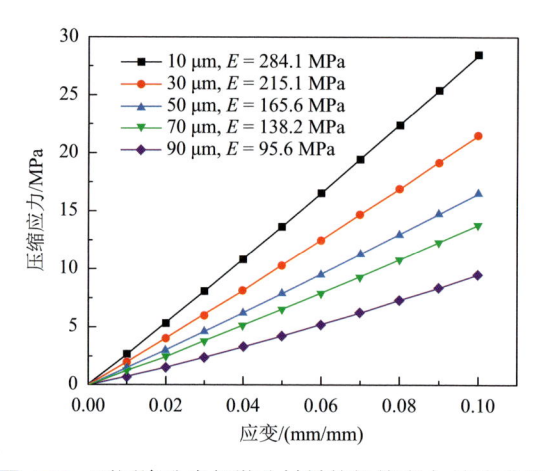

图 4-31　不同泡孔直径微孔材料的拉伸应力-应变曲线

在几何模型的上边界设置向下的指定位移 25 μm，下边界设置固定约束进行压缩性能测试模拟。图 4-32 为泡孔直径为 30 μm 的压缩测试模拟的应力分布图。与拉伸相似，泡孔越靠近上边界形变越明显，在泡孔左右两边出现应力集中。

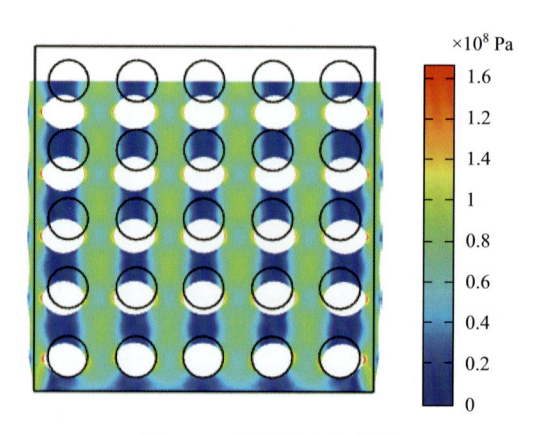

图 4-32　压缩应力分布图

对几何模型上边界所受的法向应力进行线积分，计算得到上边界受到的总压缩应力。将模拟得到的压缩应力值与位移应变进行作图，得到压缩的应力-应变曲线。对压缩应力-应变曲线进行线性拟合得到直线的斜率即为材料的压缩弹性模量。以泡孔直径为 10 μm、30 μm、50 μm、70 μm、90 μm 进行压缩模拟计算，研究泡孔直径大小对于压缩性能的影响。图 4-33 为不同泡孔直径的压缩应力-应变曲线。如图所示，模拟得到的压缩弹性模量为 53.7～239.3 MPa。随着泡孔直径的增大，压缩弹性模量逐渐降低，说明小泡孔有利于提高材料的压缩性能。

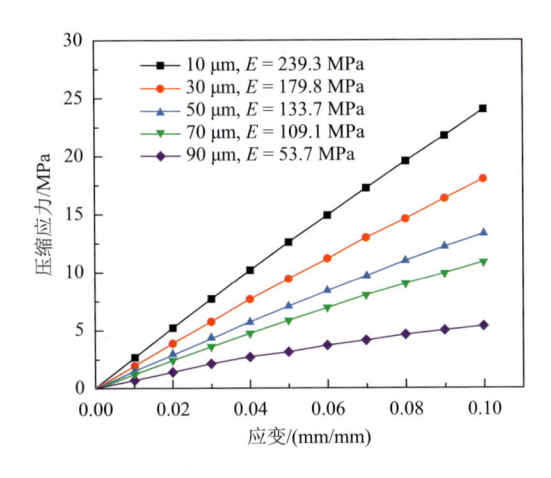

图 4-33　不同泡孔直径微孔材料的压缩应力-应变曲线

COMSOL Multiphysics 模拟结果显示，泡孔直径越大，PA6 微孔发泡材料的拉伸弹性模量和压缩弹性模量越低，说明小泡孔的 PA6 发泡材料具有更好的拉伸与压缩力学性能。固态发泡所得 PA6 发泡材料多呈闭孔的泡孔形态，比较符合模拟建立的闭孔泡沫模型。随着发泡温度的升高，固态发泡所得发泡材料的泡孔直径逐渐变大，材料的拉伸和压缩强度逐渐下降，其拉伸与压缩的测试结果与模拟得到的规律基本相符。

为了更直观地理解气体压缩以及材料弹性应力对压缩弹性模量的贡献，作者团队还建立了聚合物压缩性能模拟计算的有限元模型[53]。建模示意如图 4-34 所示，一般单个十四面体结构存在空间缺陷，无法直接应用于结构力学的计算，需要以其为基础建立空间可重复性的晶胞单元结构，随后在晶胞结构上下添加不锈钢板，以模拟真实力学性能的测试情况，与此同时，泡孔内部设置为可压缩的空气，从而模拟空气压缩时的反作用力。在模拟力学性能过程中将采用胡克定律计算结构体的应力-应变行为，随后通过统计不锈钢板上的反作用力以计算其弹性模量。

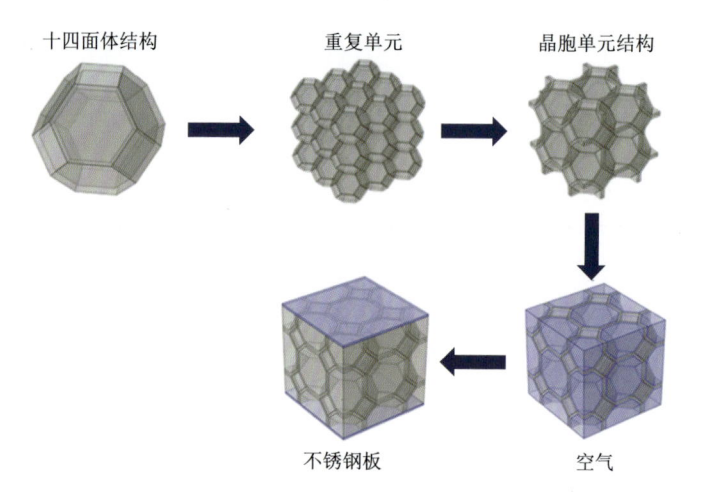

图 4-34　基于十四面体单元的晶胞结构建模示意图

首先，通过 PP 发泡材料的压缩性能测试结果来验证模型的可靠性，如图 4-35 所示，模拟值与实验值的偏差较小，该模型可以较好地模拟实际压缩过程。另外，模拟值始终比实验值偏高，主要原因是在模拟过程中所有泡孔形貌都是规整的，并且为完全闭孔结构，而在实际发泡样品中泡孔尺寸存在差异，且少量的开孔结构是无法避免的，特别开孔结构会导致压缩弹性模量的降低。

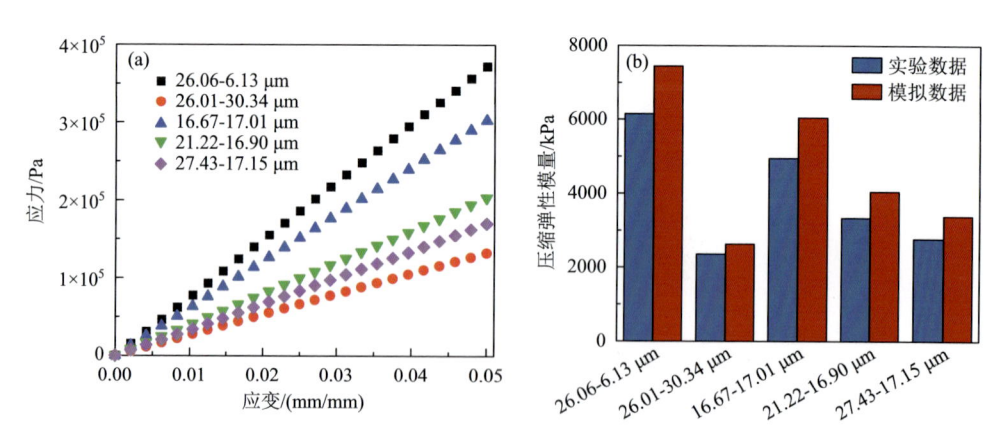

图 4-35　不同 PP 发泡材料的压缩应力-应变曲线（模拟值）（a）及压缩弹性模量（模拟与实验对比）（b）

选取发泡倍率为 10、20、30 以及泡孔尺寸为 25 μm、50 μm、75 μm、100 μm 的条件，进行了压缩应力-应变曲线的模拟分析。在模拟过程中，将材料本身弹性应力与来自空气压缩产生的反作用力之和作为发泡材料的压缩弹性模量：

$$E = \tau_{\text{air}} + \tau_{\text{elastic}} \tag{4-1}$$

式中，τ_{air} 为空气压缩产生的反作用力对模量的贡献；τ_{elastic} 为材料本身的弹性应力对模量的贡献。

如图 4-36 所示，在较低的发泡倍率下，发泡材料中的气体含量较少，材料本身的弹性应力对压缩弹性模量的贡献较大，可以达到 90% 以上；随着发泡倍率的提高，空气压缩的反作用力增加，对压缩弹性模量的贡献也逐渐提高，在发泡倍

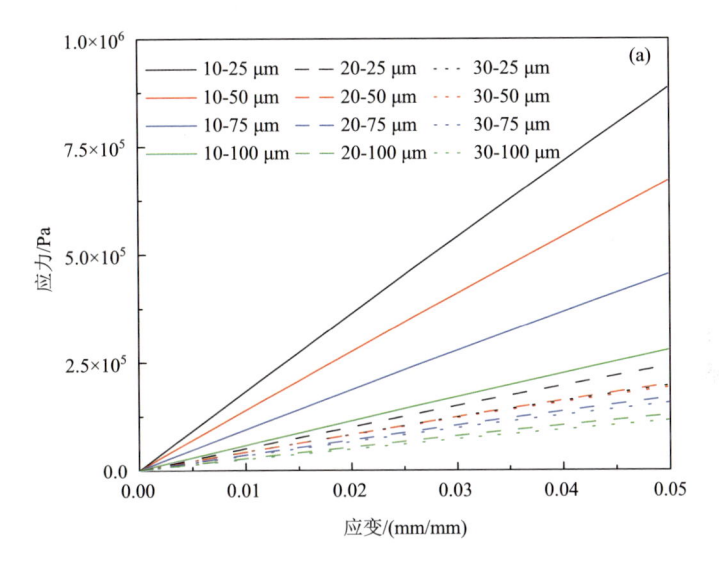

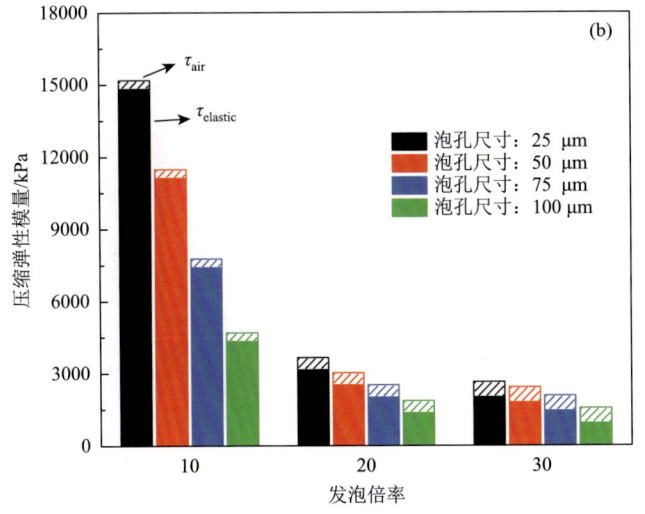

图 4-36　不同发泡倍率、泡孔尺寸样品的模拟分析

（a）应力-应变曲线；（b）压缩弹性模量

率达到 30、泡孔尺寸为 100 μm 时，反作用力的贡献接近 50%。特别在相同倍率下，空气压缩的反作用力几乎相同，这是因为发泡材料内的空气体积相同，进行压缩时所产生的力也相同。在更低的发泡倍率下，泡孔尺寸造成的模量差异更明显，这是由于在低发泡倍率下，材料本身的弹性应力占主导作用，较小尺寸的泡孔可以提供更多的弹性应力；而随着发泡倍率的提高，材料本身的弹性应力减弱，空气压缩的反作用力提升，弹性模量随泡孔尺寸变化的差异减小。

TPU 作为典型的弹性体材料，其发泡材料已广泛用于鞋材领域。TPU 发泡材料的循环压缩性能是鞋材的重要指标，它既可以表征材料的瞬时回弹性，又可以表征材料在长期使用条件下的回弹能力。对比发泡倍率分别为 6.36、8.12、10.71 的 TPU 发泡材料（泡孔大小均为 20 μm 左右），主要探究发泡倍率对回弹性的影响；对比变压饱和条件下制备的发泡倍率为 6 左右的 TPU 发泡材料（平均孔径分别为 33.72 μm、42.22 μm、83.01 μm），主要研究泡孔尺寸对回弹性的影响。

众所周知，机械性能的响应强烈依赖于发泡材料密度[59]。如图 4-37 所示，具有高密度（低发泡倍率）的发泡材料显示出较高的压缩弹性模量以及压缩强度（压

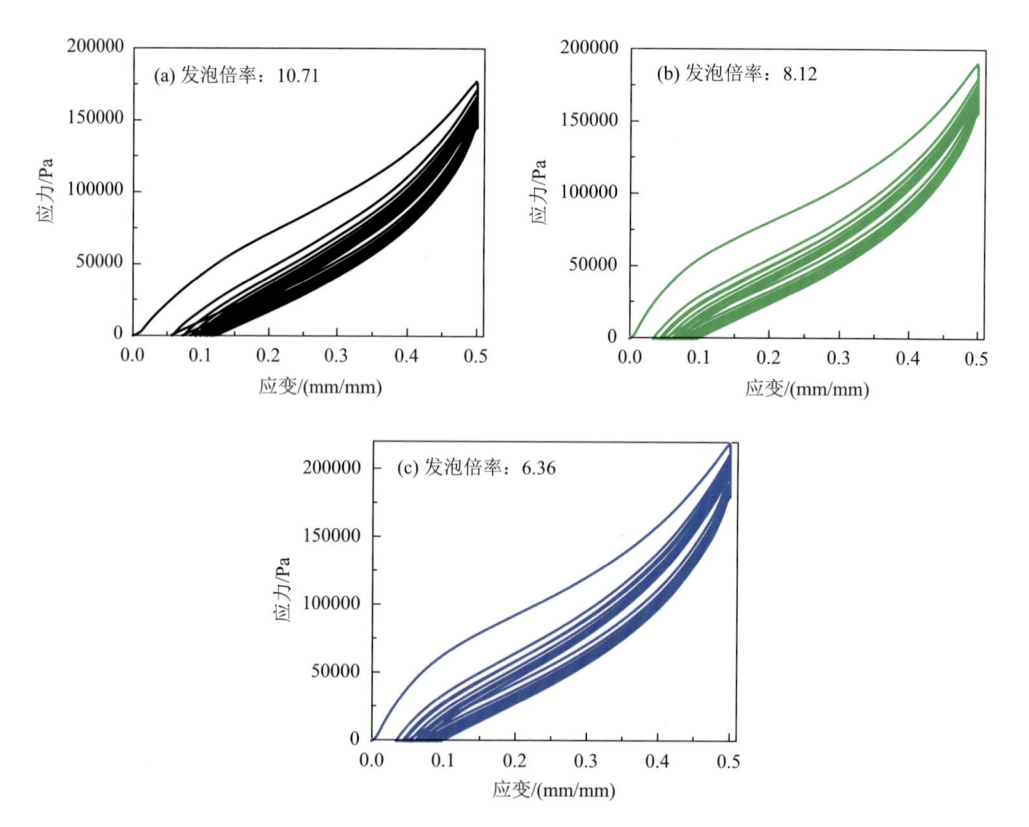

图 4-37 具有不同发泡倍率和相似泡孔尺寸的 TPU 发泡材料的 10 次循环压缩应力-应变曲线

缩至 50%时的应力）。同时，发泡倍率较高的样品显示出循环曲线的重叠，而对于发泡倍率为 6.36 的发泡材料，在循环压缩曲线中存在中空区域，如图 4-37（c）所示。这表明低发泡倍率的样品能量损失高，即它们的弹性相对较低。值得注意的是，下一个循环中的最大应力小于上一个循环中观察到的应力。这种现象被称为"循环应力松弛"[60]。据推测，并非所有的泡孔结构都在连续的压缩循环中完全恢复[61]。

图 4-38 显示在相似发泡倍率下，不同泡孔尺寸的循环压缩应力-应变曲线。随着泡孔尺寸的减小，发泡材料显示出更高的压缩弹性模量及压缩强度。这是由于较小的泡孔尺寸可以增加泡孔壁的弯曲模量，从而提高变形抗力。因此，相同应变下的应力和压缩弹性模量随着泡孔大小的减小而增加。而且，在相同的发泡倍率下，较小的泡孔尺寸意味着泡孔壁更薄，其可以在更宽的应变范围内发生弹性变形。

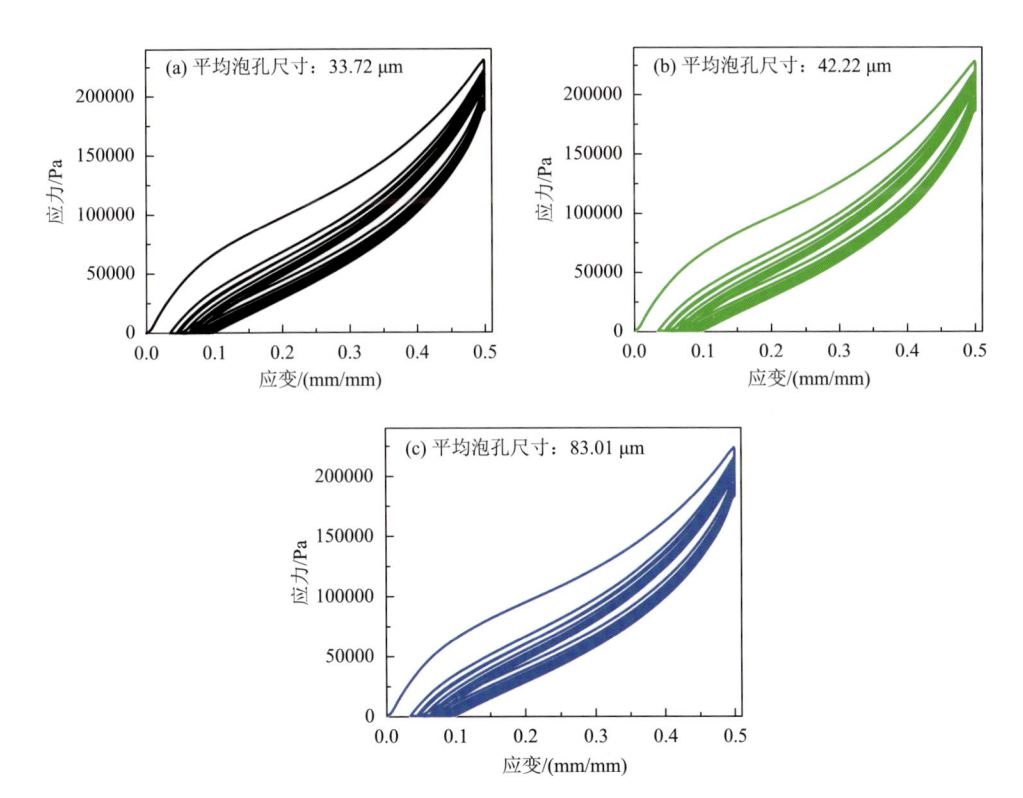

图 4-38　具有不同泡孔尺寸和相似发泡倍率的 TPU 发泡材料的 10 次循环压缩应力-应变曲线

能量耗散是评价多孔材料弹性恢复能力的关键指标之一。它与弹性恢复过程中的能量损失有关。能量耗散值越小，表示"弹簧效应"性能越好，变形后能量返回越好。为了进一步研究 TPU 发泡材料在循环压缩条件下的能量损失,定义每个压缩循环的加载曲线和卸载曲线的面积之比为能量损失率(ΔU),结果如图 4-39 所示,进行 10 次循环压缩后能量损失率基本趋于平衡,这说明泡孔结构的完整性没有被严重破坏。图 4-39(a)显示了发泡倍率对能量损失率的影响,在 10.71 的发泡倍率下,稳定后的能量损失率低于 20%,而在 6.36 的发泡倍率下约为 25%。随着发泡倍率的提高,能量损失率将降低,这是由于高发泡倍率样品本身的压缩弹性模量较低,并且其较薄的孔壁具有更优的弹性。如图 4-39(b)所示,泡孔尺寸对能量损失率似乎没有太大影响,随着泡孔尺寸的提高,能量损失率几乎不变。值得注意的是,变压饱和条件下制备的 TPU 发泡样品尽管发泡倍率相似,但仍然存在差异,泡孔尺寸较大的样品发泡倍率也略高。根据发泡倍率的变化规律,能量损失率应当随着发泡倍率的提高而下降。因此,图 4-39(b)中能量损失率变化不大的原因可能是较大泡孔尺寸的厚泡孔壁难以提供较高的弹性。Wang 等[62]在研究尼龙弹性体泡沫时也得出了类似的结论。

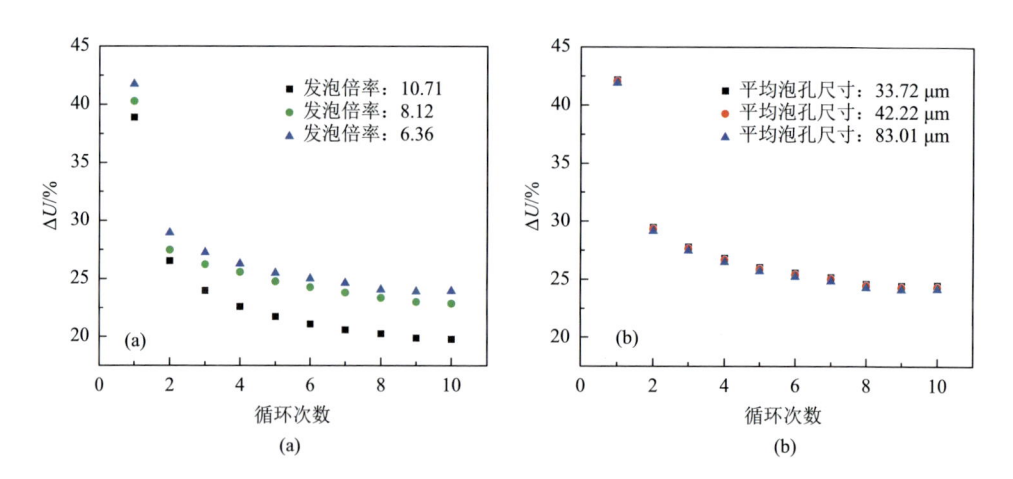

图 4-39 不同发泡倍率(a)与不同泡孔尺寸(b)的 TPU 发泡材料在循环压缩试验下的能量损失率

为了更进一步研究发泡倍率与泡孔尺寸对能量损失率的影响,绘制了三者之间的三维点图。如图 4-40 所示,发泡倍率越高、泡孔尺寸越小的样品,能量损失率越低。能量损失率对泡孔尺寸并不敏感,这可能是由于在相似的发泡倍率下,即使泡孔尺寸存在差异,但泡孔密度仍维持在同一数量级,由此引起的泡孔壁的厚度变化较小。反之,能量损失率对发泡倍率非常敏感,随着发泡倍率的提高,能量损失率明显降低。因此,制备发泡倍率高、泡孔尺寸小的 TPU 发泡材料有利于获得较高的压缩弹性模量以及较低的能量损失率。

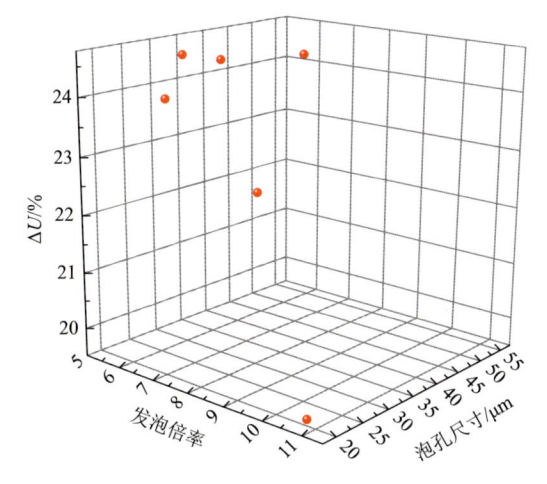

图 4-40　发泡倍率与泡孔尺寸对 TPU 发泡材料能量损失率的影响

此外，采用压缩力学性能模型，分别模拟了发泡倍率为 6、8、10 以及泡孔尺寸为 10 μm、20 μm、30 μm、50 μm 的 TPU 发泡材料的压缩应力-应变曲线，以探究空气压缩产生的反作用力对 TPU 压缩弹性模量的影响。结果如图 4-41 所示，大体规律与 PP 发泡材料类似，然而，由于 TPU 本身质地柔软，反作用力对压缩弹性模量的贡献很大，所有模拟条件下反作用力的贡献都超过 28%。当发泡倍率为 10 时，反作用力的贡献高达 50%以上。值得注意的是，对比 PP 而言，TPU 发泡材料中泡孔尺寸对压缩弹性模量的影响较小，这可能是由于 TPU 中氢键的作用。较高的反作用力也可以从侧面证明，发泡倍率越高，发泡材料被压缩时气体的压缩越显著，这是一种完全可逆的作用力，因此材料的回弹性越好。

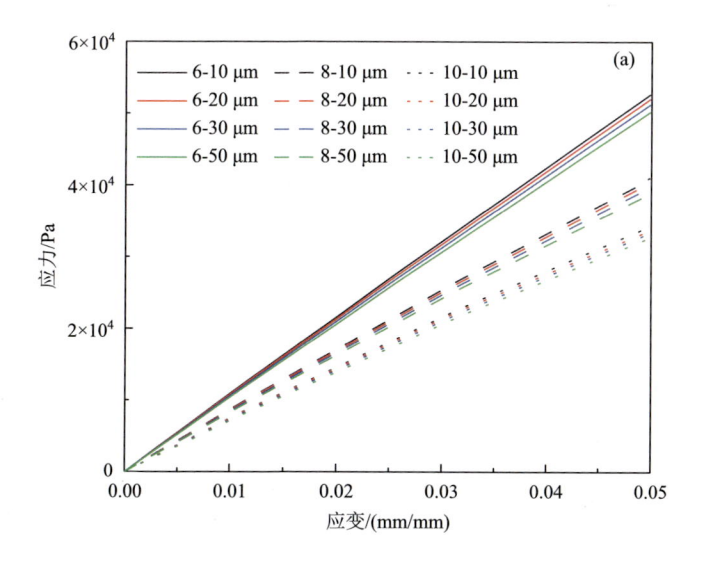

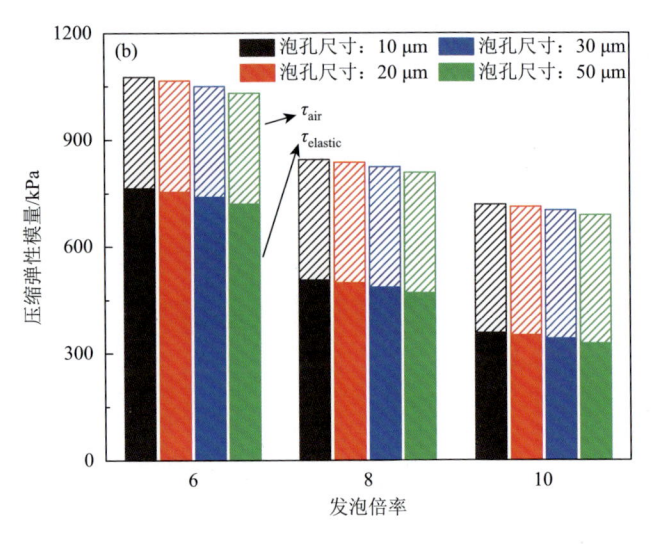

图 4-41 不同发泡倍率、泡孔尺寸 TPU 发泡材料的应力-应变曲线（a）与压缩弹性模量（模拟结果）（b）

压缩性能是用作结构芯材的发泡材料的重要参数，它不仅影响发泡材料能够承受的工况，而且影响发泡材料在长期使用下的稳定性。对不同发泡倍率的 PET 发泡材料进行压缩性能测试。同时，为了体现模压发泡工艺的优越性，还测试了通过挤出发泡制备的市售 PET 发泡材料（Kerdyn Green 80）的压缩性能进行对比。Kerdyn Green 80 的 PET 发泡材料平均泡孔直径、泡孔密度和发泡倍率分别为（905.14±85.62）μm、4.81×10^4 个/cm^3 和 15.41。为了消除结晶对压缩弹性模量的影响，在测试前，所有发泡材料均在 110℃ 的真空烘箱中退火 12 h。

不同 PET 发泡材料的压缩弹性模量如图 4-42 所示。对于通过模压发泡制备的发泡材料而言，随着发泡倍率的增加，泡孔壁逐渐变薄，发泡材料中的空气含量增加，因此压缩弹性模量降低。与此同时，由于高发泡倍率发泡材料中的大部分体积已经是空气，随着发泡倍率的增加，弹性压缩模量的降低趋势减小。

比较发泡倍率较接近下的模压发泡样品（M-PET 16.42）和挤出发泡样品（E-PET 15.41），气泡大小相差约 90 倍，泡孔密度相差 5 个数量级，发现微孔 PET 样品的压缩弹性模量为 28.5 MPa，达到了挤出发泡 PET 样品的两倍。主要原因是模压发泡样品具有较小的泡孔尺寸和更多的闭孔结构，闭孔结构可防止发泡材料中的气体逸出，因此在压缩测试时，泡孔内的气体只能被不断压缩，而较小的泡孔尺寸意味着更薄的泡孔壁，这将在压缩测试中为材料提供更多的弹性形变而非压缩形变[58]。压缩性能测试的应力-应变曲线如图 4-43 所示，不难发现，模压发泡样品的弹性范围比挤出发泡样品的弹性范围更宽，这也是由于较薄的泡孔壁提供了更多的弹性形变。

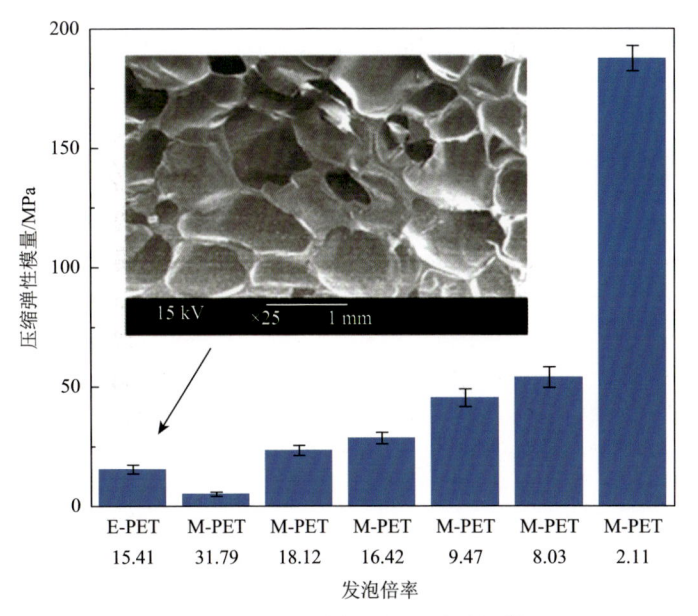

图 4-42　PET 发泡材料的压缩弹性模量

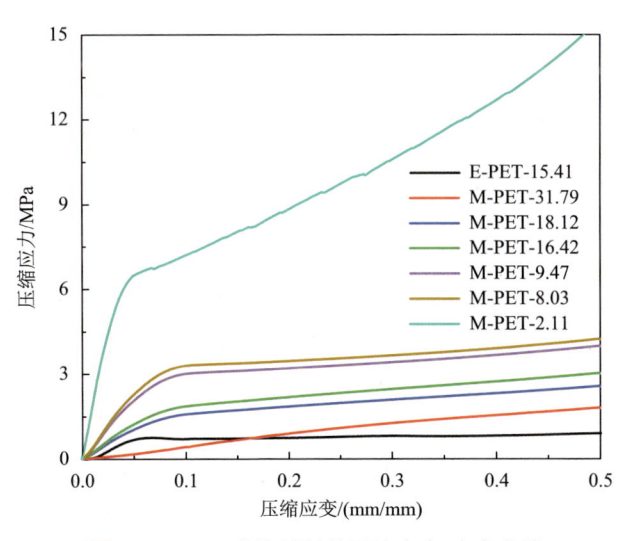

图 4-43　PET 发泡材料的压缩应力-应变曲线

为了深入理解刚性发泡材料的压缩性能，通过建立的十四面体单元基础的力学性能模型，计算了上述 PET 发泡材料的力学性能，如图 4-44 所示，计算值与实验值的偏差较小，除挤出发泡样品外，最高不超过 30%。值得关注的是，对比计算值与实验值，在发泡倍率相似的情况下实验测定的模压发泡样品压缩弹性模量是挤出发泡样品的 2 倍，而在 100%闭孔结构的条件下，模拟计算得到的模压发泡样品的压缩弹性模量是挤出发泡样品的 1.38 倍，这表明挤出发泡样品中存在的更多的开孔结构（从图 4-42 的 SEM 图可以明显观察到），从而导致了其力学性能进一步下降。

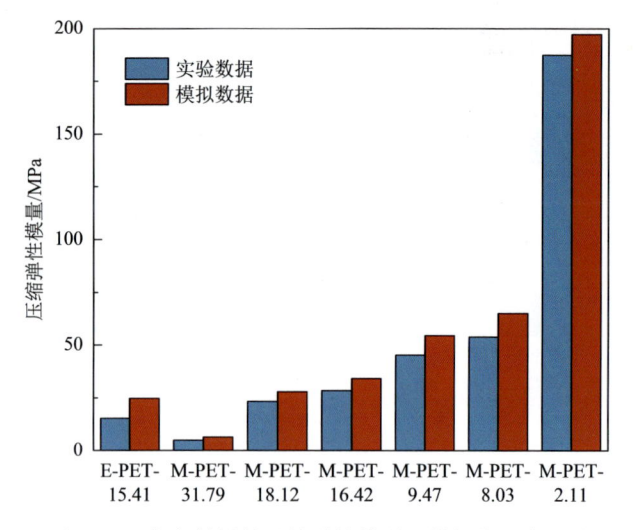

图 4-44　不同 PET 发泡材料的压缩弹性模量（模拟值与实验值的对比）

此外，分别模拟了发泡倍率为 10、20、30 以及泡孔寸为 25 μm、50 μm、75 μm、100 μm 的 PET 泡沫的压缩应力-应变曲线，以探究空气压缩产生的反作用力对 PET 压缩弹性模量的影响，结果如图 4-45 所示，大体规律与 PP、TPU 发

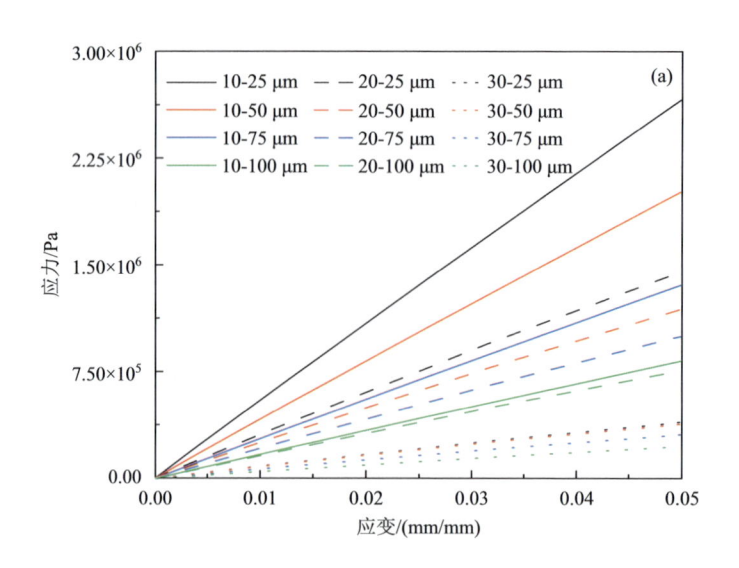

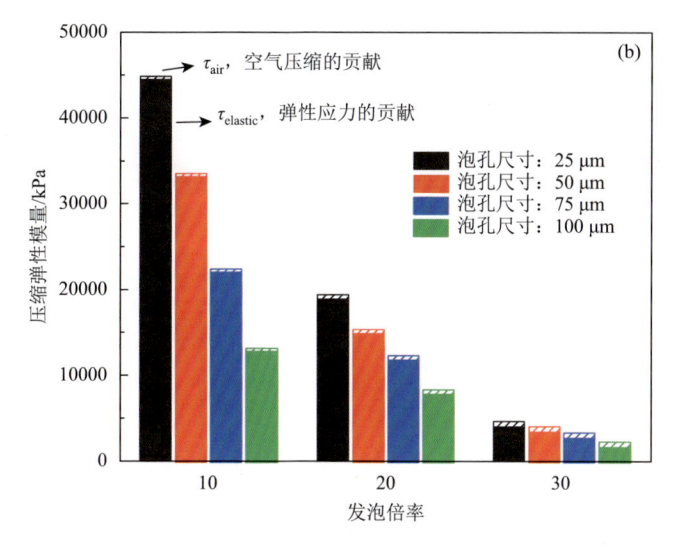

图 4-45 不同发泡倍率、泡孔尺寸 PET 发泡材料的应力-应变曲线（a）与压缩弹性模量（模拟结果）（b）

泡材料类似，然而，由于 PET 的刚性，反作用力对压缩弹性模量的贡献较 PP 发泡材料更少，在较低的发泡倍率下材料本身的弹性应力对压缩弹性模量的贡献可以达到 97%以上；随着发泡倍率的提高，尽管空气压缩的反作用力增加，但最终反作用力的贡献也仅接近 30%。

4.3 超临界 N_2 发泡制备聚合物微孔材料

相较于超临界 CO_2，超临界 N_2 具有更高的成核速率，但是其在聚合物中的溶解度低、泡孔的生长能力较弱。并且，超临界 N_2 在聚合物中的溶解行为与超临界 CO_2 相反，其溶解度随温度的升高而升高。因此，使用超临界 N_2 发泡制备聚合物微孔材料通常需要更高的压力以及更高的发泡温度。

Zotefoams 是最先将超临界 N_2 发泡技术实现产业化的公司，其总部靠近英国伦敦，在伦敦证券交易所上市，年营业额超过 1.27 亿英镑（2022 年），在全球拥有超过 530 名员工。目前，Zotefoams 的聚合物微孔板材产品主要包括轻质交联聚烯烃发泡产品（AZOTE®）和高性能发泡产品（ZOTEK®和 T-FIT®）。除了 Zotefoams 之外，国内近年来也兴起了许多使用超临界 N_2 发泡制备鞋材中底的技术，主要采用乙烯-乙酸乙烯共聚物（EVA）、TPEE、TPU 和聚醚嵌段聚酰胺（PEBA）等热塑性弹性体。

4.3.1 超临界 N_2 发泡工艺

超临界 N_2 发泡工艺以 Zotefoams 的技术最具代表性，因此以下简单介绍其生产工艺。

1. 挤出和交联

在双螺杆挤出机中将聚合物和添加剂（如色母、阻燃剂、导电剂等）共混并将其挤出成连续的实心板。随后将实心板材通过烘箱提供热量，从而进行交联过程。最后将板材冷却，并切成厚片。

2. 氮气饱和

将上述交联后的板材放入高压釜，将材料加热至熔点以上，并使用纯氮气增压。在高温高压环境中静置，直至氮气在板材中达到溶解平衡。随后，将含气板材放置在高压釜中冷却，以确保在泄压之前可以将氮气锁在板材之中。最后，通过快速卸压使得板材中溶解的氮气达到热力学不稳定状态，从而实现板材中气泡的微小成核。值得注意的是，通过快速卸压获得的微发泡板材需要快速转移至低压发泡釜进行泡孔生长，否则氮气的溶解量会持续下降直至完全扩散至空气中。高压发泡釜的工作温度高达 250℃，压力高达 675 bar。

3. 泡孔生长

将微发泡的板材放置于低压发泡釜中，并在较低压力下将板材加热至熔点以上。随后快速卸压，使得板材中的泡孔得以充分生长，最终制得发泡产品。在这一过程中，板材不受任何约束，因此在每个维度上都是均匀的。低压发泡釜的工作温度高达 250℃，压力为 17 bar。

超临界 N_2 发泡鞋材中底的工艺则与 Zotefoams 工艺略有差异，通过注塑成型为实心鞋坯，交联后在高压发泡釜中使用氮气直接发泡成型。然而，无论是以 Zotefoams 为代表的超临界 N_2 发泡板材工艺，还是以热塑性弹性体为基材的超临界 N_2 鞋材中底发泡工艺，都需要对原料进行交联，从而使其能够在非常高的温度（一般高于材料的熔点）下保持形状和发泡性能。而选择如此高的加工温度的根本原因在于，N_2 在聚合物中较低的溶解度以及 N_2 随温度升高使聚合物的溶解度提高的特性。

4.3.2 超临界 N_2 发泡产品特性

1. 轻质交联聚烯烃发泡材料

目前，轻质交联聚烯烃发泡材料主要包括闭孔交联聚乙烯发泡材料、闭孔交联乙烯共聚物发泡材料以及软质乙烯共聚物发泡材料。

闭孔交联聚乙烯发泡材料具有非常低的密度范围：15～115 kg/m³，根据需求可定制任何颜色以及具有阻燃、导电、抗静电特性的产品，目前被广泛应用在产品保护、汽车（热成型零件）、航天、电子产品、卫生保健、建造、运动（防护垫）、海洋、工业（密封件和垫圈）等领域。

闭孔交联乙烯共聚物发泡材料的密度一般为 30 kg/m^3，具有较高的回弹性，目前主要被应用于运动、休闲、鞋材、建造等领域，具体应用在指甲缓冲剂、保护垫、伸缩缝、健身垫、船护舷和工业垫片等方面。

软质乙烯共聚物发泡材料具有柔软触感，目前被应用于休闲、医疗、白色家电领域，作为高性能工业垫片、复合材料零件、医疗和运动服装设备等使用。

2. 高性能发泡产品

使用超临界 N_2 发泡工艺的高性能发泡产品主要包括聚偏二氟乙烯（PVDF）发泡材料和热塑性弹性体发泡材料。

PVDF 发泡材料本身具有优异的阻燃性，在燃烧过程中释放的热量非常少，并且仅释放少量烟雾。它具有非常低的密度，为 30～150 kg/m^3，同时，还具有耐腐蚀、高耐温性（接近 160℃）、抗紫外线、耐核辐射和老化、高介电等特性，被广泛应用于商业、公务和军用飞机、航空航天工业、先进工业管材和管道隔热系统等领域。

热塑性弹性体发泡材料则具有优异的回弹性能，具有低挥发性有机化合物、低雾化、耐高低温和耐化学性，而其闭孔性质可防止吸收液体和相关降解的可能性。其回弹/缓冲特性有助于实现更平稳的行驶，并降低噪声、振动与声振粗糙度（NVH）。同时，该材料还被广泛应用于鞋材中底、汽车内饰、人体防护等领域。

4.4　本章小结

超临界流体间歇发泡技术已经逐渐成为高性能发泡材料的主流生产技术，这些间歇发泡技术各有利弊，在各自的应用领域有其独特的优势。根据产品的形态可以分为三类主流技术：聚合物发泡珠粒技术、聚合物发泡板材技术与聚合物发泡异型体技术。其中，传统的聚合物发泡珠粒技术使用水作为分散剂，会产生大量的废水，且能耗较高。基于此，作者团队开发了无水发泡技术，能够实现产能的大幅提升以及能耗的大幅降低，但该技术容易造成聚合物珠粒的黏结问题，需要进行新的技术突破。而传统的聚合物板材发泡技术是以 Zotefoams 为代表的高压釜氮气发泡技术，这一技术使用的压力非常高，存在安全隐患，且由于发泡过程完全在高压釜内完成，因此高压釜体积较大，设备成本较高。而模压发泡技术则使用 CO_2 或 CO_2/N_2 混合气作为发泡剂，大幅度降低发泡压力，并且将发泡过程分步实施，大幅度降低高压设备的体积，节省了设备能耗，但存在产品稳定性不易控制的问题。聚合物异型体发泡技术是近年来兴起的发泡技术，可直接发泡获得具有不同形状的发泡产品，但存在发泡体形状与批次稳定性不易控制的问题。

参 考 文 献

[1] Raps D, Hossieny N, Park C B, et al. Past and present developments in polymer bead foams and bead foaming technology[J]. Polymer, 2015, 56: 5-19.

[2] Landrock A H. Handbook of plastic foams: Types, properties, manufacture and applications [M]. Park Ridge: Noyes Publications, 1995.

[3] Schellenberg J, Wallis M. Dependence of thermal properties of expandable polystyrene particle foam on cell size and density[J]. Journal of Cellular Plastics, 2010, 46 (3): 209-222.

[4] Spalding M A, Chatterjee A. Handbook of Industrial Polyethylene and Technology: Definitive Guide to Manufacturing, Properties, Processing, Applications and Markets Set[M]. Hoboken: John Wiley & Sons, 2017.

[5] Nofar M, Guo Y, Park C B. Double crystal melting peak generation for expanded polypropylene bead foam manufacturing[J]. Industrial & Engineering Chemistry Research, 2013, 52 (6): 2297-2303.

[6] Hossieny N, Ameli A, Park C B. Characterization of expanded polypropylene bead foams with modified steam-chest molding[J]. Industrial & Engineering Chemistry Research, 2013, 52 (24): 8236-8247.

[7] Rossacci J, Shivkumar S. Bead fusion in polystyrene foams[J]. Journal of Materials Science, 2003, 38 (2): 201-206.

[8] Kuhnigk J, Standau T, Dörr D, et al. Progress in the development of bead foams: A review[J]. Journal of Cellular Plastics, 2022, 58 (4): 707-735.

[9] Yuan H, Kalfas G, Ray W. Suspension polymerization[J]. Journal of Macromolecular Science, Part C: Polymer Reviews, 1991, 31 (2-3): 215-299.

[10] Kee L E. Novel manufacturing processes for polymer bead foams [D]. Toronto: University of Toronto, 2010.

[11] Guo Y, Hossieny N, Chu R K, et al. Critical processing parameters for foamed bead manufacturing in a lab-scale autoclave system[J]. Chemical Engineering Journal, 2013, 214: 180-188.

[12] Yang F, Pitchumani R. Healing of thermoplastic polymers at an interface under nonisothermal conditions[J]. Macromolecules, 2002, 35 (8): 3213-3224.

[13] Wool R P, Yuan B L, Mcgarel O. Welding of polymer interfaces[J]. Polymer Engineering & Science, 1989, 29 (19): 1340-1367.

[14] Zhai W, Kim Y W, Park C B. Steam-chest molding of expanded polypropylene foams. 1st. DSC simulation of bead foam processing[J]. Industrial & Engineering Chemistry Research, 2010, 49 (20): 9822-9829.

[15] Stupak P, Frye W, Donovan J. The effect of bead fusion on the energy absorption of polystyrene foam. Part I: Fracture toughness[J]. Journal of Cellular Plastics, 1991, 27 (5): 484-505.

[16] Fossey D, Smith C, Wischmann K. A new potting material: Expandable polystyrene bead foam[J]. Journal of Cellular Plastics, 1977, 13 (5): 347-353.

[17] Zhai W, Kim Y W, Jung D W, et al. Steam-chest molding of expanded polypropylene foams. 2. mechanism of interbead bonding[J]. Industrial & Engineering Chemistry Research, 2011, 50 (9): 5523-5531.

[18] Hingmann R, Rieger J, Kersting M. Rheological properties of a partially molten polypropylene random copolymer during annealing[J]. Macromolecules, 1995, 28 (11): 3801-3806.

[19] Nofar M, Ameli A, Park C B. Development of polylactide bead foams with double crystal melting peaks[J]. Polymer, 2015, 69: 83-94.

[20] Nofar M. Expanded PLA bead foaming: analysis of crystallization kinetics and development of a novel technology [D].

Toronto: University of Toronto, 2013.

[21] BASF S. Infinergy: BASF entwickelt das erste expandierte TPU. https://www.fachportal-produktentwicklung.de/de/sonstiges/aktuelles/nachricht/Elastisch-wie-Gummi-aber-federnd-leicht-235N. 2013-06-25.

[22] Britton R N, Molenveld K, Noordegraaf J, et al. Coated particulate expandable polyactic acid: US 8268901[P], 2012-9-18.

[23] Lohmann J, Sampath B D S, Gutmann P, et al. Process for producing expandable pelletized material which comprises polylactic acid: US 20130345327[P]. 2013-12-26.

[24] Witt M R J, Shah S. Methods of manufacture of polylactic acid foams: US 8283389[P]. 2012-10-09.

[25] Haraguchi K, Ohta H. Expandable polylactic acid resin particles, expanded polylactic acid resin beads and molded article obtained from expanded polylactic acid resin beads: US 7863343[P]. 2011-01-04.

[26] Parker K, Garancher J P, Shah S, et al. Expanded polylactic acid-an eco-friendly alternative to polystyrene foam[J]. Journal of Cellular Plastics, 2011, 47 (3): 233-243.

[27] Yan Z, Liao X, He G, et al. Green and high-expansion PLLA/PDLA foams with excellent thermal insulation and enhanced compressive properties[J]. Industrial & Engineering Chemistry Research, 2020, 59 (43): 19244-19251.

[28] Miyagawa T, Hirose F, Senda K. Polyhydroxyalkanoate-based resin foamed particle, molded article comprising the same and process for producing the same: US 8076381[P]. 2011-12-13.

[29] Richter T, Schwarz-Barac S, Bernhard K, et al. Bead polymer for producing PMI foams: US 20150361236[P]. 2015-12-17.

[30] Estur J F, Roche E, Briois J F. Production of pearls based on expanded polymers: US 8529812[P]. 2013-09-10.

[31] Sampath B D S, Kriha O, Ruckdäschel H, et al. Expandable pelletized materials based on polyester: US 9249270[P]. 2016-02-02.

[32] Paetz-lauter K, Li J, Meller M. Extrusion expansion of low molecular weight polyalkylene terephthalate for production of expanded beads: US 9174363[P]. 2015-11-03.

[33] Brooks G T, Connolly B C, Riley R. Process for preparing polyamide-imide foam: US 4960549[P]. 1990-10-02.

[34] Zhai W, Feng W, Ling J, et al. Fabrication of lightweight microcellular polyimide foams with three-dimensional shape by CO_2 foaming and compression molding[J]. Industrial & Engineering Chemistry Research, 2012, 51 (39): 12827-12834.

[35] Kriha O, Hahn K, Desbois P, et al. Expandable pelletized polyamide material: US 20110294910[P]. 2011-12-01.

[36] Weingart N, Raps D, Kuhnigk J, et al. Expanded polycarbonate (EPC) -a new generation of high-temperature engineering bead foams[J]. Polymers, 2020, 12 (10): 2314.

[37] Romanov V. Device and method for producing a particle foam part: US 11584051[P]. 2023-02-21.

[38] Beck J, Hofmann S, Hofmann G. Tool for processing plastic particle material for producing a particle foam component: GP 3566845[P]. 2018-04-27.

[39] Xu D, Liu P, Wang Q. Interfacial flame retardance of poly (vinyl alcohol) bead foams through surface plasticizing and microwave selective sintering[J]. Applied Surface Science, 2021, 551: 149416.

[40] Feng D, Liu P, Wang Q. Selective microwave sintering to prepare multifunctional poly (ether imide) bead foams based on segregated carbon nanotube conductive network[J]. Industrial & Engineering Chemistry Research, 2020, 59 (13): 5838-5847.

[41] Feng D, Liu P, Wang Q. Carbon nanotubes in microwave-assisted foaming and sinter molding of high performance polyetherimide bead foam products[J]. Materials Science and Engineering: B, 2020, 262: 114727.

[42] Yang J, Chen Z, Xu D, et al. Enhanced interfacial adhesion of polystyrene bead foams by microwave sintering for

microplastics reduction[J]. Industrial & Engineering Chemistry Research, 2021, 60 (24): 8812-8820.

[43] Jiang J, Tian F, Zhou M, et al. Fabrication of lightweight polyphenylene oxide/high‐impact polystyrene composite bead foam parts via in‐mold foaming and molding technology [J]. Advanced Engineering Materials, 2022, 24 (3): 2101100.

[44] 夏成志, 陈弋翀, 许志美, 等. 基于喷动床技术的超临界CO_2聚氨酯珠粒发泡工艺[J]. 工程塑料应用, 2020, 48 (5): 63-68.

[45] 管蓉, 王必勤, 向明, 等. 模压法微孔发泡工程塑料的制备方法: CN03118818.4[P]. 2005-6-22.

[46] 颜秉敬. 超临界CO_2环境中聚合物模压发泡技术的研究[D]. 上海: 华东理工大学, 2013.

[47] Siripurapu S, DeSimone J M, Khan S A, et al. Low-temperature, surface-mediated foaming of polymer films[J]. Advanced Materials, 2004, 16 (12): 989-994.

[48] Siripurapu S, Simone D, Khan S A, et al. Controlled foaming of polymer films through restricted surface diffusion and the addition of nanosilica particles or CO_2-philic surfactants[J]. Macromolecules, 2005, 38 (6): 2271-2280.

[49] Kiran E. Foaming strategies for bioabsorbable polymers in supercritical fluid mixtures. Part I. Miscibility and foaming of poly (L-lactic acid) in carbon dioxide + acetone binary fluid mixtures[J]. Journal of Supercritical Fluids, 2010, 54 (3): 296-307.

[50] 姜修磊. 超临界模压发泡制备聚合物微孔发泡材料的方法: CN201110054581.3[P]. 2011-04-12.

[51] Jiang X L, Zhao L, Feng L F, et al. Microcellular thermoplastic polyurethanes and their flexible properties prepared by mold foaming process with supercritical CO_2[J]. Journal of Cellular Plastics, 2019, 55 (6): 615-631.

[52] Chen Y, Yao S, Ling Y, et al. Microcellular PETs with high expansion ratio produced by supercritical CO_2 molding compression foaming process and their mechanical properties [J]. Advanced Engineering Materials, 2022, 24 (3): 2101124.

[53] 陈弋翀. 超临界CO_2模压发泡制备微孔聚合物过程和性能的模拟分析[D]. 上海: 华东理工大学, 2022.

[54] Xia T, Feng Y, Zhang Y L, et al. Novel strategy for polycondensation of poly (ethylene terephthalate) assisted by supercritical carbon dioxide[J]. Industrial & Engineering Chemistry Research, 2014, 53 (47): 18194-18201.

[55] Xi Z H, Liu T, Si W, et al. High-efficiency acetaldehyde removal during solid-state polycondensation of poly (ethylene terephthalate) assisted by supercritical carbon dioxide[J]. Chinese Journal of Chemical Engineering, 2018, 26 (6): 1285-1291.

[56] Xia T, Xi Z H, Liu T, et al. Solid state foaming of poly (ethylene terephthalate) based on periodical CO_2-renewing sorption process[J]. Chemical Engineering Science, 2017, 168: 124-136.

[57] Crank J. The mathematics of diffusion[M]. New York: Oxford University Press, 1980.

[58] 陈鹏鹏. 超临界CO_2模压发泡制备PA6发泡材料及其力学性能的研究[D]. 上海: 华东理工大学, 2021.

[59] Saha M C, Mahfuz H, Chakravarty U K, et al. Effect of density, microstructure, and strain rate on compression behavior of polymeric foams[J]. Materials Science and Engineering: A, 2005, 406 (1-2): 328-336.

[60] Qi H J, Boyce M C. Stress-strain behavior of thermoplastic polyurethanes[J]. Mechanics of Materials, 2005, 37 (8): 817-839.

[61] Ge C B, Zhai W T. Cellular thermoplastic polyurethane thin film: Preparation, elasticity, and thermal insulation performance[J]. Industrial & Engineering Chemistry Research, 2018, 57 (13): 4688-4696.

[62] Wang G L, Zhao G Q, Dong G W, et al. Lightweight, super-elastic, and thermal-sound insulation bio-based PEBA foams fabricated by high-pressure foam injection molding with mold-opening[J]. European Polymer Journal, 2018, 103: 68-79.

第5章

超临界流体微孔注塑发泡成型技术及其应用

5.1 微孔注塑发泡成型技术简介

　　轻量化在很多领域中都是一种趋势。无论在汽车行业，还是物流、包装、建筑等行业，轻量化均有助于大幅节省成本，降低能耗和碳排放。随着新能源汽车的普及，轻量化技术对汽车配件注塑工艺提出了更严苛的要求。微孔注塑成型工艺是一种革新的精密注塑技术，主要包括物理发泡和化学发泡工艺，可用于制品的减重，极大改善了制件的翘曲变形问题和尺寸稳定性（注射应力释放），同时降低锁模力。目前该工艺已被广泛应用于汽车门护板等内饰件的生产。轻量化是新能源汽车发展道路上的重要一步，面对不断变化的市场趋势，从事注塑发泡的学术界和产业界研发人员始终在积极开拓新工艺、新技术、新产品，加速技术成果在新能源汽车领域的应用，不断为汽车行业赋能。

5.1.1 微孔注塑发泡成型技术的发展历史与基本原理介绍

　　微孔注塑发泡成型（microcellular foam injection molding）技术是传统注塑成型工艺与塑料微孔发泡技术的结合，该技术思想源于20世纪80年代美国Martini等提出的微孔塑料注射成型技术专利[1]。1997年，美国Trexel公司在加拿大Engel公司的帮助下成功开发了第一台柱塞用于注射、螺杆用于塑化、可气体计量的柱塞与螺杆式微孔注塑机，实现了微孔发泡技术在工业注塑设备上的成功应用。此后，Trexel公司与Engel公司于1998年共同研制出第一台往复式螺杆微孔发泡注塑机，这台注塑机的成功研制是微孔注塑发泡成型技术走向商业化的里程碑。21世纪初，Trexel公司注册使用MuCell®商标，从此大力推广微孔注塑发泡技术的商业化应用。Mucell®技术采用往复式螺杆作为超临界流体计量元件，通过机筒将超临界流体注入往复式螺杆，充分利用了螺杆的剪切和混合功能，快速完成超临界流体的计量，在机筒和螺杆内保持最低的计量压力，保证微孔注塑发泡成型工艺能够持续进行。除此之外，还有瑞士 Sulzer Chemtech 公司的 Optifoam®技术、德国 Demag 公司的 Ergocell®技术以及德国 Arburg 公司与 IKV 研究所合作开发的 Profoam®技术。

图 5-1 为典型的商业化微孔塑料注塑成型系统示意图[2]。微孔注塑成型过程通常可以分为以下四个基本阶段[3]。①聚合物/发泡剂均相体系的形成：塑料原料由料斗加入机筒中，通过螺杆的机械塑化和加热器的加热塑化作用使原料熔融成为熔体。物理发泡剂（CO_2 或 N_2）由高压气瓶提供，由计量阀控制以一定的流率注入机筒内的塑料熔体中，然后通过螺杆头部装置的混合元件将注入的发泡剂搅混、分散均化。塑料熔体-气体两相体系随后进入静态混合器进一步混合，气体通过扩散溶解入熔体中，形成塑料熔体-气体均相体系。气体在聚合物中的溶解阶段是微孔注塑成型的关键阶段，它直接影响着后续气泡的成核、长大及定型。②气泡成核阶段：通过快速降低压力，使聚合物熔体处于热力学不稳定状态，气体由熔体中析出形成大量的微细气泡核。在这个阶段，同时对泡孔密度和分布有着重要的作用，为了防止气泡过早成长，气泡成核阶段需要维持在高压环境中。③气泡长大阶段：在气体的扩散作用下，泡沫气室的尺寸开始增大。气泡长大阶段对于泡孔的几何形状和结构有着直接的影响，可以通过对注塑过程中各种工艺参数的精确控制来控制泡沫气室的增长幅度。④冷却定型阶段：冷却模腔内的熔体，开模而后顶出，从而得到泡孔大小和分布均匀的微孔塑料制品。

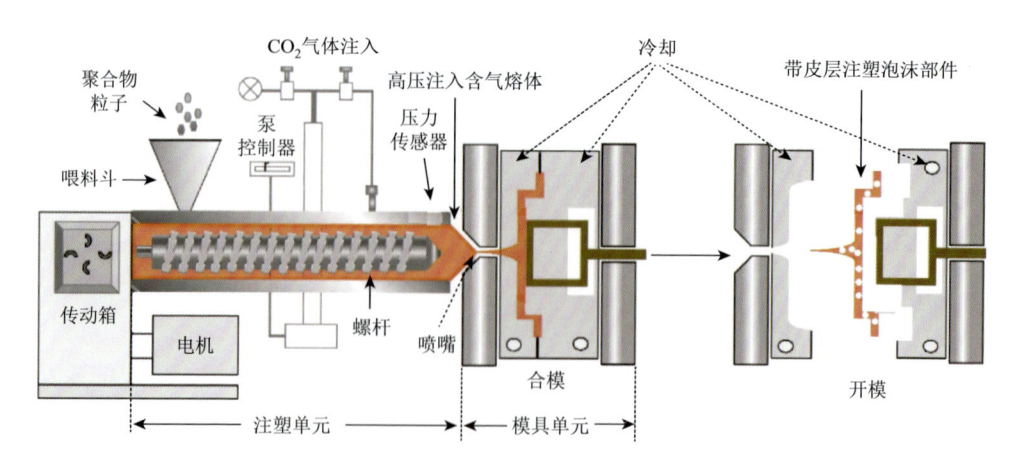

图 5-1 注塑发泡过程示意图

对于已经商业化和目前正在研发的微孔注塑发泡成型技术，其主要区别在于超临界流体注入和计量方式的不同。目前应用最为广泛的是以 Mucell® 技术为代表的使用往复式螺杆作为注入和计量方式的超临界流体注入方式，该种方式的混合效果最好而且稳定。采用其他超临界流体注入和计量方式的微孔注塑发泡成型技术尚不能达到这种效果，推广和应用范围较小。同时，业界也一直在继续研发新颖的、低成本的、稳定性优异的超临界流体微孔注塑发泡成型技术。

5.1.2 微孔注塑发泡成型产品的优点和应用

与间歇发泡成型与挤出发泡成型两种方法相比，使用微孔注塑发泡成型技术生产微孔发泡塑料，是微孔发泡塑料制备和加工领域的突破性进展，其提高了生产效率，降低了生产成本，并且能够实现复杂、异型产品的微孔发泡塑料成型，代表了当今微孔发泡塑料加工行业的前沿发展方向，具有巨大的市场需求和广阔的应用前景。

与传统的注塑成型工艺相比较，在微孔注塑发泡成型过程中，聚合物与超临界流体混合后表观黏度降低明显，树脂流动性得以提升，可以实现在较小的注塑压力和锁模力以及较低的温度下成型，降低能耗；而熔体内部气体压力的存在可以减少保压时间甚至无需保压阶段，缩短产品成型周期；同时气泡在塑料发泡过程中释放的内部压力还可明显改善甚至消除产品的缩痕、翘曲以及其他平面型缺陷，显著提升产品最终的稳定性和精度。

与注塑化学发泡相比，以 N_2 和 CO_2 为发泡剂的微孔注塑发泡成型技术无环境污染问题，所生产的泡沫制品纯净度高，对人体无毒副作用。因此，微孔注塑发泡成型技术是一种绿色先进的注塑成型新技术，也代表注塑成型工艺发展的新方向。

在当今塑料加工领域，微孔注塑发泡成型技术及其产品受到了越来越广泛的关注，特别是近些年来，国内外专家学者、研究机构及注塑相关企业纷纷投入该技术的科学研究和产品开发中来，极大地推动了微孔注塑发泡成型技术的发展。目前，微孔注塑发泡成型技术已经成为泡沫塑料研究领域和塑料成型加工行业最受瞩目的研究热点之一，微孔注塑发泡成型产品也已经接连在汽车、家电、消费电子和生物组织工程领域实现了成功应用，成为极具研发价值的产品方向。

5.2 微孔注塑发泡成型装备

微孔注塑发泡成型装备的发展经历了早期柱塞式注塑成型、柱塞与螺杆式注塑成型、往复螺杆式注塑成型等几个阶段的发展，其中往复螺杆式微孔注塑发泡成型装备是其中最具推广价值的技术方向,是该技术走向工业化应用的有效途径,也是当前微孔注塑发泡成型技术的研究重心。

往复螺杆式注塑机是目前工业生产中最为常见的塑料注射成型设备,在该种设备上实现微孔发泡塑料的加工成型是微孔注塑发泡成型技术发展和应用的根本性进步。目前,商业化的往复螺杆式微孔注塑发泡成型技术主要有美国的 Trexel 公司的 Mucell® 微孔注塑发泡成型技术、瑞士 Sulzer Chemtech 公司的 Optifoam® 微孔注塑发泡成型技术、德国 Demag 公司的 Ergocell® 微孔注塑发泡成型技术以及德国 IKV 公司新开发的 ProFoam® 微孔注塑发泡成型技术。

1. Mucell® 微孔注塑发泡成型技术

Mucell® 微孔注塑发泡成型技术装备被认为是率先被市场认可并推广的微孔注塑发泡成型技术设备,已经实现了良好的商业化。图 5-2 给出了商业化的 Mucell® 微孔注塑发泡成型装置原理示意图。

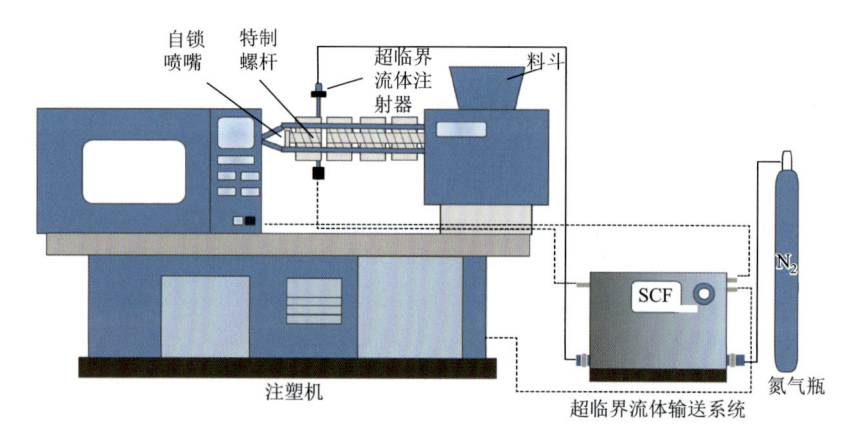

图 5-2 Mucell® 微孔注塑发泡成型设备示意图

Mucell® 微孔注塑发泡成型技术是在普通往复螺杆式注塑机的基础上,改进了液压系统、控制系统,增加了混炼元件,延长了注塑机的基座。同时,辅机方面增加了一套超临界流体的计量和混合元件,因此,螺杆的结构需要重新设计和加工制造。Mucell® 微孔注塑发泡成型技术的优点是能够保证聚合物/超临界流体的混合均化,设备系统运行稳定,产品泡孔结构较好。

目前,使用 Mucell® 微孔注塑发泡成型技术的途径主要有两种,一种是在现有注塑机上进行升级,更换为 Trexel 公司特别的设备部件,如螺杆、料筒,加装注射器和注射界面系统,外接一个超临界流体控制器来实现;另一种是直接购买取得 Trexel 公司专利授权的已集成这些特制部件的品牌注塑机。但是,由于 Mucell® 微孔注塑发泡成型技术的专利保护,其设备价格十分昂贵,无论是在现有设备上进行升级改造还是直接购买新设备,都需要支付数倍于普通注塑机的费用;同时,Mucell®微孔注塑发泡成型技术知识产权保护严密,技术可移植性差,而且根据现有文献的报道,Mucell®微孔注塑发泡成型技术在超临界流体注入控制和计量方法和技术方面也尚未成熟,仍需进一步研究和完善。

2. Optifoam®微孔注塑发泡成型技术

Optifoam®微孔注塑发泡成型技术由德国 Aachen 大学进行开发,瑞士 Sulzer Chemtech 公司对其进行了商业化。与 Mucell®微孔注塑发泡成型技术不同的是,Optifoam®使用专用喷嘴作为超临界流体的计量和混合元件,是传统超临界流体计量方法的革命性变革,而传统的超临界流体计量方法是将气体加注至机筒。如图 5-3 给出的鱼雷体喷嘴的结构示意图所示,这种独特的创新技术采用的是烧结金属制成的喷嘴,其上有许多小孔,气体通过时形成小液滴。而通过喷嘴的熔体在喷嘴流道和烧结金属套之间也被分成薄膜,便于气体扩散。聚合物熔体/超临界流体在后面的静态混合器中进一步混合均匀形成均相体系,而后射入模具型腔(简称"模腔")进行发泡。

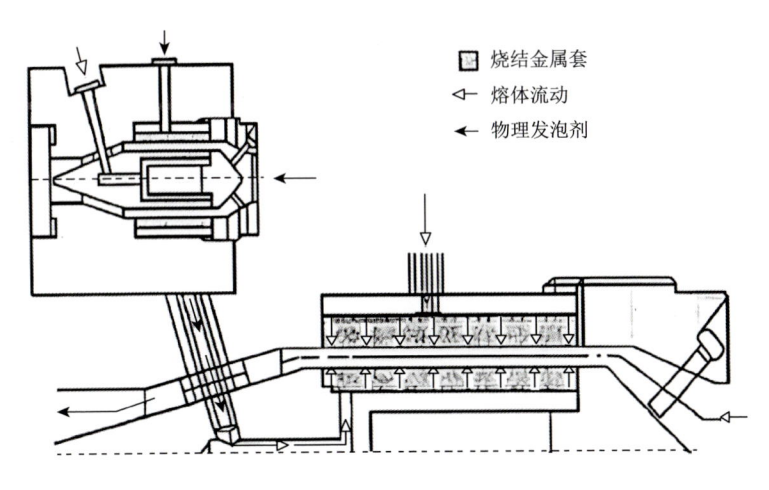

图 5-3 Optifoam®微孔注塑发泡成型设备示意图

Optifoam®技术的特点是可采用普通注塑机,不需要对传统注塑机的螺杆和机筒进行改造,只需要改造喷嘴部分即可使用,因而可大大降低投资费用,拓宽应用范围。但是,就目前该技术的商业化程度来看,Optifoam®技术的应用范围较小,一方面是由于受 Mucell®技术的压制,另一方面则是这种鱼雷体喷嘴结构在实际应用过程中的混合能力效果不佳,产品泡孔结构不是特别理想。

3. Ergocell®微孔注塑发泡成型技术

Ergocell®技术装置是由德国 Demag 公司在 K2001 展览会上公开展示的塑料微

孔注塑发泡成型技术，该技术在塑化料筒和注塑机的喷嘴之间安装了一个附加部件，这个辅助装置由容纳发泡流体的区段、混合区段以及附加的注射斜槽组成。Ergocell®技术设备的结构示意图如图 5-4 所示。

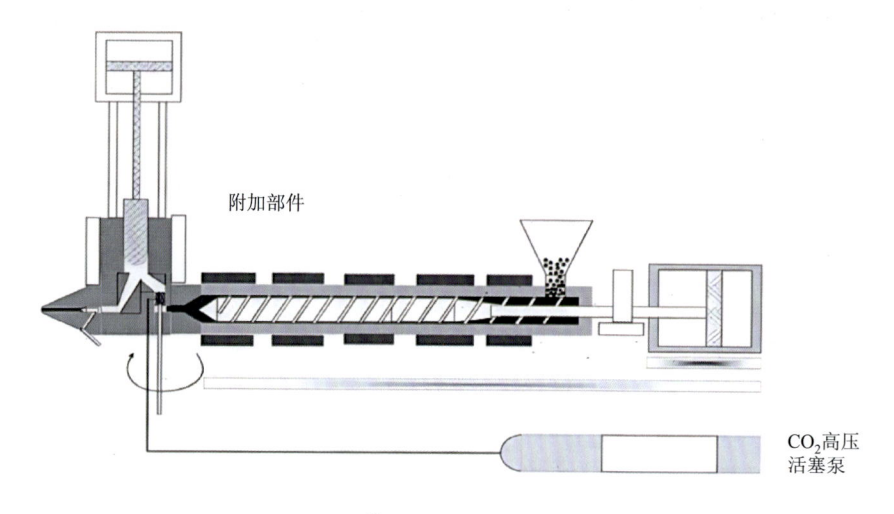

图 5-4　Ergocell®微孔注塑发泡成型设备示意图

　　Ergocell®技术设备的工作原理是：通过高压柱塞把超临界流体注入附加装置，经过其中的混合段后形成聚合物熔体/超临界流体均相体系；均相体系进入储料段后，由柱塞泵施加一定的压力以防止熔体提前发泡，直至开始注射。由于柱塞泵的活塞移动速度可以调节，所以可控制超临界流体的浓度，进而控制发泡的程度。但这种技术与双阶螺杆式微孔注塑发泡成型技术类似，其整体结构较复杂，且这种装置只能用 CO_2 作为发泡剂。

4. ProFoam®微孔注塑发泡成型技术

　　近年来，德国 IKV 公司还新开发了一种 ProFoam®技术进行注塑发泡。该技术是一种既新颖又廉价的发泡注射成型工艺，其原理就是在传统塑化过程中，将用作发泡剂的 CO_2 和 N_2 直接注入料斗，扩散至聚合物中。注射成型机的塑化装置在螺杆加料段密封，以使气体在一定压力下注入，但粒料的加入不需要压力。采用 ProFoam®技术，发泡注塑件可以减重高达 30%。

5.3　微孔注塑发泡成型工艺

　　通过对微孔注塑成型过程的分析可以看出，其成型过程复杂，影响其塑件质量的因素非常多，除了上述的加工装备，还有操作工艺参数和辅助加工工艺等。

5.3.1 影响微孔注塑过程的主要工艺因素

影响微孔注塑成型的工艺因素主要包括注射速度、注射量、模具温度、熔体温度、发泡剂浓度和成核剂浓度等。生成大量均匀气核的必要条件是产生大而迅速的压降,高压降速率可产生大的泡孔密度;施加在熔体上的最小压力必须确保熔体在注射前保持均相体系。提高注射速度有助于泡孔直径的减小和泡孔密度的增加,注射速度还会影响泡孔分布的均匀性和发泡制品的表面性能;高的注射速度有利于形成均一的泡孔,并提高制品的表面粗糙度。注射量是影响泡孔的直径、密度和制品拉伸强度的一个重要因素,中等注射量可产生最大的泡孔密度,注射量过大会产生高的成型压力并阻止泡孔成核,而注射量过小会降低成核密度。随着模具温度的提高,泡孔尺寸增大,泡孔密度减小,均匀分布的泡孔尺寸和结构可以明显改善发泡制品的冲击性能,而对其拉伸强度的破坏作用较小。

1. 注射压力、背压及模腔压力

塑料熔体中所溶解的气体能否离析出来形成气泡、气泡能否膨胀,这些都与气体在熔体中的溶解度及所受压力有关。定量控制压力(或温度)使塑料体系中的气体呈现过饱和状态,可以在很短时间内形成大量的气泡核。注射压力主要用来压送塑料熔体以要求的速度充模,将压力能转化为速度能,并克服塑料熔体在通过喷嘴、浇道系统及模腔时遇到的摩擦阻力,同时,还直接影响气体在熔体中的溶解量。为了使微孔塑料制品泡孔均匀细密,应防止含有发泡剂的塑料熔体提前在料筒中发泡,还应保证气体在塑料熔体中的完全溶解状态,为此,背压必须大于气体在熔体中发泡膨胀的临界压力。当塑料熔体被高速注入模腔时,模腔中原有的气体会产生反压,因此模具必须具有可控的排气系统。注塑发泡过程中,模腔压力是变化的,其最大值出现在充模期,随后逐渐下降。可通过对模腔排气的控制,达到控制模腔压力的目的[3]。

2. 料筒温度、熔体温度和模具温度

料筒沿轴向的温度分布应尽快使塑料熔融,第一段加热装置因靠近加料口和螺杆支承,因此温度不宜太高。储料段温度也不宜过高,因其直接影响熔体的出口温度,故此段温度应根据微孔发泡成型的需要来精确控制。注射熔体的温度即为料筒中塑料熔体在出口处的温度。提高塑料熔体温度有利于气泡的膨胀,但如果熔体温度太高,不仅会导致塑料分解,而且熔体黏度下降、表面张力下降、气泡容易破裂,致使泡内气体散逸,发泡倍数下降。此外,熔体温度过高会增加冷却时间及能耗。但熔体温度过低会使高速注入模具的塑料熔体中应力松弛速度减慢,气体的离析速度减慢,熔体黏度升高,膨胀阻力增大,气体扩散速度下降。模具温度影响泡孔尺寸大小及其分布[4],在其他条件相同的情况下,熔体的等温充模和不等温充模对气泡数量有很大的影响，不等温充模所形成的泡孔数量少于等温充模。

3. 注射时间和注射速度

为了获得泡孔大小和泡孔分布都均匀的微孔塑料制品，塑料熔体应以高速充模，使熔体在全部进入模腔后再同时开始发泡膨胀，一般注射时间在 1 s 以内。注射速度即为塑料熔体注入模腔的速度，随着注射速度的提高，制品的泡孔数量增加，同时泡孔直径降低。这是因为熔体的注射速度提高以后，熔体经过注射喷嘴时的压降和压降速率得到了提高，使熔体的成核速率提高，所以最终制品表现出较高的泡孔密度；而成核速率的提高增加了成核过程中消耗的气体量，进而减少了用于泡孔长大的气体量，所以最终的泡孔尺寸变小；另外，成核速率的提高使同一时间生成的气核数量增加，也使得制品不同部位气核的生成时间趋于一致，这意味着各部位气泡的生长周期更加相近，最终导致在较高注射速率下得到的微孔注塑制品具有更加均匀的泡孔结构。为提高注射速度，一方面应提高注射压力，另一方面应减少熔体流入模腔所遇到的各种压力损耗[5]。

5.3.2 微孔注塑发泡成型的创新辅助工艺

伴随着微孔注塑发泡成型技术的蓬勃发展，常规的商业化微孔注塑发泡成型技术存在的一些产品不足和缺陷逐渐显现：①使用微孔注塑发泡成型技术得到的产品表面依旧存在大量流痕、旋涡痕等表面气泡痕迹，导致产品表面粗糙度大，表面质量不高，难以作为外观件使用；②发泡过程严重依赖于模具的型腔尺寸，泡孔的长大在很大程度上受到限制，致使发泡倍率一般相对较小（<1.5），故很难应用到需要大发泡倍率的（十几甚至几十）隔热及隔音等领域；③低密度发泡材料大量泡孔的存在以及复杂发泡制品焊接痕的存在无疑会削弱其力学性能，这难以满足行业对塑件力学性能的要求。为了提升产品的表面质量和发泡倍率以及改善塑件的力学性能，经过大量学者和研究人员的努力，逐渐发展起来开合模辅助微孔注塑发泡成型工艺、型腔反压辅助微孔注塑发泡成型工艺、变模温辅助微孔注塑发泡成型工艺、微小气体含量微孔注塑发泡成型工艺等创新性的微孔注塑发泡成型辅助工艺，这些辅助工艺证实能够有效地获得表面光泽度高、力学性能优异和高倍率的微孔注塑发泡产品。近些年来，可视化辅助微孔发泡注塑成型技术也被应用来识别微孔注塑发泡过程的气泡成核和生长的相关机理。

1. 开合模辅助微孔注塑发泡成型工艺

开合模辅助微孔注塑发泡成型工艺是一种模腔体积可变的聚合物发泡注塑工艺，如图 5-5 所示，其技术特点是在高保压之后将模具动模侧或模具型芯沿着开模方向以一定的速率移动一定的距离，从而为聚合物发泡提供更多空间。在开合模发泡注塑中，开模发泡阶段的开模动作可以为聚合物熔体内部气泡的形核长大提供充足的空间，这将显著提高聚合物发泡材料塑件的发泡倍率，增加塑件内部泡孔尺寸均匀性和泡孔分布均匀性。此外，开合模辅助微孔注塑发泡成型工艺的高保压过程还可以在一定程度上增强塑件熔接痕的强度，进而提高带熔接痕塑件的力学性能。总之，开合模辅助微孔注塑发泡成型工艺可以注塑获得减重率高且力学性能优良的高发泡倍率塑件，具有广阔的应用前景和发展潜力，是未来聚合物发泡注塑成型的热门发展方向之一。Shaayegan 等[6]将开合模辅助微孔注塑发泡成型工艺与 MuCell® 高压发泡（具有保压压力）结合使用，并研究了熔体可压缩性和压降速率对产生的泡孔成核行为的影响。研究结果表明，当使用聚苯乙烯（PS）和 CO_2 时，在大于 20 MPa 的保压压力下可以获得更高的泡孔密度。此外，在模具填充过程中成核的泡孔百分比可以维持模腔中的压力，直到开模操作开始。这导致聚合物溶液混合物可压缩性的增加和随后来自开模操作的较低的压降速率。此外，通过增加保压压力，可以在此阶段延迟气泡成核，从而导致更快的压降速率、更高的泡孔密度和更均匀的泡孔结构。Ameli 等[7]分别采用常规注塑发泡成型及开合模辅助微孔注塑发泡技术制备了 PLA 泡沫制品，结果发现，与常规注塑发泡相比，开合模辅助微孔注塑发泡成型工艺可以实现泡沫的孔隙率从 30%大幅提升至 65%，并且使得抗弯强度提升了 4 倍，抗冲击强度提升了 15%以及隔热保温性能提高了 3 倍，可拓宽高性能泡沫在交通运输以及建筑行业等方面的应用。Wang 等[8]同样使用开合模辅助微孔注塑发泡成型工艺制备 PP 泡沫，首次获得了发泡倍率高达 10 的 PP 注塑泡沫制品。

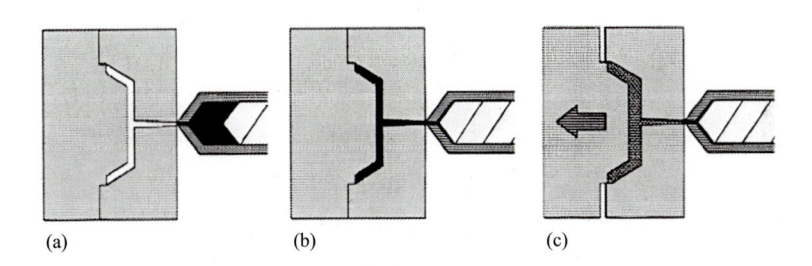

图 5-5　开合模辅助微孔注塑发泡成型工艺
(a) 模具闭合状态；(b) 注射后保压；(c) 开模发泡

2. 型腔反压辅助微孔注塑发泡成型工艺

型腔反压辅助微孔注塑发泡成型工艺利用的是在注塑射胶阶段开始之前，先向模腔中充入一定压力的气体，然后进行注塑填充。气体压力的存在，一方面可以增加充模过程中聚合物的熔体压力，使得泡孔成核的自由能垒增大，有效地延迟或抑制充模过程中泡孔的成核，另一方面也减少了熔体前沿泡孔的破裂，进而提高制品的表面质量。型腔反压技术最早在化学注塑发泡成型中使用，近些年应用到微孔注塑发泡成型中。Chen 等[9]和廖威量等[10]在气体反压技术的基础上结合模温控制系统对物理发泡的 PS 制品表面质量进行改善，结果发现，随着反压压力的升高，发泡制品皮层厚度增加，泡孔尺寸变小，表面逐渐变光滑，制品的拉伸强度提升；单独增加模具温度也会提升制品表面质量，制品表面粗糙度可以改善 65%左右，但将两种工艺联合使用，制品的表面粗糙度可以改善 90%以上。Li 等[11]研究了气体反压的保压时间对高冲击聚苯乙烯（HIPS）发泡材料泡孔形态和表面质量的影响。实验结果表明，增大反压压力和延长保压时间都可以改善泡孔表面质量，但反压压力对表面质量的改善影响最大，当反压压力值为 4.5 MPa、反压的保压时间为 2.5 s 时，制品表面光滑、无银纹带和划痕等缺陷问题。如果继续增加反压，泡孔的成核能垒增大，成核性能下降，导致泡孔密度降低，不利于减重。从泡孔质量和表面质量综合考虑，当反压值介于泡孔破裂临界压力值和完全不发泡的临界压力值时，得到的制品表面没有银纹带并且材料的减重也得到了保证。气体反压可以大幅度改变制品的表面质量和力学性能，但不同基体材料所需的气体反压和保压时间变化很大，且物理发泡工艺所需的反压压力较大，同时气体反压技术不利于对复杂大制件的改善。

3. 变模温辅助微孔注塑发泡成型工艺

变模温辅助微孔注塑发泡成型工艺的技术思想来源于常规变模温注塑（也称快速热循环注塑），主要是利用在注射填充阶段保持模具表面温度在聚合物材料的玻璃化转变温度（或结晶温度）之上，这样得到的注塑产品无熔接痕，表面质量优。Xiao 等[12]和黄汉雄等[13]以聚甲醛（POM）为原料，超临界 N_2 为物理发泡剂进行发泡，发现充模阶段随着模具温度的升高制品表皮厚度减小，而泡孔平均直径增加，泡孔密度减小，表面粗糙度降低，模具温度从 40℃上升到 150℃时，制品的表面粗糙度下降了 85%，而成型周期只增加了 3～5 s，模具温度达到 150℃以上时，银纹和划痕将完全消失，样品表面粗糙度也从 4.5 μm 下降到 0.21 μm 左右，这主要是由于在初始填充期间聚合物熔体和模腔之间被困表面气体的重新溶解。Cha 等[14]研究了注塑成型过程中的模具温度与发泡产品表面旋涡痕之间的关系，发现在模具温度高于塑料材料的玻璃化转变温度之上时，产品表面旋涡痕可得到明显减轻或消除。Chen 等[15]利用在模具表面涂覆隔热膜的方式，实现了模具表面温度的间接提升，消除了微孔注塑发泡产品的气泡痕；此后，Lee 等[16]用同样的方法，在模具表面上覆盖 PTFE 隔热层，也实现了产品质量的改善，同时，他们还研究了隔热层厚度与表面质量改善的关系。

4. 微小气体含量微孔注塑发泡成型工艺

微小气体含量微孔注塑发泡成型工艺是近年来美国威斯康星大学的 Turng 等[17]提出的一种改善微孔注塑发泡成型制品表面质量的方法。他们利用减小微孔注塑发泡过程中气体发泡剂的注入量，进而减小发泡时熔体的过饱和度，延缓熔体在填充过程中的泡孔成核，最终实现产品表面无气泡痕。这种方法的优势在于不需要增加任何的辅助装置，但是减小了气体含量，会明显影响产品内部的泡孔结构，这在应用该技术时需要综合考虑。

5. 可视化辅助微孔注塑发泡成型工艺

可视化辅助微孔发泡注塑成型技术被应用于在线原位监测微孔注塑发泡过程的气泡成核和生长过程，证实了间歇发泡的经典气泡成核和生长模型可以成功地模拟微孔注射发泡成型模腔中的发泡行为。Oshima 等[18]采用可视化装置在线检测了 PP 体系的开合模注塑发泡成型过程，结果表明，增加发泡剂进气量和提高开模速率可提升泡孔密度、降低气泡的生长速率，并借助间歇发泡过程中的经典气泡成核及生长模型有效解释了高压注塑发泡过程中不同发泡剂成核效率的差异。Shaayegan 等[19,20]通过微孔注塑发泡的可视化研究，结合模腔反压工艺，先后对注塑发泡成型中的泡孔成核机理及生长机理进行了研究，研究表明，使用模腔反压工艺可以抑制泡孔成核，且需要更高的注塑压力来推动熔体填充模腔，这就使该工艺具有更高的压降速率，进而显著提升泡孔成核和长大的速率。通过可视化模具，研究了 PS 材料的微孔发泡过程，记录了高压微孔注塑发泡成型工艺的全过程，观测并揭示了两种泡孔的成核机制，即填充过程中浇口压力下降引起的不成熟泡孔生长，以及由填充后模腔中的体积收缩引起的二次泡孔生长。

5.4 微孔注塑发泡成型用材料

对注塑件来说，原材料尤其是工程塑料的成本在其总成本中占有很大的比例。多年来一直通过不同的工艺方法如气体辅助成型和结构发泡减少成型所需材料的方法来降低成本。从加工来看，比较常用的是热塑性塑料，包括结晶性材料和非结晶性材料。热固性材料不适用于微孔注塑发泡成型，本节不作讨论。理论上讲，每种热塑性材料都可以用于微孔注塑发泡成型，但由于其流变性能、热性能、力学性能和可发泡性能的不同，使其相应的加工窗口不同。

为了理解微孔注塑发泡成型用材料，本节将回顾一下成功用于微孔注塑发泡成型的主要材料，如 PP 为代表的聚烯烃、PET 为代表的聚酯、PA6 为代表的聚酰胺、PLA 为代表的生物可降解材料及其他典型的热塑性材料。

5.4.1 聚烯烃 PP

聚丙烯（PP）具有良好的综合力学性能、优异的耐温性和耐化学性，且密度小、易加工和成本低，已成为塑料工业应用最广泛的聚合物之一。根据 Research and

Markets 估计，2022 年全球 PP 产量超过 7500 万 t，其中近一半将用于结构部件。在此应用市场背景下，PP 产品的轻量化对于减少塑料材料和化石能源的消耗具有重要的意义。

Zhao 等[21]采用变模温辅助微孔注塑发泡成型工艺制备了高韧性的轻质双峰纳米微孔 PP 泡沫，该双峰多孔泡沫的拉伸韧性比均一微孔泡沫高 327%、比固体高 53%，这归因于微孔的存在延长了拉伸断裂的路径以及大泡孔在拉伸过程中的塑性变形。Zhao 等[22]还结合原位成纤和微孔注塑发泡技术制备了具有优异亲油、隔音性能的 PP/PTFE 纳米复合泡沫，该泡沫的开孔率高达 98.3%，吸油量为 22.5 g/g、回收率为 97.4%，以及吸声系数高于 0.5、传输损耗高达 50 dB。此外，该种 PP/PTFE 纳米复合泡沫还表现出良好的保温性能[23]，热导率低至 36.5 mW/(m·K)。Wang 等[24]制备了表面无缺陷的轻质高强纳米微孔 PP/PTFE 纳米复合材料。与常规 PP 发泡塑件相比，纳米微孔 PP/PTFE 纳米复合发泡材料展现出显著增强的力学性能；与未发泡 PP 相比，其甚至具有更高的强度和延展性。特别是纳米微孔发泡塑件的冲击强度比常规发泡的冲击强度高，并且比未发泡产品的冲击强度高 200%。此外，与常规发泡 PP 相比，纳米孔 PP/PTFE 纳米复合发泡塑件显示出出色的表面外观性能，表面没有任何银丝或旋涡痕迹。

作者团队沙鑫佚等[25]利用 Mucell 平台，以超临界 N_2 为发泡剂，研究了两种 PP/玻璃纤维（GF）复合材料的微孔注塑成型过程，重点分析了微孔注塑工艺条件对材料泡孔结构、GF 取向以及机械性能的影响。结果表明，受冷却和剪切的影响，制品表层到芯层的泡孔形态不同。提高聚合物分子链沿流动方向的取向、优化泡孔结构、增强 PP 与 GF 的结合以及 GF 的取向性可以有效地提高制品的力学性能。对 PP（1684）/GF（950）复合材料微孔制品而言，GF（950）含量为 11.82%时增强效果最好，是一种性能极好的冲击材料。正交试验结果表明此复合材料微孔制品的力学性能随熔胶量的增大而提高，随熔体温度、模具温度、射胶速率以及发泡剂含量的增大而先提高后降低。各工艺参数中对拉伸强度和冲击强度影响的大小顺序依次为：熔胶量＞SCF 含量＞射胶速率＞熔体温度＞模具温度，对弯曲强度的影响程度大小依次为：熔胶量＞熔体温度＞SCF 含量＞射胶速率＞模具温度。PP（514F）以及其余 GF（508A）复合材料微孔制品的拉伸性能和弯曲性能都很好，最优的 GF（508A）含量为 10.06%。两者的复合过程采用双螺杆挤出造粒法更利于 GF 形成良好的取向性，高速混合机复合造粒则更利于防止原料 PP 的降解。

作者团队陈洁等[26]实验研究了等规聚丙烯（iPP）和 iPP/纳米 $CaCO_3$ 复合材料在不同注塑发泡条件下的泡孔形貌。在相同 CO_2 溶解度和背压时，在高注塑速率和高模具温度时，泡孔小而泡孔密度大。在相同的注塑速率和模具温度下，CO_2 溶解量和背压越大，泡孔越小，泡孔密度越大；纳米 $CaCO_3$ 填料异相成核作用，使得 iPP/纳米 CaCO₃ 复合材料泡孔直径减少，泡孔密度增大，泡孔直径随着填料含量的增大而减少。另外，还考察了 iPP 和 iPP/纳米 CaCO₃ 复合材料注塑发泡样条的拉伸和冲击强度，填料纳米 CaCO₃ 地加入有利于提高冲击强度。

5.4.2 聚酯 PET

由于线型分子链的高度规整和刚性亚苯基的存在，PET 具有良好的耐磨性、耐高温、耐化学性、尺寸稳定性、电绝缘性以及高刚性、低吸水性。目前 PET 广泛用于合成纤维、双向拉伸薄膜和聚酯瓶三大领域。因众多包装材料和结构件的轻量化和耐高温需求，PET 微孔注塑发泡工艺也逐渐引起人们的关注。

作者团队崔周波等[27]以马来酸酐（MA）为改性剂对 PET 进行挤出改性，结果表明 MA 添加量为 0.5%时，改性 PET（M-PET）具有较高的黏度和良好的流动性，较未改性 PET 更适于发泡。正交实验结果表明各操作参数对 M-PET 微孔发泡制品拉伸性能影响的大小顺序依次为：熔胶量>射胶速率>SCF 含量>熔体温度>模具温度。高的熔胶量、适中的发泡剂含量和熔体温度以及较低的射胶速率与模具温度有利于提高该制品的拉伸强度。M-PET 微孔发泡制品的拉伸强度与弯曲强度均随着减重量的增加而线性下降，比拉伸强度与比弯曲强度基本保持不变，冲击强度和比冲击强度均有增强。通过在 M-PET 中添加适量的成核剂不仅提高制品的结晶度，增大聚合物的表观黏度，同时也改变了微孔注塑成型制品的特点。结果表明，结晶度的提高使发泡制品的硬度增强，但损失了韧性，并且成型过程中所形成的晶体结构对泡孔形态产生了不利影响。

作者团队张方林等[28]采用醇和酸原位聚合改性 PET 以提高 PET 的熔体强度和熔体黏度，研究了改性 PET 注塑发泡工艺过程，考察了改性 PET 实体和注塑发泡制品力学性能的变化。对于醇 N 原位聚合改性 PET，醇的最佳加入量为 0.2%，PET 的特性黏度从 0.68 dL/g 增大至 0.95 dL/g，熔融指数从 27.1 g/10 min 减小到 9.6 g/10 min。固相缩聚之后，PET 的特性黏度增大至 1.51 dL/g，熔融指数减小到 5.2 g/10 min。对于酸 M 原位聚合改性 PET，酸 M 的最佳加入量为 0.4%，PET 的特性黏度从 0.68 dL/g 增大至 0.98 dL/g，熔融指数从 27.1 g/10 min 减小到 9.9 g/10 min。流变学测试显示醇 N 和酸 M 原位聚合改性的弹性模量和黏性模量增大，醇 N 和酸 M 原位聚合改性能够提高分子量、拓宽分子量分布和增大长链支化程度，提高的熔体强度和熔体黏度。注塑发泡结果表明，醇 N 改性注塑发泡制品相对于实体，拉伸强度减少 23%，弯曲强度减少 14.8%，冲击强度增加 2.5%；酸 M 改性发泡样品的拉伸强度减少 21.8%，弯曲强度减少 17%，冲击强度增加 5%。醇 N 改性发泡样品的比拉伸强度增加 5.5%，比弯曲强度增加 21.7%，比冲击强度增加 5%；酸 M 改性发泡样品的比拉伸强度增加 3.9%，比弯曲强度增加 43.3%，比冲击强度增加 58.6%。从力学性能和泡孔形态来看，醇 N 和酸 M 改性 PET 注塑发泡效果均较好。

作者团队袁海涛等[29]通过反应挤出结合固相缩聚过程，添加 PMDA 对线型 PET 进行扩链改性，制备得到了特性黏度为 1.37 dL/g、熔融指数为 2.5 g/10 min 的高熔体强度 PET；以线型 PET 的改性为基础，通过筛选扩链剂及优化工艺条件对回收 PET 进行改性，制备了特性黏度为 1.15 dL/g、熔体强度为 3.7 g/10 min 的回收 PET。利用 Mucell 平台，以超临界 N_2 为发泡剂，研究了两种 PET 的微孔注塑成型过程，重点分析了微孔注塑工艺条件对材料泡孔结构、机械性能的影响。结果表明，不同 PET 制备样条的拉伸性能的最优化工艺条件相同，且弯曲、冲击性能与拉伸性能类似；低熔体强度的 PET 在最优化条件下的拉伸性能和弯曲性能要弱于高熔体强度的 PET，而冲击性能则要更强，这也与不同样条的泡孔结构结果吻合。正交试验结果表明，拉伸样条的最优工艺为熔胶量为 34 mm、SCF 含量为 0.8%、射胶速率为 70%、熔体温度为 275℃、模具温度为 70℃；冲击样条的最优工艺为熔胶量为 36 mm、SCF 含量为 0.4%、射胶速率为 80%、熔体温度为 265℃、模具温度为 90℃；弯曲样条的最优工艺为熔胶量为 36 mm、SCF 含量为 0.6%、射胶速率为 70%、熔体温度为 280℃、模具温度为 30℃。

5.4.3 聚酰胺 PA6

作为五大工程塑料中产量最大、品种最多、用途最广的高分子材料，聚酰胺 6（又称尼龙 6，PA6）因具有优异的机械性能以及耐高温性能一直受到学术界和工业界的重视。通过注塑发泡实现 PA 的轻量化，可进一步拓宽其应用领域，使其更具市场竞争力。

美国威斯康星大学的 Yuan 等[30, 31]利用正交试验设计，采用 Trexel 公司的 Mucell 设备，对 PA6/纳米蒙脱土（MMT）复合材料进行了微孔注塑和普通注塑对比实验。研究结果发现：MMT 含量较高（7.5%）的 PA6/MMT 纳米复合材料更有利于增加泡孔密度和降低泡孔直径；但由于内部存在一定数量的微孔，试样的拉伸强度和冲击性能均略有下降，并且纳米粒子含量对材料力学性能的影响下降。对于普通注塑试样，PA6/MMT 纳米复合材料的拉伸性能随着 MMT 含量的增加而明显提高，而冲击性能则明显下降；对于微孔注塑试样，MMT 含量对复合材料拉伸性能的影响不明显，但对冲击性能的影响仍很明显。

作者团队韩翔宇等[32]将几种纳米成核剂分别与线形 PA6（L-PA6）和长链支化 PA6（LCB-PA6）共混制得纳米复合材料。通过流变行为表征发现，纳米成核剂对于 L-PA6 的流变行为影响不大，但显著提高了 LCB-PA6 的熔体强度；通过非等温结晶动力学表征发现，纳米石墨与碳纳米管可有效提高 PA6 的结晶速率和结晶温度；通过泡孔形貌表征发现，加入纳米石墨对 L-PA6 的发泡性能提升最大，250℃的泡孔密度为 1.66×10^7 个/cm³，达到 L-PA6 纯树脂的 3 倍以上，加入碳纳米管对 LCB-PA6 的异相成核效果最好，且可有效降低 LCB-PA6 对发泡温度的依赖性；通过力学性能测试发现，碳纳米管与 LCB-PA6 的界面结合力较低导致 LCB-PA6 成核改性发泡材料表现出较低的拉伸模量与弯曲模量；而羧基化碳纳米管由于表面羟基的极性，增大了其与 LCB-PA6 的界面结合力，显著提高了 LCB-PA6 的拉伸模量与弯曲模量；纳米石墨由于其高强度层状结构，对 L-PA6 的拉伸模量与弯曲模量提升巨大。

5.4.4 生物可降解材料 PLA

聚乳酸（PLA）是一种新型的生物可降解材料，鉴于其能够完全降解为 CO_2 和 H_2O 的优异特性，对聚乳酸改性和利用发泡工艺制作新型发泡材料的研究就显得十分必要。

Sun 等[33]提出了一种制造高延展性和韧性的微孔 PLA 塑件的方法。通过聚合物改性研制具有特殊微孔结构的塑件，其与实心部件相比，发泡塑件的延展性和韧性得以显著改善。其关键是发泡塑件实现亚微米级的微孔结构；在拉伸载荷下，第二相的空化促进了微孔空隙的相互连接并形成通道，从而使拉伸后的组分转变成原纤维束。这种结构上的变化将断裂机理从裂纹拓展到整个基体，进而转变为在载荷方向上的原纤维剪切屈服。

Ameli 等[7]研究了高孔隙率的 PLA 复合微孔发泡塑料的机械和隔热性能，分别使用扫描电子显微镜和差示扫描量热法表征了泡孔形态和结晶度，测试了塑件的抗挠性和冲击强度等力学性能以及隔热性能。在改性填充物方面，与滑石粉不同，纳米黏土的添加显著增强了实心 PLA 试样的延展性，并显著改善了发泡试样的泡孔形态，从而提升了比模量、强度和抗冲击性。结合高压微孔发泡工艺制成的 PLA 试样的孔隙率提高了 55%，弯曲刚度提高了 4 倍，抗冲击性能提升了 15%，隔热性能提高了 3 倍。

5.4.5 其他热塑性材料

聚苯硫醚（PPS）是一种性能优异的半结晶性特种工程塑料。PPS 的注塑成型收缩率很低，一般为 0.1%~0.5%。PPS 可以在 300~360℃的熔融温度下进行注塑发泡成型。填充的 PPS 应在成型温度上限加工，以降低机筒和螺杆的磨损。提高 PPS 的熔融温度可以很好地解决其充模困难的问题[34]。目前已经成功生产出了 PPS 微孔注塑医用钉枪，减重 30%，成型周期缩短 50%，模具温度从 80℃降到 15℃。

聚醚醚酮（PEEK）是一种半结晶性全芳香族聚合物，适合高温下使用。它是一种线型热塑性塑料，注塑成型温度范围为 350～420℃。通常用玻璃纤维增强，然后在高温、高压下成型。微孔注塑发泡成型可以降低其注塑压力。PEEK 注塑发泡通常采用 N_2 作为发泡剂，这是由于 N_2 易控制泡孔结构和表面粗糙度。虽然 N_2 的用量已高达 0.5%～0.7%，但其造成的玻璃纤维增强 PEEK 的黏度下降没有采用 CO_2 发泡剂明显。

PS 是一种典型的无定形热塑性聚合物，是微孔注塑发泡成型设备初期开发时最常用的材料。Wang 等[35]通过对微孔发泡机理的研究，阐述了一种高抗冲击 PS 微孔发泡塑件的制备方法。通过控制填充时间、冷却时间、模具温度和开模距离，可以在很宽的范围内调节 PS 发泡塑件的泡孔结构，制备出质量减轻率高达 60% 的 PS 微孔发泡塑件，该塑件具有 60 W/mK 的低热导率和 1.25 的超低介电常数。

ABS 塑料是丙烯腈(A)-丁二烯(B)-苯乙烯（S）的三元共聚物，它综合了三种组分的性能，是一种"质坚、性韧、刚性大"的综合性能良好的热塑性塑料。Javier 等研究了注塑发泡成型参数对 ABS 泡沫形态、力学和表面性能的影响。结果表明，对 ABS 泡沫材料微观结构影响最大的参数是注射量，对模具温度和注射速度的影响程度较小。气体注入量的增加有助于形成细小且均匀的泡孔结构。对于较低模具温度和注射速度，注射量的减少和气体含量的增加反而导致较差的表面质量。

5.5 微孔注塑发泡模拟

Moldflow（Autodesk，美国）和 Moldex 3D（CoreTech System Co., Ltd., 中国台湾）是模拟 Mucell® 的两种最常用的商业软件。在这两种情况下，都可以通过考虑质量、动量和能量平衡方程来简化流场，如下所示[36, 37]：

$$\frac{\partial \rho}{\partial t} + \nabla \cdot \rho \boldsymbol{u} = 0 \tag{5-1}$$

$$\frac{\partial}{\partial t}(\rho \boldsymbol{u}) + \nabla \cdot [\rho \boldsymbol{u}\boldsymbol{u} + p\boldsymbol{I} - \eta(\nabla \boldsymbol{u} + \nabla \boldsymbol{u}^{\mathrm{T}})] = 0 \tag{5-2}$$

$$\rho C_P \left(\frac{\partial T}{\partial t} + \boldsymbol{u} \cdot \nabla T \right) = \nabla(k \nabla T) + \eta \dot{\gamma}^2 \tag{5-3}$$

式中，ρ 为聚合物密度；t 为时间；$\boldsymbol{u}$ 为速度矢量；η 为聚合物黏度；T 为热力学温度；C_P 为热容；p 为压力；$\boldsymbol{I}$ 为单位张量；k 为热导率张量；$\dot{\gamma}$ 为剪切速率。

在气泡成核和生长过程中，应用三维数值模拟来描述气泡生长的动态行为，该动力学行为与宏观聚合物流动耦合。在这两种软件工具中，气泡生长半径均为[38, 39]

$$\frac{\partial R}{\partial t} = \frac{R}{4\eta} \left(P_\mathrm{D} - P_\mathrm{C} - \frac{2\gamma}{R} \right) \tag{5-4}$$

式中，R 为泡孔半径；P_D 和 P_C 分别为泡孔内压力和熔体压力；γ 为界面张力。

在 Moldex 3D 中，动态气泡生长行为也通过气泡界面的传质来描述，正如 Han 和 Yoo[40]之前提出的：

$$\frac{d}{dt}(P_D R^3) = \frac{6D(R_g T)(c_\infty - c_R)R}{-1 + \left[1 + \frac{2/R^3}{R_g T}\left(\frac{P_D R^3 - P_{D0} R_0^3}{c_\infty - c_R}\right)\right]^{0.5}} \quad (5-5)$$

其中，气体浓度遵循以下等式：

$$\frac{c_\infty - c}{c_\infty - c_R} = \left(1 - \frac{r - R}{\delta}\right)^2 \quad (5-6)$$

式中，D 为气体在聚合物熔体中的扩散系数；c 为 CO_2 的摩尔浓度；c_R 和 c_∞ 分别为泡孔壁处和离泡孔球心无穷远处 CO_2 的浓度，该浓度可以认为在整个气泡生长期间保持恒定；r 为距泡孔中心的距离；P_{D0} 为饱和压力；R_0 为初始气泡半径；R_g 为气体常数；δ 为离泡孔壁的距离。

气泡成核的发生是因为在注射过程中，熔融聚合物的流动压力从出口到模腔的降低。在 Moldex 3D 中，气泡成核速率通过溶解气体浓度（质量守恒）的函数表示[40]：

$$N(t) = f_0 \left(\frac{2\gamma}{\pi M_w / N_A}\right)^{0.5} \exp\left\{-\frac{16\pi\gamma^3 F}{3k_B T[\bar{c}(t)/k_H - P_C(t)]^2}\right\} N_A \bar{c}(t) \quad (5-7)$$

式中，M_w 为 CO_2 气体的重均分子量；N_A 为阿伏伽德罗常数；T 为热力学温度；k_B 为玻尔兹曼常数；k_H 为溶解度常数；$\bar{c}$ 为平均溶解气体浓度；f_0 和 F 分别为 Zeldovich 因子和异相成核修正因子，是成核速率的拟合参数。

气体在聚合物中随时间 t 变化的平均浓度 $\bar{c}$ 表达式为

$$\bar{c}(t)V_{L0} = c_0 V_{L0} - \int_0^t \frac{4\pi}{3} R^3(t - t', t') \frac{P_D(t - t', t')}{R_g T} N(t) V_{L0} dt' \quad (5-8)$$

式中，c_0 为 CO_2 在聚合物中的溶解度；V_{L0} 为聚合物基质的体积；t' 为泡孔成核时刻的时间。该式也为气体在聚合物中的衡算方程，将泡孔的成核和生长过程结合起来。

聚合物熔体的黏度会受到超临界流体溶解在聚合物熔体中的影响。Moldex 3D 应用具有阿伦尼乌斯温度依赖性的修正的 Cross 模型来描述黏度：

$$\eta_p(T, \dot{\gamma}) = \frac{\eta_0(T)}{1 + (\eta_0 \dot{\gamma}/\tau^*)^{1-n}} \quad (5-9)$$

$$\eta_0(T) = B\exp\left(\frac{T_b}{T}\right) \quad (5-10)$$

式中，n 为幂律指数；η_0 为零剪切黏度；τ^* 为描述零剪切黏度与黏度曲线幂律区域之间过渡区域的参数；B 为指前因子。

与 Moldex 3D 相反，Moldflow 使用拟合的经典成核模型来描述成核速率，如下所示：

$$N = F_1 N_A \left(\frac{2\sigma}{\pi m}\right)^{0.5} \exp\left(\frac{-16 F_2 \pi \gamma^3}{3 k_B T (P_v - P_1)^2}\right) \quad (5-11)$$

式中，N 为成核速率；N_A 为阿伏伽德罗常数；m 为气体分子的分子量；γ 为界面张力；k_B 为玻尔兹曼常数；T 为温度；P_v 为气泡成核前聚合物中的气体压力；P_1 为聚合物压力；F_1 和 F_2 均为校正因子。

Moldflow 中与超临界流体混合的聚合物熔体的黏度模型如下所示：

$$\eta = \eta_0 (1 - \Phi)^{v_1} \exp\left(v_2 c + v_3 c^2\right) \quad (5-12)$$

式中，η_0 为聚合物的黏度（不含气体）；Φ 为有核气泡的体积分数；c 为初始气体浓度；v_1、v_2 和 v_3 为数据拟合系数。

王建康等[41, 42]利用 Moldflow 进行了微孔发泡数值模拟研究，通过正交化模拟实验和信噪比极差分析方法确定了最优加工参数组合，指出注塑量是影响泡孔半径的主要因素，较高的注塑量可以得到更加均匀细密的泡孔结构；同时，还利用 Moldflow 进行了填充及成型窗口的分析，确定了最佳的浇口位置和推荐的工艺参数，通过填充保压及翘曲分析，研究了工艺参数对泡孔形态和制品翘曲量的影响，指出得到泡孔小而均匀及翘曲量小的制品对应的工艺条件：模具温度为 80℃、熔体温度为 280℃、注塑量为 95%、流动速率为 65 mL/s。

作者团队奚桢浩和陈洁等[43]结合实验和模拟的手段，详细研究了 PP/纳米 $CaCO_3$ 复合物微孔注塑发泡过程。采用 Moldex 3D 和实验测定的 CO_2 在 iPP/nanoCaCO$_3$ 复合材料中溶解度和扩散系数数据，对 iPP/nanoCaCO$_3$ 复合材料的 CO_2 注塑发泡进行了关联模拟，泡孔大小和泡孔密度的计算值结果与实验值在表层、芯层和平均水平上相符。拟合所得的成核速率指前因子 f_0 随着填料含量的增大而增大，说明 nanoCaCO$_3$ 填料加入促进了泡孔的异相成核，增大了泡孔成核速率，因此导致复合材料发泡样条泡孔尺寸减小，泡孔密度增加；拟合所得的成核活化能修正因子 F 随着填料含量的增加而减小，说明 nanoCaCO$_3$ 填料的加入降低了成核活化能。

如前所述，Moldex 3D 和 Moldflow 是模拟微孔注塑发泡成型技术最常用的软件，它们采用不同的模型来描述成核和气泡生长行为，用于描述与超临界流体混合的聚合物熔体黏度模型也不同。Moldex 3D 似乎提供了更接近实验结果的结果[43-45]，有些文献也报道了两种软件之间的详细模拟差异[46]。然而，在相同的零件和成型条件下，Moldflow 的仿真时间可以比 Moldex 3D 短得多，因为 Moldflow 允许导入 STL 文件，从而避免了为仿真生成有限元网格的需要[46]。此外，两种软件工具都假设气泡成核是均匀的，超临界流体均匀地分散在聚合物熔体中，以及气泡均匀地分布在整个零件中。然而，在 Mucell® 工艺的填充阶段，与超临界流体混合的聚合物熔体以不同的相（聚合物/聚合物熔体和含有气泡的混合物）共存，这在软件中无法重构。

5.6 微孔注塑化学发泡

5.6.1 化学发泡剂及注塑化学发泡简介

化学微孔发泡注塑中采用受热分解产生气体的化学试剂作为化学发泡剂[47, 48]。化学发泡剂主要分为无机化学发泡剂和有机化学发泡剂两类。其中无机化学发泡剂主要是碱金属的碳酸盐和碳酸氢盐，其分解后产生的气体主要为 H_2O 和 CO_2。表 5-1 列出了一些主要的无机化学发泡剂及分解特性；有机化学发泡剂分解后产生的主要气体为 N_2，有机化学发泡剂按化学结构可以分为 *N*-亚硝基化合物和酰肼类化合物，表 5-2 为一些主要的有机化学发泡剂及其分解特性。

表 5-1　一些主要无机化学发泡剂及分解特性

名称	分解温度/℃	分解气体组成	发气量/(mL/g)
Na_2CO_3	60~150	CO_2、H_2O	267
NH_4HCO_3	30~60	CO_2、H_2O、NH_3	—
$(NH_4)_2CO_3$	40~120	CO_2、H_2O、NH_3	700-800
$NABH_4$	400	H_2	—

表 5-2　一些主要有机化学发泡剂及分解特性

名称	分解温度/℃	分解气体组成	发气量/(mL/g)
偶氮二甲酰胺（AC）	194~210	N_2，CO_2 CO_2（少量）	190~240
偶氮二异丁氰（AIBN）	104~130	N_2	120~140
4,4′-氧代双苯磺酰肼（OBSH）	156~173	N_2，H_2O	114~135
对甲苯磺酰肼（TSH）	103~111	N_2，H_2O	110~125
二亚硝基五亚甲基四胺（DPT）	206~220	N_2，CO_2（少量），CO_2	232~252

续表

名称	分解温度/℃	分解气体组成	发气量/(mL/g)
重氮苯胺	103	N_2	115
对甲苯磺酰氨基脲	220~235	N_2、CO_2、NH_3 CO_2（少量）	180
硝基脲	129	/	380

当前常用的化学发泡剂主要包括 $NaHCO_3$（分解产生 CO_2）和偶氮甲酰胺（分解产生 N_2），其主要优势为无毒、无臭、价格适中、分解速度快、分解气量大、分解温度容易控制、分解产物不影响塑料基体性能和不腐蚀模具等。化学发泡剂可以与聚合物粒料均匀混合放入注塑机机筒中进行熔融注塑；或者将发泡剂和聚合物混合均匀后由螺杆挤出机挤出粒料形成发泡母粒[49]，再将发泡母粒放入注塑机中直接进行微孔发泡注塑。在化学发泡过程中，发泡剂的分解温度一般低于聚合物的熔融温度，因此，在注塑的螺杆和剂量室内，发泡剂逐渐分解产生气体，生成的气体在高温和高压下溶解在聚合物中；在熔体从射嘴中射出之后，随着压力、温度等外部条件的变化，气体在熔体中的溶解度降低，逐渐析出成核。

5.6.2 物理与化学微孔发泡的主要异同

物理与化学微孔发泡的相同点：物理微孔发泡（超临界流体微孔注塑发泡）和化学微孔发泡能够生产出具有相近发泡倍率和泡孔大小的多孔塑料件。由于在发泡过程中熔体的体积的内压升高，所以物理微孔发泡与化学微孔发泡都需要在射嘴处设置开关阀，防止发泡的聚合物在压力的作用下回涌。当发泡的气体相同时，压力、温度等工艺参数对于发泡成核和成长的影响是类似的，因此，这类工艺参数对发泡影响的研究结论可以相互参考。

物理与化学微孔发泡的差异：物理微孔发泡注塑技术需要一套控制气体形成超临界流体和注入熔体的超临界流体控制系统，注塑机的搅拌机内还需特别的螺纹来分散超临界流体使之与热熔体充分溶解从而形成单相熔体，因此，使用物理微孔发泡技术所需设备的前期投资较高；化学微孔发泡可以直接将化学发泡剂与聚合物混合后从料斗加料，对于注塑设备的前期投入较少。但同时，由于物理微孔发泡系统由额外附加系统控制，超临界流体与聚合物形成的单相熔体混合良好，最终注塑成品发泡的均一性较好；而化学微孔发泡最终发泡的均一性则很大程度上取决于预混合螺杆混合的均匀程度，在一致性上不如物理微孔发泡。在原材料成本上，物理微孔发泡通常采用 N_2 等作为发泡气体，可以采用氮气发生器从空气中获取 N_2 以提供生产的原材料，后期量产阶段原材料的成本上升很小；对于化学微孔发泡，额外投入的化学发泡剂会使得原材料的成本上升约 17%，较物理发泡要高出很多。

化学发泡剂的缺点是反应之后产生副产物，所以，一般不用于与器官有接触的产品。此外，发泡质量还取决于螺杆混合。由于控制发泡剂用量及其释放量等困难，发泡过程可能还不恒稳。如果螺杆组合不够好，则得不到好的泡孔。有时，化学反应的副产物可能堵塞模具排气通道，而且与一些工程材料的反应会使聚合物降解。化学发泡剂所得泡沫的表面质量也存在问题。一般来说，厚注塑件才用化学发泡剂，有时添加化学发泡剂只为去除凹痕，保持注塑件尺寸稳定。

5.7 本章小结

微孔注塑发泡成型技术不仅成功实现了最初节省材料、制得良好表面特性塑件的目的，而且赋予了塑件多功能性。注塑发泡制品在结构件、隔热吸音以及分离等领域具有广阔的应用前景。然而，微孔注塑发泡成型领域还有一些技术问题有待突破。

纳米尺寸泡孔结构塑件的开发。许多研究人员试图进一步将泡孔尺寸从微米尺度减小到纳米尺度，以获得卓越的隔热或机械性能。纳米多孔泡沫的特点是泡孔尺寸约为数百纳米，泡孔尺寸在这一范围内，光会穿过泡孔，这样就能使透明材料保持透明的性质。此外，韧性等力学性能也能更好地保持甚至大幅优于传统的微米尺寸孔泡沫。当前，微孔注塑发泡成型工艺制备纳米尺度泡孔仍然非常具有挑战性。由于泡孔壁破裂，在注塑发泡过程中会发生泡孔聚并，形成大泡孔。此外，零件内不同的冷却条件和剪切应力导致从皮肤层到核心区域的泡孔尺寸分布不均匀，因此生产均一的纳米尺度泡孔也有些困难。需要通过进一步的研究，清楚地了解低压和高压注塑发泡工艺中潜在泡孔成核和生长机制，以克服上述问题，拓宽知识视野，扩大生产和应用规模。

微孔注塑发泡过程的精准模拟。在注塑发泡成型过程中，应力变化、成核剂或预先存在的泡孔以及局部温度和压力都会对泡孔成核产生很大影响。此外，CO_2 和 N_2 的塑化作用、发泡体系的黏度、界面张力、比容等物性也尚未得到充分研究，导致没有可靠的本构模型可以完全描述注塑发泡过程中的聚合物/气体体系的性质。注塑发泡仿真的突破在于对复杂模腔中发生的非均质成核的经典均相成核理论的进一步扩展和增强，以及更可靠的材料特性和本构模型。

MuCell® 技术中注气系统装置的降本。目前限制注塑发泡成型技术大规模推广的原因是超临界流体注气系统的造价过于昂贵。开发能够替代 MuCell® 注气系统的技术或者对注塑设备进行改造使其无需额外的注气系统投资，是注塑发泡领域追求降本增效的研究热点之一。

参 考 文 献

[1] Martini-Vvedensky J, Suh N, Waldman F. Microcellular closed cell foams and their method of manufacture: US19820403831[P]. 1984-09-25.

[2] Okolieocha C, Raps D, Subramaniam K, et al. Microcellular to nanocellular polymer foams: Progress (2004-2015) and future directions-A review[J]. European Polymer Journal, 2015, 73: 500-519.

[3] 许忠斌, 吴舜英, 黄步明, 等. 微孔塑料注射成型机理及其技术发展动向[J]. 轻工机械, 2003 (4): 24-28.

[4] Ema Y, Ikeya M, Okamoto M. Foam processing and cellular structure of polylactide-based nanocomposites[J]. Polymer, 2006, 47 (15): 5350-5359.

[5] 张华, 黄汉雄. 微孔注塑成型研究进展[J]. 塑料科技, 2010 (1): 97-102.

[6] Shaayegan V, Wang C, Costa F, et al. Effect of the melt compressibility and the pressure drop rate on the cell-nucleation behavior in foam injection molding with mold opening[J]. European Polymer Journal, 2017, 92: 314-325.

[7] Ameli A, Jahani D, Nofar M, et al. Development of high void fraction polylactide composite foams using injection molding: Mechanical and thermal insulation properties[J]. Composites Science and Technology, 2014, 90: 88-95.

[8] Wang L, Ishihara S, Ando M, et al. Fabrication of high expansion microcellular injection-molded polypropylene foams by adding long-Cchain branches[J]. Industrial & Engineering Chemistry Research, 2016, 55 (46): 11970-11982.

[9] Chen S, Liao W, Chien R. Structure and mechanical properties of polystyrene foams made through microcellular injection molding via control mechanisms of gas counter pressure and mold temperature[J]. International Communications in Heat and Mass Transfer, 2012, 39 (8): 1125-1131.

[10] 廖威量, 林明俊, 简仁德, 等. 气体反压与动态模温协同控制应用於超临界微细发泡射出成型成型品品质改善之研究[J]. 桃园创新学校, 2012 (32): 57-72.

[11] Li S, Zhao G, Wang G, et al. Influence of relative low gas counter pressure on melt foaming behavior and surface quality of molded parts in microcellular injection molding process[J]. Journal of Cellular Plastics, 2014, 50 (5): 415-435.

[12] Xiao C, Huang H, Yang X. Development and application of rapid thermal cycling molding with electric heating for improving surface quality of microcellular injection molded parts[J]. Applied Thermal Engineering, 2016, 100: 478-489.

[13] 黄汉雄, 杨杏, 肖成龙. 模腔温度对注塑微孔发泡 POM 盖板泡孔结构和表面质量的影响[J]. 高分子学报, 2016 (7): 903-909.

[14] Cha S, Yoon J. The relationship of mold temperatures and swirl marks on the surface of microcellular plastics[J]. Polymer-Plastics Technology and Engineering, 2005, 44 (5): 795-803.

[15] Chen H, Chien R, Chen S. Using thermally insulated polymer film for mold temperature control to improve surface quality of microcellular injection molded parts[J]. International Communications in Heat and Mass Transfer, 2008, 35 (8): 991-994.

[16] Lee J, Turng L S. Improving surface quality of microcellular injection molded parts through mold surface temperature manipulation with thin film insulation[J]. Polymer Engineering & Science, 2010, 50 (7): 1281-1289.

[17] Lee J, Turng L, Dougherty E, et al. A novel method for improving the surface quality of microcellular injection molded parts[J]. Polymer, 2011, 52 (6): 1436-1446.

[18] Ishikawa T, Taki K, Ohshima M. Visual observation and numerical studies of N_2 vs. CO_2 foaming behavior in core-back foam injection molding[J]. Polymer Engineering and Science, 2012, 52(4): 875-883.

[19] Shaayegan V, Mark L, Park C B, et al. Identification of cell-nucleation mechanism in foam injection molding with gas-counter pressure via mold visualization[J]. AIChE Journal, 2016, 62(11): 4035-4046.

[20] Shaayegan V, Wang G, Park C B. Study of the bubble nucleation and growth mechanisms in high-pressure foam injection molding through in-situ visualization[J]. European Polymer Journal, 2016, 76: 2-13.

[21] Zhao J, Qiao Y, Wang G, et al. Lightweight and tough PP/talc composite foam with bimodal nanoporous structure achieved by microcellular injection molding[J]. Materials & Design, 2020, 195: 109051.

[22] Zhao J, Wang G, Chen Z, et al. Microcellular injection molded outstanding oleophilic and sound-insulating PP/PTFE nanocomposite foam[J]. Composites Part B: Engineering, 2021, 215: 108786.

[23] Zhao J, Zhao Q, Wang C, et al. High thermal insulation and compressive strength polypropylene foams fabricated by high-pressure foam injection molding and mold opening of nano-fibrillar composites[J]. Materials & Design, 2017, 131: 1-11.

[24] Wang G, Zhao G, Zhang L, et al. Lightweight and tough nanocellular PP/PTFE nanocomposite foams with defect-free surfaces obtained using in situ nanofibrillation and nanocellular injection molding[J]. Chemical Engineering Journal, 2018, 350: 1-11.

[25] 沙鑫佚. 聚丙烯/玻璃纤维复合材料微孔注塑成型的研究[D]. 上海：华东理工大学, 2012.

[26] 陈洁. CO_2 在聚丙烯复合材料中溶解和扩散行为及其在注塑发泡模拟中的应用[D]. 上海：华东理工大学, 2013.

[27] 崔周波. PET 挤出改性及微孔注塑成型[D]. 上海：华东理工大学, 2011.

[28] 张方林. 原位改性 PET 及其熔融可发泡性研究[D]. 上海：华东理工大学, 2011.

[29] 袁海涛. 聚酯 PET 的反应挤出及其微孔发泡的研究[D]. 上海：华东理工大学, 2014.

[30] Yuan M, Turng L, Caulfield D. Crystallization and thermal behavior of microcellular injection-molded polyamide-6 nanocomposites[J]. Polymer Engineering & Science, 2006, 46(7): 904-918.

[31] Yuan M, Turng L. Microstructure and mechanical properties of microcellular injection molded polyamide-6 nanocomposites[J]. Polymer, 2005, 46(18): 7273-7292.

[32] 韩翔宇. 分子结构与异相成核剂对 PA6 微孔注塑发泡性能和发泡制品力学性能的影响[D]. 上海：华东理工大学, 2020.

[33] Sun X, Kharbas H, Peng J, et al. A novel method of producing lightweight microcellular injection molded parts with improved ductility and toughness[J]. Polymer, 2015, 56: 102-110.

[34] Wang G, Zhao J, Wang G, et al. Strong and super thermally insulating in-situ nanofibrillar PLA/PET composite foam fabricated by high-pressure microcellular injection molding[J]. Chemical Engineering Journal, 2020, 390: 124520-124533.

[35] Wang G, Zhao G, Dong G, et al. Lightweight, thermally insulating, and low dielectric microcellular high-impact polystyrene (HIPS) foams fabricated by high-pressure foam injection molding with mold opening[J]. Journal of Materials Chemistry C, 2018, 6(45): 12294-12305.

[36] Chang R Y, Yang W H. Numerical simulation of mold filling in injection molding using a three-dimensional finite volume approach[J]. International Journal for Numerical Methods Fluids, 2001, 37(2): 125-148.

[37] Ding Y, Hassan M, Bakker O J, et al. A review on microcellular injection moulding[J]. Materials, 2021, 14(15): 4209.

[38] Taki K. Experimental and numerical studies on the effects of pressure release rate on number density of bubbles

and bubble growth in a polymeric foaming process[J]. Chemical Engineering Science, 2008, 63 (14): 3643-3653.
[39] Streeter V L, Kestin J. Handbook of fluid dynamics[J]. Journal of Applied Mechanics, 1961, 28 (4): 640.
[40] Han C D, Yoo H J. Studies on structural foam processing. IV. Bubble growth during mold filling[J]. Polymer Engineering & Science, 1981, 21 (9): 518-533.
[41] 王建康, 刘向阳, 黄汉雄, 等. 微孔注塑数值模拟的正交化试验与分析[J]. 塑料科技, 2011, 39 (5): 115-119.
[42] 王建康, 靳新涛, 刘向阳, 等. 微孔注塑制品的数值模拟分析与多目标参数优化[J]. 塑料, 2014, 43 (3): 10-13.
[43] Xi Z, Chen J, Liu T, et al. Experiment and simulation of foaming injection molding of polypropylene/nano-calcium carbonate composites by supercritical carbon dioxide[J]. Chinese Journal Chemical Engineering, 2016, 24 (1): 180-189.
[44] Gómez-Monterde J, Sánchez-Soto M, Maspoch M L. Microcellular PP/GF composites: Morphological, mechanical and fracture characterization[J]. Composites Part A: Applied Science and Manufacturing, 2018, 104: 1-13.
[45] Gómez-Monterde J, Schulte M, Ilijevic S, et al. Morphology and mechanical characterization of ABS foamed by microcellular injection molding[J]. Procedia Engineering, 2015, 132: 15-22.
[46] Bujanić B, Šercer M, Rujnić-Sokele M. Comparison of Moldex3D and Moldflow injection moulding simulations[C]. Proceedings of the 10th International Research/Expert Conference, 2006.
[47] 马承银. 发泡剂的类型及加工特性[J]. 现代塑料加工应用, 1996, 8 (3): 37-42.
[48] 张亨. 发泡剂研究进展[J]. 塑料助剂, 2001, (4): 1-6.
[49] 陈明, 高山俊, 巴丽, 等. PP/POE 微发泡材料的制备和性能[J]. 工程塑料应用, 2019, 47 (1): 49-54.

第6章

超临界流体挤出发泡技术及其应用

6.1 超临界流体挤出发泡聚合物过程概述

挤出发泡聚合物技术是作为挤出应用的延伸而进行开发的,挤出发泡装备的发展则主要基于挤出发泡过程的加工特性进行优化设计。挤出过程包括塑化、混合、均质化和成型,它可以适应挤出发泡过程所需的所有单元操作。

图 6-1 展示了 1941 年所出现的简易化的制备发泡聚乙烯的装置[1],这也被认为是目前挤出发泡装置的雏形。该设备出现后,挤出发泡装置又经历了半个多世纪的发展才达到目前的成熟化应用阶段。自 20 世纪 50 年代以来,挤出机被认为不仅可以有效地将热能和机械能转化为用于实现聚合物相变的塑化热量,同时也

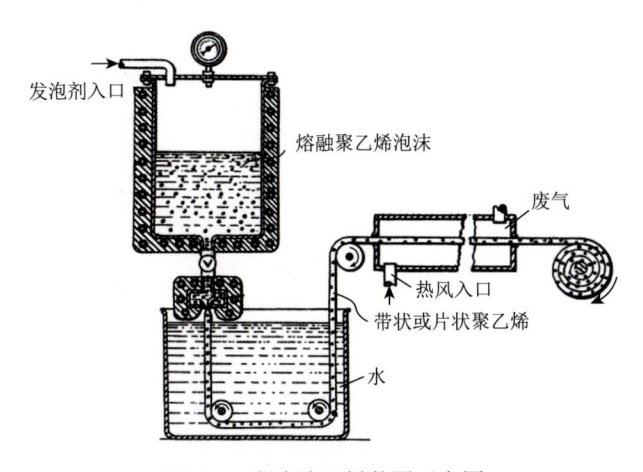

图 6-1 发泡聚乙烯装置示意图

可以产生足够的正向传递能力以实现聚合物熔体的快速输送。考虑到热塑性塑料的熔融、成型、定型等加工热性，挤出机成为一种非常适用于聚合物成型的加工单元，其可以将热塑性塑料转化为不同形态的塑料产品。伴随着螺杆挤出机混炼和冷却功能的不断提升，它开始逐渐可以满足发泡的严苛加工要求，并从 20 世纪 70 年代以来在挤出发泡领域进行了广泛应用。半个多世纪的实践应用表明，热塑性发泡过程可以与挤出过程具有紧密的协同作用。

挤出机，尤其是双螺杆挤出机可以通过螺杆结构设计使其成为一个多功能设备的集合，包括反应挤出、脱除挥发成分、气体注入、熔压建立等多个功能。因此，可以对螺杆进行定制设计以匹配挤出发泡过程的加工特性，从而实现挤出泡沫产品的高效生产制备。从热力学的角度来看，挤出发泡过程本质上仅仅涉及聚合物/发泡剂体系的物理状态变化和传质过程，见表 6-1。然而，具体来看，在挤出发泡过程中，状态变化和温度场、压力场的变化是非常频繁的，而且很多状态处于非常极端的高温高压条件下，考虑到这些状态变化和多尺度的混合均化过程，挤出发泡设备的设计和开发成为科学家和工程师面临的巨大挑战。例如，能量输入对于聚合物熔融过程至关重要，但是多余热量的产生在混合过程中是不可避免的，且这种机械剪切热的产生对于热均质化是非常不利的，因为这使得熔体温度难以精准控制，影响熔体强度进而恶化发泡过程。

表 6-1 挤出发泡过程中的状态条件变化

	挤出发泡前	挤出过程	模头成型	后定型
材料	树脂、发泡剂	熔体/气体	气体/聚合物	空气/聚合物
功能	喂料	熔融、混合、冷却	发泡	熟化
状态/条件	固体、液态、超临界态，低温低压	熔融态，高温高压	气体/熔体，低压高温	气体/固体，低温低压

对于发泡过程来说，发泡剂注入、混合和分散机制无疑增加了热塑性聚合物挤出发泡过程的复杂性。图 6-2 展示了热塑性聚合物挤出发泡的相关机理[2]，其中包括化学发泡过程和物理发泡过程，特别指出了聚合物挤出发泡的稳定性问题。低密度泡沫产品和高产量加工成为行业的迫切需求，这也意味着挤出发泡过程的发泡窗口不断变窄。机械能输入和热能传递的平衡，以及加热和冷却的平衡是探寻更优发泡工艺的关键。同时，图 6-2 也指出了不同类型热塑性聚合物的发泡窗口差异，无定形聚合物［如聚苯乙烯（PS）］具有非常宽的发泡操作窗口，没有结晶的限制，使其发泡温度可以不断下移，这为熔体压力的建立提供了方便，从而为制备超低密度泡沫提供了可能性；而半结晶型聚合物（如 PP 及 PET）的发泡窗口极窄，这是由于 PP 及 PET 熔体强度较差且结晶行为限制了其发泡温度的下限，因此需要在结晶起始温度与熔融温度间寻找其发泡条件。

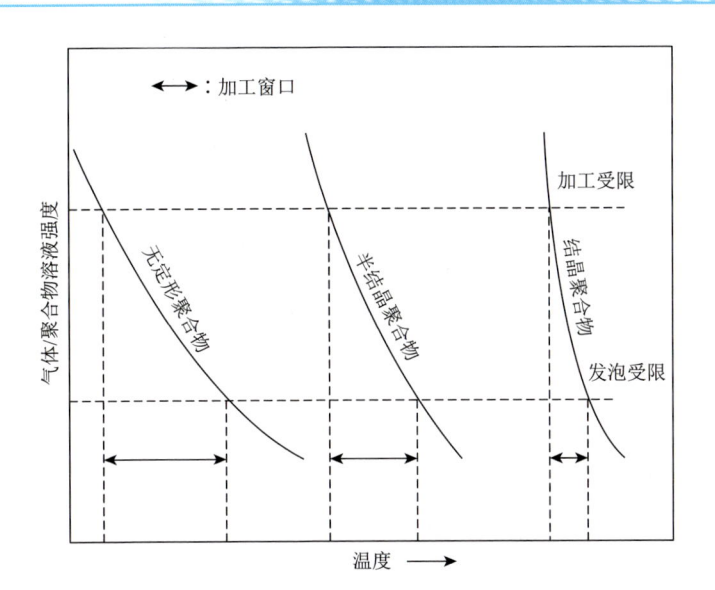

图 6-2　热塑性聚合物的挤出发泡加工特性

表 6-2 给出了几种已经被广泛应用的挤出发泡工艺[3]。必须指出，这里所介绍的每种发泡工艺都有其独特的优势，也有其不足之处。应用其优势，削弱其不足之处的关键在于挤出发泡工艺和加工特性的设计匹配，这也是目前挤出发泡行业中的一大重要挑战，尤其是在新的聚合物挤出发泡技术开发过程中。因此，正确理解每种聚合物的熔融、流动、发泡、成型特性，非常有助于挤出发泡工艺的开发和挤出发泡装备的设计。在过去的十多年中，科学家和工程师意识到提高挤出发泡生产效率的关键在于增大挤出产量。然而，在高产量下，熔体的冷却均化和保持熔体温度的均匀分布是非常具有挑战性的工作。这一挑战从根本上改变了挤出发泡设备的设计开发视角。是进行螺杆设计优化使得挤出机成为高效的热交换器，还是将热交换器引入挤出发泡系统中？最后发现将冷却螺杆设计、熔体冷却器进行耦合应用是十分有效的解决方法。

表 6-2　常用的挤出发泡工艺

发泡工艺	优势	劣势
长单螺杆（长径比 38～42）	密封性好、设备价格低廉	糟糕的熔融/冷却控制、较长的螺杆长度
串联螺杆（双螺杆长径比 24～32 单螺杆长径比 28～30）	独立的熔融加热/冷却均化控制 可加工高温聚合物	易泄漏位点多 高投资、高能耗
双螺杆（长径比 25）	方便控制、混合能力出众、良好的热传递	有限的冷却能力、机械热与热传递的平衡问题

超临界流体挤出发泡是将物理发泡剂注入挤出机内，使物理发泡剂与聚合物

熔体成为均相溶液，同时在高温高压条件下发泡剂达到超临界态，这非常有助于物理发泡剂在聚合物熔体内的溶解扩散过程。目前，商业化的挤出发泡过程如挤出聚苯乙烯泡沫的制备采用了超临界 CO_2/乙醇的复合挤出发泡技术、PET 挤出发泡过程则采用超临界 CO_2/环戊烷发泡体系、PE 及 PP 高倍率发泡片板材的制备则实现了超临界 CO_2/异丁烷的成功应用。超临界流体是一种理想的发泡剂体系，而超临界 CO_2 作为其中最为绿色、清洁、安全的物理发泡剂，则将是未来挤出发泡技术的研究热点。我们也将在本章的后续部分详细介绍超临界 CO_2 在几种典型的聚合物挤出发泡技术中的应用。

6.2 超临界 CO_2 挤出发泡聚苯乙烯技术

挤塑聚苯乙烯泡沫塑料（XPS）的发泡成型过程是一个复杂的热动力学过程，如 6.1 节所述，其成型过程中发泡剂的物理状态经历了多次变化，首先发泡剂与 PS 熔体要形成均相溶液，随后在发泡过程中发生相分离，得到 PS 发泡材料。XPS 泡沫行业曾经广泛采用氢氯氟烃（HCFCs）作为发泡剂，包括 HCFC-22、HCFC-142b 以及 HCFC-22 和 HCFC-142b 的混合物。HCFCs 可对臭氧层造成不可逆的破坏，其在太阳光的辐照下发生分解反应并释放出氯自由基，氯自由基可以引发破坏臭氧层的一系列连锁反应。为了停止对大气臭氧层的破坏，联合国制定了《蒙特利尔议定书》并由 100 多个国家签署。1989 年 1 月，减少并最终停止使用 HCFCs 产品的行动措施正式开始实施。2007 年 9 月《蒙特利尔议定书》缔约方第十九次会议通过了 HCFCs 加速淘汰调整方案，HCFCs 的淘汰工作得以提速，XPS 泡沫行业是消费 HCFCs 的重要领域，因此寻找和研究 HCFCs 发泡剂替代品的工作迫在眉睫。

惰性气体发泡剂是一类对于 HCFCs 具有重要替代价值的物理发泡剂。空气和氧气由于在加工中易于导致 PS 降解而无法使用，N_2 在 PS 中的溶解度极低因而应用较少，氩气和氦气因价格过于昂贵无法采用，CO_2 就成为在 XPS 中进行广泛应用的惰性气体发泡剂[4]。

CO_2 的沸点非常低，为 -78.5℃，25℃的饱和蒸气压为 6.43 MPa，在挤出发泡过程中，为了抑制其在挤出发泡系统内的预发泡，整个系统的挤出压力要高于 CO_2 在成型温度下的蒸气压，因此就对挤出机的强度、密封、冷却、扭矩等提出了更高要求。

此外，CO_2 与 PS 的相容性较差，与 HCFCs 相比在 PS 熔体中的溶解度较低，需要通过提升系统工作压力或者调整原料配方来提高其在 PS 中的溶解度。CO_2 的分子量低，扩散速度快，这就对于 PS 的熔体强度要求极高，需要其可以支撑

CO_2 扩散带来的双向拉伸应力，以保证泡孔结构的完整均匀，当然这也对获得低密度 PS 发泡材料带来了一定难度。

尽管存在上述不足之处，但 CO_2 的价格很低，其臭氧消耗潜值为 0，温室效应潜值为 1，属于天然的环境友好型发泡剂，因此，在各种 HCFCs 的可替代发泡剂中，CO_2 的受关注程度非常高。

进行过替代技术研发的 XPS 生产企业普遍都尝试过使用超临界 CO_2 或超临界 CO_2 复合发泡剂进行 XPS 挤出发泡实验，但是大多数企业的实验效果不理想。主要问题体现在以下几个方面。

（1）产品密度高，使用超临界 CO_2 生产出来的 XPS 发泡板材的密度要高于使用 HCFCs 生产的产品，导致产品成本升高，与 HCFCs 技术相比并不理想。

（2）生产稳定性不好，部分企业在使用 CO_2 进行 XPS 生产时，由于系统工作压力较大，生产连续性差，产品质量不稳定，成品率低。

（3）产品厚度有限，使用 CO_2 加工的 XPS 发泡板材厚度有限。大部分只能加工到 50~60 mm，进一步提升厚度产品质量就会下降，出现泡孔破裂、泡孔塌陷、表面粗糙等问题。

因此，采用超临界 CO_2 作为单一发泡剂实现 XPS 的制备生产是存在很大的技术难度的。从设备角度来看，由于 CO_2 和 HCFCs 的物理性质存在很大不同，需要在设备上做出很多调整。例如，CO_2 在 PS 熔体中的亲和性差，为了增加发泡剂分子和 PS 分子的接触面积，提升混合分散效果，设计特殊的螺纹元件实现 CO_2 在 PS 熔体内的快速分散是非常关键的。从原料配方角度来看，如何对原料体系进行改性设计，提高 CO_2 在原料体系内的溶解度，降低 CO_2 在发泡过程中的外扩散速率也是关键，作者团队通过在 PS 基体内引入 PVAc 及 PDMS，有效地提高了 CO_2 的溶解度并降低了 CO_2 的外扩散速率，并在釜压发泡中验证了其发泡效果，该方法显著地提升了 PS 体系的超临界 CO_2 发泡性能，尽管还未在挤出发泡 XPS 过程中进行验证，但这为适合超临界 CO_2 挤出发泡过程的 PS 原料体系的设计提供了很好的解决路径，此部分工作也在第 3 章进行了详细介绍，这里不再赘述。从发泡剂体系来看，单一的超临界 CO_2 发泡剂进行 XPS 制备存在诸多不利因素，为了克服这些缺点，通过使用复合发泡剂进行 XPS 的发泡成型具有积极的技术和现实意义，即与 CO_2 共同使用一种或多种发泡剂，来平衡 CO_2 低沸点、高蒸气压的特性，提高其在 PS 熔体内的溶解性，可以降低挤出机系统工作压力和模头压力，提高挤出发泡系统的可加工性和稳定性，控制其扩散速率。BASF 在 XPS 行业一直处于领先地位，对 HCFCs 的替代技术进行了大量研究，提出了较好的解决方案。目前，BASF 是唯一一家不使用 CFCs、HCFCs 和 HFCs 作为发泡剂的 XPS 生产厂家。BASF 目前主要采用 CO_2、醇、脂肪烃作为 XPS 板材的组合发泡剂。

采用 CO_2 组合发泡剂替代 HCFCs 进行 XPS 挤出发泡的生产线示意图如图 6-3 所示。

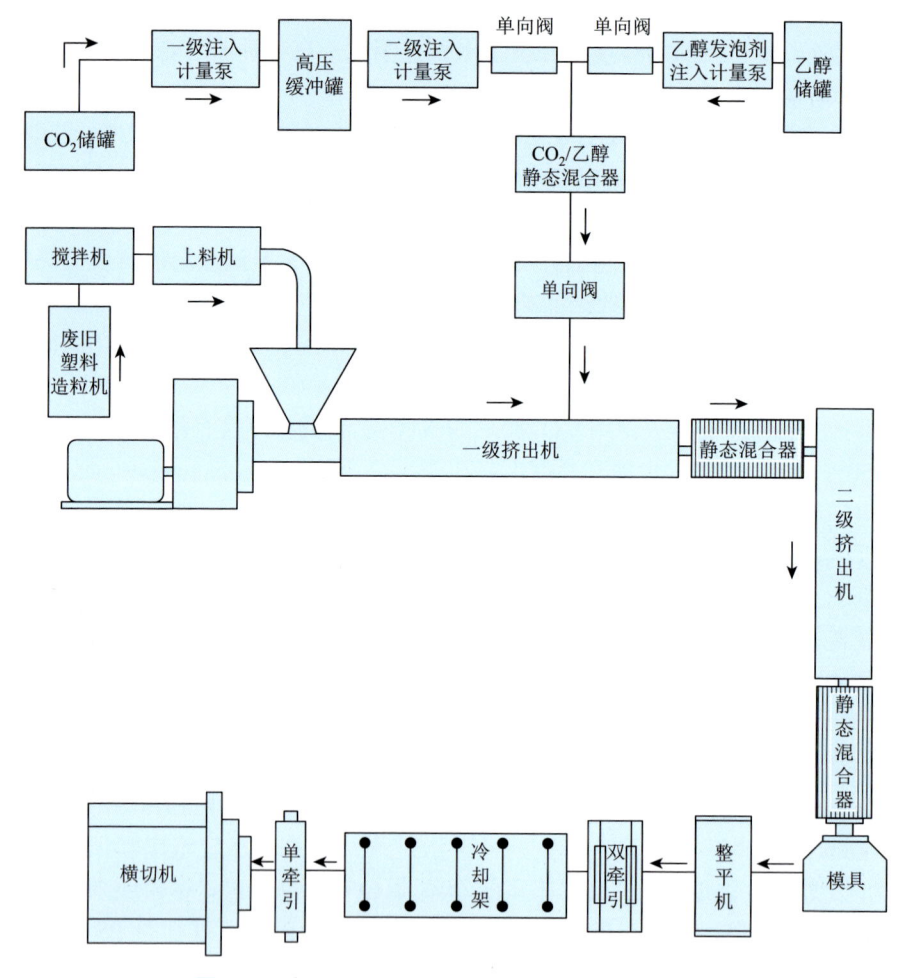

图 6-3 采用 CO_2 组合发泡剂的 XPS 生产线示意图

采用 CO_2 组合发泡剂替代 HCFCs 进行 XPS 挤出发泡的生产线中，为了增强 CO_2 组合发泡剂与 PS 熔融物料的混合效果，发挥熔融混合作用的一级挤出机采用带有混炼段的双螺杆挤出机，与二级挤出机串联。若一级挤出机为单螺杆挤出机，在一级挤出机与二级挤出机之间加入静态混合器，来增加 CO_2 组合发泡剂与 PS 熔融物料的混合效果，提高所得 XPS 制品的各项性能。

采用 CO_2 组合发泡剂进行 XPS 挤出发泡的工序通常包括下述步骤：通过拌料、上料系统将 PS 粒料和加工助剂混合并加入一级挤出机料斗中，通过一级挤出机加热将温度升至 PS 塑化温度以上，使 PS 材料熔融，形成聚合物熔体；将 CO_2

组合发泡剂通过发泡剂注入系统从一级挤出机的中段注入熔体中,形成可发泡熔体;经过二级挤出机和静态混合器的混合和冷却均化,降低熔体温度至最佳发泡温度,然后将熔体推入模具,并经模具进入空气中,实现压力降低,诱发热力学不稳定状态,从而诱导发泡剂在熔体内开始成核扩散,形成泡孔结构。

综上所述,使用 CO_2 及 CO_2 组合发泡剂体系是目前 XPS 泡沫行业比较可行的 HCFCs 替代技术。尽管科学界和工业界对此已经有了相当的研究,但是该替代技术仍然存在诸多不足,仍需要从设备、原料、工艺等角度进行协同研究,实现超临界 CO_2 挤出发泡聚苯乙烯的稳定高效制备。

6.3　超临界 CO_2 挤出发泡聚丙烯技术

6.3.1　高熔体强度聚丙烯制备及其熔融发泡性能

目前无论是通过 Ziegler-Natta 催化剂催化生产的聚丙烯还是通过茂金属催化剂催化生产的聚丙烯,均为没有支链存在的线型结构聚丙烯。因此普通的商品 PP 存在分子量较低且分子量分布相对较窄的缺点,导致聚丙烯的熔程较短,即聚丙烯的熔点(T_m)与软化点较为接近。此外,应变硬化现象[5-7],又可称为拉伸硬化现象,是指聚合物熔体在受到拉伸作用时,拉伸黏度随所受的拉伸应变增加而增加的现象。一般来说,具有应变硬化现象的聚合物会有较高的储能模量、较小的损耗角以及较好的熔体恢复能力,因此较为适合于发泡过程。普通线型聚丙烯不存在应变硬化现象,在加工过程中表现为当加工温度高于聚丙烯熔点后,熔体的黏度和熔体强度会随温度的上升急剧下降,造成其熔体无法承受在泡孔生长阶段的双轴拉伸作用,从而导致泡孔破裂、合并和塌陷等问题[8]。这个缺点极大地限制了 PP 在发泡领域的应用。因此,如何制备出高熔体强度、具有应变硬化现象的 PP 是目前聚丙烯研究的重点之一。

高熔体强度 PP(HMSPP)的开发最早始于 20 世纪 80 年代,其中 Montell 公司所开发的 HMSPP 已于 20 世纪 80 年代末商品化,而到 20 世纪末,国际上许多大的石油化工公司都已经成功开发了 HMSPP。相较于国外,国内对 HMSPP 的研究起步较晚,到目前还没有成功商品化的 HMSPP,也正因如此,HMSPP 的发展空间依然很大,其因前景广阔,广大学者和企业竞相对其进行研究。

图 6-4 所示为普通线型等规聚丙烯(iPP)发泡温度窗口和高熔体强度聚丙烯发泡温度窗口示意图,其中曲线 a 为普通线型等规聚丙烯,曲线 b 为高熔体强度聚丙烯。如图 6-4 所示,横线所包含区域为适宜发泡的熔体强度范围。随温度的上升,iPP 熔体强度会急剧下降,导致 iPP 发泡温度窗口极窄,即 ΔT_1 部分。众所

周知，过窄的温度区间无法适宜大规模的工业生产。对比 HMSPP，其具有较高的熔体强度且存在应变硬化现象，导致随温度上升其熔体强度没有急剧下降，因此 HMSPP 具有较宽的加工温度区间，即图中 ΔT_2 部分。

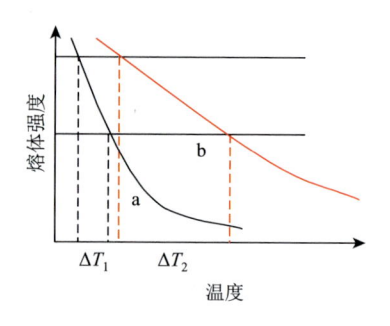

图 6-4 iPP 和 HMSPP 发泡温度窗口示意图

一般来说，熔体强度[1, 9, 10]被定义为聚合物熔体在受到拉伸作用直到断裂前所能承受的最大应力，熔体强度为 HMSPP 最重要的性能参数。通常 HMSPP 的熔体强度会比普通的直链 PP 高数倍甚至十几倍。其中向 PP 主链上引入长链支化（long chain branching，LCB）结构的方法对于提高聚合物熔体强度的效果最为显著[9, 11, 12]，只要分子链中存在少量 LCB 结构就能够大幅度提高聚丙烯的熔体强度。同时有研究表明，在支链结构中，只有支链长度到达一定程度成为长支链结构才会对聚合物熔体强度有所提高[9, 11, 13]，而短支链并不能显著地影响聚合物的熔体强度。针对不同的体系和测试方式，LCB 结构的定义也同样有所差异[14-16]。就目前研究所展现的，研究者对 LCB 结构的定义为分子量超过缠结分子量 2.5 倍的支链[10]，分子量通常约为 13640[17]。因此，可以认为当支链结构的分子量达到 13640 时 LCB 结构才可以发生链缠结作用，从而较明显地提高聚合物的熔体强度[18, 19]。图 6-5[8]反映了直链聚丙烯和具有支链的聚丙烯的结构差异。Jahani 等[10]认为，树状的长支链结构会比梳状长支链对聚合物熔体强度的影响更大，原因是树状长支链具有更复杂的结构，链段间更容易发生缠结作用。此外，分子量分布拓宽或分子量呈现双峰分布也可能出现应变硬化现象。

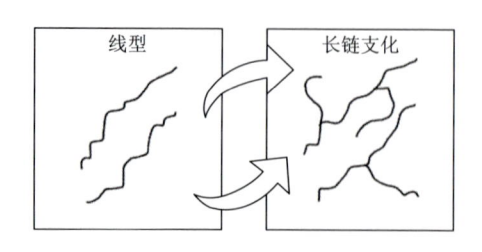

图 6-5 线型聚丙烯和长链支化聚丙烯结构对比[8]

随着 PP 发泡材料逐渐被广泛利用，HMSPP 的开发已成为聚丙烯改性方面的热点。总体上，对比普通商用聚丙烯，HMSPP 的优点主要有以下几个方面。

（1）HMSPP 在较宽的温度范围内都具有比较优异的抗熔垂性能，对热成型工艺、聚丙烯发泡等加工过程都非常有利。

（2）HMSPP 具有较高的熔体强度，且黏弹性较高，因此克服了普通线型聚丙烯的应变软化的缺点。

（3）HMSPP 的结晶速率较快，结晶温度较高，因此在加工制品的过程中可以在较高温度下脱模，从而可以大幅度缩短加工时间。

制备 HMSPP 应从分子量、分子量分布及长支链三个方面考虑。目前，HMSPP 的制备方法主要如图 6-6 所示，其中增加分子量和增加分子量分布主要是通过共混的方法实现。除此以外，还可以通过交联的方法制备 HMSPP，但交联法制备 HMSPP 容易产生凝胶，凝胶对后期加工有不利的影响。

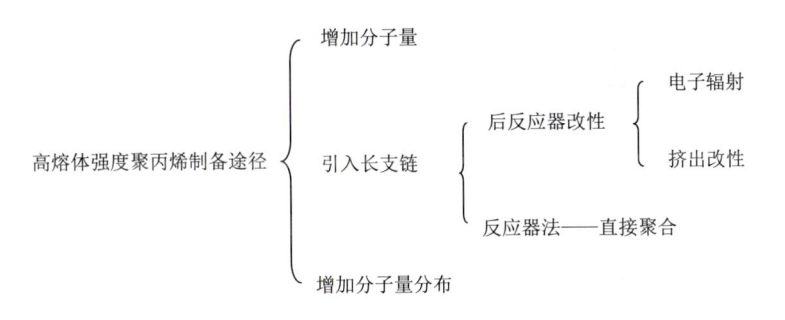

图 6-6 HMSPP 的制备方法

采用反应聚合法制备 HMSPP 时，通常是通过在聚合时引入共聚单体（一般为二元烯烃）来实现。Langston 等[20]采用 3-丁烯基苯乙烯（T 试剂）作为共聚单体，同时采用 rac-Me$_2$Si[2-Me-4-Ph(Ind)]$_2$ZrCl$_2$/MAO 为催化剂进行了支化 PP 的反应聚合，得到了具有较好应变硬化能力的聚丙烯材料。机理如图 6-7 所示，其中 T 试剂的主要功能为在存在少量氢气的环境下，既可以作为多官能团单体与丙烯进行共聚，也可以发生链转移。此外，Wang 等[21]利用吡啶基氨基铪催化体系，通过丙烯和含硅单体进行共聚，原位聚合制备了一系列 HMSPP。

除了直接聚合原位制备带有长支链的 HMSPP，也可以采用引入大分子单体的方法制备长链支化的 HMSPP，即将末端乙烯基大分子单体和丙烯进行共聚，此方法可以直接通过调控乙烯基大分子单体的长度来控制支化链段的长度，制备出的 HMSPP 结构可控，为梳型支链结构。此方法由于需要首先制备乙烯基大分子单体，同时还要考虑聚合后的大分子单体去除，所以工序较为复杂[22]。

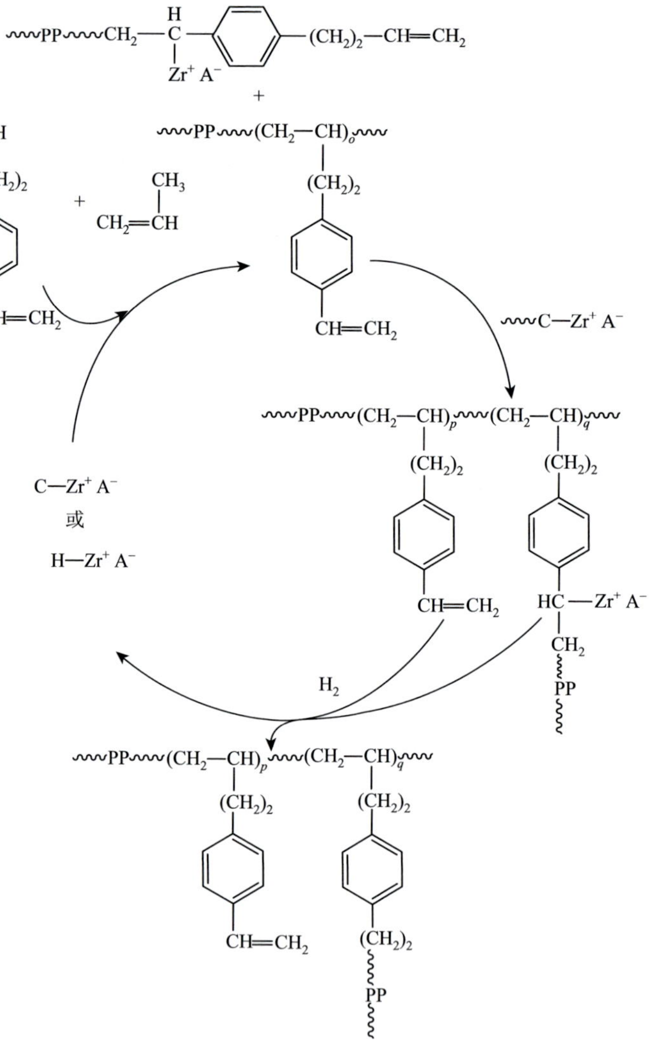

图 6-7　茂金属催化丙烯和 T 试剂共聚制备 LCBPP 的机理[21]

综合来看，反应聚合法制备长链支化聚丙烯是最好的方法，但是由于反应聚合过程中可能导致交联结构的产生，难度在于末端乙烯基结构的反应选择性，因此反应聚合法需要选择合适的催化剂进行反应，此外，聚合条件的控制也十分重要。

反应挤出法是利用挤出机进行的一种连续化生产操作，反应挤出法利用引发剂使熔融态 PP 产生自由基后与其他单体进行反应接枝制备长链支化聚丙烯[23,24]。其主要过程为将原料聚丙烯、反应单体（通常为多官能团单体）、引发剂及一些其他助剂同时加入挤出机，在挤出机中进行熔融反应后冷却造粒并干燥。通常在挤出机尾部还会增加真空脱挥装置以便将反应过程中出现的小分子物质排出体系。

反应挤出法由于可以实现连续化生产，且操作简便、成本低廉，非常适用于大规模工业生产。

反应挤出法制备高熔体强度 PP 常用的引发剂为过氧化物，常用的多官能团单体为磷酸酯类[25]、马来酸酐[24]、丙烯酸酯类[26]及乙烯基硅氧烷类[27]等。由于引发剂使 PP 产生自由基，因此反应过程中 PP 极易发生降解，降解会导致 PP 分子量降低，熔体强度降低，影响接枝效果。因此，在反应中通常会加入一些助单体来减少 PP 的降解并提高接枝效率。助单体一般来说是电子给予体，如苯乙烯[28]、呋喃类衍生物、二硫化物等[29]。

助单体的选取主要取决于该单体共聚时的竞聚率，助单体加入后想要达到提高第一接枝单体接枝效率的目的则必须满足下述两个条件：

（1）助单体与聚丙烯大分子自由基的反应活性应高于第一接枝单体与聚丙烯大分子自由基的反应活性。

（2）助单体与聚丙烯大分子自由基反应生成的稳定新大分子自由基可以和第一接枝单体进行共聚反应。

Graebling[29]以 2,5-二甲基-2,5-二（叔丁基过氧基）己烷［2,5-dimethyl-2,5-di(*tert*-butylperoxy) hexane，AD］作为引发剂，多官能团单体三羟甲基丙烷三丙烯酸酯（trimethylolpropane triactylate，TMPTA）作为接枝单体制备了 HMSPP。过程中添加交联剂秋兰姆二硫化物以改善 PP 降解的问题。实验采用连续反应挤出法进行，秋兰姆试剂可以优先和 PP 大分子自由基进行反应，从而可以减少反应过程中的降解，同时，秋兰姆试剂与 PP 大分子的反应是可逆的。其反应机理如图 6-8 所示。但由于秋兰姆试剂具有共振结构，因此该试剂的加入会导致 HMSPP 产品颜色变差。

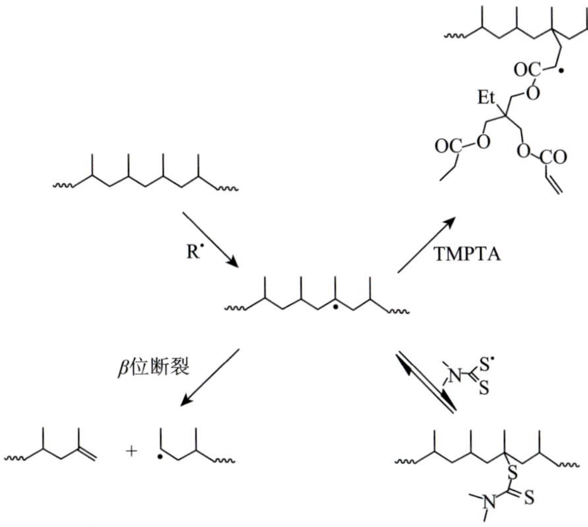

图 6-8　在秋兰姆二硫化物的作用下聚丙烯接枝 TMPTA 单体机理

作者团队郭天浩等[30]进行了不同接枝单体改性 PP 的熔融发泡性能研究，对 iPP、PP-g-PETA、PP-g-St 以及 PP-g-PETA/St 的发泡性能进行了对比考察，各样品的发泡实验采用两步法熔融发泡进行，发泡温度为 145℃，发泡压力为 15 MPa。图 6-9 为四种样品的泡孔形貌 SEM 图。

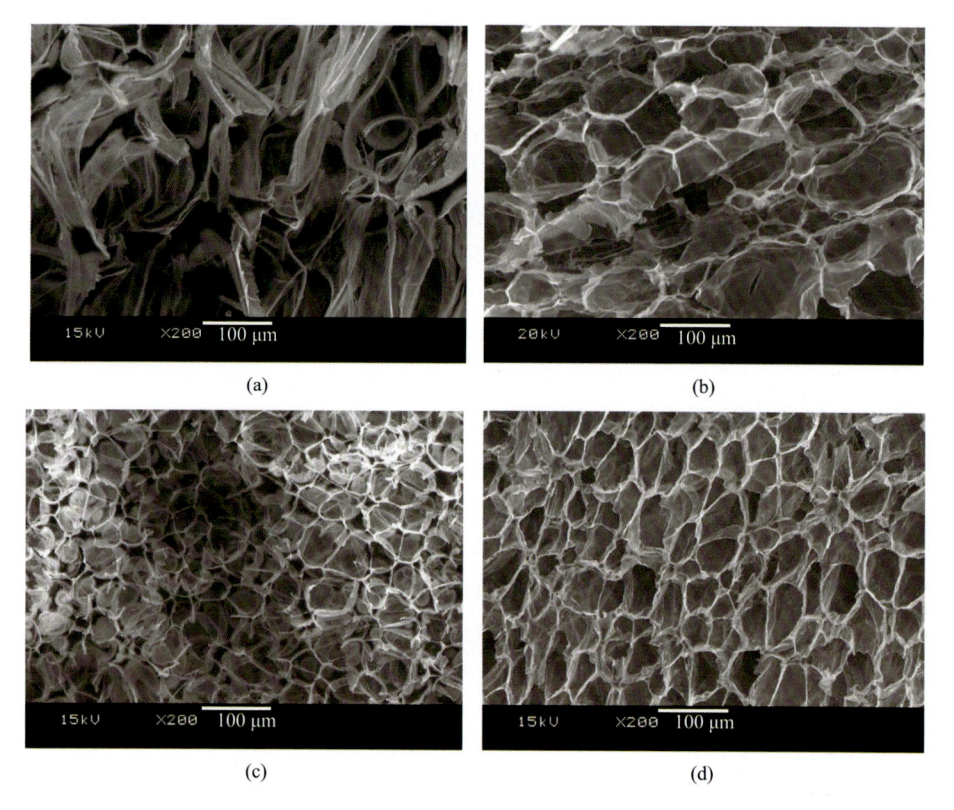

图 6-9 iPP 及不同改性 PP 样品的泡孔形貌 SEM 图
(a) iPP；(b) PP-g-PETA；(c) PP-g-St；(d) PP-g-PETA/St

从图 6-9（a）中可以清晰地看出，在各项性能表征中表现较差的 iPP 稳定泡孔的能力同样较差，SEM 图中显示已经不存在完整规则的泡孔。这是由于 iPP 的熔体强度过低且不存在应变硬化现象，基体无法支撑泡孔的生长，从而导致泡孔在生长过程中发生了大量破裂、合并的情况。

尽管通过流变性能测试证明了 PP-g-PETA 样品仍然存在降解问题，且其各项性能提高幅度并不十分明显。但改性反应的发生使其分子链上出现了少量支化结构，支化结构提高了该样品的熔体强度和弹性。因此相比 iPP，PP-g-PETA 样品的泡孔有较大改善，能够看出泡孔的大致形状。但由于泡孔生长过程中发生了大量的泡孔聚并和塌陷情况，泡孔直径较大，泡孔密度较小且出现明显的大小孔的情况，也不属于良好的发泡样品。

对于 PP-g-St [图 6-9（c）]，在接枝反应过程中，St 的加入抑制了 PP 大分子自由基的降解，同时 St 作为单体也参与了接枝反应，形成了以 St 为单体的长链支化结构。在这两个因素同时作用下，该样品的流变性能较 iPP 有较大幅度的提高。从图 6-9（c）中可以看出，与样品表征情况相吻合，该样品的发泡性能有较大提升，泡孔破裂、合并的情况大大改善，但仍存在泡孔大小不均的情况。

从图 6-9（d）中可以看出，PP-g-PETA/St 样品的发泡性能明显优于其他三种样品。对比其他三种样品的泡孔形貌图可以看出，PP-g-PETA/St 发泡材料样品具有更加均匀、完整的微孔结构。在发泡过程中，平均泡孔直径会随支化点的增多而减小。与未改性 PP 和单一单体改性 PP 相比，双单体改性 PP 具有更多的支化点，因此具有更高的熔体强度和更显著的应变硬化现象，从而显示出更好的泡孔结构，泡孔的破裂、合并更少。具有更多支化点的 PP-g-PETA/St 样品具有更高的结晶温度以及结晶速率，因此在相同的时间内能够形成更多的晶体，更多的晶体意味着能够促进异相成核，从而导致该样品具有更高的泡孔密度和更小的泡孔直径。此外，由于支化点促进了 PP 的结晶，晶体的存在同时增大了 PP 基体的刚性，防止了严重的泡孔破裂情况，最终形成了性能优异的发泡材料。

在不同温度下进行了 PP-g-PETA/St 的熔融发泡实验，以探究发泡温度对其泡孔结构的影响。实验在 135～165℃进行，发泡压力为 15 MPa。图 6-10 为各温度下的泡孔形貌图。从图中可以看出在 135～155℃内，泡孔的均匀性较好，泡孔结构呈现为较规则的五边形或六边形结构，此外，泡孔尺寸随着温度的上升逐渐增大，泡孔密度随温度的上升逐渐减小；而当温度达到 160℃时，可以发现泡孔破裂情况逐渐增多，且泡孔结构偏离规则的五边形或六边形，同时泡孔尺寸也并不

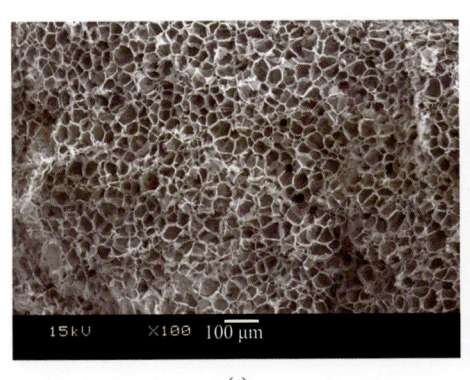

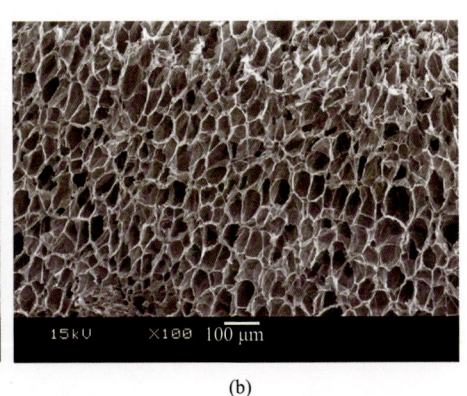

(a)　　　　　　　　　　　　　　(b)

(c) (d)

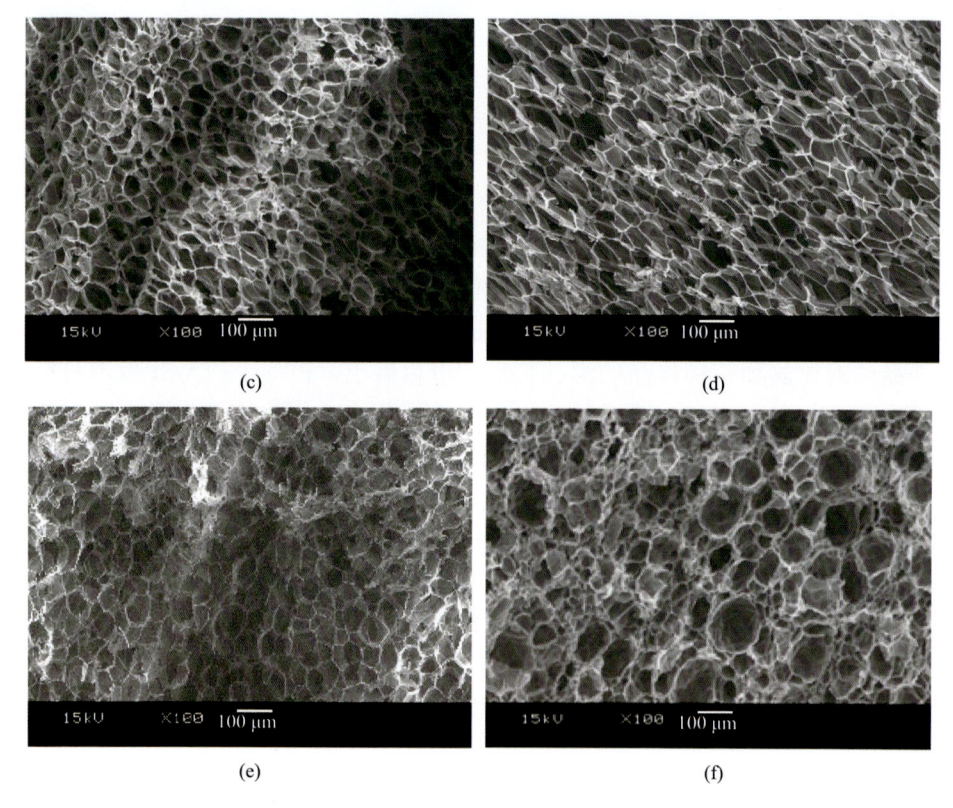

(e) (f)

图 6-10　15 MPa 不同温度下 PP-*g*-PETA/St 发泡样品的泡孔形貌图

(a) 135℃；(b) 140℃；(c) 145℃；(d) 150℃；(e) 155℃；(f) 160℃

均匀，出现了较多的泡孔合并的现象。综上可以认为 PP-*g*-PETA/St 的较佳发泡区间为 135~155℃。

通过对图 6-10 各温度发泡的泡孔形貌进行分析，得到了如图 6-11（a）所示的六个温度下发泡材料的平均泡孔直径和泡孔密度随温度的变化图（图中未对 165℃下的泡孔数据进行统计）。从图 6-11（a）中可以看出，平均泡孔直径的大小取决于泡孔生长过程中的控制。泡孔的生长过程受到基体黏弹性、发泡剂的扩散速率等因素共同控制，而这些因素均会随温度改变而改变。

首先，温度升高时，PP 样品的黏弹性会随温度的上升而降低，因此导致泡孔生长过程中的阻力降低，进而导致更大的泡孔。当温度过高时，会造成 PP 熔体黏弹性过低从而无法支撑泡孔生长。此外，根据时间-温度叠加（TTS）理论[31]，PP 材料松弛过程由于温度的升高而加速，导致应力的快速释放。因此，当发泡温度高于一定的临界值时，就会出现由于泡孔黏弹性太差而导致发泡失败的结果。同样，当温度过低时，由于泡孔生长的阻力过大，因此会造成无法发泡的现象。

其次，在发泡过程中，泄压结束后均放入冷水浴中进行泡孔的冷却定型。针对同一种发泡材料，其结晶速率相同，因此在冷却过程中，发泡温度越高，所需冷却时间就越长，即泡孔生长时间越长，因此会导致更大的泡孔。最后，当温度升高时，气体的扩散速率会增大，因此在一定的时间内，通过扩散进入气泡核进行泡孔生长的气体增多，最终导致泡孔的增大。以上三个原因共同导致了平均泡孔直径随温度的上升而增大。另外，随着温度升高，气体溶解度下降，导致在成核过程中产生的气泡核减少，因而泡孔密度减小。此外，温度的上升导致 PP 熔体的黏弹性下降，从而降低了其持泡能力，导致在泡孔生长的过程中会出现合并的现象，降低了泡孔密度。

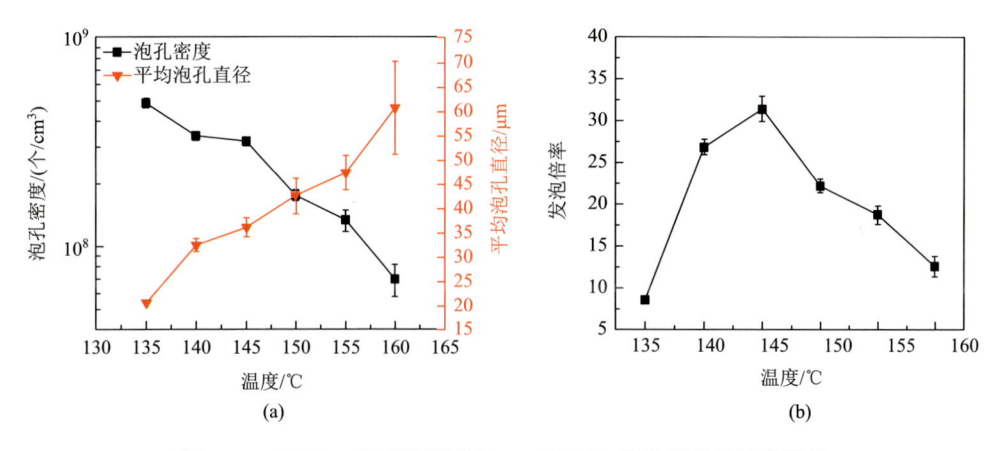

图 6-11　15 MPa 不同温度下 PP-g-PETA/St 发泡样品的泡孔数据
（a）平均泡孔直径、泡孔密度随温度变化图；（b）发泡材料发泡倍率随温度变化图

图 6-11（b）为发泡材料的发泡倍率随温度升高变化的曲线。从图中可以看出，随温度上升，发泡样品的发泡倍率先增大至最高点之后减小，最大倍率出现在 145℃时，此时发泡倍率为 33。出现这一现象的原因是发泡倍率由泡孔密度和平均泡孔直径两个因素共同决定。例如，在 135℃时，虽然泡孔密度最大，达到了 4.88×10^8 个/cm^3，但由于平均泡孔直径仅有 21 μm，因此发泡倍率仅为 9；而对于 145℃时的样品，尽管其泡孔密度比 135℃时低，为 3.17×10^8 个/cm^3，但其平均泡孔直径达到 36 μm，因此达到了最大发泡倍率；进一步升高温度，平均泡孔直径虽然增大，但泡孔密度下降，发泡倍率也下降。

以上实验结果表明，本小节制备的 PP-g-PETA/St 样品在 135～160℃均可以得到泡孔形貌较好的发泡材料，而在 135～155℃能够得到具有较为完整清晰泡孔结构、泡孔尺寸均匀的发泡材料。证明双单体改性的 HMSPP 有良好的熔融发泡性能。

6.3.2 聚丙烯的挤出发泡行为

目前关于 PP 的挤出发泡研究较少，这主要是由于可用于挤出发泡的 PP 原料较少，因此需要从原料体系进行改性设计使其可以满足挤出发泡的高熔体强度要求。

加拿大多伦多大学的 Park 教授通过在 PP 熔体内引入 PTFE 微纤[32]，利用 PTFE 微纤在 PP 熔体内形成三维网络结构，从而限制了线型 PP 原料的流动性，进而借助这种物理交联作用提高了 PP 的熔体强度。

Rizvi 等[33]采用双阶单螺杆挤出发泡机将 PTFE 引入 PP 熔体内，实现 PTFE 三维微纤网络的形成，随后将 CO_2 注入 PP/PTFE 熔体内，并在第二阶单螺杆挤出机内实现冷却均化，最后制备得到条状发泡材料，其制备过程如图 6-12 所示。

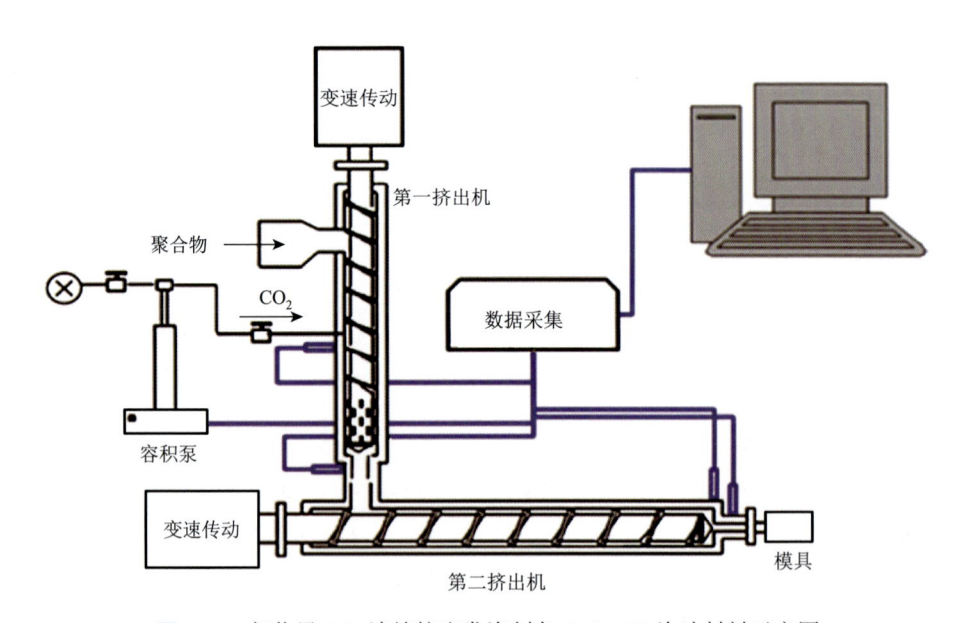

图 6-12 超临界 CO_2 连续挤出发泡制备 PP/PTFE 泡沫材料示意图

图 6-13 的拉伸流变测试表明 PTFE 微纤网络的引入有效地改善了线型 PP 原料的低熔体强度，并带来了显著的拉伸应变硬化行为，拉伸应变硬化可以改善泡孔生长过程的泡孔壁强度，从而抑制泡孔生长引发的泡孔壁破裂。此外，PTFE 作为一种含氟聚合物，其对 CO_2 具有极佳的亲和性和溶解度，借助磁悬浮天平测试，作者发现 PTFE 的加入可以大幅度地提升 CO_2 在整个体系内的溶解度（图 6-14），这非常有助于低密度 PP 挤出发泡材料的制备。

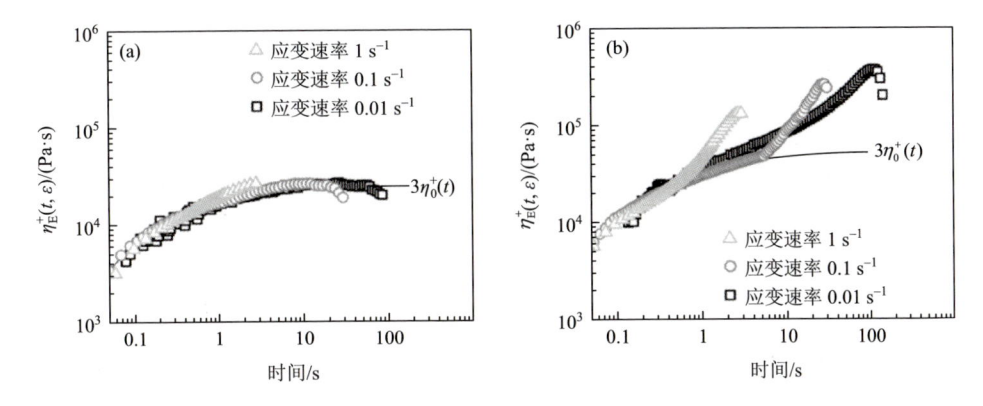

图 6-13　PP（a）和 PP/PTFE（b）的拉伸流变曲线

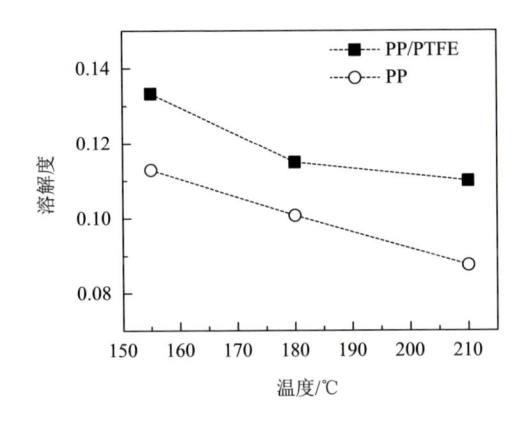

图 6-14　CO_2 在 PP 及 PP/PTFE 内的溶解度测试

受益于 PTFE 微纤的引入，PP 熔体的熔体强度及 CO_2 溶解度得到了协同增强。熔体强度的改善可以拓宽 PP 的挤出发泡温度区间，而 CO_2 溶解度的提高可以有效地增加均相成核密度，改善发泡材料的泡孔形貌。此外，PTFE 微纤作为异相成核剂，同时可以提高发泡过程的泡孔异相成核速率。上述泡孔形貌的变化可见图 6-15 中展示的泡孔形貌 SEM 图。

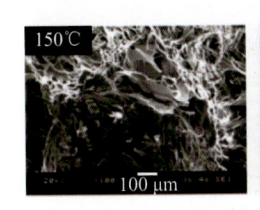

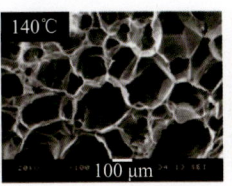

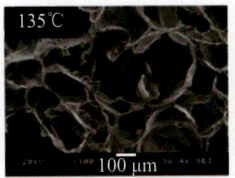

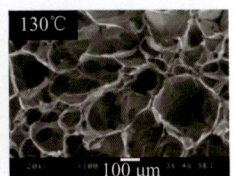

(a)

(b)

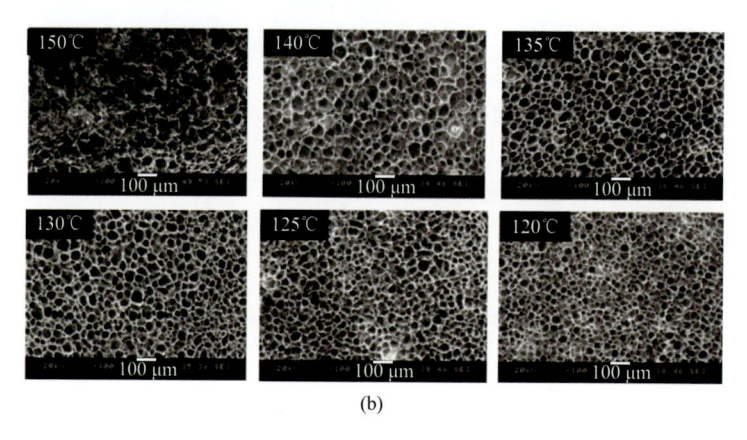

图 6-15 挤出发泡材料的 SEM 图
(a) PP；(b) PP/PTFE

作者团队则从化学改性的角度重新设计了 PP 的分子链结构，通过引入长链支化结构实现了 PP 熔体强度的提升，使其可以应用于超临界 CO_2 挤出发泡过程，并考察了不同模头温度下的改性 PP-g-PETA/St 的挤出发泡行为[30]。

图 6-16 所示为不同模头温度下的挤出发泡材料泡孔形貌图。需要注意的是，与小釜间歇发泡不同，由于在挤出发泡机中需要保证材料的流动性，温度下限的确定不能仅从泡孔形貌考虑，通过预实验发现，PP-g-PETA/St 在 145℃附近时无法良好地在单螺杆挤出机中流动，因此在考察模头温度对挤出发泡材料的泡孔形貌影响时，从模头温度为 148℃开始进行实验。

从图 6-16 中可以清晰地看出，随着模头温度的上升，泡孔的平均直径逐渐增大，泡孔密度有明显的减小趋势。从图 6-16（b）～（d）中可以看出，在 150～158℃温度区间内，泡孔形貌大多为规则的多边形，当模头温度达到 162℃时泡孔

(a)　　　　　　　　　　　　　　(b)

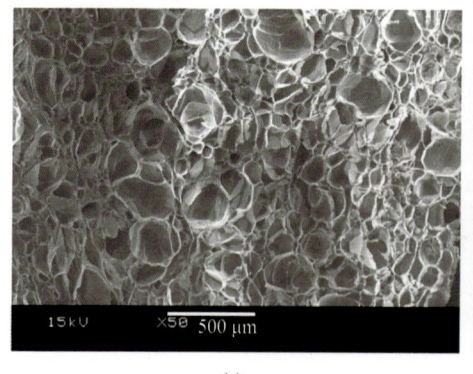

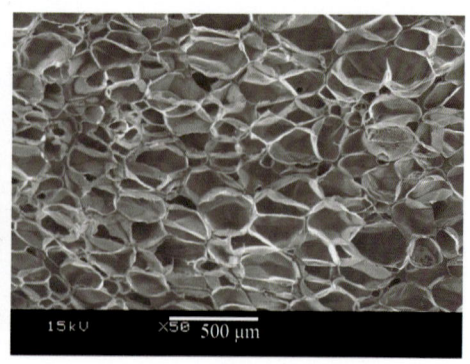

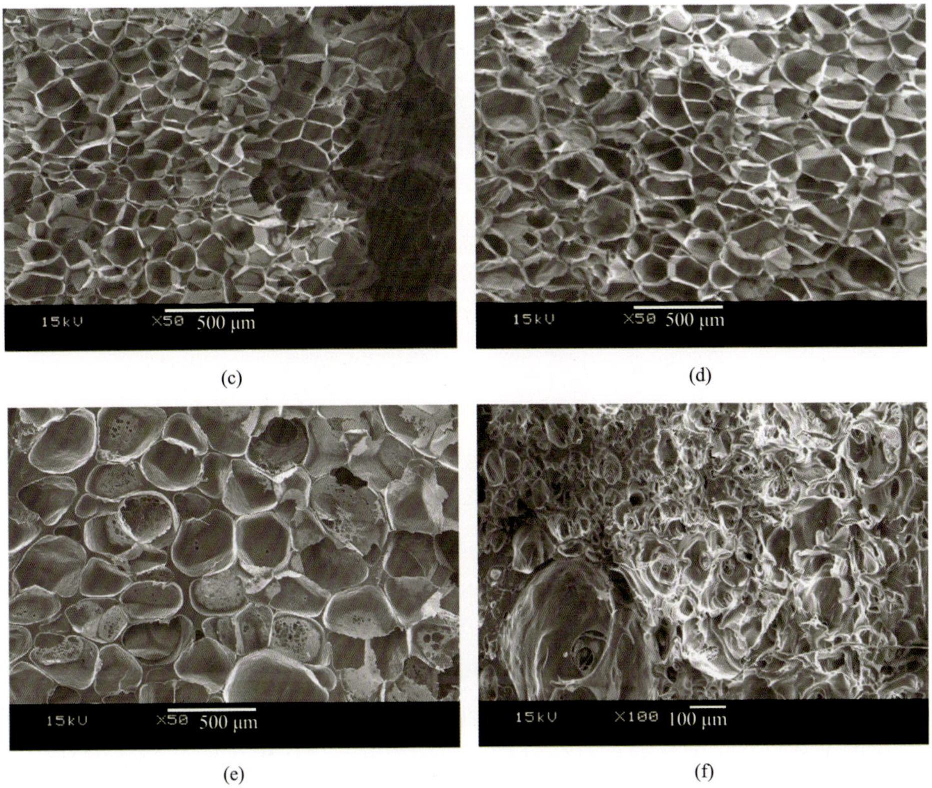

图 6-16 PP-*g*-PETA/St 挤出发泡样品不同模头温度下的泡孔形貌图

(a) 148℃；(b) 150℃；(c) 154℃；(d) 158℃；(e) 162℃；(f) 165℃

半径迅速增大，而在模头温度达到 165℃时，泡孔破裂严重，已很难看出规则的泡孔形貌。值得注意的是，在模头温度为 148℃时，泡孔密度较大，但出现了部分大小孔的情况，这可能是由于温度较低，PP 在机筒内的剪切作用下加速结晶，流动不稳定，造成了体系不稳定，因而部分泡孔提前生长，导致了此现象。

图 6-17 为平均泡孔直径、泡孔密度以及发泡倍率随温度的变化曲线（由于在 165℃时泡孔形貌过差，无法确定完整的泡孔，因此未对 165℃时的数据进行统计）。随着模头温度上升，平均泡孔直径逐渐上升，泡孔密度逐渐下降，且在温度达到 162℃时出现骤变。样品的发泡倍率呈先上升后下降的变化趋势。在 150～158℃时，泡孔密度为 $5.74×10^6$～$8.05×10^6$ 个/cm³，平均泡孔直径为 91～109 μm，可以看出泡孔密度及泡孔直径变化较小，因此认为此温度范围为最优发泡温度区间，在此温度区间内最大发泡倍率达到 12。在模头温度达到 162℃时泡孔密度大幅下降，平均泡孔直径大幅上升达到 190 μm，表明温度的提升导致发泡材料质量迅速下降。

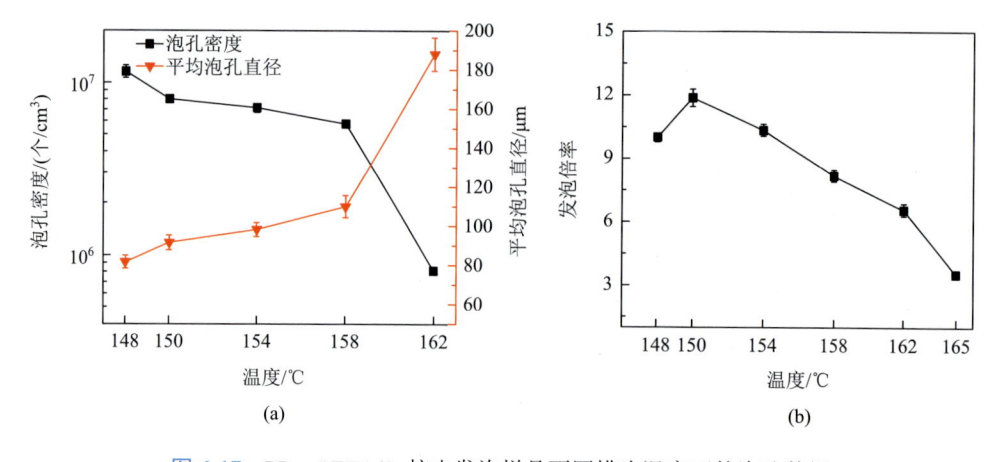

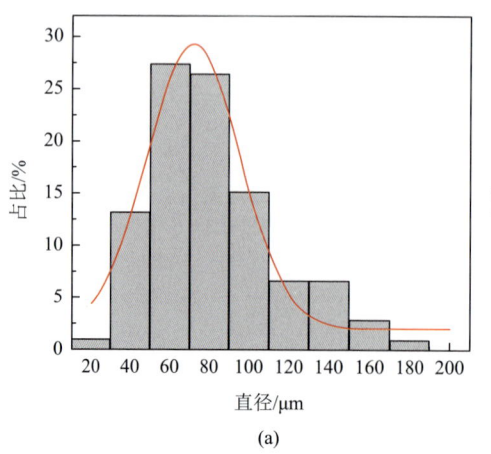

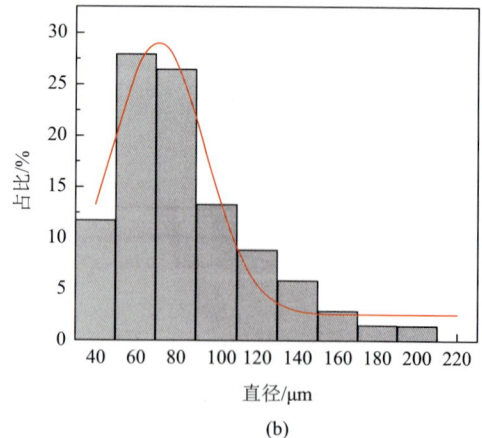

图 6-17　PP-g-PETA/St 挤出发泡样品不同模头温度下的泡孔数据

（a）平均泡孔直径、泡孔密度随温度变化图；（b）发泡材料发泡倍率随温度变化图

此外，图 6-18 为不同模头温度下所得发泡材料的泡孔直径分布图。从图中可以看出，当模头温度处于 150～158℃时，发泡材料的泡孔直径分布较窄，超过 50%的泡孔直径处于相同的范围。这一现象可进一步说明，在此温度区间内泡孔合并现象较少，因此泡孔较均匀。当温度达到 162℃时，尽管从 SEM 图中依然可以看出完整的泡孔结构，但从泡孔直径分布中可以看出，模头温度的升高导致 HMSPP 的熔体强度下降，泡孔出现合并现象，即反映为泡孔直径分布变宽，泡孔均匀性变差。

结合泡孔形貌图、泡孔数据图及孔径分布图可以确定，PP-g-PETA/St 可进行连续挤出发泡的温度区间为 148～162℃，其中 150～158℃为较优温度区间。

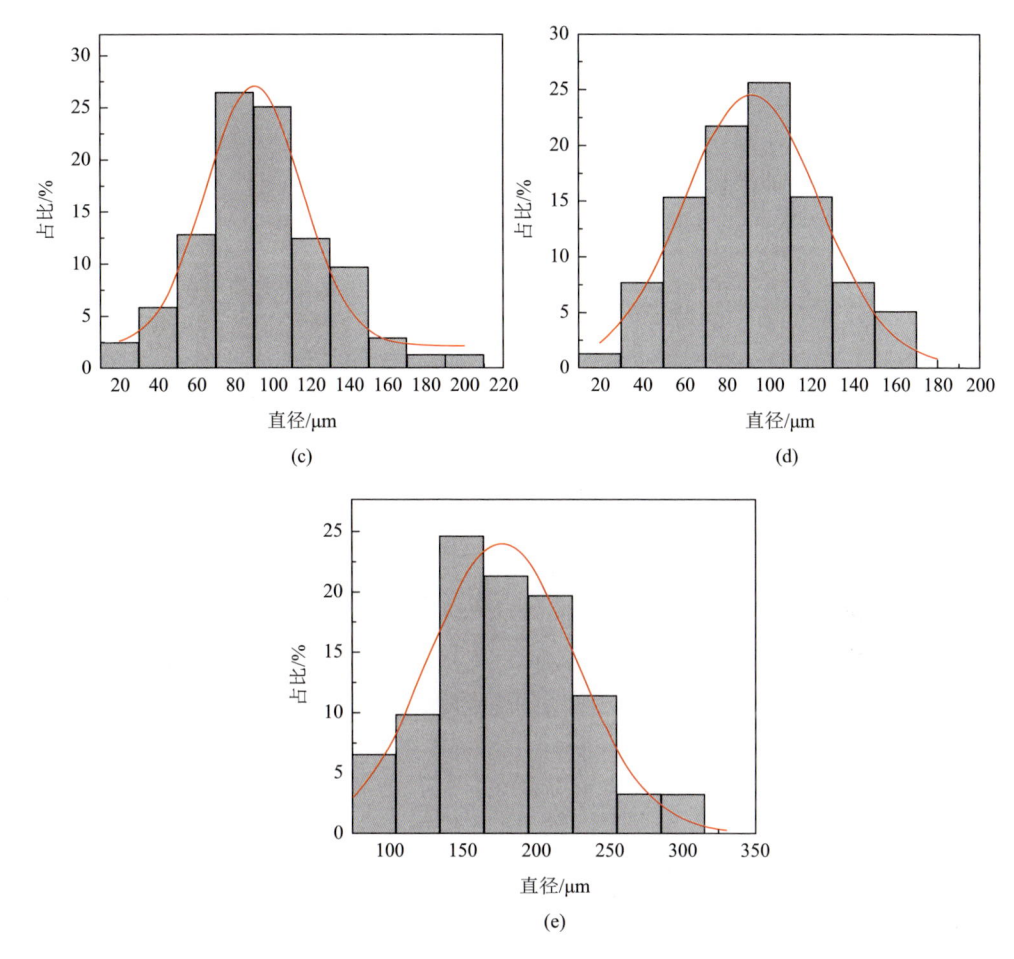

图 6-18 PP-g-PETA/St 挤出发泡样品不同模头温度下发泡材料泡孔直径分布图
(a) 148℃；(b) 150℃；(c) 154℃；(d) 158℃；(e) 162℃

6.3.3 超临界 CO_2 挤出发泡聚丙烯产业化进展

近年来，其他一些国家也开发出不同用途的 PP 发泡产品。德国 Reifenhauser 公司采用共挤出方法，生产出密度为 0.1~0.5 g/cm³ 的 PP 发泡片材，可以用于食品包装，还可以用于制作薄壳制品及盘、碟、碗、盒等各种器皿，以及汽车中的消音和绝缘材料等用的内插件。德国的 Battenfield-Cincinnati 公司采用 T 型机头生产化学发泡 PP 片材，比不发泡 PP 片材轻 50%。英国的 Packaging Trays 公司在旋转热成型机上成型发泡 PP 片材。该公司采用化学交联剂生产的发泡 PP 片材密度为 0.5 g/cm³，主要用于汽车工业，制造地毯背衬材料、遮光板、门衬和行李架等。

美国 Dow 化学公司生产商标为 Strandfoam 的 PP 发泡板，先挤出多层发泡片材，然后迅速冷却成坚硬且高度取向的板材，可用作冲浪板。该公司开发的发泡 PP 在热绝缘材料和汽车上也得到应用。瑞士 Alveo 公司一直生产辐射交联 PP/PE 泡沫，主要用于汽车工业。与未交联的发泡制品相比，交联泡沫塑料在热成型后更易保持其形状。意大利 Oman 公司采用 Compact EPX T 型机头共挤生产线，采用吸热型发泡剂生产密度低于 0.5 g/cm^3 的 PP 发泡片材，并与 Reedy- International 公司合作，共挤出表皮不发泡、芯层发泡 80%的片材。

6.4 超临界 CO_2 挤出发泡聚酯技术

6.4.1 高熔体强度聚酯制备及其熔融发泡性能

PET 是一种重要的工程塑料，属于聚酯类材料。其大分子链中的重复单元由对苯二甲酸与乙二醇经缩聚反应得到。常规商用 PET 树脂的分子链结构是具有对称苯环结构的线型大分子。由于 PET 分子链中含有对苯结构，而且脂肪链结构又很短，因此分子链的柔顺性很差，制品表现出较大的刚性。此外，较差的柔顺性导致分子链运动困难，因此 PET 的玻璃化转变温度较高，约为 80℃。

PET 规整的分子链结构和较强的分子间作用力使其具备优异的性能，包括较高的机械强度及耐温性，以及良好的光学性能和绝缘性能，更具有优异的化学稳定性以及良好的可回收性能。目前，商用及常规 PET 的生产工艺非常成熟，原料成本较低，产能处于过饱和状态，市场售价甚至低于聚乙烯及聚丙烯等通用塑料，因此 PET 是一种性价比很高的工程塑料。近几十年来，PET 的应用也越来越广泛。使用 PET 生产的制品包括纤维、薄膜、饮料瓶等。就具体的产品应用而言，目前 90%以上的 PET 树脂被应用于纺丝纤维和饮料瓶领域。从原料性能来看，挤出制备纺丝纤维需要 PET 具备良好的熔融态流动性，因此需要 PET 的分子结构维持线型特征，且分子链长度较短，这样可以大大降低分子链间作用力，保证 PET 在熔融状态下的低黏度特性；对于吹塑制备饮料瓶，饮料瓶的厚度较小，需要快速成型，虽然对于 PET 原料的熔体强度具有一定的要求，但是分子链仍然呈现为线型分子结构。国内的聚酯厂商，如中国石化仪征化纤有限责任公司、恒逸石化股份有限公司、华润化学材料科技股份有限公司等厂家，主要产品仍然集中于纤维级 PET 及瓶片级 PET，尚未有针对发泡过程开发的高性能特色 PET 材料。

挤出发泡过程相较于间歇发泡过程，其发泡状态一直处于动态剪切条件下，团聚的分子结构轻易地在剪切流场下被剥离开，削弱了分子链间作用力，提高了链端的流动性。首先，这将不利于挤出系统内的熔体压力的建立，挤出发泡的成核效率依赖于熔体压力与大气压的差值，较低的压力差值将大大提高成核能垒从而抑制气泡成核；其次，熔体压力过低会降低物理发泡剂在熔体内的溶解度，这可能会造成气体与熔体的相分离，从而无法为气泡生长过程提供动力；最后，在剪切流场下，进一步降低的体系黏度将无法束缚发泡剂气体的快速扩散，另外，气泡生长所带来的双向拉伸作用将使得气泡外的熔体发生破裂，最终导致气泡开孔及气泡塌陷。因此，不同于纤维纺丝及吹塑饮料瓶等工艺过程采用的 PET 原料，挤出发泡需要的 PET 原料必须具备高熔体强度，才可以保证发泡剂气体在 PET 熔体内的溶解量，提高挤出系统内的熔体压力进而提升成核速率，并保证气泡的稳定生长及良好的闭孔结构。

因此，实现稳定的 PET 挤出发泡过程并制备得到优异性能的 PET 发泡板材的重要前提是开发高熔体强度 PET。熔体强度通常与流变学中的法向应力差、储能模量以及挤出胀大效应有着密切的相关性。此外，熔体强度也与聚合物的拉伸黏度、应变硬化等行为高度关联。为了提升 PET 的熔体强度，致力于提高 PET 的特性黏度（IV）是一条可行的路径，其通过不断延长 PET 分子链的长度，起到提高分子链间作用力，降低分子链流动性的效果，从而改善 PET 的熔体强度，但是受限于 PET 的缩聚反应动力学，达到极高的 IV 需要耗费特别长的反应时间和特别高的反应能量。因此从全过程的经济性来评价是不合算的，为了兼顾有效性和经济性，以下这些方法在制备高熔体强度 PET 的过程中被证明是有效的：

（1）通过酯化反应构建支化 PET 分子结构。
（2）通过固相缩聚反应制备高熔体强度 PET。
（3）借助反应挤出过程实现 PET 的分子链扩链支化改性。

PET 的高熔体强度改性可以通过聚合反应实现，在酯化反应过程中，通过加入支化改性单体，实现 PET 支化分子链结构的生成。作者团队[34]从聚合反应的源头出发，借助季戊四醇（PENTA）的四羟基官能团与对苯二甲酸进行反应，构建了四臂支化分子结构，这种支化结构将大大提升分子链的缠结作用，提高分子间作用力，改善 PET 熔体的快速松弛行为，从而提高 PET 熔体的储能模量和复数黏度，改性 PET 熔体表现出了显著的剪切变稀的流动特性。他们详细考察了不同 PENTA 添加量下，PET 流变学行为及分子链特征的变化。当 PENTA 的添加量为 0.3%时，特性黏度相较于未改性原料的 0.659 dL/g，提高至 0.860 dL/g。以超临界 CO_2 为物理发泡剂的间歇熔融发泡实验表明，两种改性 PET 在 265~280℃的发泡温度区间内可成功制备泡孔直径为 35~57 μm、泡孔密度 10^6~10^7 个/cm^3 的发泡样品，而相同条件下线型 PET 无法发泡。图 6-19 为 265℃、14 MPa 下线型 PET 与 0.3% PENTA 原位聚合改性 PET 的发泡 SEM 图[34]。

(a)   (b)

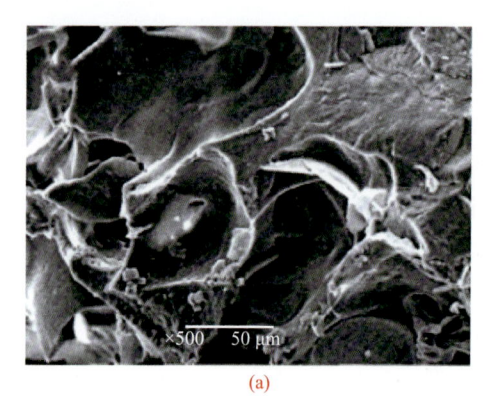

图 6-19　PET 超临界 CO_2 熔融发泡 SEM 图

发泡压力 14 MPa、发泡温度 265℃、饱和时间 40 min；(a) 线型 PET；(b) 0.3% PENTA 原位聚合改性 PET

作者团队[35]也同样考察了不同支化单体的原位聚合改性效果，其采用均苯四甲酸酐（PMDA）作为改性单体引入 PET 的聚合体系中。PMDA 具有两个酸酐基团，根据文献报道，PMDA 的两个酸酐官能团首先与 PET 的端羟基发生扩链反应并产生两个羧基官能团，随后两个羧基官能团可进一步与 PET 分子链的端羟基发生反应，形成支化分子结构。由于 PMDA 在第一步酯化反应后已经形成了极大的空间位阻效应，第二步的支化反应速率极低且支化反应程度较差。因此，从改性效果来看，0.8% PMDA 原位聚合改性 PET 的特性黏度与 0.3% PENTA 原位聚合改性 PET 的特性黏度相当，这可能是由于 PMDA 引导的原位聚合改性以扩链反应为主，支化结构密度较低，特性黏度的提高更多来自于分子链长度的增加。而从熔融发泡结果来看，PMDA 原位聚合改性 PET 的熔融发泡性能远不如 PENTA 原位聚合改性 PET，这说明支化结构可以更加有效地提高 PET 熔体强度，进而改善发泡行为。

原位聚合改性是一种很好的制备高熔体强度 PET 的工艺方法，但是目前在工业界和学术界鲜有人进行更为深入的探究。多官能团环氧单体以及乙烯-马来酸酐低聚物都是很好地调控 PET 分子链支化结构的改性助剂，可以直接在聚合过程中调控分子链支化形态及支化密度。

固相缩聚反应是另外一种可以有效提高 PET 熔体强度的方法，固相缩聚工艺中低分子量 PET 被加热到玻璃化转变温度以上、熔融温度以下，一般为 200～240℃。在这个温度区间内，PET 大分子链活动受到限制，末端的活性基团可以进行一定程度的运动从而参与缩聚反应，其过程主要包括以下几步：端基移动和碰撞、端基反应、小分子副产物从颗粒内部扩散到颗粒表面、小分子副产物从颗粒表面扩散到气相中。相较于熔融缩聚，固相缩聚主要有以下优势：①固相反应，解决了高温熔融时黏稠熔体的搅拌问题；②温度和真空度要求相较于熔融聚合物较低，降低了能耗和操作成本；③反应温度低，有效地抑制了副反应和聚合物降解反应。因此，固相缩聚的产物无论在分子量上还是性能上，都明显地优于熔融聚合的产物。

作者团队针对固相缩聚改性PET熔体强度也进行了细致的研究[36]，从固相缩聚温度、固相缩聚时间等因素综合考察了固相缩聚改性PET的效果。发现反应温度对固相缩聚的反应速率影响非常大，温度为210℃时，反应速率相对于高温要低很多，反应2 h后，特性黏度只增加了0.1 dL/g。相同的反应时间，随着温度的提高，PET的特性黏度增加非常明显，230℃时固相缩聚反应2 h，特性黏度已经达到了 1.332 dL/g。这是由于在高温条件下聚合物分子链段尾端运动能力更强，反应速率增加较快。尽管通过固相缩聚工艺能够显著增加PET的分子量，提高PET的熔体黏度，但大量研究表明，仅增加分子链长度的固相缩聚工艺并不能获得高发泡倍率的PET泡沫。此外，固相缩聚工艺耗费的成本和时间较多，并不利于应用于工业生产。

研究人员针对于此，创造性地采用了原位聚合改性耦合固相缩聚的方法，来改善PET的熔体强度。首先，借助原位聚合改性引入支化分子拓扑结构，为固相缩聚反应提供支化分子结构模板，随后借助固相缩聚实现分子链延长，从而实现长链支化PET分子结构的制备。作者团队与中国石化上海石油化工股份有限公司按照该路线首次成功开发了发泡级 PET 特种原料，原料的特性黏度可达到1.30 dL/g，其熔融发泡性能提升显著，平均泡孔直径可达20 μm 以下，发泡倍率可达到20～40，此外，该发泡料也已成功地应用于单螺杆PET挤出发泡实验线及工业化PET挤出发泡生产线[37]。

反应挤出改性制备高熔体强度PET是最为通用的改性路线，其利用具有多官能团的低分子量化合物（酸酐类助剂、环氧类助剂、噁唑啉类助剂、异氰酸酯类助剂）与PET端羟基和端羧基进行反应，从而改变PET的分子链结构，这些低分子量的改性剂起到了桥梁的作用，不仅能够发生扩链反应增加PET的分子量，而且多官能团改性助剂可以引发PET分子链形成支化结构。反应挤出改性的反应场所为单螺杆挤出机或双螺杆挤出机，但为了提升反应效果多采用双螺杆挤出机。借助双螺杆的螺杆组合设计，可实现体系的输送、塑化、分散、反应等步骤，其类似于化工领域的平推流反应器，但是由于螺槽间隙会引起物料的返流，这会延长物料在螺杆内的平均停留时间。通过调整双螺杆中的啮合块的啮合角度和分布，可以增强双螺杆的剪切能力，这将有利于反应单体在PET熔体内的分散，并促进化学改性反应的均匀稳定进行。

作者团队夏天等[38]利用PMDA作为PET反应挤出的改性剂，通过动态剪切流变的测试，研究不同浓度的PMDA反应挤出改性对PET黏弹性行为以及分子结构的影响。通过测试常压和高压CO$_2$环境中PET的熔融态非等温结晶行为，研

究高压 CO_2 环境及不同浓度的 PMDA 反应挤出改性对 PET 的起始熔融结晶温度和熔融态非等温结晶速率的影响。熔融发泡温度窗口是材料熔融可发泡性的重要指标，基于间歇的熔融态发泡过程，他们考察了不同改性 PET 样品的流变特性和非等温结晶行为与熔融发泡温度窗口的关系，以及对泡孔形貌和发泡倍率的影响。研究结果表明，PET 的熔体强度决定了其熔融发泡温度窗口的上限温度。由动态剪切流变的测试结果可知，由于 PET 与 PMDA 的改性反应，改性 PET 的分子量增加、分子量分布拓宽，且在 PET 主链上引入了长链支化结构。改性 PET 的熔体黏度和熔体弹性随着 PMDA 浓度的增加而升高。熔融发泡实验表明，当 PMDA 的添加浓度达到 0.8%时，其熔融态发泡温度窗口拓宽至 70℃。

Härth 等[39]深入研究了 PMDA 与 PET 的扩链反应机理，其推测的反应机理如图 6-20 所示。其认为 PMDA 可与 PET 链段的端羟基与端羧基都发生反应，因此可以不断发生扩链和支化反应，生成绒球型及凯莱树型分子结构，甚至生成不可逆交联网络。然而，从实际的反应过程分析，该反应机理可能是不准确的，这是由于酸酐官能团与端羟基反应后会生成两个羧基，这两个羧基会继续寻求与 PET 端羟基的反应，而完全不可能与 PET 的端羧基发生任何形式的反应。因此，PMDA 与 PET 的反应产物应以扩链结构为主，以三支臂与四支臂的支化结构为辅。

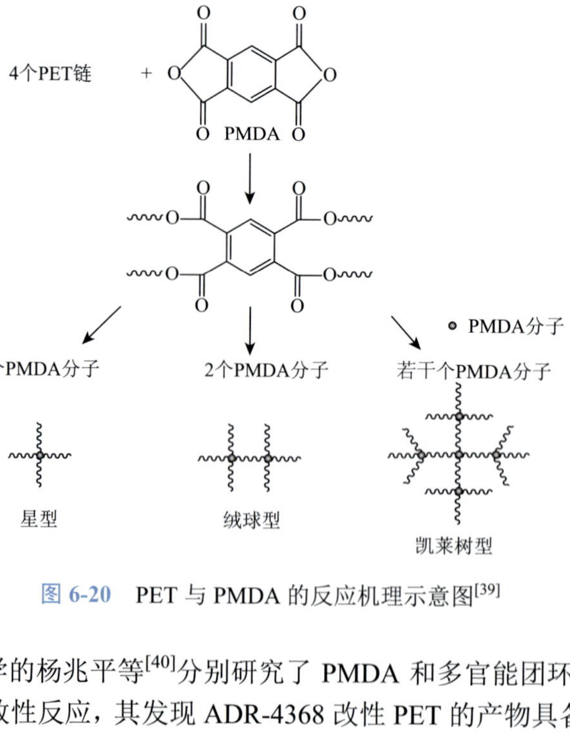

图 6-20　PET 与 PMDA 的反应机理示意图[39]

北京化工大学的杨兆平等[40]分别研究了 PMDA 和多官能团环氧单体（ADR-4368）与 PET 的改性反应，其发现 ADR-4368 改性 PET 的产物具备更高的特性黏度、模头压力以及拉伸黏度，这充分说明了多官能团环氧单体可引导 PET 分子链段形成支化分子结构，而 PMDA 以扩链形式为主，图 6-21 描述了可能的反应机理。此外，在图 6-22 所展示的拉伸流变测试中，ADR-4368 改性样品（左图）表现出了更显著的拉伸应变硬化行为，这被认为与聚合物的支化分子拓扑结构具有显著的关联性。对比 PMDA 扩链改性 PET（LCB-PET）和 ADR-4368 改性 PET（C-PET）的发泡结果，发泡结果表明，ADR-4368 改性 PET 的发泡温度区间更宽，泡孔形貌更加优异，这一现象可以归因于 C-PET 具有更高的熔体弹性，体现为 C-PET 具有更高的损耗角正切值和更大的应变硬化指数。图 6-23 为不同发泡温度

图 6-21　PET 与 PMDA 及 ADR-4368 反应生成的拓扑分子结构示意图[40]

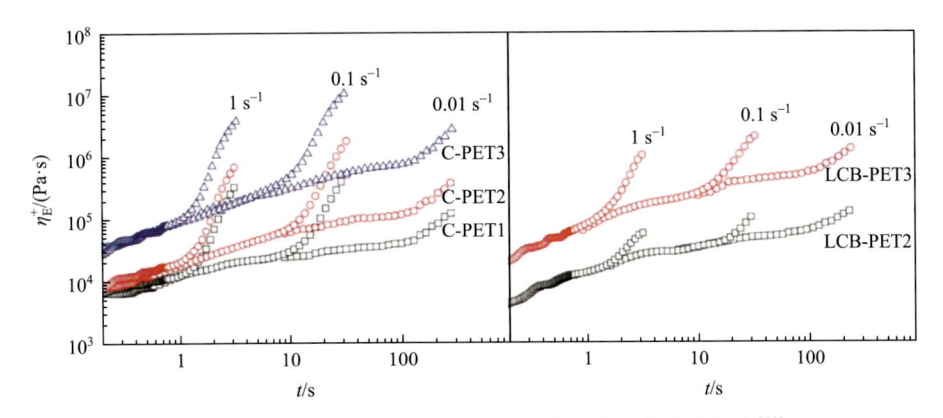

图 6-22　PET 改性材料在不同拉伸速率下的拉伸流变行为[40]

C-PET1、C-PET2、C-PET3 指 ADR-4368 添加量为 0.6 wt%、0.8 wt%、1.0 wt%的 PET 样品；LCB-PET2、LCB-PET3 指 PMDA 添加量为 0.4 wt%、0.5 wt%的 PET 样品

下的改性发泡样品的泡孔形貌 SEM 图，可以看出 C-PET2、C-PET3 和 LCB-PET3 得到了完整的泡孔结构和较高的发泡倍率，C-PET1 虽然也拥有完整的泡孔结构和较高的发泡倍率，但是泡孔分布不均匀，泡孔尺寸大，说明发泡过程中发生了一定程度的泡孔合并。LCB-PET2 和 LCB-PET3 由于熔体强度不够，泡孔发生大量合并，气体大量逃逸，因此发泡倍率非常低。

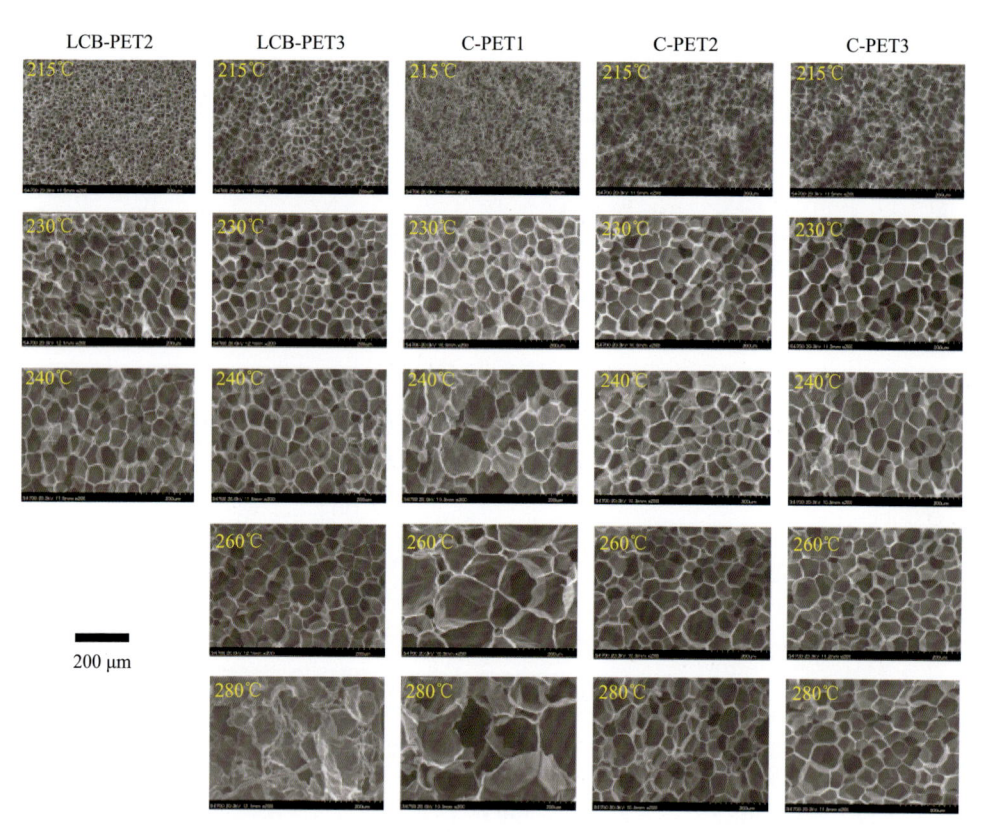

图 6-23 不同改性发泡样品在不同发泡温度下泡孔形貌的 SEM 图[41]

目前的 PET 挤出发泡工艺过程采用双螺杆-单螺杆串联设备以及双螺杆-静态混合器设备，如图 6-24 所示，这也决定了目前的 PET 改性多在双螺杆挤出机内在线进行。因此，目前在线挤出改性高熔体强度 PET 是行业的研究热点以及最主流的改性工艺方法。

6.4.2 聚酯的挤出发泡行为

挤出发泡的温度梯度是能否成功发泡的最关键的因素。Park 等曾研究过进入口模的熔体温度和口模温度对高抗冲聚苯乙烯（HIPS）的发泡倍率的影响。对于

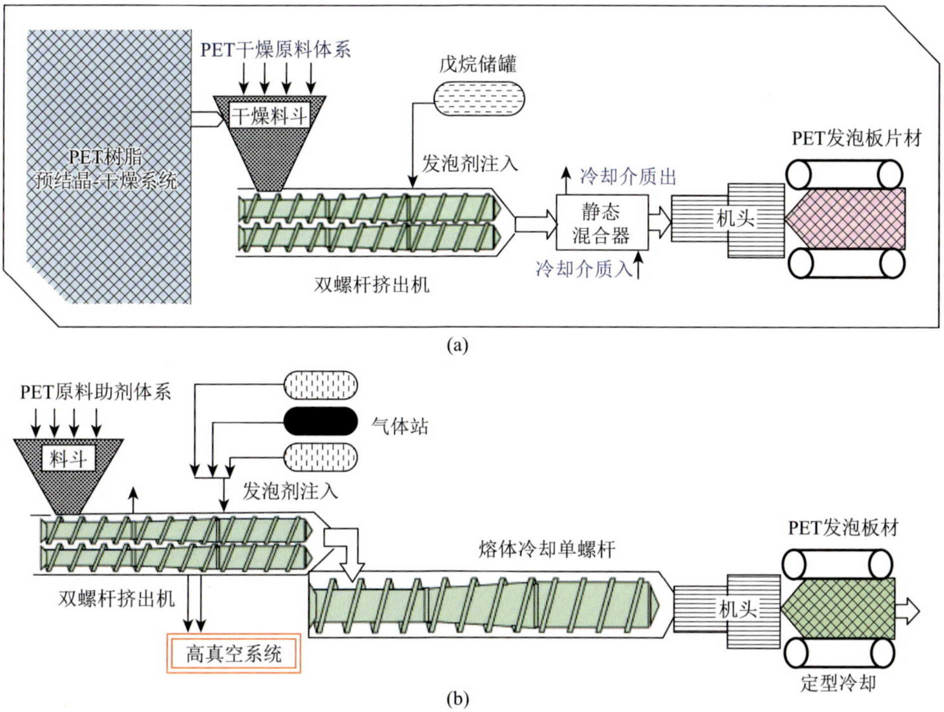

图 6-24　双螺杆-静态混合器挤出发泡 PET 工艺图（a）及双螺杆-单螺杆挤出发泡 PET 工艺图（b）

无定形聚合物，发泡的温度范围宽，进入口模的熔体的温度可以高于口模的温度，也可以恰好相反，两者对发泡材料的发泡倍率和孔密度都有明显的影响。不同于 PS，温度梯度对 PET 这样的结晶型聚合物的影响更类似于 PVDF 的挤出发泡过程。结晶型聚合物的发泡温度区间较窄，口模的温度对发泡结果好坏起到了决定性的作用。因此，考察温度对发泡结果的影响是最迫切的。当口模温度过高时，聚合物熔体的强度过低，不能支撑泡孔的生长。当口模温度过低时，结晶型聚合物开始结晶，一方面结晶导致熔体强度提高，有利于稳定泡孔结构；另一方面结晶会导致熔体的黏度出现陡增，以及气体在聚合物熔体中的溶解度递减，容易出现堵塞口模和提前成核发泡的后果。所以对于结晶型聚合物的挤出发泡，口模温度一般为挤出温度梯度中最低的。较低的口模温度可以提前冷却熔体的表面，防止熔体流出口模后快速地从表面逃逸。口模温度通常是整个挤出过程温度分布的最低点。

图 6-25 为不同模头温度下 PET[42]材料的发泡形状，从图 6-25（a）到图 6-2（f），模头温度逐步降低，挤出胀大比逐渐增大。熔体在较低温度的模头表面提前冷却，能够避免气体从熔体表面逃逸。值得注意的是，当混合器温度低于一定温度时，挤出材料出现空心。这是因为过早地冷却熔体引发了聚合物熔体和气体均相体系

的热力学不稳定状态，导致熔体在出口模前已经预发泡，但是过冷的熔体表面限制了气体逃逸，过早发泡容易发生泡孔的合并从而形成了局部大孔甚至内部空心。当混合器温度被固定在 250℃，模头温度 240℃时得到的发泡材料发泡倍率最大，如图 6-26 所示，模头温度 248℃时，发泡材料的发泡倍率为 5.90，当模头温度下降到 244℃，发泡倍率为 6.17，泡孔形貌得到大幅改善，泡孔密度增大，大孔的数量减少。当模头温度继续下降时，泡孔密度减小，局部出现大孔，大孔直径小于温度过高时出现的情况。

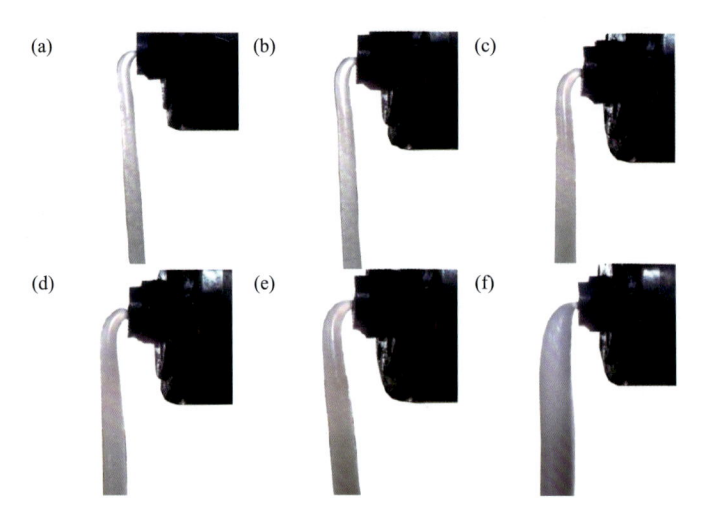

图 6-25　不同模头温度得到的发泡材料形状

（a）～（f）的模头温度分别为 250℃、248℃、246℃、244℃、242℃和 240℃

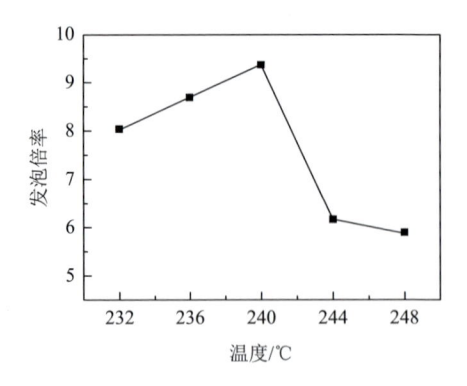

图 6-26　模头温度对发泡倍率的影响

从表 6-3 中可以看出，在模头温度合适时，不仅得到的发泡倍率最高，孔径也最低，为 396 μm，泡孔密度最大，为 1.10×10^5 个/cm³。模头温度太低，过冷开始结晶的熔体具有过高的黏弹性及过高的拉伸黏度，反而阻碍了气泡的生长。总之对于 PET 挤出发泡，合适的进入口模的熔体温度和较低的模头温度是最佳的发泡温度梯度分布。

表 6-3　不同模头温度下的发泡材料的孔径和泡孔密度

模头温度	发泡倍率	平均孔径/μm	平均泡孔密度/(个/cm³)
低	8.04	—	—
中	8.70	492	0.56×10^5
高	9.37	396	1.10×10^5

从图 6-27 中可以看出，发泡样品的孔径符合高斯分布。对于拟合曲线来讲，峰宽表示孔径的分布范围，峰宽越大则表示泡孔尺寸分布范围越宽，会存在大小泡孔同时存在的现象，峰宽越窄则表示泡孔分布得越均匀；峰高则表示某一尺寸范围泡孔所占的比例。对比不同温度下泡孔尺寸占比的拟合曲线可知，随着温度的降低，发泡样品的峰形由高而窄向低而宽的形状转变。

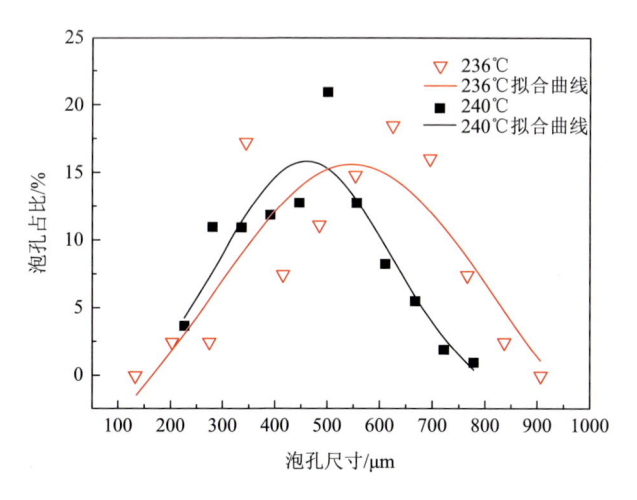

图 6-27　不同模头温度对泡孔分布的影响

螺杆转速直接影响挤出机的减压能力，如图 6-28 所示，随着螺杆的转速增大，挤出机模头处的压力不断升高。但是对于规格一定的挤出机，由于受到挤出机减压能力上限，以及配套进气系统压力上限的限制，模头最高压力达到 11.6 MPa。当螺杆转速较低，如 10 Hz 时，模头压力为 2.8 MPa，从图 6-29 中可以看出，此时得到的发泡材料的发泡倍率也很低，泡孔很大，泡孔密度极低。当螺杆转速提高到 20 Hz 后，从图 6-30 可以看出，得到的发泡材料孔径较小，泡孔形貌清晰，但是孔径大小不均一。当螺杆转速提高到 25 Hz 后，泡孔形貌更加规整，泡孔结构更加致密。

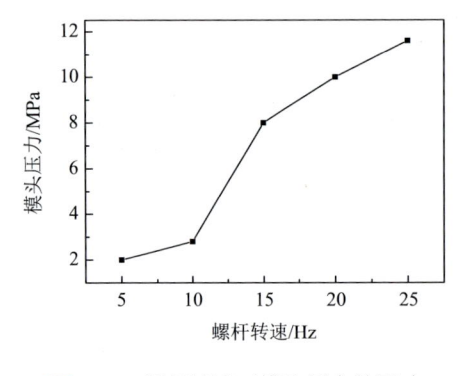

图 6-28 螺杆转速对模头压力的影响

图 6-29 螺杆转速对发泡倍率的影响

对于剪切变稀的非牛顿流体而言，一味单一地提高螺杆转速并不能有效地增大模头压力，适当地降低模头温度则可以有效地增大熔体黏度从而提高熔体压力。CO_2 浓度对成核率影响最小，口模温度其次，压降/压降速率影响最大。为了在模头处获得相对的高压降速率，很多研究者试图从改变能够引发快速降压成核的毛细管口模的结构入手。除了口模的压力之外，口模的内部流道设计通过影响发泡的压降速率对发泡结果也起到重要的影响。口模是挤出发泡过程实现发泡制品成型的最重要部件，其流道的结构尺寸直接关系到制品的外观、精度和质量。发泡模头的内部结构与传统模头设计完全不同，除了需要考虑到聚合物熔体/发泡剂的复杂流变行为，其设计应主要注意两方面问题：一是要避免流道内的积料和堵塞，

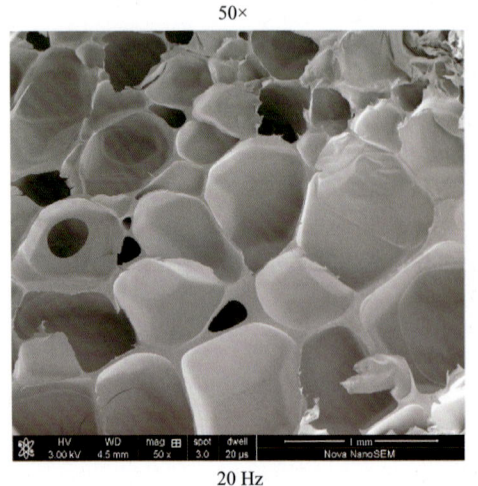

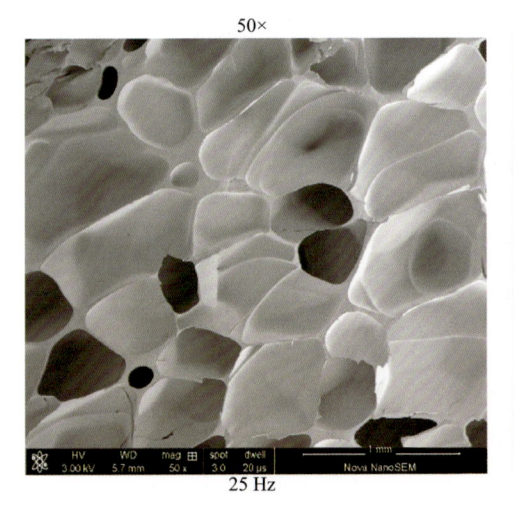

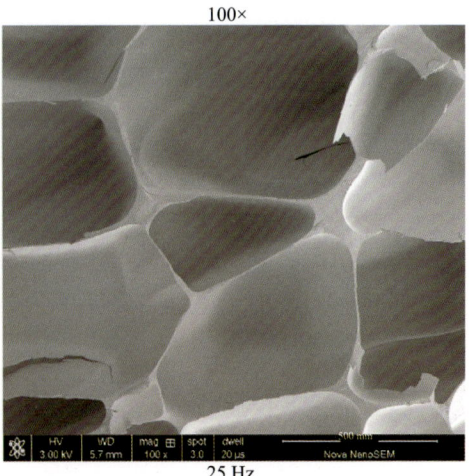

图 6-30 不同螺杆转速下发泡材料的泡孔形貌

使料流尽量均匀地流入成型构件；二是要保证较高的熔体压力，这样不但能够抑制预发泡且在熔体流出口模时还能够形成较高的压降。通过改进模头的结构，实现较高的压降速率，使聚合物/气体均相体系达到过饱和态，利于诱发产生大量的泡核。Park 等[43]研究了口模几何形状对 CO_2 环境下 PS 的挤出发泡倍率的影响。发泡材料的发泡倍率和口模内部流道形状存在着紧密的联系，因为口模流道形状直接影响着模头压力、压降速率、口模压力。不合理的模头设计容易导致气泡提前成核，这对获得较大发泡倍率的发泡材料起到了非常负面的影响。而更大的压降速率有助于获得更大发泡倍率的发泡材料。

螺杆的转速较高时（如 20 Hz），模头压力达到 10 MPa，发泡倍率达到 8.73。随着模头压力的升高，如表 6-4 所示，发泡材料的平均孔径从 512 μm 下降到 449 μm，泡孔密度也从 0.65×10^5 个$/cm^3$ 显著上升到 1.04×10^5 个$/cm^3$。模头压力的升高增大了气体在聚合物熔体中的溶解度，当体系压力快速下降时，会引发热力学不稳定状态。溶解在熔体中的气体量直接影响发泡材料的泡孔密度。气体的溶解量越大，越容易均相成核，得到更大的泡孔密度的材料。

表 6-4 不同螺杆转速下的发泡材料的孔径和泡孔密度

螺杆转速/Hz	模头压力/MPa	发泡倍率	平均孔径/μm	平均泡孔密度/(个$/cm^3$)
20	10.0	8.73	512	0.65×10^5
25	11.6	8.92	449	1.04×10^5

从图 6-31 中可以看出，随着进气量的增加，PET 的发泡效果得到显著提高，泡

孔从稀疏的肉眼清晰可见的大泡逐渐缩小到肉眼不能辨识的致密的小泡。图 6-32 表示的是不同进气量下的发泡样品的发泡倍率。从图中可以看出，进气量为 0.1～5 mL/min 时，发泡倍率随着进气量的增大而接近线性增长。当进气量超过 5 mL/min 时，发泡倍率呈平稳状态，只存在小幅波动，接近于 10。

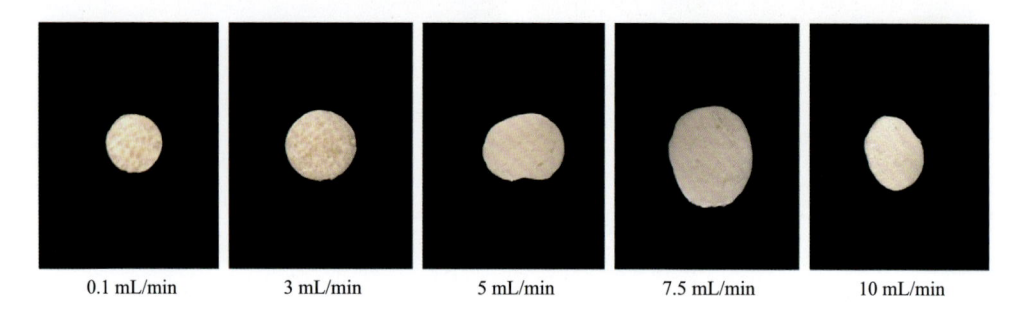

图 6-31　不同进气量下得到的发泡材料横截面图

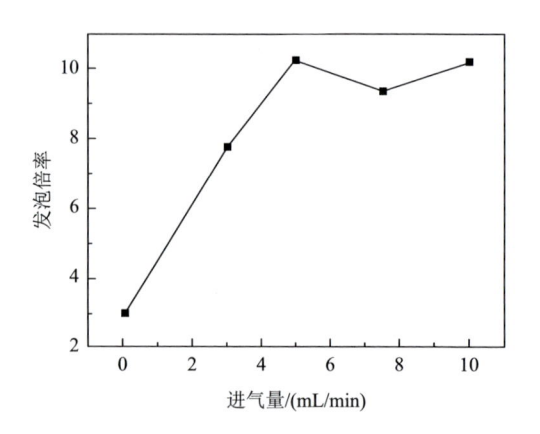

图 6-32　进气量对发泡倍率的影响

图 6-33 为不同进气量下发泡样品的 SEM 图，从图中可以看出，随着进气量的增加，泡孔的直径逐渐减小，泡孔密度逐渐增大。从图 6-34 中可以看出，随着进气量从 5 mL/min 增加到 10 mL/min，平均泡孔直径从 943 μm 下降到 394 μm，泡孔密度从 0.178×10^5 个/cm^3 上升到 1.322×10^5 个/cm^3。根据经典成核理论，成核速率、成核数量取决于单位体积熔体中溶解的气体量。当模头压力和温度一定时，气体的溶解度也是固定的。当熔体中气体含量低于溶解度时，更多的气体分子溶解在熔体中，意味着更多的成核点。当熔体中气体含量超过溶解度时，更多的气体不能形成成核点。相反地，超过溶解度的进气量会引起模头发泡压力的波动从而导致挤出发泡过程的不稳定。进气量超过溶解度过多时，甚至会引起串流，导致发泡过程无法进行。

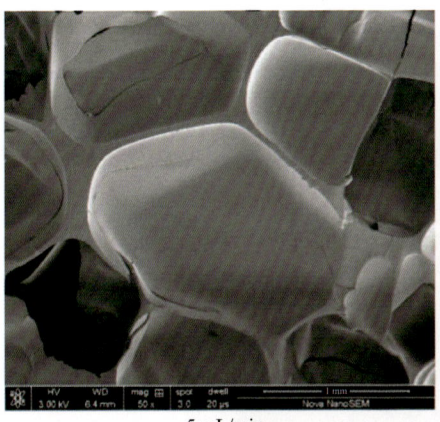

5 mL/min

7.5 mL/min

10 mL/min

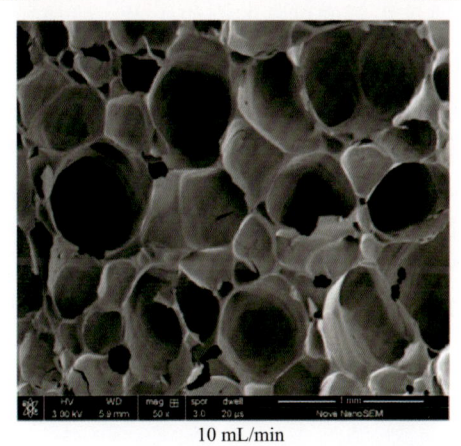

图 6-33　不同进气量下发泡材料的泡孔形貌

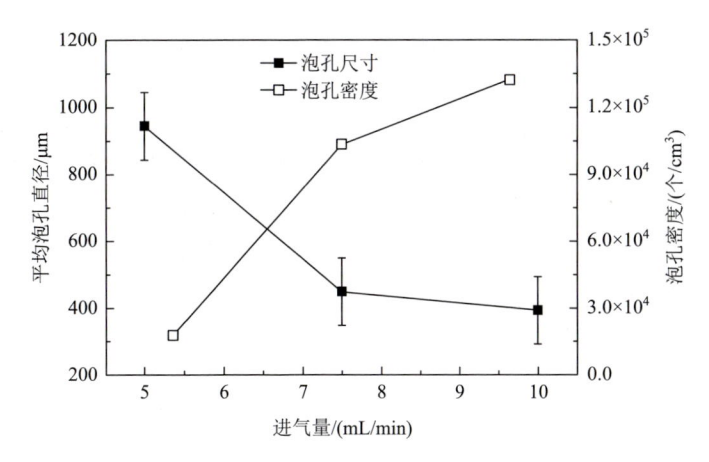

图 6-34　进气量对泡孔直径和泡孔密度的影响

图 6-35 为螺杆转速为 25 Hz、进气量为 10 mL/min、添加 0.1 wt%纳米二氧化硅得到的发泡材料的扫描电镜图，从图中可以看出，发泡样品的泡孔结构为规整的闭孔结构，孔壁清晰，泡孔致密。表 6-5 中比较了相同工艺条件下，添加 0.1 wt%纳米二氧化硅对发泡结果的影响。添加 0.1 wt%纳米二氧化硅的发泡材料的发泡倍率从相同工艺条件下的 10.18 下降到 9.45，孔径从 449 μm 下降到 265 μm，而泡孔密度从 1.04×10^5 个$/cm^3$ 增大到 4.58×10^5 个$/cm^3$，发泡效果得到了很大的提高。成核剂的加入使得挤出发泡中的成核过程不再是单一的气体过饱和引发的均相成核机制，而转变成均相成核和异相成核共存的机制。均相成核的作用被削弱，因为成核剂的加入降低了成核自由能垒。异相成核点的形成有利于增加成核数量。在一定范围内，成核剂的含量越高，成核效果越好。一般来看，加入大量的成核剂，有利于避免均相成核需要的过高的饱和压力。但是异相成核点的数量要少于均相成核点，成核剂的加入不能无限制地改善发泡效果。然而，过量的成核剂，不但会增加产品的成本，也会对发泡材料的机械性能产生不良的影响。所以成核剂的加入量要控制在一个合适的范围内。成核剂的尺寸对发泡效果也有明显的影响。加入微米级的成核剂导致了熔体的拉伸硬化现象的减弱甚至消失。当向发泡体系中加入滑石粉，PP 熔体的应变硬化现象受到了负面影响，甚至在加入玻璃纤维时，出现了应变软化现象。相反地，纳米级成核剂的加入不但没有破坏熔体的拉伸硬化行为，而且有利于阻碍气泡的过度生长，容易得到孔径更小的发泡材料。纳米黏土的含量要保持在合适的范围内。

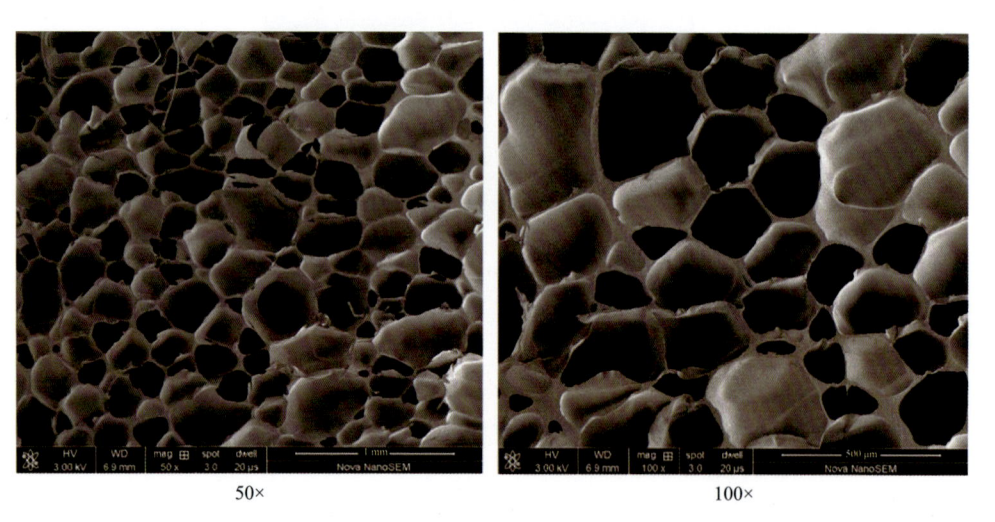

图 6-35　添加 0.1 wt%纳米 SiO_2 发泡材料的泡孔形貌

表 6-5　成核剂对发泡材料的孔径和泡孔密度的影响

发泡样品	模头温度	螺杆转速/Hz	进气量/(mL/min)	发泡倍率	纳米 SiO_2 含量/wt%	平均孔径/μm	平均泡孔密度/(个/cm³)
1	合适	25	10	10.18	0	449	1.04×10^5
2	合适	25	10	9.45	0.1	265	4.58×10^5

从图 6-36 中可以看出，发泡样品的孔径符合高斯分布。挤出发泡样品一般都会存在大小泡孔同时存在的现象，也就是一定泡孔尺寸分布。对于拟合的曲线来讲，峰宽表示孔径的分布范围，峰宽越大表示泡孔尺寸分布范围越宽，泡孔尺寸不均匀。峰宽越小表示泡孔尺寸分布范围越窄，泡孔分布得越均匀。对比无成核剂和 0.1 wt%纳米 SiO_2 条件下泡孔的拟合曲线可以发现，成核剂的加入减小了拟合曲线的峰宽，意味着促进了泡孔尺寸的均一。

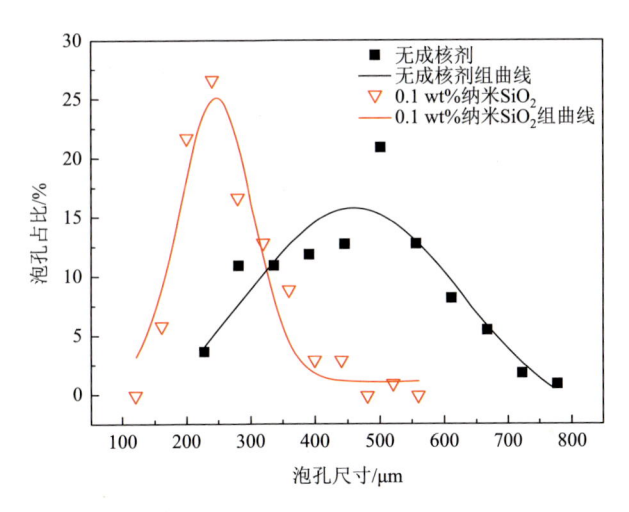

图 6-36　成核剂对泡孔分布的影响

6.4.3　超临界 CO_2 辅助的聚酯反应改性与发泡一体化技术及其产业化应用

国际上主要的 PET 发泡芯材供应商是德国 Gurit 公司、瑞士 3A Composites 公司、比利时的 Armacell 公司以及瑞典的 Diab 公司，这四家公司完全垄断了全球的 PET 发泡芯材的生产及供应。

德国 Gurit 公司的 PET 发泡技术是收购的德国 BASF 的技术，而 BASF 是当年从意大利 B. C. Foam 公司收购的 PET 发泡生产线，采用一阶同向低速旋转双螺杆挤出机接静态混合器的配置形式。

比利时的 Armacell 公司、瑞士 3A Composites 和瑞典 Diab 公司等也均为类似的工艺布置形式，这三家公司的设备来源也是意大利，可以说技术是同宗同源，只是在双螺杆和静态混合器的配置方面稍有不同，目前这四个厂家的最大规模生产线均为 500kg/h 的产量。其中产能最大的 Armacell 公司提供了其工艺技术的说明材料，证实了其工艺需要对 PET 树脂进行前期的预结晶干燥，以及采用环戊烷作为发泡剂体系。

如 6.4.1 节所述，尽管挤出发泡设备形式略有不同，但目前 PET 泡沫材料的主流制备工艺为聚酯反应改性与发泡一体化，PET 发泡技术的工艺特点可以概括如下：

（1）原料需要进行预结晶干燥处理。
（2）均采用环戊烷作为发泡剂。
（3）双螺杆内进行 PET 改性提升 PET 熔体强度。
（4）采用多孔条机头成型，后续还需要对挤出板材进行焊接处理。

国内则由北京化工大学何亚东教授和南京创博挤出设备有限公司于 2018 年共同开发推出了新一代的 PET 免干燥-反应扩链-超临界流体发泡一体化生产线，打破了国外公司对于 PET 挤出发泡设备的垄断地位。

对比目前国外的 PET 挤出发泡工艺，其具有以下优势：

（1）采用常规 PET 瓶级原料，适用于回收 PET 瓶片料。
（2）PET 原料无需经过预结晶干燥工艺，节省能耗、设备投资及场地。
（3）优化的反应扩链体系可调节熔体黏弹性，易于控制发泡过程和调控性能。
（4）采用 CO_2 复合发泡工艺，提升工艺安全性，优化泡孔形貌。

近几年来，国内设备厂商如南京越升挤出机械有限公司、上海汉塑机械设备有限公司也实现了 PET 挤出发泡设备的商业化开发，相应地，国内 PET 发泡材料的发展也十分迅速，风力发电领域 PET 泡沫材料对于 PVC、Balsa 木的替代趋势也更加明显。

PET 泡沫材料作为一种力学性能优异、使用温度极高的新型材料，其具有在很多场景的应用潜力，如汽车行业、装配式建筑、家具装饰等。因此，继续开发 PET 泡沫材料的高效阻燃技术、复合增韧技术，将为 PET 泡沫材料的更广泛应用奠定基础。

6.5 超临界 CO_2 挤出发泡聚酰胺-6 技术

6.5.1 高熔体强度聚酰胺-6 的可控制备及流变表征

PA6 作为一种半结晶型热塑性聚合物，其强度高、韧性好、耐磨和耐化学腐蚀，广泛应用于制备纤维和工程塑料。常规 PA6 作为一种线型分子结构的结晶聚合物，其熔体强度低，无法用于拉伸流动占主导的熔融发泡等领域。通过扩链/长链支化等化学改性手段将长支链引入聚合物基质中可以大大增强聚合物的熔体黏弹性，从而改善它们的发泡性能。与线型聚合物发泡产品相比，扩链/长链支化改性可以制备出具有更大体积倍率、更宽的发泡加工窗口、更小的泡孔尺寸、更高的泡孔密度及更窄的泡孔孔径分布的聚合物泡沫。另外，长支链可以增强泡孔生长的稳定性，明显减少泡孔聚并且减少开孔含量。通过调控扩链[44]及长链支化特性[45, 46]（支链长度、支化分数等）来优化调控 PA6 的黏弹性，进而改善其可发泡性能。

1. 多官能团扩链反应制备高熔体强度 PA6

通过筛选性能优异的多官能团改性剂对线型 PA6 进行扩链改性以制备具有高熔体强度的改性 PA6[44]。优选的三种多官能团扩链剂分别为 1, 1'-间苯二甲酰基二己内酰胺（IBC）、2, 2'-双-(2-噁唑啉)（BOZ）和商用环氧扩链剂 KL-E4370（EP）。图 6-37 的流变测试结果显示，与线型 PA6（V-PA6）相比，改性 PA6 样品（IBC

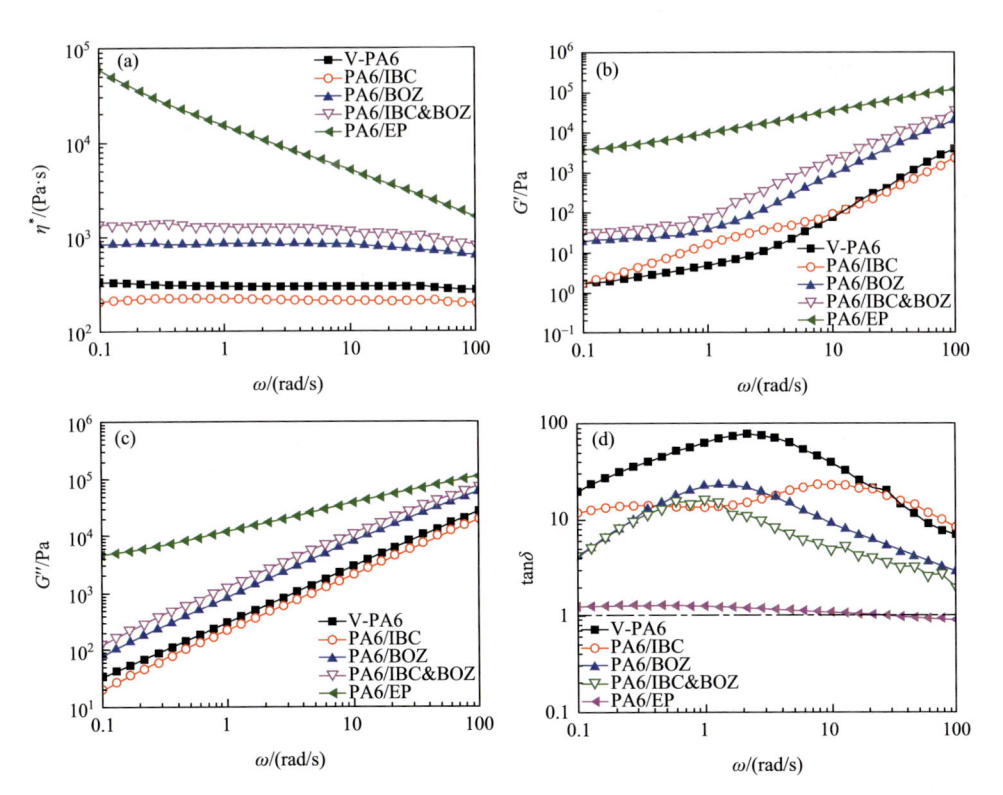

图 6-37 线型和改性 PA6 样品的复数黏度 η^*（a）、储能模量 G'（b）、损耗模量 G''（c）和损耗角正切 $\tan\delta$（d）与角频率的关系

改性样品除外）具有更高的复数黏度、储能模量和损耗模量，更低的损耗角正切值以及更明显的剪切变稀现象。此外，扩链剂增黏效果由强到弱如下：EP、IBC & BOZ、BOZ 和 IBC。其中 EP 的扩链反应比 IBC、BOZ 或 IBC & BOZ 的扩链反应在改善黏弹性方面更为显著。

现通过三种扩链剂的改性机理及可能获得的改性产物的分子结构（图 6-38）来解释扩链剂增黏效果的差异。BOZ 是 PA6 理想的羧基型扩链剂，其主要与 PA6 的端羧基反应，进而获得双臂结构的扩链改性产物；而 IBC 是 PA6 理想的氨基型扩链剂，其主要与 PA6 的端氨基进行反应，也可获得双臂型的扩链改性产物。而工业上大多采用羧基封端反应来大规模生产 PA6，因此 PA6 分子链上具有较多的端羧基。PA6 分子链存在的大量端羧基使得 BOZ 与 PA6 的端基接触并反应的概率更大，从而导致扩链反应更容易发生，最终 BOZ 改性 PA6 的效果优于 IBC。其中，IBC 改性的 PA6 的黏度值相比未改性的线型 PA6 也较低，这是由于 IBC 与 PA6 的反应活性较低且加工过程中发生了热、氧降解。IBC&BOZ 组合的扩链剂与 PA6 的端氨基和端羧基均可以反应获得双臂型扩链产物，因此其扩链效果比单

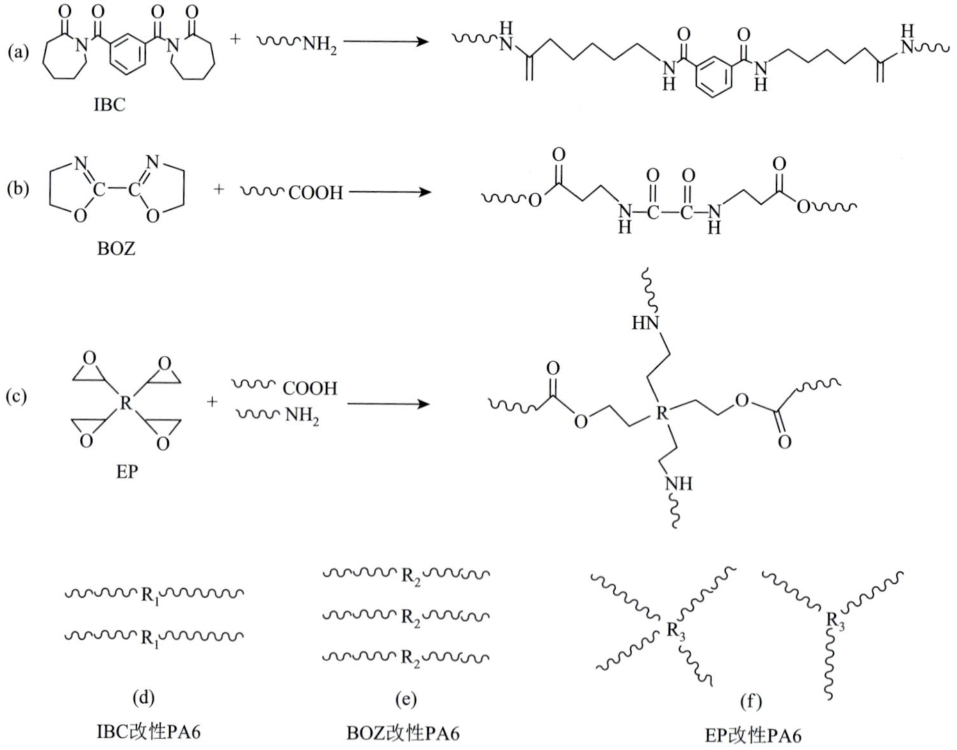

图 6-38 扩链改性的基本反应示意图及反应产物的可能拓扑结构

一的扩链剂 BOZ 或 IBC 更有效。EP 作为含有多环氧官能团的高效扩链剂，它可以同时与 PA6 的端氨基和端羧基发生反应且反应活性更高，甚至会导致体系的支化和交联，因此必须严格控制扩链剂的用量。由图 6-38 中的反应机理可知，EP 改性产物可能呈现出三臂或多臂的星型结构，因而 EP 改性 PA6 反应体系的黏弹性提升最为明显。特别地，在频率扫描范围内，经 EP 改性的 PA6 的损耗角正切是所有改性 PA6 样品中最低的，该值在高频下甚至小于 1，即 $G'>G''$，表明弹性在黏弹性中处于主导地位，这种流变行为在发泡过程中维持了气泡稳定生长并避免了气泡的破裂。

2. 支链长度可控的高熔体强度聚酰胺-6 的制备

研究表明，相比于使用单一环氧改性剂的扩链改性手段，使用复配多官能化改性剂的长链支化改性手段所制备的 PA6 产品因具有更高的熔体强度及更长的链松弛时间，在改善泡孔生长稳定性和拓宽发泡温度窗口方面起着重要作用。图 6-39 为长链支化反应机理及反应产物可能的拓扑结构。首先，由于环氧基与羧基之间的反应活性远高于环氧基与氨基[47]，线型 PA6（Ⅰ）链中的端羧基可与环氧扩链剂 ADR 的环氧基快速反应生成星型产物（Ⅱ）。同时，产物（Ⅱ）中端氨基上的活泼氢与遍布在马来酸酐接枝聚丙烯（MAH-g-PP）链上马来酸酐的 C—O 键发生反应，并形成了稳定的环状亚酰胺结构[48]，最终生成了具有长链支化拓扑结构的产物（Ⅲ）。其中 PP 作为长支链分子的主链，而线型 PA6 作为长支链分子的侧链。根据图 6-39 中的反应机理，以一系列黏度不同（即分子量不同）的线型 PA6 作为反应原料，可控制备了具有不同支链长度的长链支化 PA6（LCB-PA6）产品[45]。

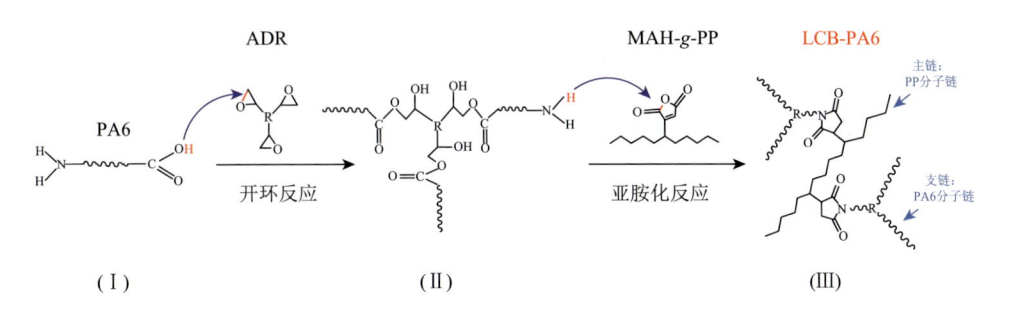

图 6-39 聚酰胺-6 的长链支化反应示意图

零剪切黏度 η_0 与重均分子量 M_w 的相关性分析可用于定性确定长支链存在并量化长链分支结构特性。图 6-40 为线型和 LCB-PA6 树脂的零剪切黏度 η_0 与重均分子量 M_w 关系图。对于线型及一些短支链聚合物，当其重均分子量 M_w 大于其临界摩尔质量 M_c 时，η_0 随 M_w 增加而增加且二者遵循指数为 3.4~3.6 的幂律关系。从图 6-40 可以清楚地看出，线型 PA6（即 VPA6-1、VPA6-2、VPA6-3 和 VPA6-4）

的 η_0 与 M_w 具有良好的相关性（如红色实线所示），且二者关系大致遵循公式：$\eta_0 = 7.59 \times 10^{-3} M_w^{3.4}$，显而易见的是，三个改性的 PA6 样品（分别命名为 LCB-M_b1.0，LCB-M_b3.3 和 LCB-M_b4.5，命名中的数字代表支链的相对长短）相对于线型参考线（上述红色实线）有很明显的上扬趋势，表明改性样品中存在长链分支结构[13]。为了定量地描述 LCB 样品的支链长度、重均分子量 M_w 和零剪切黏度 η_0 三者之间的关系，一些学者提出了以下公式[13]来描述图 6-40 中所绘制的蓝色虚线：$\eta_0 \propto (M_b/M_e)^\alpha \cdot \exp(v \cdot M_b/M_e)$，其中，$\alpha$ 和 v 为 1 和 0.5 左右的常数；M_e 为相邻两个缠结点之间的特征摩尔质量；M_b 为长支链的摩尔质量。因此，将本研究中三种 LCB-PA6 的 η_0 值从低到高依次代入上述 η_0-M_b 公式可以算得其对应的支链长度比为 1：3.3：4.5，三种 LCB-PA6 的命名规则源于此。然而，根据图 6-39 的反应机理，LCB-PA6 的支链长度理论上应为所添加线型 PA6（即 VPA6-1、VPA6-2 和 VPA6-3）的链长，并根据线型 PA6 重均分子量计算出相应的支链长度比为 2.0：3.3：4.6。二者的偏差可能是由于链长度较短的线型原料 VPA6-1 在加工过程中经历强剪切而产生链断裂及热、氧降解。

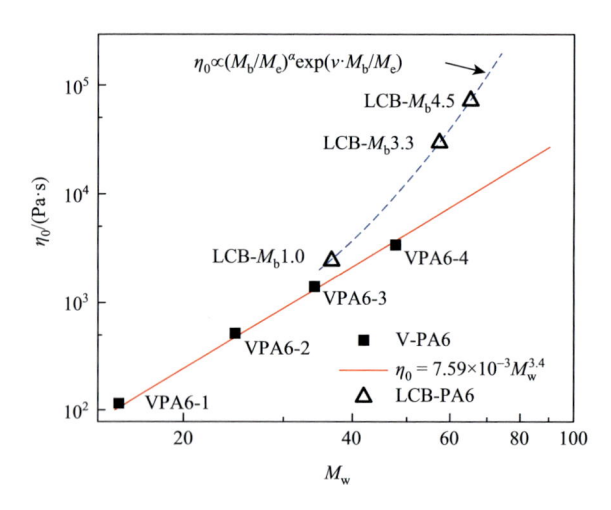

图 6-40 线型和 LCB-PA6 树脂的零剪切黏度 η_0 与重均分子量 M_w 关系图

图 6-41 给出了三种不同支链长度的 LCB-PA6 样品在不同拉伸速率下瞬时拉伸黏度随时间变化图。图 6-41 中的红色虚线由线性黏弹性函数（LVE）算得，其计算公式如下：$\eta_{E,LVE}^+ = 3\eta^+(t) = 3\sum g \cdot \lambda [1-\exp(-t/\lambda)]$，其中，$(g, \lambda)$ 为线型 PA6 和 LCB-PA6 的离散时间谱。LVE 模型的预测值与较小 Hencky 应变下的实验黏度值具有良好的一致性，表明实验结果的可靠性。线型聚合物的熔体强度很低，因此拉伸试验过程中熔体破裂而呈现出所谓的应变软化行为。相反地，图 6-41 中的所

有 LCB-PA6 样品在较高的应变速率（>0.01 s^{-1}）下均表现出应变硬化行为。这是由于长支链之间的缠结对外界应力变形形成了阻滞作用并产生了应力累积，从而导致应变硬化现象出现。此外，应变速率越高，长支链聚合物的应变硬化行为越早发生。在聚合物发泡过程中，源自气泡生长的双轴拉伸应力施加在聚合物基质上，如果聚合物基质表现出较弱的应变硬化而无法承受该拉伸力，则泡孔壁会破裂，气体从聚合物中逃逸，从而无法制得高发泡倍率的高性能泡沫。因此，聚合物的应变硬化行为对气泡生长及稳定性起着至关重要的作用。

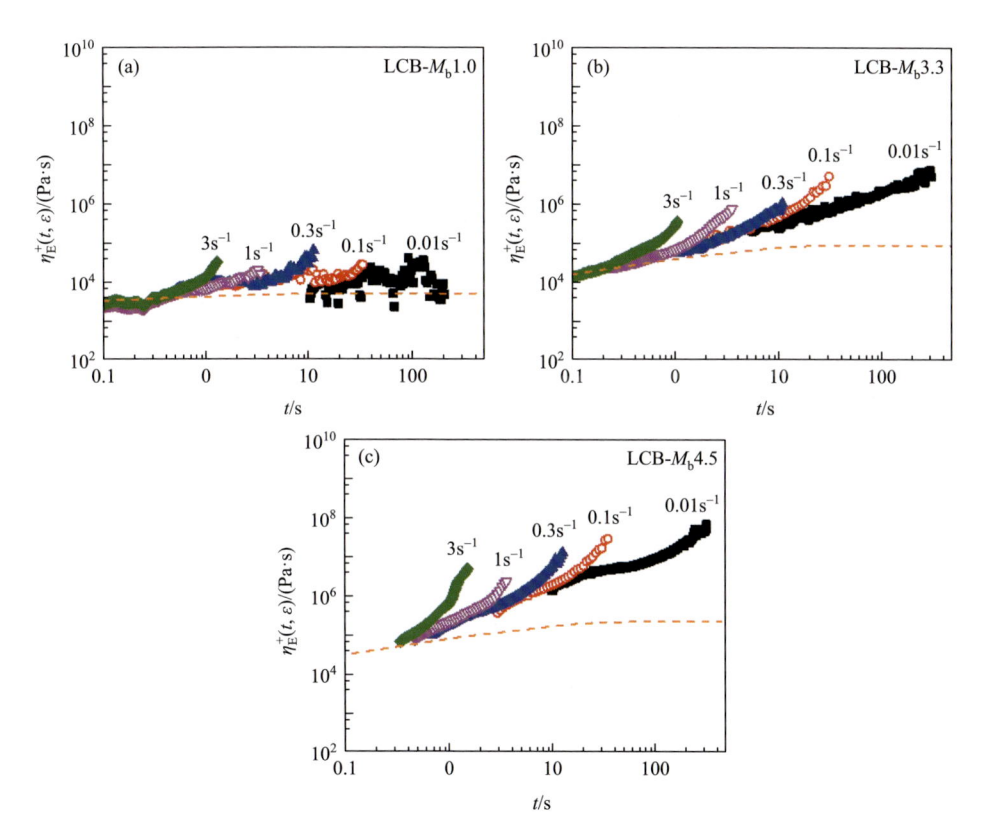

图 6-41 各种长链支化 PA6 样品 LCB-M_b1.0（a）、LCB-M_b3.3（b）和 LCB-M_b4.5（c）在不同拉伸速率下瞬态拉伸黏度随时间变化图

虚线为 LVE 模型预测值

3. 支化分数可控的高熔体强度聚酰胺-6 的制备

除了支链长度，长链支化聚合物的支化分数（支化结构所占的比例）这一物性对聚合物的黏弹性及熔融发泡性能的影响也非常显著。高支化分数的长链支化聚合物发泡后通常呈现出泡孔大小均一、发泡倍率大、闭孔率高和发泡加工温度

窗口宽等优异特性。在此，选取同一种线型 PA6 为原料，通过改变环氧扩链剂的添加量并借助反应挤出手段可控制备支链长度相当但支化分数不同的 LCB-PA6 和交联 PA6 改性样品[46]。图 6-42 展示了所有 PA6 样品的复数剪切黏度 η^*、储能模量 G'、损耗模量 G'' 和损耗角正切 $\tan\delta$ 与扫描频率 ω 的关系。在图 6-42（a）中，线型 PA6 显示出低剪切敏感性、低复数黏度和宽牛顿平台区，但 LCB 的引入明显改变了 PA6 流变性能。随着扩链剂添加量的增加，复数黏度变得更高，剪切变稀行为更加明显，同时牛顿平台区到剪切变稀区转换点逐渐向低频区移动。理想的聚合物熔体（如线型聚合物）的动态模量与扫描频率在低频区具有良好的幂律相关性，即 $G' \propto \omega^2$ 和 $G'' \propto \omega$。与 G'' 相比，G' 可提供更多关于聚合物松弛机制等。在图 6-42（b）、（c）中可以看出，未改性的 PA6 表现出典型的线型聚合物末端行为。然而随着 LCB 程度的增加，低频时 G'-ω 曲线斜率逐渐降低并趋于平稳，表明聚合物体系中存在具有长松弛时间和类似固体行为的拓扑结构。在图 6-42（d）中，LCB 结构的引入降低了 $\tan\delta$，这表明 LCB-PA6 具有更高的熔体强度。特别地，LCB-4.0 样品的 $\tan\delta$ 值非常低，在测试的频率范围内该值在 1 上下波动。

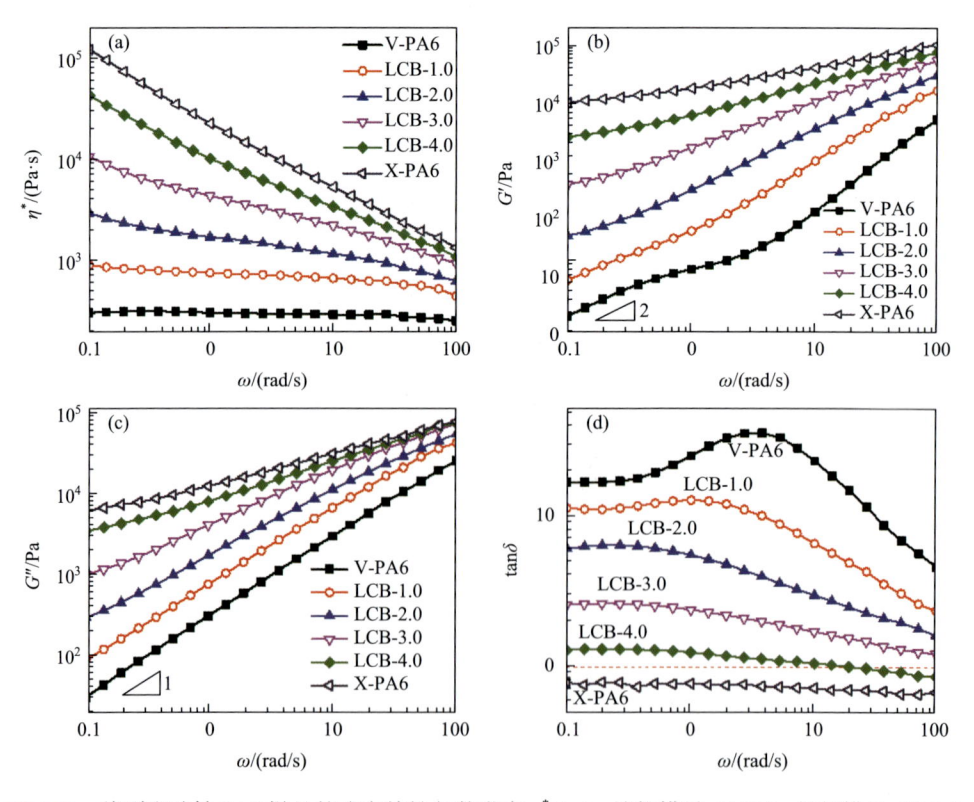

图 6-42 线型和改性 PA6 样品的流变特性复数黏度 η^*（a）、储能模量 G'（b）、损耗模量 G''（c）和损耗因子 $\tan\delta$（d）随角频率 ω 变化图

Tsenoglou 和 Gotsis 基于其大分子动力学模型[49]，提出了一种简单的流变分析方法来估算长链支化程度（LCBI），公式如下[49]：LCBI = ln($\eta_{0,LCB}/\eta_{0,L}$)/[$\alpha(M_L/M_C-1)-3\ln(M_L/M_C)$]，其中，$\alpha$ 约为 0.42；M_C 为 PA6 链初始缠结时对应的分子量，其值约为 5000[50]；$\eta_{0,LCB}$ 为 LCB 聚合物的零剪切黏度；$\eta_{0,L}$ 和 M_w（35200）[46] 分别为线型聚合物的零剪切黏度和重均分子量，其中，$\eta_{0,LCB}$ 和 $\eta_{0,L}$ 可由 Carreau 型函数[39]确定：$\eta^* = \eta_0/(1+\omega/\omega_c)^m$。其中，$\eta_0$ 为线型 PA6 和 LCB-PA6 的零剪切黏度；ω_c 为剪切变稀区域开始时对应的临界频率；m 为剪切变稀区域的双对数斜率，用来描述剪切变稀程度。表 6-6 列出了线型和改性 PA6 的相关流变参数。线型 PA6 的零剪切黏度为 3.13×10^2 Pa·s，而 LCB-4.0 样品的零剪切黏度值则增加了两个数量级，其值高达 6.86×10^4 Pa·s。具有较高剪切稀化程度的 LCB-4.0 样品也表现出明显的剪切变稀行为。因此，通过 LCB 改性，LCB-4.0 样品获得了高熔体黏度和熔体强度。值得注意的是，随着扩链剂含量从 1.0 wt%增加到 4.0 wt%，LCBI 从 0.18 显著增加到 0.98，这表明 LCB-4.0 样品几乎达到了超高支化水平，因为 LCBI 值为 1 被认为是交联网络结构的形成点。通过调整扩链剂的添加量成功制备了具有超高 LCB 程度的高熔体强度 PA6，这为工业大规模反应挤出生产 LCB-PA6 提供了理论指导。

表 6-6　线型及改性 PA6 样品的流变参数

样品	扩链剂含量/wt%	η_0/(Pa·s)	m	LCBI	调整后 R^2
V-PA6	0	3.13×10^2	0.05	0	0.975
LCB-1.0	1.0	8.48×10^2	0.11	0.18	0.987
LCB-2.0	2.0	2.75×10^3	0.25	0.38	0.993
LCB-3.0	3.0	1.07×10^4	0.44	0.65	0.991
LCB-4.0	4.0	6.86×10^4	0.79	0.98	0.995
X-PA6	5.0	2.34×10^5	1.01	—	0.990

6.5.2　聚酰胺-6 的挤出发泡行为

滑石粉因具有高效的成核效率、良好的分散性以及低成本等优点，常被用作聚合物发泡加工过程中的成核剂。进一步将不同支化度的 LCB-PA6 与滑石粉进行挤出共混，从而制备出一系列具有不同支化度的 PA6/滑石粉复合物，通过以 CO_2 为发泡剂的串联挤出发泡系统，对各种 PA6/滑石粉复合物的发泡性能进行考察[51]。图 6-43 为各种 PA6 复合物在不同发泡温度下的泡孔形貌图。尽管 VPA6T 样品（线型 PA6 与滑石粉共混所得）具有极低的零剪切黏度，但由于滑石粉的加入稍稍改

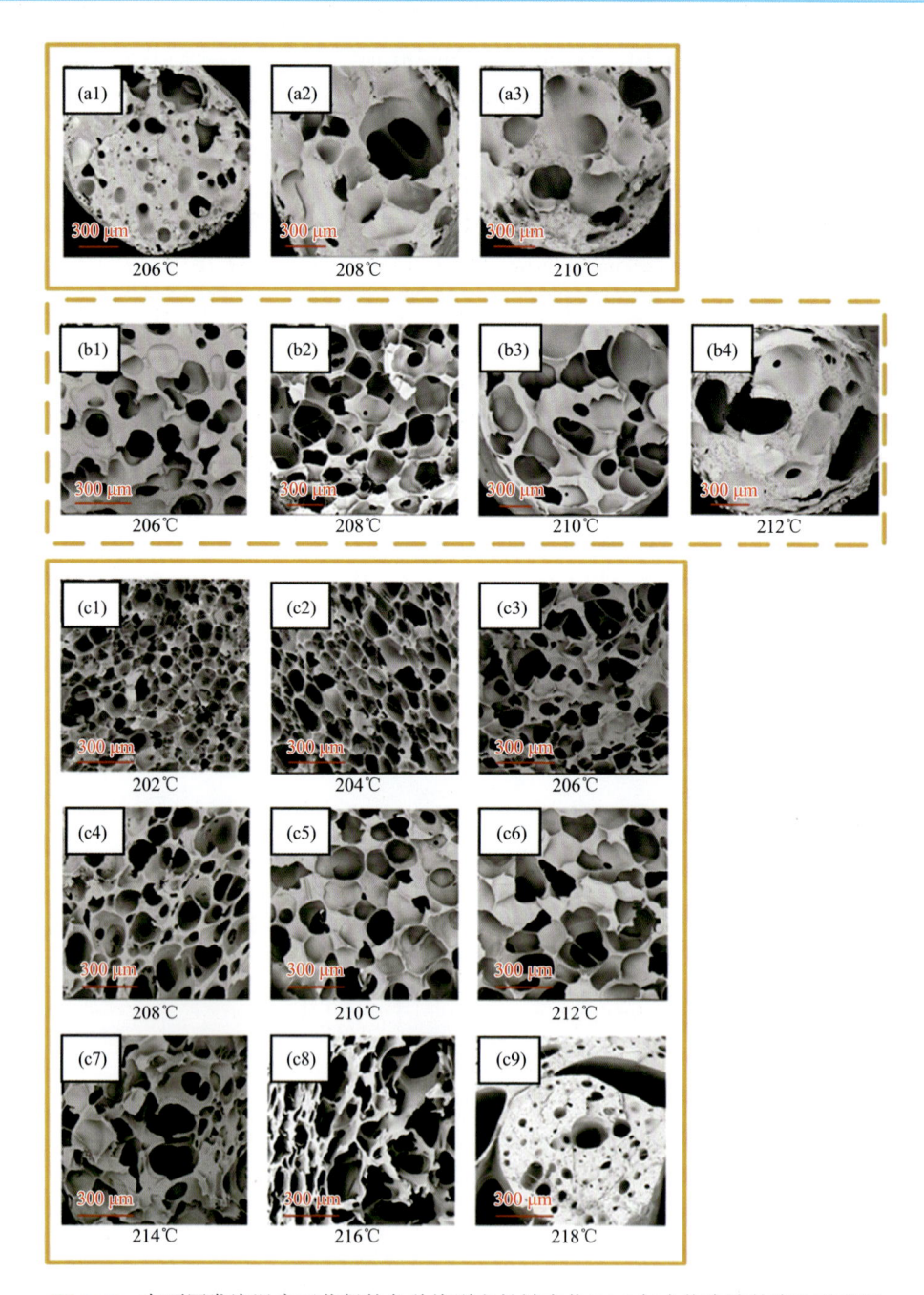

图 6-43　在不同发泡温度下获得的各种线型和长链支化 PA6 复合物泡沫的泡孔形貌图
(a) VPA6T；(b) LCB-2.0T；(c) LCB-4.0T

善了其拉伸流变性能，其在模头温度为 206～210℃时可发泡。然而所得的 VPA6T

挤出泡沫样品呈现出泡孔尺寸较大、发泡倍率较低以及发泡加工窗口较窄等缺陷。LCB 结构的引入大大改善了 PA6 复合物的挤出发泡性能。从图中可以发现，具有超高支化度的 LCB-4.0T（高支化度 LCB-4.0 样品与滑石粉共混所得）经挤出发泡后可获得孔径较小、致密且发泡窗口较宽的泡沫产品。为了量化各种 PA6 复合物泡沫的泡孔形貌演变，计算所得的平均泡孔尺寸、泡孔密度和发泡倍率随温度变化图绘制于图 6-44 中。发泡温度的增加不仅可以有效降低 PA6 熔体的黏弹性而减少对泡孔生长的限制，而且还提升了 CO_2 在聚合物熔体中的扩散能力，从而促进了气泡的生长。因此，如图 6-44（a）所示，三种 PA6 复合物的平均孔径随着发泡温度的升高而大体呈现增加的趋势。此外，聚合物在低温发泡时基体承受的拉伸应力（源于泡孔生长时的双轴拉伸过程）比高温情况下更高，而该应力可有效提高 CO_2 过饱和水平。基于经典成核理论，发泡温度的降低通过提升过饱和水平而使得气泡临界半径 R_{cr} 减小，进而使泡孔成核速率大大提升。因此，随着发泡温度的升高，三种 PA6 复合物的最终泡孔密度降低 [图 6-44（b）]。值得注意的是，

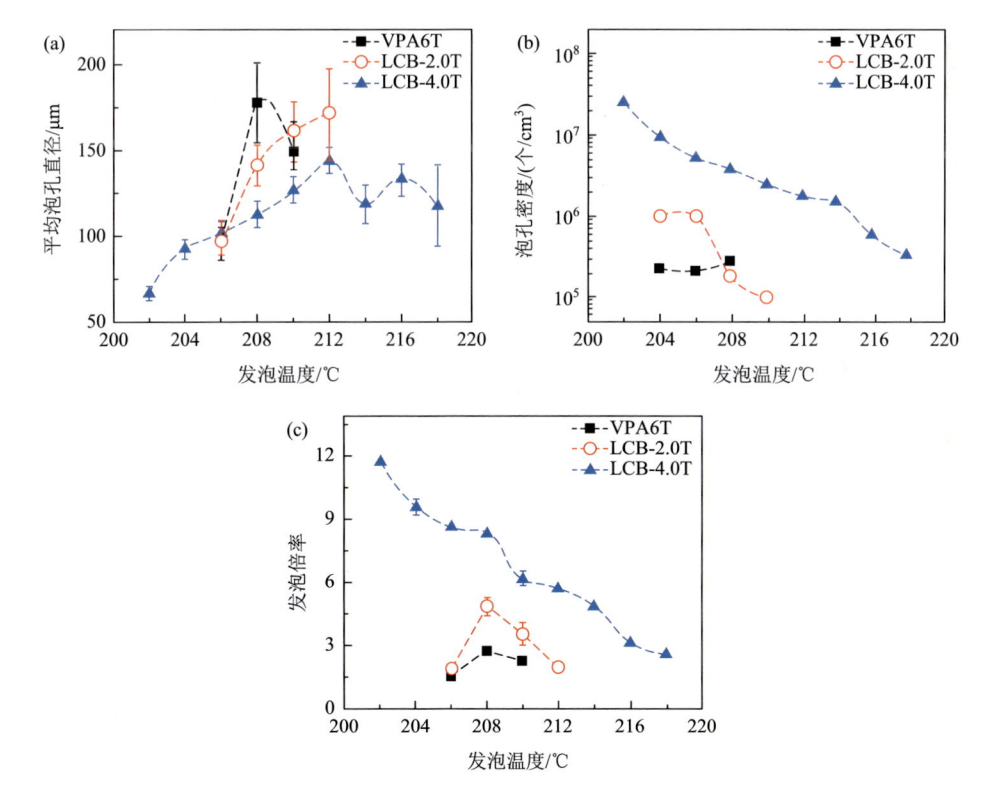

图 6-44 在不同的发泡温度下获得的各种线型和长链支化 PA6 复合物泡沫特性表征
（a）平均泡孔直径；（b）泡孔密度；（c）发泡倍率

具有高熔体强度的超高支化度 LCB-4.0T 复合物模头温度为 202℃时，可获得平均孔径低至 66.7 μm、泡孔密度高达 2.53×10^7 个/cm³ 的高性能泡沫，而 VPA6T 和低支化度 LCB-2.0T 挤出泡沫样品的最小孔径和最大泡孔密度分别为 97.6 μm、96.6 μm 和 2.75×10^5 个/cm³、9.92×10^5 个/cm³。

在图 6-44（c）中，VPA6T 和低支化度 LCB-2.0T 复合物挤出样品呈现出典型的"峰形"发泡倍率-温度曲线，表明高温下泡沫肤层气体逃逸与低温下的聚合物基质固化之间存在竞争关系。一般来说，最低的发泡温度由聚合物的结晶性能决定，这是因为在发泡过程中，聚合物基质在结晶温度下会"冻结"，无法获得高倍率的理想泡沫；而最高的发泡温度是由聚合物的熔体弹性和熔体强度决定，因为高温下大量气体由泡孔壁逃逸而使得用于气泡生长的气体量大大减少，从而导致所得泡沫样品倍率极低。而 LCB-4.0T 复合物泡沫并未呈现出典型的"峰形"发泡倍率-温度曲线，这是由于当模头温度设定值低于 202℃时，模头压力因 PA6 复合物结晶而急剧上升（>24.1 MPa），与此同时，因结晶还发生了模头堵塞，使得实验终止。与 VPA6T 和低支化度的 LCB-2.0T 相比，LCB-4.0T 具有更低的发泡窗口下限（202℃）及更高的发泡温度上限（218℃），这是由于 LCB-4.0T 样品具有较低的结晶速率和较高的熔体强度。如前所述，聚合物发泡窗口下限一般由其结晶性能决定，而发泡窗口上限一般由其流变性能决定。具有超高支化度的 LCB-4.0T 复合物表现出最低的结晶速率，而 LCB-4.0T 延缓的结晶过程使得挤出发泡过程可以在更低的温度下进行，一定程度上拓宽了其发泡窗口下限。在气泡生长过程中，相邻气泡之间的聚合物基质被双轴拉伸而引起泡孔壁应变硬化行为。而超高支化度的 LCB-4.0T 样品则表现出更为明显的应变硬化现象以及较高拉伸黏度等高熔体强度特性，从而有效抑制了泡孔壁破裂及 CO_2 从聚合物基质中逃逸，大量 CO_2 被用于泡孔生长及泡沫发泡倍率的增加。即使在较高的温度（218℃）下，超高支化度的 LCB-4.0T 样品在拉伸变形过程中应变硬化程度的显著提高也极大增强了其可发泡性能，因此可获得高达 11.8 的发泡倍率以及宽达 16℃的发泡加工窗口。

6.6 本章小结

挤出发泡是快速、高效制备聚合物泡沫的连续化过程，且易于规模化生产。挤出发泡设备类型、工艺参数、发泡原材料特性将决定最终泡沫产品的质量。从设备类型来看，筛选合适的螺杆类型、模头形状以及相关辅助设备是挤出发泡稳定、连续运行以获取高性能泡沫产品的关键；从工艺参数来看，模头的温度调控以及出模头后的冷却过程对于最终泡沫产品的泡孔形貌、发泡倍率影响巨大；从发泡原材料的特性来看，开发高熔体强度聚合物是获得低密度泡沫的重要前提。因此，实现挤出设备-工艺-发泡原料耦合和匹配是生产高性能挤出泡沫的重要前提。

关于聚合物挤出发泡的未来几个发展方向值得关注：①通过对发泡原材料进行原位聚合、共混等改性，进而赋予挤出发泡产品多功能特性，使其更好地应用于可穿戴、药物载体、渗透分离、传感器、储能等领域；②将挤出发泡与3D打印相结合，定制化生产高附加值的异型产品；③挤出发泡过程是一个加热、发泡和冷却的过程，因此为研究系统建立真实有效的温度场模拟将对发泡过程的工艺优化非常有益。

参 考 文 献

[1] Johnston F L. Synthetic spongy material：US2256483[P]. 1941-09-23.

[2] Lee S T. A Fundamental Study of Thermoplastic Foam Extrusion with Physical Blowing Agents[M]. Washington：ACS Publications，1997.

[3] Martelli F. Twin screw extruders-a separate breed[J]. SPE Journal，1971，27（1）：25.

[4] 王勇，王向东，李莹. 中国挤塑聚苯乙烯泡沫塑料（XPS）行业HCFCs替代技术现状与发展趋势[J]. 中国塑料，2011，25（10）：1-6.

[5] Rui Y Y，Chen S S，Yin W Q，et al. Graft copolymeriztion of glycidyl methacrylate/styrene onto polypropylene in solid state[J]. Advanced Materials Research，2013，652：418-422.

[6] Yin X，Wang L，Li S，et al. Effects of surface modification of halloysite nanotubes on the morphology and the thermal and rheological properties of polypropylene/halloysite composites[J]. Journal of Polymer Engineering，2018，38（2）：119-127.

[7] Sugimoto M，Tanaka T，Masubuchi Y，et al. Effect of chain structure on the melt rheology of modified polypropylene[J]. Journal of Applied Polymer Science，1999，73（8）：1493-1500.

[8] Tian J，Yu W，Zhou C. The preparation and rheology characterization of long chain branching polypropylene[J]. Polymer，2006，47（23）：7962-7969.

[9] Gao J，Lu Y，Wei G，et al. Effect of radiation on the crosslinking and branching of polypropylene[J]. Journal of Applied Polymer Science，2002，85（8）：1758-1764.

[10] Jahani Y，Ghetmiri M，Vaseghi M R. The effects of long chain branching of polypropylene and chain extension of poly(ethylene terephthalate) on the thermal behavior，rheology and morphology of their blends[J]. RSC Advances，2015，5（28）：21620-21628.

[11] Bovey F，Schilling F，Mccrackin F，et al. Short-chain and long-chain branching in low-density polyethylene[J]. Macromolecules，1976，9（1）：76-80.

[12] Hu Y，Shao Y，Liu Z，et al. Effect of short-chain branching on the tie chains and dynamics of bimodal polyethylene：Molecular dynamics simulation[J]. European Polymer Journal，2018，103：312-321.

[13] Auhl D，Stange J，Münstedt H，et al. Long-chain branched polypropylenes by electron beam irradiation and their rheological properties[J]. Macromolecules，2004，37（25）：9465-9472.

[14] Grinshpun V，Rudin A，Russell K，et al. Long-chain branching indices from size-exclusion chromatography of polyethylenes[J]. Journal of Polymer Science Part B：Polymer Physics，1986，24（5）：1171-1176.

[15] Ansari M, Derakhshandeh M, Doufas A A, et al. The role of microstructure on melt fracture of linear low density polyethylenes[J]. Polymer Testing, 2018, 67: 266-274.

[16] Zhou S, Wang W, Xin Z, et al. Relationship between molecular structure, crystallization behavior, and mechanical properties of long chain branching polypropylene[J]. Journal of Materials Science, 2016, 51 (12): 5598-5608.

[17] Auhl D, Stadler F J, Münstedt H. Comparison of molecular structure and rheological properties of electron-beam-and gamma-irradiated polypropylene[J]. Macromolecules, 2012, 45 (4): 2057-2065.

[18] Gahleitner M. Melt rheology of polyolefins[J]. Progress in Polymer Science, 2001, 26 (6): 895-944.

[19] Ye Z, Alobaidi F, Zhu S. Synthesis and rheological properties of long-chain-branched isotactic polypropylenes prepared by copolymerization of propylene and nonconjugated dienes[J]. Industrial & Engineering Chemistry Research, 2004, 43 (11): 2860-2870.

[20] Langston J A, Colby R H, Chung T M, et al. Synthesis and characterization of long chain branched isotactic polypropylene via metallocene catalyst and T-reagent[J]. Macromolecules, 2007, 40 (8): 2712-2720.

[21] Wang B, Zhang Y M, Ma Z, et al. Copolymerization of propylene with Si-containing α, ω-diolefins: How steric hindrance of diolefins affects long chain branch formation[J]. Polymer Chemistry, 2016, 7 (17): 2938-2946.

[22] Rätzsch M. Reaction mechanism to long-chain branched PP[J]. Journal of Macromolecular Science, Part A, 1999, 36 (11): 1759-1769.

[23] Zhou S, Zhao S, Xin Z. Preparation and foamability of high melt strength polypropylene based on grafting vinyl polydimethylsiloxane and styrene[J]. Polymer Engineering & Science, 2015, 55 (2): 251-259.

[24] Wang K, Pang Y, Liu W, et al. A new approach designed for improving *in situ* compatibilization of polypropylene/polystyrene blends via reactive extrusion with supercritical CO_2 as the processing medium[J]. The Journal of Supercritical Fluids, 2016, 118: 203-209.

[25] Wang X, Tzoganakis C, Rempel G L. Chemical modification of polypropylene with peroxide/pentaerythritol triacrylate by reactive extrusion[J]. Journal of Applied Polymer Science, 1996, 61 (8): 1395-1404.

[26] Zhang Z, Xing H, Qiu J, et al. Controlling melt reactions during preparing long chain branched polypropylene using copper *N, N*-dimethyldithiocarbamate[J]. Polymer, 2010, 51 (7): 1593-1598.

[27] Zhang Y, Tiwary P, Gui H, et al. Crystallization of coagent-modified polypropylene: Effect of polymer architecture and cross-linked nanoparticles[J]. Industrial & Engineering Chemistry Research, 2014, 53 (41): 15923-15931.

[28] Zhang Z, Wan D, Xing H, et al. A new grafting monomer for synthesizing long chain branched polypropylene through melt radical reaction[J]. Polymer, 2012, 53 (1): 121-129.

[29] Graebling D. Synthesis of branched polypropylene by a reactive extrusion process[J]. Macromolecules, 2002, 35(12): 4602-4610.

[30] 郭天浩. 双单体接枝改性制备的高熔体强度聚丙烯及其超临界 CO_2 发泡性能研究[D]. 上海: 华东理工大学, 2020.

[31] Chang D, Jin K. On the use of time-temperature superposition in multicomponent/ multiphase polymer systems[J]. Polymer, 1993, 30 (12): 2533-2539.

[32] Rizvi A, Bae S S, Mohamed N M, et al. Extensional flow resistance of 3D fiber networks in plasticized Nanocomposites[J]. Macromolecules, 2019, 52 (17): 6467-6473.

[33] Rizvi A, Tabatabaei A, Barzegari M R, et al. *In situ* fibrillation of CO_2-philic polymers: Sustainable route to polymer foams in a continuous process[J]. Polymer, 2013, 54 (17): 4645-4652.

[34] Zhong H, Xi Z, Liu T, et al. *In-situ* polymerization-modification process and foaming of poly(ethylene

terephthalate)[J]. Chinese Journal of Chemical Engineering, 2013, 21 (12): 1410-1418.

[35] Xia T, Xi Z, Liu T, et al. Melt foamability of reactive extrusion-modified poly(ethylene terephthalate) with pyromellitic dianhydride using supercritical carbon dioxide as blowing agent[J]. Polymer Engineering & Science, 2015, 55 (7): 1528-1535.

[36] 袁海涛. 聚酯 PET 的反应挤出及其微孔发泡的研究[D]. 上海: 华东理工大学, 2014.

[37] Yao S, Guo T, Liu T, et al. Good extrusion foaming performance of long-chain branched PET induced by its enhanced crystallization property[J]. Journal of Applied Polymer Science, 2020, 137 (41): 49268.

[38] Xia T, Xi Z, Yi X, et al. Melt foamability of poly(ethylene terephthalate)/clay nanocomposites prepared by extrusion blending in the presence of pyromellitic dianhydride[J]. Industrial & Engineering Chemistry Research, 2015, 54 (27): 6922-6931.

[39] Härth M, Kaschta J, Schubert D W. Shear and elongational flow properties of long-chain branched poly(ethylene terephthalates) and correlations to their molecular structure[J]. Macromolecules, 2014, 47 (13): 4471-4478.

[40] Yang Z, Xin C, Mughal W, et al. High-melt-elasticity poly(ethylene terephthalate) produced by reactive extrusion with a multi-functional epoxide for foaming[J]. Journal of Applied Polymer Science, 2018, 135 (8): 45805.

[41] 杨兆平. 高发泡 PET 树脂流变性能及泡孔结构调控机制的研究[D]. 北京: 北京化工大学, 2017.

[42] 范朝阳. 高熔体强度 PET 的流变学行为及其超临界 CO_2 挤出发泡的研究[D]. 上海: 华东理工大学, 2014.

[43] Xu X, Park C B, Xu D, et al. Effects of die geometry on cell nucleation of PS foams blown with CO_2[J]. Polymer Engineering & Science, 2003, 43 (7): 1378-1390.

[44] 徐梦龙. 聚酰胺 6 的长链支化拓扑结构设计及其熔融发泡性能研究[D]. 上海: 华东理工大学, 2021.

[45] Xu M, Lu J, Zhao J, et al. Rheological and foaming behaviors of long-chain branched polyamide 6 with controlled branch length[J]. Polymer, 2021, 224: 123730.

[46] Xu M, Lu J, Qiao Y, et al. Toughening mechanism of long chain branched polyamide 6[J]. Materials & Design, 2020, 196: 109173.

[47] Orr C, Cernohous J, Guegan P, et al. Homogeneous reactive coupling of terminally functional polymers[J]. Polymer, 2001, 42 (19): 8171-8178.

[48] Thomas S, Groeninckx G. Reactive compatibilisation of heterogeneous ethylene propylene rubber(EPM)/nylon 6 blends by the addition of compatibiliser precursor EPM-*g*-MA[J]. Polymer, 1999, 40 (21): 5799-5819.

[49] Tsenoglou C J, Gotsis A D. Rheological characterization of long chain branching in a melt of evolving molecular architecture[J]. Macromolecules, 2001, 34 (14): 4685-4687.

[50] Zang Y H, Carreau P J. A correlation between critical end-to-end distance for entanglements and molecular chain diameter of polymers[J]. Journal of Applied Polymer Science, 1991, 42 (7): 1965-1968.

[51] Xu M, Liu Y, Ge Y, et al. Microcellular extrusion foaming of long-chain branched polyamide 6 composites[J]. The Journal of Supercritical Fluids, 2023, 199: 105953.

第7章 超临界流体中反应与发泡耦合技术

7.1 概述

不同于热塑性聚合物泡沫是在聚合物已经制备好的前提下再进行发泡加工，超临界 CO_2 发泡制备热固性树脂泡沫需要在反应生成具有致密三维网络结构交联聚合物的同时发泡；而且体系组成复杂，可以是反应和发泡的耦合过程，聚合物性质变化大，涉及复杂的物理和化学因素，与 CO_2 发泡热塑性聚合物过程有较大差别。首先，在 CO_2 饱和过程中，生成热固性树脂的起始物是一混合体系，而且混合体系组成、相态和聚合物的性质等会随反应的进行持续变化，因此 CO_2 溶解和扩散行为也持续变化。其次，气泡成核虽然也是受热力学不稳定驱动聚合物和溶解气体的相分离形成气泡核，但这个相分离可以通过升高温度或降低压力等条件的改变达到，也可能会因为聚合物性质随反应进行变化而导致。另外，如果 CO_2 在低黏物系就被引入，由于剧烈混合容易被夹带，成为储存 CO_2 的细小空穴，也会影响气泡成核。再次，气泡生长过程与热塑性聚合物发泡中聚合物本身不变化不同，CO_2 反应发泡制备热固性发泡材料过程中，聚合物被反应生成，一直在持续变化，反应程度和速率与气泡生长速率需协调匹配。反应速率太快，气泡来不及生长；反应速率太慢，气泡可能长得太大。因此由于反应导致的物系性质的动态变化如何影响泡孔生长过程需要认识，更复杂的是超临界 CO_2 的存在可能还会改变反应进程。最后，在热固性树脂中，气泡的固定大多是由于反应交联程度高使体系流动性变差而完成的。超临界 CO_2 兼有溶剂效应和热效应，会影响聚合物的力学形态和性质的变化，因此气泡的固定受超临界 CO_2 塑化作用和固化反应程度双重因素影响。

总体上，超临界流体发泡制备热固性聚合物微孔材料过程中由于发泡在反应生成大分子的同时进行，存在复杂的化学变化与物理变化耦合过程，再加上超临界流体的存在引起物系性质的一系列变化，因此超临界 CO_2 发泡热固性聚合物更具挑战性。

7.2 超临界 CO_2 发泡制备微孔聚氨酯泡沫

7.2.1 聚氨酯及其泡沫制备方法

聚氨酯（polyurethane，PU）材料由于多变的结构与性能，被广泛用于制造泡沫塑料、弹性体、油漆材料、胶黏剂、密封胶、合成革涂层树脂、弹性纤维、铺装材料和医用材料等。根据其泡沫硬度的不同，可以分为软质、半硬质及硬质聚氨酯泡沫材料，三者合成所需的多元醇与异氰酸酯的官能度有较大差别[1-3]。软质聚氨酯泡沫材料被广泛应用于家具、包装、鞋底等领域，是一种性能良好的缓冲材料。硬质聚氨酯泡沫集可控的众多优异性能于一体，如低热导率、质轻、抗振、降噪等，除被用作大家熟知的建筑保温节能材料外，还作为保温绝热材料被广泛地用于各种领域，如冷冻冷藏、液化天然气（LNG）储运、航空航天领域中的各种低温环境的保温；此外，将硬质聚氨酯应用于军事工程，不仅抗爆和隔爆，而且可以很好地防红外探测、静电干扰和降噪[4-6]。因此，高性能硬质 PU 发泡材料的制备受到普遍关注。

图 7-1（a）为聚氨酯泡沫制备过程的反应机理，通过异氰酸酯与多元醇的加成聚合反应而形成，又称为凝胶反应。异氰酸酯还可以与其他含有活泼氢的化合物进行反应，得到性质差异极大的各种特殊链段。此外，异氰酸酯可以与 H_2O 反

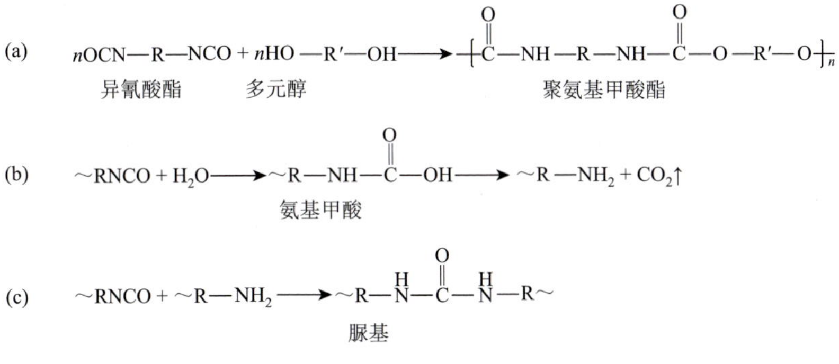

图 7-1 聚氨酯泡沫合成中的常见反应

应，形成胺与 CO_2 气体，如图 7-1（b）所示，这也是常见的水发泡法制备聚氨酯泡沫塑料中所称的"发泡反应"。如图 7-1（c）所示，反应生成的胺可以继续与异氰酸酯反应生成含有脲基的高聚物[6]。

传统的聚氨酯发泡工艺，主要成型方法有浇铸、喷涂、反应注射成型（RIM）等，并可根据制造工艺的不同分为预聚体法、半预聚体法、一步法三大类。其中，预聚体法与半预聚体法在发泡前先通过非等摩尔比的方法将多元醇与异氰酸酯制成 PU 预聚体，随后在工艺中添加固化剂并发泡；一步法则是直接将多元醇与异氰酸酯进行反应，并在其中添加发泡剂进行发泡[7]。目前，应用最为广泛的是一步法，其具有流程简单、易于操作的特点。

按照发泡剂种类划分可将聚氨酯发泡方法分为物理发泡法和化学发泡法。其中，化学发泡法常把水作为重要的添加物，依靠异氰酸酯和水会剧烈反应生成 CO_2 气体，作为其发泡剂来源。化学发泡工艺具有易实现的优点，应用广泛；但它也有较大的局限性，如泡孔形貌欠缺稳定性、成品热导率较高以及由于聚脲的形成而导致发泡成品的机械性能出现非预期的变化，因此需要严格控制过程中的化学反应。在物理发泡工艺中，一般通过外加低沸点的液体物质作为发泡剂，液体受热气化造成相分离，从而诱发气泡成核。物理发泡剂的共同特点是易挥发，其作用机理为通过热力学的变化形成相态的转变。环境友好、安全稳定、取材方便、价格低廉、绿色清洁的 CO_2 被视为最有潜在应用价值的传统发泡剂替代品。相较于超临界 N_2，CO_2 与聚合物之间的相互作用更强[8,9]，在聚合物中具有较强的溶解扩散性能，可以保证聚合物/发泡剂均相体系的快速形成。

7.2.2　CO_2 在聚氨酯体系中的溶解扩散

硬质聚氨酯微孔发泡过程中，反应的初始原料为多元醇和异氰酸酯。不同组成的多元醇、不同反应程度的聚氨酯预聚物将显著影响其与超临界 CO_2 之间的相互作用以及聚氨酯/CO_2 体系的性质。因此有必要认识 CO_2 在聚氨酯体系中的溶解扩散行为，以此为依据设计优化超临界 CO_2 发泡聚氨酯过程。

采用磁悬浮天平可测定 CO_2 在不同反应程度（不同分子量和交联程度）的聚氨酯预聚体中的溶解度。该测试方法需要利用 CO_2 在聚合物中的溶胀度对其表观溶解度校正后得到更为真实的溶解度。如图 7-2 所示，CO_2 在聚氨酯预聚体中表观溶解度和真实溶解度都随着压力的升高而增大，不同的是，表观溶解度在高压下逐渐趋于平衡，而真实溶解度随压力变化几乎呈线性增长。相同分子量下，当压力从 3 MPa 升高至 15 MPa 时，CO_2 的溶解度也有明显提升。同时，溶解度随预聚物分子量的增加而减小。高压 CO_2 一般溶解在聚合物的自由空穴之中，随着预聚体反应程度的增加，聚合物链缠绕加剧，聚合物的自由体积减小，从而导致溶解度的下降。

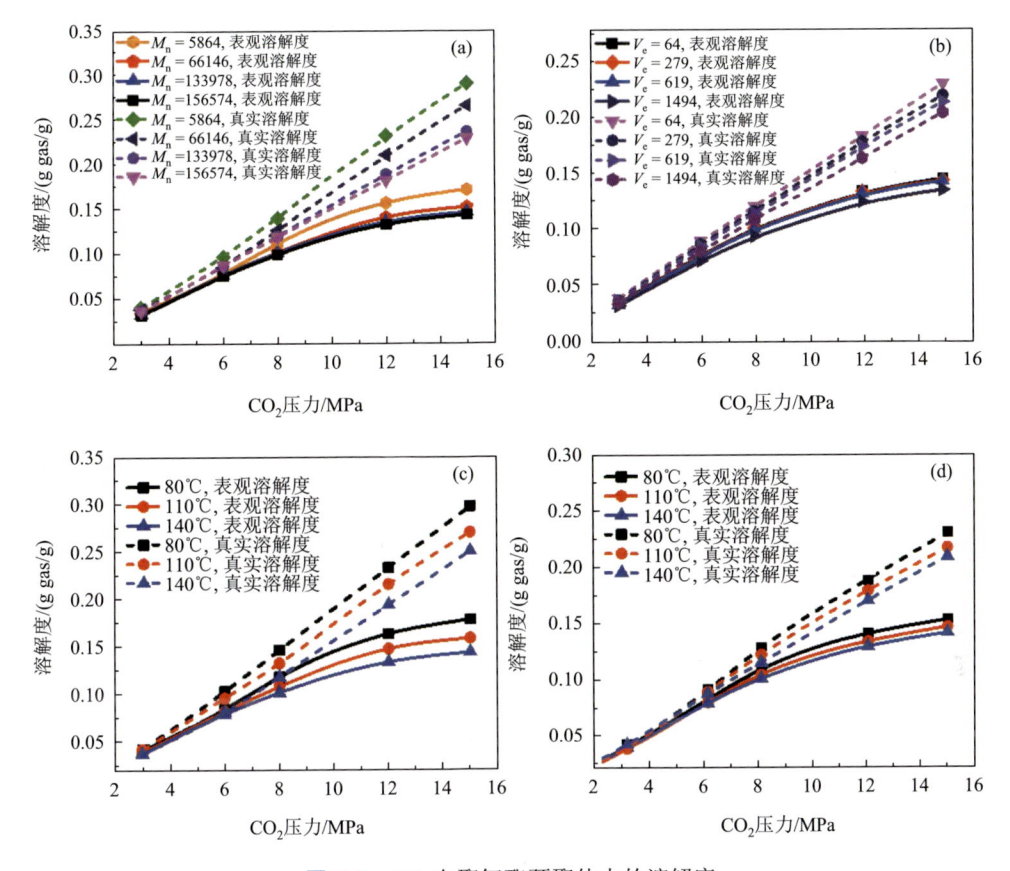

图 7-2 CO_2 在聚氨酯预聚体中的溶解度

（a）80℃下不同分子量 M_n；（b）80℃下不同交联程度 V_e；（c）M_n = 5864 g/mol；（d）V_e = 619 mol/m³

在 80~140℃范围内，CO_2 在聚氨酯预聚体中的溶解度随着温度的升高而呈现减小的趋势，如图 7-2 所示。在同一压力下，CO_2 在低分子量的预聚物和交联的预聚物中的溶解度都呈现这一趋势。对于不同交联程度的预聚物，CO_2 溶解度同样随着压力的增加而显著提升。

相同的温度和压力下，CO_2 在预聚体中的扩散系数随着分子量的增大而呈现递减的趋势。气体在预聚体中的扩散主要是通过聚合物自由体积孔隙完成的，小分子气体在其中不停地穿梭、移动，从而完成扩散。随着预聚体分子量的增大，分子链交错运动的能力变差，通过交错运动产生的扩散通道也会相应地减少，扩散速率因此而减慢。

7.2.3 高压 CO_2 氛围中的聚氨酯固化过程

硬质聚氨酯微孔发泡过程是一个发泡与反应耦合的过程，反应的初始原料为多元醇与异氰酸酯，CO_2 作为制备微孔发泡材料的新型发泡剂，其存在不仅起到物理发泡剂的作用，由于高压 CO_2 对物系性质的影响，其对固化反应过程也会产生重要影响，进而影响反应与发泡过程的匹配，因此需要深入研究高压气体氛围下的 PU 固化反应特征及其动力学。

针对热固性树脂体系的固化动力学，常用的分析手段有热分析法[10, 11]、傅里叶红外光谱（FTIR）法[12, 13]、流变分析法[14, 15]、动态力学分析[16]（DMA）以及 Raman 光谱法[16, 17]等。其中，热分析法及 FTIR 法的应用最为广泛。国际热分析及量热学联合会[18]（ICTAC）提出了一整套标准化流程，可以通过对反应热的测量得到可靠的动力学模型及其相关参数。

尽管常压下的研究已经较为成熟，但涉及 CO_2 及 N_2 等高压气体氛围的研究较少。杨泽等[19]采用高压 DSC 及 ICTAC 所建立的热分析法对高压 CO_2 气氛中的聚氨酯非等温固化过程及其动力学模型进行了分析。

固化机理函数是分析固化动力学的关键，首先通过筛选选取最适合的反应动力学模型 $f(\alpha)$ 表达形式，并将模型与实验所测得的动力学数据进行拟合。这里采用最适用于聚氨酯固化过程的 n 级模型与 Sestak-Berggren 模型，如式（7-1）和式（7-2）所示：

$$f(\alpha) = (1-\alpha)^n \tag{7-1}$$

$$f(\alpha) = \alpha^m (1-\alpha)^n [-\ln(1-\alpha)]^p \tag{7-2}$$

式中，α 为固化反应的转化率，即绝对固化度。

经筛选采用等转化率法与 Kissinger 法[20]，可以在对固化过程的本质及机理函数深入了解之前，事先计算得到反应的表观活化能、指前因子等动力学参数，其反馈的结果可以为选择合适的动力学模型提供理论数据和依据。等转化率方程与 Kissinger 方程如下：

$$\ln\left(\frac{\beta_i}{T_{\alpha,i}^B}\right) = \text{Const} - C\left(\frac{E_a}{RT_\alpha}\right) \tag{7-3}$$

$$\ln\left(\frac{\beta}{T_p^2}\right) = \ln\left[\frac{AR}{E_a}f'(\alpha_m)\right] - \frac{E_a}{RT_p} \tag{7-4}$$

式中，Const 为常数；β 为升温速率；T_α 为升温速率 β 达到 α 时的温度；B 和 C 为根据不同积分表达形式的参数；T_p 为 DSC 曲线的峰值温度。

1. CO_2 环境下的非等温固化反应

图 7-3（a）为不同 CO_2 压力及升温速率下转化率随温度的变化曲线，可以发现在固化反应的初始阶段，转化率随温度升高增加得较慢，随后其增加速率陡然加快，转化率迅速增大，临近反应终点时上升速率变缓直至达到最终转化率 1。

当升温速率增加时，转化率曲线上升的起始时间点会随之推迟，达到相同的转化率所需要的温度逐渐升高。图 7-3（b）表明，随着压力的升高，相同升温速率下的转化率增速加快，表明 CO_2 对反应进程有促进作用。

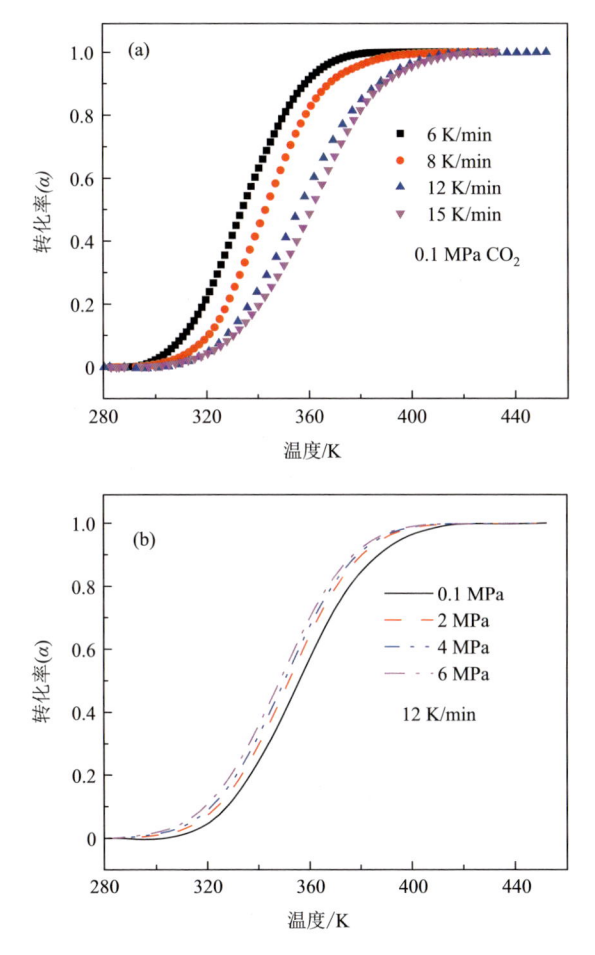

图 7-3　不同升温速率及 CO_2 压力下转化率 α 随温度 T 变化曲线[19]

（a）不同升温速率；（b）不同压力

2. CO_2 环境下的等温固化反应

同一温度下，随着 CO_2 压力的提高，反应速率加快，并且最终固化度（$α_{final}$）提高。图 7-4 为绝对固化度（α）随反应时间和压力的变化关系，α-t 曲线呈 S 型，这是典型的自催化反应特征，最大的 dα/dt 发生在固化度为 0.15 左右，这归结为反应生成的氨基甲酸酯的催化作用。在起始阶段，氨基甲酸酯尚未生成，反应处于诱导期，反应速率较慢；随着氨基甲酸酯的累积，其开始催化反应，使得反应速率不断加快，并且反应前期的高组分浓度和低体系黏度也有利于反应的进行；随着反应进一步进行，反应活性位点减少，体系黏度增大，反应速率又不断下降。

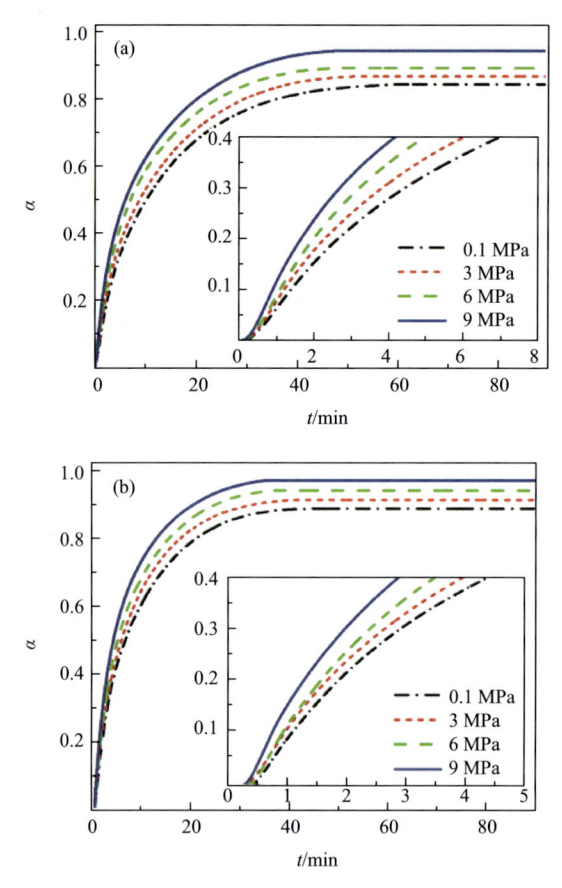

图 7-4　绝对固化度（α）随反应时间（t）和压力（P）的变化（插图为 α 为 0~0.4 的局部放大图）[21]

(a) 40℃；(b) 60℃

3. 高压 CO_2 环境中聚氨酯固化过程中黏度变化

通过原位在线记录反应发泡体系在固化过程中的扭矩变化，并换算成黏度，从而可以在线检测高压 CO_2 环境中硬质聚氨酯微孔发泡过程以及固化过程中黏度变化，认识 CO_2 的存在对聚氨酯固化体系黏度变化的影响。

随着 CO_2 压力的升高，聚合物体系的黏度快速上升时间点推迟，使体系黏度达到可发泡特定区间的时间更长。CO_2 延缓聚氨酯反应体系黏度升高趋势可以理解为三个方面的作用：①高压 CO_2 对聚合物的塑化作用；②溶解进入多元醇与异氰酸酯的 CO_2 对反应体系的稀释作用；③绝热系统的 CO_2 吸热效应。在以上三方面作用的共同影响下，反应发泡系统黏度的增加速率随着 CO_2 压力的提高而呈现出减小的趋势。因此，更高的 CO_2 压力与更低的温度可以使 PU 反应发泡体系的黏度维持在低黏状态更长的时间，促进 CO_2 在体系中的溶解饱和，同时拓宽发泡时间窗口，有利于发泡过程的优化调控。

7.2.4 超临界 CO_2 发泡制备聚氨酯微孔发泡材料

Park 等[22,23]利用高压反应釜的间歇装置考察了 CO_2 环境中多元醇与异氰酸酯反应制备硬质聚氨酯发泡材料的过程。通过调节 CO_2 饱和压力、异氰酸酯种类（PMDI、MMDI、TDI）、原料配比、温度等，考察了各因素对发泡结果的影响，产物的泡孔平均直径普遍在 50 μm 以上。此外，其他涉及硬质聚氨酯发泡材料制备的研究，工艺无法达到微孔发泡的要求，所得产物泡孔尺寸过大或发泡倍率较低，主要侧重配方与发泡工艺条件对泡孔形貌的影响，未深入分析如何将聚氨酯固化过程与发泡过程耦合[24-29]。

为研究固化反应位于可发泡窗口内部时的聚合物性质，采用完全模拟发泡过程的在线原位黏度测量法，得到了不同发泡条件下聚合物固化过程的黏度变化及其发泡时的黏度区间，并将其换算成所对应的反应时间区间。例如，在某一聚氨酯发泡配方中选取温度 40℃、CO_2 饱和压力 8 MPa、发泡压力 15 MPa 的工艺条件，由表 7-1 可知，该条件下的可发泡时间窗口为 10′20″~10′45″，其对应的黏度区间为 302~397 Pa·s。随着发泡条件的改变，可发泡时间窗口变化明显，由 5 MPa、40℃下的 5′10″~5′25″到 15 MPa、40℃下的 16′35″~16′45″。然而，与之对应的黏度区间基本一致，都近似位于 300~400 Pa·s。对于特定的聚氨酯反应发泡体系，存在可发泡黏度窗口和可发泡时间窗口，可发泡黏度窗口不随发泡工艺变化，但可发泡时间窗口随发泡工艺条件不同而变化。

表 7-1 不同发泡条件下可发泡时间区间所对应的黏度窗口[30]

操作变量	40℃ 8~15 MPa	40℃ 5 MPa	50℃ 5 MPa	60℃ 5 MPa	40℃ 10 MPa	40℃ 15 MPa
可发泡时间区间	10′20″~ 10′45″	5′10″~5′25″	4′00″~4′15″	3′30″~3′45″	9′15″~9′35″	16′35″~ 16′45″
可发泡黏度区间 /(Pa·s)	302~397	284~400	328~393	321~403	299~422	306~386

因此，利用原位在线测量黏度表征了 PU 反应发泡过程中的反应进程与不同发泡阶段的匹配，能够确定可发泡黏度窗口和可发泡时间窗口[30]。如图 7-5 所示，在饱和压力与发泡压力相同的"一步升压饱和法"发泡过程中，当压力超过 10 MPa

时，由于 PU 固化反应导致的泡孔提前成核与搅拌夹带 CO_2 气泡的影响，大小孔双峰分布现象严重。

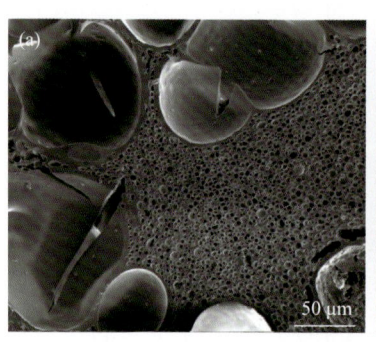

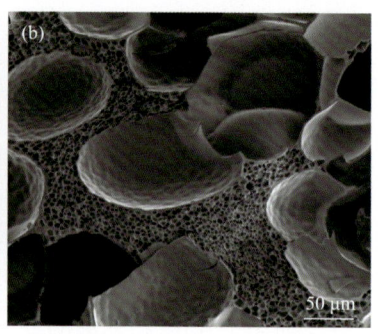

图 7-5 "一步升压饱和法"发泡样品的大小孔双峰分布
（a）15 MPa；（b）20 MPa

对此，进一步设计出如图 7-6 所示的"两步升压饱和法"发泡过程[31]，通过在低压下进行饱和，并在高压下进行固化反应，同时满足减小平均泡孔尺寸与避免大小孔。基于各工艺参数的优化，制备出了发泡倍率为 10.3、平均泡孔尺寸最小可达 2.33 μm，泡孔密度数量级为 10^{11} 个/cm³ 的硬质聚氨酯微孔材料。以优化固化压力为例，制备出不同产物的泡孔形貌图如图 7-7 所示。

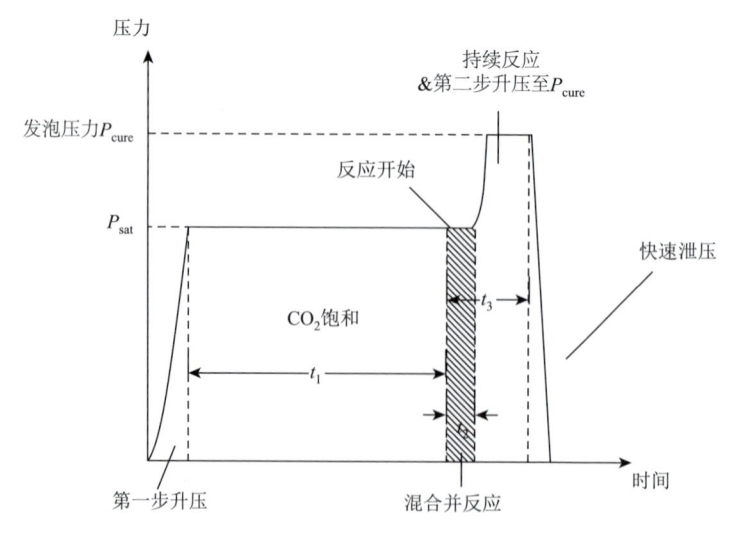

图 7-6 "两步升压饱和法"原理示意图[31]

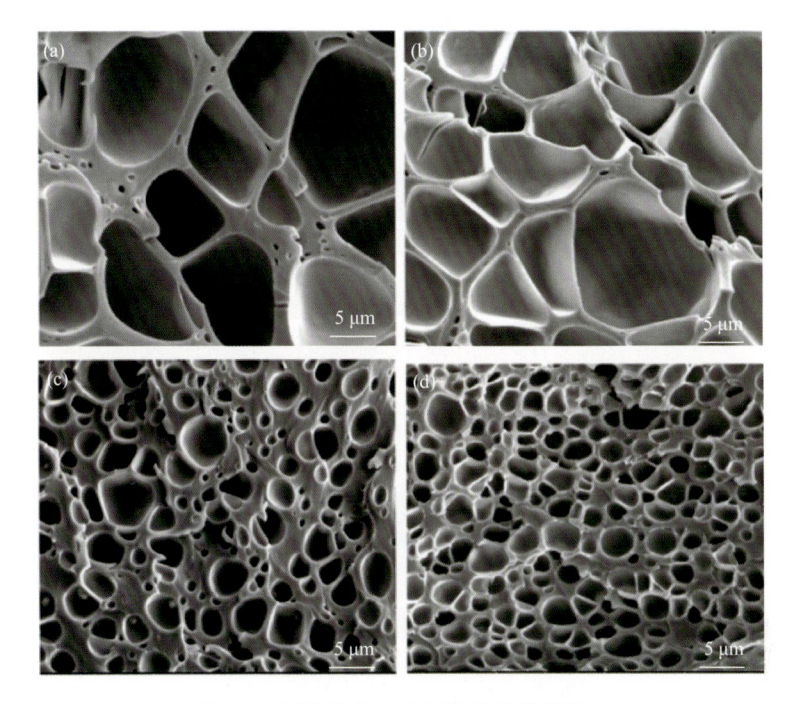

图 7-7　固化压力对产物泡孔形貌的影响

(a) 10 MPa；(b) 12.5 MPa；(c) 15 MPa；(d) 20 MPa

"两步升压饱和法"优势在于，相反应开始时的搅拌在较低的 P_{sat} 下进行，减少了 CO_2 夹带程度；后期进一步升高 CO_2 压力，一方面可以促进 CO_2 在固化反应开始后生产的聚氨酯预聚体中进一步溶解；另一方面，充入的气体会吸收大量反应热并减慢反应速率，减少由于快速反应引发的泡孔成核，并让体系拥有更受控的时间发泡窗口，此外，高的发泡压力也意味着更高的泄压速率。

在 CO_2 为发泡剂制备聚氨酯泡沫的研究中，最常见的问题之一就是过长的 CO_2 饱和时间。"两步升压饱和法"工序中，搅拌桨对 CO_2 气泡的一定夹带作用却可以促进 CO_2 在多元醇中的溶解扩散。在未经搅拌桨对多元醇/异氰酸酯反应体系的搅拌前，CO_2 在多元醇中的溶解扩散可以近似理解为从上至下的单维扩散，其速率较慢。而经过搅拌后，由于大量气泡空穴被夹带进入多元醇，在多元醇中分散的 CO_2 气泡却可以使得气体的扩散从单维向内部多维的转变。单维扩散下，多元醇从上至下扩散，1 h 后多元醇顶部的 2 mm 已基本饱和；随着时间的增加，2 mm 下方的位置多元醇含量也逐渐增加，但直到 4 h，仍未能使多元醇内部各位置全部达到饱和状态。而经过搅拌桨夹带效应夹带 CO_2 气泡进入多元醇基体后，由于气体从多元醇内部开始向基体扩散，其速率提升极其显著，仅需 45 s 即可达到在每个扩散单元中的完全饱和[32]。

可见，由于分为两步压力饱和，加快了 CO_2 在多元醇中的溶解扩散速率，大幅提升了 CO_2 饱和速率；后期增加提升压力的步骤，促进了 CO_2 在聚氨酯预聚物中的进一步溶解，避免了快速反应引起的气泡成核，并可以实现高泄压速率，这些对提高发泡过程效率和控制泡孔形貌都具有极其重要的作用。

在超临界发泡聚氨酯过程中，一方面高压 CO_2 由于静压作用和溶剂效应促进了聚氨酯固化反应，其非等温动力学符合自催化模型；另一方面由于吸热和塑化作用等效应，高压 CO_2 会导致聚氨酯反应体系黏度上升的延缓。基于高压 CO_2 环境聚氨酯反应体系化学流变行为建立了反应与发泡匹配的可发泡区间确定方法，对特定聚氨酯反应体系，可发泡黏度窗口固定，可发泡时间窗口随发泡温度和压力不同而变化。

7.3 超临界 CO_2 发泡环氧树脂

环氧树脂（epoxy resin）通常指分子中含有两个或两个以上环氧基的低分子量物质及其交联固化产物的总称。由于其多个环氧基的存在，添加适当固化剂与环氧基团反应可以形成三维交联网状热固性高分子。环氧树脂的种类很多，但最常用的一类环氧树脂是双酚 A 型环氧树脂。环氧树脂中有羟基和醚键，但没有酯基，因此环氧树脂的耐碱性特别突出，其固化后呈现三维网状结构，这使它耐油类浸渍的能力也十分突出。环氧树脂的分子结构中含有芳烃，使其性能较坚硬，但又由于它具有醚键，其分子链的旋转使其具有一定的韧性[33]。

环氧树脂具有较优良的力学性能、电绝缘性、稳定性以及低收缩性和低吸水性。环氧树脂泡沫塑料一般是在环氧树脂加工过程中，即在反应放热的条件下添加发泡剂得到的。与其他热固性树脂相比，环氧树脂泡沫耐热性强、固化温度低、能耗低、对储存条件要求不高，因此环氧树脂及其发泡制品近年来得到了广泛应用。典型的环氧树脂发泡方法有三种：化学发泡法、物理发泡法和中空微球发泡法。本节着重介绍超临界 CO_2 物理发泡环氧树脂。

7.3.1 环氧树脂固化反应动力学

未固化的环氧树脂通常条件下为黏性液体或脆性固体，只有当与固化剂反应生成三维交联网络结构才有实际应用，环氧树脂有很多种类，是由其单体的主要化学结构决定的。主要分为缩水甘油醚类、缩水甘油酯类、缩水甘油胺类、脂环族环氧树脂及环氧化烯烃类等。其中最常用的类型为缩水甘油醚类中的双酚 A 型环氧树脂，其化学结构式如图 7-8 所示。

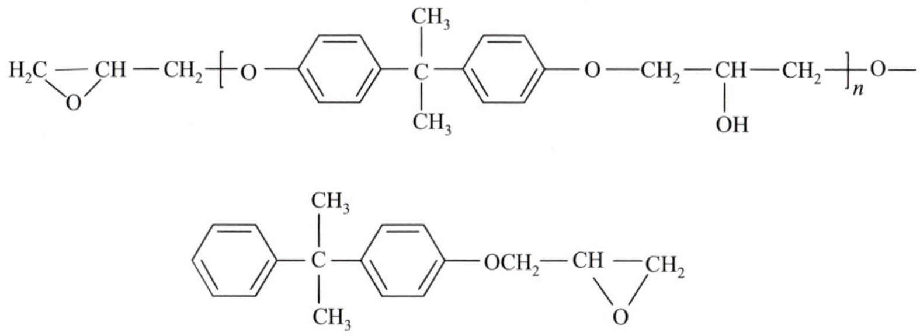

图 7-8 双酚 A 型环氧树脂及其单体化学结构式

固化反应及固化动力学研究是热固性树脂体系的重要研究内容，对于确定体系的固化反应机理、反应级数、反应活化能、固化反应模型，以及解释固化行为有重要的意义。目前对于环氧树脂的固化反应动力学已有广泛深入的研究，最常用的是 DSC 法和 FTIR 法。

高压 CO_2 环境中的固化反应动力学对 CO_2 发泡环氧树脂过程影响显著。作者团队利用高压 DSC 研究了 0.1～10 MPa CO_2 压力下的非等温固化反应曲线。结果表明，CO_2 下的升温固化反应在较高的压力下能更快完成，CO_2 对非等温固化过程有促进作用。环氧树脂非等温固化反应动力学符合自催化模型（m 和 n 模型）。

Šesták-Berggren 自催化模型[34]是基于不同反应级数（m 和 n）的经典模型。完整的热力学分析方法 Málek 方法常用来计算自催化模型。

$$\ln\frac{d\alpha}{dt} = \ln[Af(\alpha)] - \frac{E_a}{RT} \tag{7-5}$$

式中，表观活化能 E_a 通过等转化率积分法计算得到，在等转化率积分法中，在相同转化率时的反应温度是决定反应速率的唯一因素。根据 ICTAC[35]动力学工程法则，一般采用高精度的 Kissinger-Akahira-Sunose（KAS）法，有文献报道[36-38]该方法与实际反应过程吻合较好。

$$\ln\left(\frac{\beta}{T_\alpha^2}\right) = \text{Const} - \frac{E_a}{RT_\alpha} \tag{7-6}$$

式中，β 为升温速率，K/min；T_α 为在转化率为 α 时的温度，K。由式（7-6）可知 $\ln(\beta/T_\alpha^2)$ 与 $1/T_\alpha$ 呈线性关系，图 7-9 为 0.1 MPa 和 10 MPa 的 CO_2 环境下环氧树脂 DSC 升温固化曲线，以此二项数据为例，$\ln(\beta/T^2)$ 与 $1000/T$ 分别在转化率为 5%、10%、15%…90%、95%和 98%时的线性关系如图 7-10 所示，图中的直线斜率即为该转化率下的固化反应表观活化能，取其平均值即为该反应条件下的环氧树脂固化表观活化能。

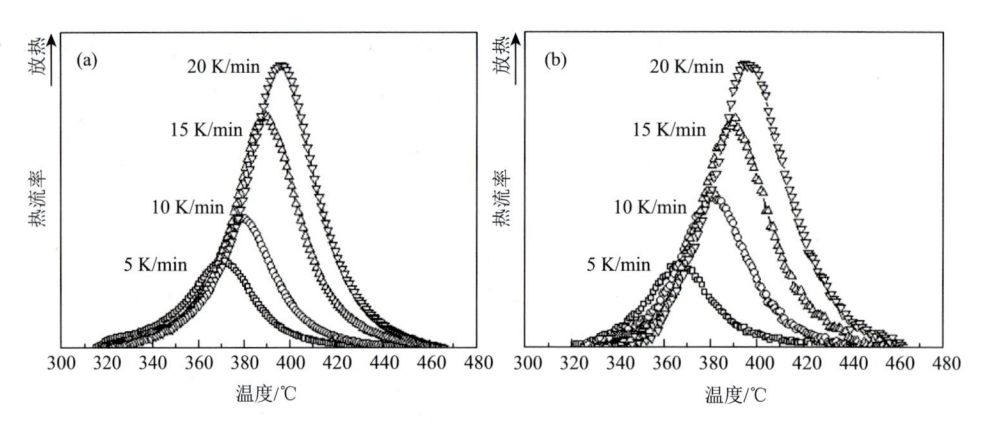

图 7-9　不同 CO_2 环境下的环氧树脂 DSC 升温固化曲线

(a) 0.1 MPa；(b) 10 MPa

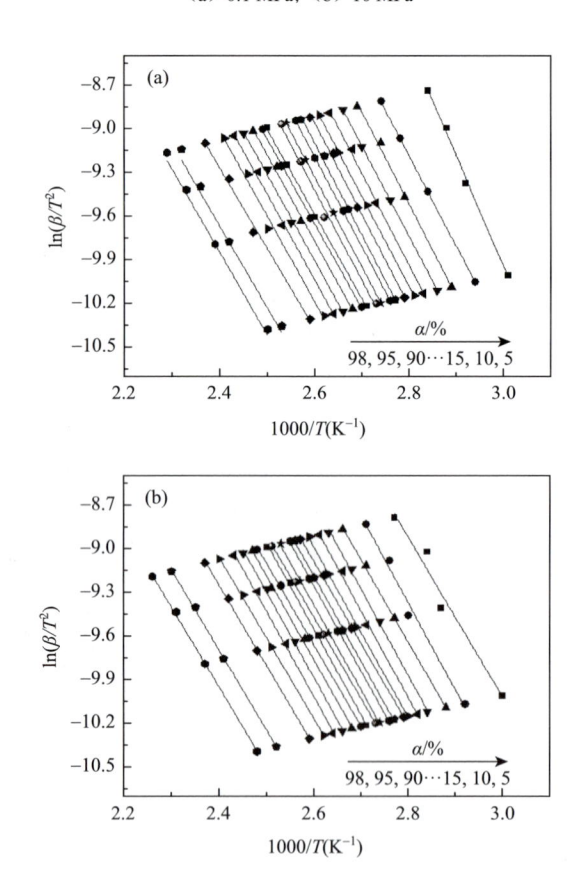

图 7-10　不同 CO_2 环境下环氧树脂固化的 KAS 计算曲线图

(a) 0.1 MPa；(b) 10 MPa

由图 7-10 得到 0.1 MPa 和 10 MPa CO_2 环境下的斜率范围分别为 50.24～61.56 kJ/mol 和 40.49～49.72 kJ/mol，其平均值，即固化反应的表观活化能分别为 53.52 kJ/mol 和 45.13 kJ/mol。环氧树脂反应表观活化能随 CO_2 压力的增加明显降低，说明处于超临界或近临界状态的 CO_2 溶解能力较强，起到溶剂效应，影响显著。溶解的 CO_2 促进了环氧树脂分子间的运动，使两组分的分子间碰撞加剧，从而减小了反应所需克服的能垒。随着 CO_2 压力的升高，传质作用增强，分子间运动加剧，两组分之间的交联反应加速，最终表现为表观活化能的显著降低。

由于在高温下进行等温固化过程的时间较短，DSC 被快速升到指定温度的过程及仪器自带的信号干扰会对得到的 DSC 曲线产生较大的影响，因此常压及高压下的环氧树脂的等温固化过程均采用 FTIR 方法研究。利用高压 FTIR 研究了常压 N_2、常压 CO_2 以及高压 CO_2（6 MPa 和 18 MPa）下 333～393 K 的环氧树脂等温固化过程。

描述环氧树脂等温固化反应的模型有 n 级模型、Horie 模型[40]、Markovic 模型[41]以及 Kamal 自催化模型[42]。在这些模型中，Kamal 自催化模型是最常用且应用最为广泛的[43,44]。Kamal 模型如下：

$$\frac{d\alpha}{dt} = (k_1 + k_2\alpha^m)(1-\alpha)^n \tag{7-7}$$

式中，k_1 为非自催化反应速率常数；k_2 为自催化反应速率常数；k_1 和 k_2 均为阿伦尼乌斯型随温度变化的速率常数；m 和 n 分别为固化反应级数。

在常压 N_2、CO_2 及 6 MPa 的 CO_2 下进行的固化反应[45]，绝对固化度随反应时间和温度的变化如图 7-11 所示，当反应温度为 333 K 和 363 K 时，反应最终的固化度均没有达到 1，而固化温度达到 393 K 时最终固化度为 1。然而，18 MPa CO_2 下进行的反应在 353 K 时即达到 1 的固化度。并且，随着 CO_2 压力的增加，相同温度下能达到的最高转化率增大，这是由环氧树脂的 T_g 决定的。当固化反应的反应温度在其 T_g 以上时，环氧树脂最终会达到 1 的固化度，而在其 T_g 以下进行的

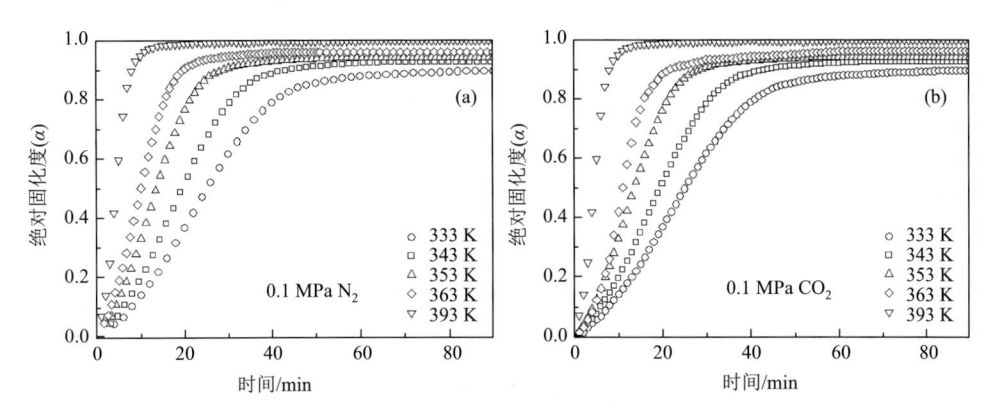

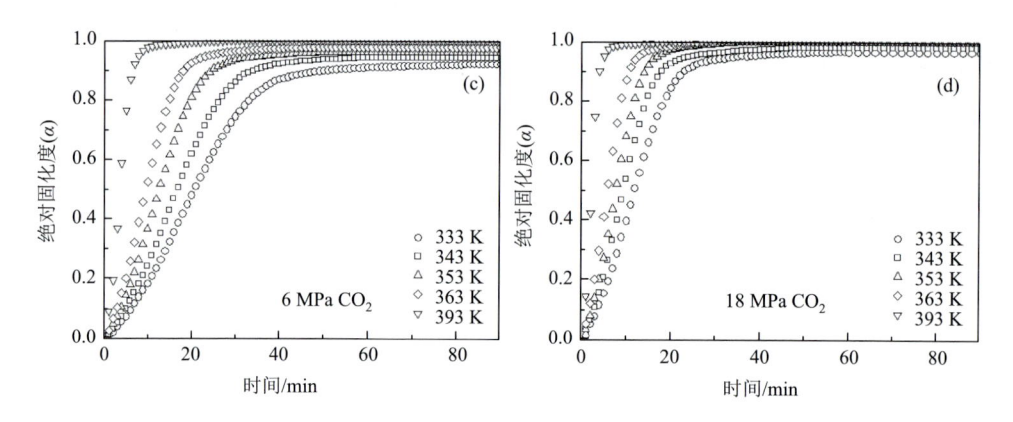

图 7-11 绝对固化度随反应时间和温度的变化

(a) 0.1 MPa N₂; (b) 0.1 MPa CO₂; (c) 6 MPa CO₂; (d) 18 MPa CO₂

固化反应，无论反应时间如何增加，都不可能达到 1 的固化度，这是由环氧树脂本身的性质决定的。

图 7-12 为环氧树脂在不同压力条件下的等温固化反应速率实验与拟合曲线，可知 Kamal 模型计算得到的曲线与实验数据在反应前期和中期高度吻合，仅

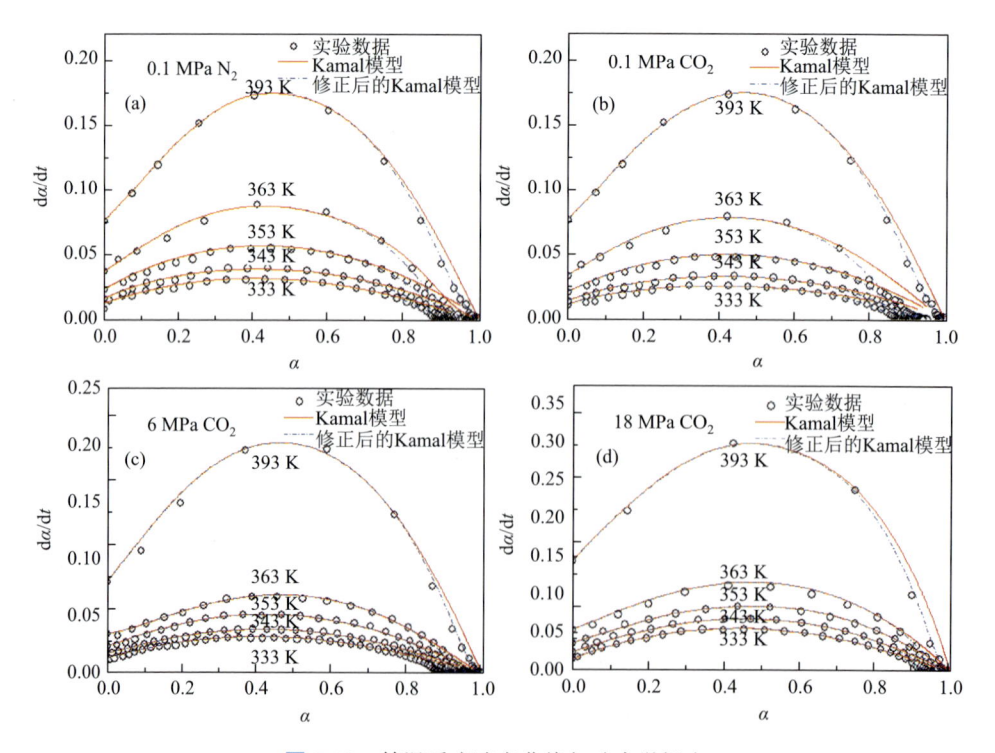

图 7-12 等温反应速率曲线与动力学拟合

在反应后期出现了一定程度的偏差。这是由于在反应后期，随固化度的增大，环氧树脂玻璃化转变温度与其固化反应温度越来越接近，相转变过程的发生使反应物的扩散受到抑制，反应由反应控制转变为扩散控制，导致固化反应受限，反应速率减慢。

在化学反应过程中，结合化学反应控制步骤和扩散控制步骤，有效的反应速率常数 k_e 可以表示为[46, 47]

$$\frac{1}{k_e} = \frac{1}{k_{chem}} + \frac{1}{k_{diff}} \tag{7-8}$$

式中，k_{chem} 和 k_{diff} 分别为化学反应动力学常数和扩散控制动力学常数。通常采用 Chern 和 Poehlein 提供的半经验公式[48][式（7-9）]来计算扩散控制动力学常数及化学反应动力学常数之间的关系，该方法基于分子自由体积理论。

$$\frac{k_{diff}}{k_{chem}} = \exp[-C(\alpha - \alpha_c)] \tag{7-9}$$

$$f'(\alpha) = \frac{1}{1 + \exp[C(\alpha - \alpha_c)]} \tag{7-10}$$

式中，C 为常数；α_c 为化学反应动力学常数与扩散控制动力学常数相同时的临界转化率，并定义 $f'(\alpha)$ 为扩散因子。由上述方程将通用 Kamal 模型加入扩散因子，结合式（7-9）、式（7-10）以及式（7-7），得到修正后的 Kamal 模型，如式（7-11）所示：

$$\frac{d\alpha}{dt} = (k_1 + k_2\alpha^m)(1-\alpha)^n \frac{1}{1 + \exp[C(\alpha - \alpha_c)]} \tag{7-11}$$

在式（7-10）中，当 α 远小于临界值 α_c 时，$f'(\alpha)$ 的值无限接近 1，此时可看作扩散作用不明显，扩散控制过程可被忽略。而当 α 增大时，扩散因子 $f'(\alpha)$ 随之减小，当 $\alpha = \alpha_c$ 时，$f'(\alpha)$ 减小到 0.5，此 α_c 值可结合实验数据和拟合数据得到。当 α 进一步增大至超过临界值 α_c 时，$f'(\alpha)$ 继续减小，直至为 0，此时即为出现实验数据与拟合数据偏差的扩散控制步骤。为计算出常数 C 的数值，将式（7-10）改写为如下的式子，并可由其斜率得到。

$$\ln[1/f'(\alpha) - 1] = C(\alpha - \alpha_c) \tag{7-12}$$

将修正后的 Kamal 模型拟合曲线与实验曲线对比（图 7-12），吻合度较高。表明经过扩散控制修正的 Kamal 模型可以更好地描述环氧树脂的等温固化过程，该模型是由 n 级模型和自催化模型共同作用的结果。

7.3.2 预固化过程对环氧树脂泡孔形貌的影响

Ito 等[49]研究了一种利用 CO_2 作为物理发泡剂的间歇发泡的方法，制备了由不同分子量的低聚物聚合而成的环氧树脂泡沫。该研究着重考察了环氧树脂形成交联网状结构时所形成的交联点之间的分子量与最终形成的泡孔形貌之间的关系。交联点间的分子量可看作是气体成核的临界点，当交联点分子量大于泡孔成核的临界尺寸时，气泡成核即会发生。

可见，热固性聚合物的发泡过程常常伴随着泡孔的成核生长以及三维网状交联结构的形成，化学变化和物理变化同时存在于发泡过程中。因此为了更好地研究复杂的发泡过程，通常将反应过程与发泡过程分开，采用两步法发泡，既能得到质量较好的样品，也便于研究热固性聚合物分别在两个过程中的变化。所以，大部分关于热固性聚合物的发泡研究都采用两步法：第一步为聚合物预固化反应的过程，使反应进行到一定程度，制备出发泡实验需要的样品；第二步为发泡的过程，采用物理或化学发泡剂完成发泡，得到泡沫制品。

采用 CO_2 作为物理发泡剂，利用两步法对环氧树脂样品进行升温发泡，首先研究了第一步环氧树脂预固化过程对发泡结果的影响，以及不同固化度的样品的流变学性质，得到了可发泡环氧树脂样品的预固化区间。预固化样品的固化度由式（7-13）计算得到。

$$\alpha = 1 - \Delta H_t / \Delta H_{\text{total}} \quad (7\text{-}13)$$

式中，α 为预固化样品的固化度；ΔH_t 为预固化样品的反应放热焓，J/g；ΔH_{total} 为环氧树脂样品完全固化的反应放热焓，其值为 463.7 J/g。其中焓值均由 DSC 曲线计算获得。

图 7-13 为不同预固化时间的环氧树脂发泡 SEM 图[45]，结果表明，环氧树脂样品的预固化度是影响其发泡结果的决定性因素。在环氧树脂发泡的过程中，对于泡孔的稳定生长，存在一个最优的反应程度（固化度）区间来提供合理的黏度，形成较为稳定的泡孔，并能在此区间内通过控制反应程度控制不同的泡孔形貌。在此区间内，随固化度的增大，环氧树脂发泡样品的泡孔尺寸减小，泡孔密度增大。环氧树脂发泡材料的形貌主要与固化度有关，而与固化过程条件无关。当预固化样品的固化度较低时，较低黏度的样品无法维持泡孔的成核与生长，表现出破裂及不规则形貌。而具有较高固化度的环氧树脂，交联反应程度高，CO_2 溶解又受到抑制，表现为部分未发泡。当固化度继续增大，CO_2 无法溶于规整致密的聚合物基体内，不能形成泡孔结构。在可发泡的固化度范围内，随着固化度的增加，环氧树脂弹性逐渐增加，限制 CO_2 气泡的生长过程，泡孔尺寸减小，泡孔密度增大。由此得到的环氧树脂可发泡的固化度范围，与其对应的流变特性，该范围对于进一步研究环氧树脂的发泡过程有着指导作用。

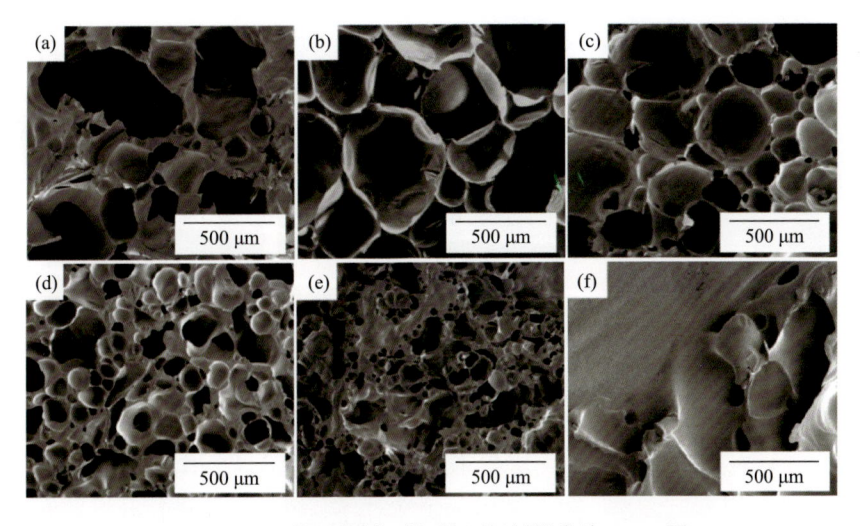

图 7-13 不同预固化时间的环氧树脂发泡 SEM 图

（a）80 min，31.7%；（b）90 min，37.7%；（c）100 min，42.1%；（d）110 min，46.3%；（e）120 min，51.6%；（f）150 min，60.2%

7.3.3 升温发泡过程参数对环氧树脂泡孔形貌的影响

溶解过程中的 CO_2 浓度对发泡结果有重要的影响。在 CO_2 未完全饱和的样品中，随溶解时间及溶解压力的增加，溶解于环氧树脂中的 CO_2 浓度增加，溶于较低黏度环氧树脂中的 CO_2 气体易合并，泡孔尺寸增大，泡孔密度减小。而在 CO_2 完全饱和的样品中，样品的强度无法保持过量的气体，随时间和压力的增加，泡孔形貌由球形闭孔转变为开孔直至破裂，但在 8 MPa 下的饱和样品得到了双峰分布的泡孔结构。与热塑性聚合物不同，对于黏度较低的部分固化的环氧树脂样品来说，完全饱和并不是最有利于发泡的溶解条件，较低的 CO_2 浓度更易得到较为完整、均匀且尺寸较小的泡孔。

基于此，设计了先高压再常压的两阶段饱和法[50]制备了环氧树脂微孔材料。两阶段饱和法既能使 CO_2 气体充分溶于环氧树脂基体内使之更好地塑化，又能减少发泡过程中的气体过饱和度，提供较少气体使气泡只能有限生长，并改善了泡孔合并和破裂的现象，得到了泡孔直径为 50 μm 大小的泡沫材料。并且，根据图 7-14 发现，随着第二阶段常压时间的增加，泡孔尺寸小幅减小，泡孔密度小幅增加。

超临界 CO_2 制备环氧树脂发泡材料过程中存在着复杂的物理和化学变化：固化反应通常受到 CO_2 增塑效应的影响，并且固化反应的进程也限制了 CO_2 在聚合物中的溶解和扩散。

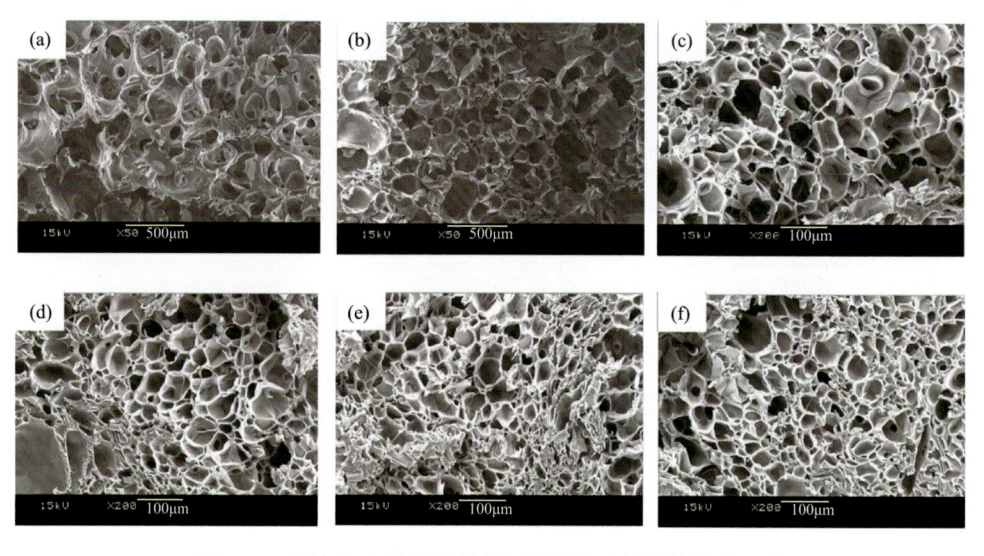

图 7-14　两步饱和法制备的环氧树脂泡沫材料的泡孔形貌

第二步发泡时间 (a) 1 h；(b) 2 h；(c) 4 h；(d) 6 h；(e) 8 h；(f) 10 h

目前环氧泡沫塑料通常由分步升温发泡法制备，分离常压预固化反应和高压下 CO_2 在预固化环氧树脂中的溶解，独立控制固化度和 CO_2 溶解度，有利于环氧泡沫塑料的可控制备。快速卸压发泡工艺仅用于制备聚合和气泡成核、生长同时发生的硬质聚氨酯（PU）泡沫，由于 PU 泡沫的原料通常是液体多元醇和异氰酸酯，因此 CO_2 可以首先溶解在单个反应物中，CO_2 浓度可以通过 CO_2 在反应物内和之后的 PU 聚合阶段的饱和条件进行调整。不同于聚氨酯，固体固化剂通常用于需要提前混合的环氧树脂。因此，CO_2 溶解扩散和固化反应从一开始就必须在高 CO_2 压力下同时进行，这对快速卸压发泡环氧树脂工艺提出了更大的挑战。另外，不同于 CO_2 在聚氨酯低聚物中的扩散和溶解行为实验，由于环氧树脂在高温下固化反应速率很快，CO_2 在不同固化度的环氧树脂中的扩散系数很难测定。

基于此，凌轶杰等[51]研究了快速卸压发泡环氧树脂工艺中不同压力下 CO_2 扩散和固化反应的演变规律。通过分子动力学模拟对不同固化度的环氧树脂中 CO_2 扩散系数进行模拟，扩散系数的变化是温度、压力和固化度的综合结果。与大多数高分子聚合物不同，低固化度环氧树脂中的 CO_2 扩散系数随压力变化更为明显，这主要归因于 CO_2 分子进入聚合物链的障碍变小，扩散系数更容易受到静压的影响。较高的压力最初促进了 CO_2 的扩散，并对固化反应和 CO_2 扩散都有促进作用，但较快的固化反应迅速提高固化度，对 CO_2 扩散有不利影响，因此在固化反应后期，较高压力下的 CO_2 扩散速率低于低压下的扩散速率。反应初期对 CO_2 扩散的促进作用更为显著，反应后期则以高固化度的限制为主。

423 K 下，不同饱和压力、时间环氧树脂的泡孔形貌如图 7-15 所示，发泡结果表明，在低压下，虽然低 CO_2 浓度不能促进气泡生长，但低固化度的聚合物基体强度低导致大泡孔。泡孔大小随着压力增加而增加，而后随压力的进一步增加而减小。可以认为 CO_2 浓度与固化度之间存在关联。当压力从 14 MPa 增加到 18 MPa 时，聚合物中的 CO_2 浓度在发泡结果中占主导地位，促进了气泡的生长。随着压力的进一步增大，固化度再次主导发泡结果。虽然 CO_2 浓度也随压力的增加而增加，但高固化度仍然限制了气泡的生长。

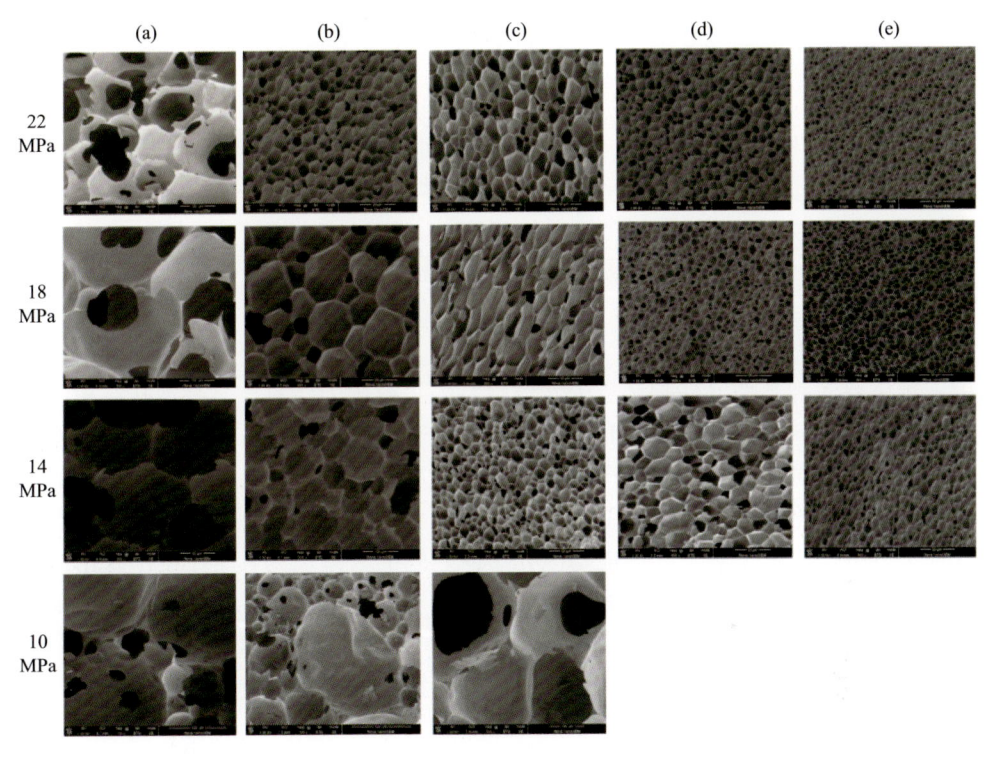

图 7-15　423 K 下，不同饱和压力、时间环氧树脂的泡孔形貌
(a) 70 min；(b) 80 min；(c) 90 min；(d) 100 min；(e) 110 min

由于高 CO_2 压力下固化反应与 CO_2 扩散的协同作用，将环氧树脂发泡行为分为如图 7-16 所示的三个区域：低固化度控制区域、固化反应和 CO_2 溶解扩散协同控制区域、高固化度控制区域。对于低压和短时间，低固化度占主导地位，气泡容易合并或破裂，并且泡孔很大或开孔。当压力和时间增加时，如在 423 K 下、10 MPa$<P<$22 MPa、80 min$<t<$100 min，环氧树脂的固化度与 CO_2 浓度存在适当的匹配度。在该区域，泡孔大小可以通过 CO_2 浓度和固化度共同控制。对于更高的压力和更长的时间，固化度再次占主导地位，高固化度控制区域的气泡增长有限。

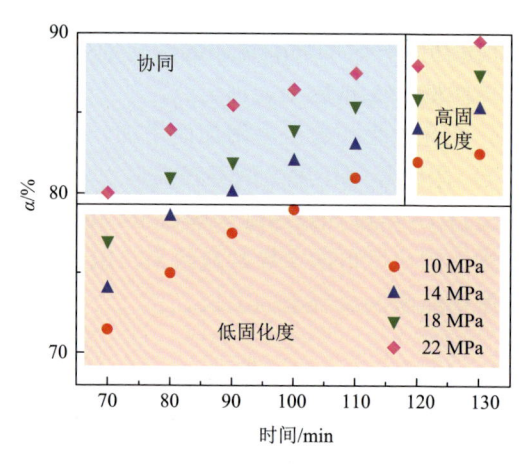

图 7-16　不同固化程度（α）和 CO_2 饱和时间对环氧树脂发泡行为影响的三个区域：低固化度区域、高固化度区域和协同区域[51]

7.3.4　不同泡孔形貌环氧树脂发泡材料的压缩性能

不同泡孔形貌的发泡材料一般具有不同的力学性能。高分子材料在实际应用中，难免要受到其他元件和环境中其他材料的负载压力，对于具有泡孔结构的环氧树脂泡孔材料来说，空心泡孔对其抗压能力有很大的改变。材料的抗压强度即压缩强度，是用来表征泡沫材料基本性能的最重要参数之一。

对 CO_2 发泡得到的不同形貌和不同泡孔尺寸的环氧树脂泡沫材料的压缩性能进行了分析，确定了其力学性能与泡孔形貌之间的关系，为具有不同泡孔形貌的环氧树脂发泡材料的实际应用提供依据。对于发泡聚合物来说，泡孔壁结构形成的支撑骨架对于抗压能力起到了决定性作用。不同固化度的样品，由于其交联程度的不同，其压缩强度也有所不同，样品的最终固化度越大其压缩性能越强。对于完全固化的样品，样品对应的参数及压缩性能见表 7-2。如图 7-17（a）所示，闭孔材料泡孔结构完整，分布均匀，压缩性能较强；图 7-17（b）的开孔结构中连

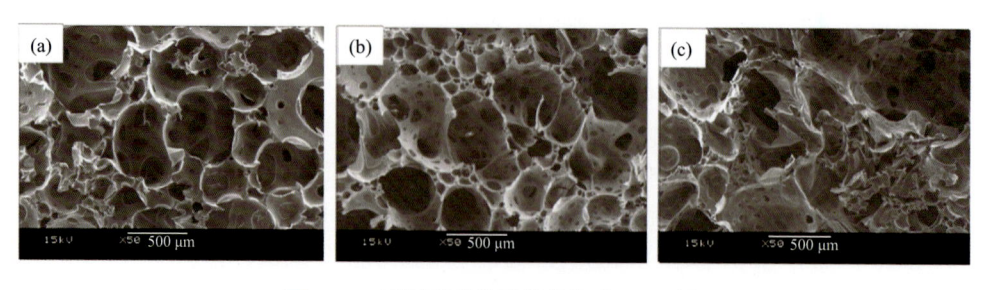

图 7-17　不同形貌的样品的泡孔 SEM 图
（a）闭孔；（b）开孔；（c）破裂

通的孔洞较多，支撑结构不完整，压缩能力较差；破裂的发泡结构如图 7-17（c）所示，支撑结构破损，压缩性能最差。而对于闭孔发泡材料，不同泡孔形貌的样品参数及压缩性能如表 7-3 所示，结果表明，压缩性能受到材料密度及泡孔尺寸共同影响，泡孔尺寸越小，泡孔壁结构越致密，压缩强度越高。而泡孔尺寸相同的发泡样品，泡孔密度会随着材料密度的增大而减小，压缩性能会随着泡孔总数的减少而出现小幅的降低。微米尺度的泡孔与双峰分布的发泡材料，由于小尺寸泡孔较为致密，其压缩性能大大提高。

表 7-2　不同泡孔形貌的样品参数及压缩性能[52]

	平均孔径/μm	密度/(g/cm^3)	压缩强度/MPa	压缩模量/MPa
闭孔	358.4±96.7	0.16±0.02	2.35±3.32	158.7±10.5
开孔	358.2±99.2	0.17±0.01	2.08±2.63	122.6±8.8
破裂	—	0.17±0.01	1.24±2.30	72.5±5.2

表 7-3　不同泡孔形貌的样品参数及压缩性能

平均孔径/μm	密度/(g/cm^3)	泡孔密度/(×10^5 /cm^3)	压缩强度/MPa	压缩模量/MPa
171.5±20.4	0.20	8.1	8.93±0.23	802.5±49.6
229.6±48.5	0.20	7.3	8.19±0.47	711.3±35.2
241.5±50.2	0.20	5.4	7.10±0.11	592.1±27.1
288.3±58.5	0.20	2.4	4.91±0.03	325.8±10.4
258.1±68.3	0.16±0.01	6.1	3.89±0.35	263.9±31.4
260.6±51.4	0.22±0.02	5.1	3.71±0.28	251.7±22.5
262.0±67.9	0.28±0.02	4.0	3.58±0.30	237.6±28.5
259.4±55.5	0.35±0.02	3.3	3.42±0.32	228.4±19.9

7.4　超临界 CO_2 发泡制备微孔硅橡胶

硅橡胶是指其主链由硅氧原子交替组成，且硅原子通常与两个有机基团相连的具有优异性能的最常用的合成橡胶之一[53, 54]。由于其具有柔软、稳定、无毒、优良的高耐热性、耐辐射性能、良好的电绝缘性和生物相容性等特点[55, 56]，常被应用于航空航天工业、微流体、柔性电子、医疗设备组织植入物和电绝缘体等领域[57, 58]。

硅橡胶硫化过程是硅橡胶加工的关键环节，硅橡胶材料的化学、物理和机械性能受硫化行为的显著影响[59]。硫化反应产生的交联网络会影响硅橡胶流变性能，硅橡胶在发泡过程中的硫化反应导致其分子量动态变化，影响了 CO_2 在体系中的溶解和扩散过程，进而影响超临界 CO_2 发泡硅橡胶过程及其制得的硅橡胶发泡材料的泡孔形貌。同时，不充分的硫化会导致泡孔的生长不受约束而发生泡孔聚并，硅橡胶基体在较高的硫化度下的交联网络会阻碍气泡的成核和生长。因此硫化反应过程与发泡过程两者必须合理匹配。然而，硫化反应和 CO_2 发泡过程很难同时调控，因此一般采用发泡和硫化反应分离实施的策略，即通过控制不同的硫化条件，首先，获得部分交联的硅橡胶；然后，该预硫化样品在低温高压 CO_2 下饱和、发泡；最后，对发泡样品进行后硫化，以稳定泡孔形貌并提高力学性能。

7.4.1 硅橡胶的升温发泡

在硅橡胶的升温发泡过程中，涉及预硫化、CO_2 饱和、气泡成核和生长、后硫化四个阶段。预硫化度可由反应温度和时间控制，CO_2 饱和期间的温度被控制在较低水平，以便较好地限制硫化反应的发生，预硫化硅橡胶样品中不同的 CO_2 含量可以通过改变 CO_2 饱和的压力和时间来调控；在气泡成核和生长过程中，CO_2 扩散和进一步的硫化反应同时发生，气泡成核是由温度升高引起的热力学不稳定而发生的，气泡在一定的高温下会继续增长一段时间；后硫化过程可以使得发泡样品中交联网络更加完整，以稳定泡孔形貌。因此，除了在高压 CO_2 饱和阶段，硅橡胶的硫化度持续增加。

随着预硫化度的增加，硅橡胶基体中的 CO_2 溶解量会显著下降，在预硫化度过高时，CO_2 溶解度低，形成的泡孔尺寸小。当预硫化度过低时，硅橡胶配方中的小分子在泄压过程中很容易随着 CO_2 一起被排出硅橡胶基体。随着硫化时间的增加发泡倍率和泡孔尺寸逐渐减小，硫化时间过长就不能形成很好的泡孔结构。因此，选择合适的预硫化度，才能形成较好的泡孔形貌。

虽然硅橡胶预硫化对其 CO_2 发泡行为的影响已有大量研究，但很少有研究涉及气泡成核和生长过程中的进一步硫化反应，CO_2 塑化对硫化反应的影响至今也很少受到关注。张天萍等以超临界 CO_2 为发泡剂，研究硅橡胶升温发泡过程中复杂的化学和物理变化对泡孔形貌的影响。研究结果为 CO_2 塑化与硫化在发泡硅橡胶过程中调节泡孔结构的耦合模式和效果提供了一定的思路[61]。

1. CO_2 塑化对硫化反应的影响

图 7-18（a）为预硫化硅橡胶样品在不同 CO_2 压力下饱和后的非等温 DSC 曲线，由图可知，随着 CO_2 饱和压力的提升，硅橡胶样品的放热峰面积减小，且进一步硫化反应的起始温度向高温区移动，这是由于 CO_2 的塑化作用改变了硅橡胶的流变特性，导致硫化反应推迟。

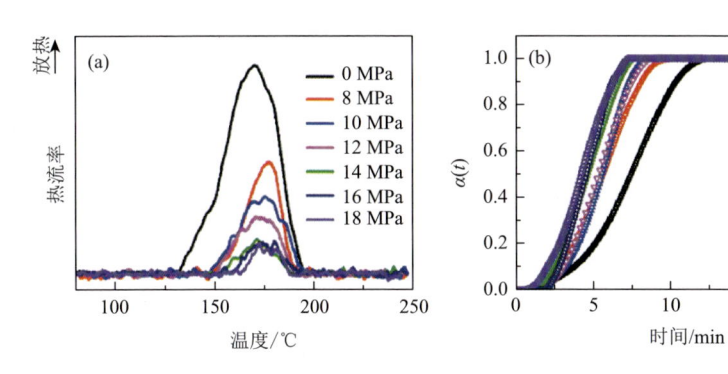

图 7-18　预硫化硅橡胶样品在不同压力下饱和后的（a）非等温 DSC 曲线和（b）相对转化率与硫化时间的关系

随着 CO_2 饱和压力的增加，CO_2 在硅橡胶基体中的溶解度增加，升温过程中 CO_2 从聚合物基体中的逸出量越多，CO_2 在此过程中吸收的热量也越多，这将导致硫化反应的放热峰面积减小。图 7-18（b）为 CO_2 塑化硅橡胶样品进一步硫化反应的相对转化率随时间变化的曲线，随着 CO_2 浓度的增加，聚合物基体中的自由体积增大，黏度降低，传质增强，从而加快了硫化反应速率，缩短了硫化时间，聚氨酯和环氧树脂体系中也有类似现象报道[19, 60]。当 CO_2 压力达到 14 MPa 后，体系静压会挤压聚合物基体的自由体积，硫化反应速率变化不大。

2. CO_2 饱和时间和压力对泡孔形貌的影响

随着 CO_2 饱和时间的增加，溶入硅橡胶基体内的 CO_2 含量增加。当硅橡胶样品在 CO_2 中饱和时间不足时，在较低溶解度下不能诱导泡孔成核并形成气泡；溶解到聚合物基体中的合适的 CO_2 含量会形成较好的泡孔形貌。在较长的 CO_2 饱和时间条件下，较好的 CO_2 塑化引起的较低的黏弹性，会导致气泡开始破裂和合并，泡孔尺寸增加，形成大泡孔，泡孔密度减小。

为研究 CO_2 饱和压力对硅橡胶发泡材料泡孔形貌的影响，固定预硫化的硅橡胶样品饱和温度为 35℃、CO_2 饱和时间为 120 min，CO_2 的饱和压力为 8~18 MPa，充分饱和后以 5℃/min 的加热速率升温至 170℃，在 170℃下发泡 60 min，发泡样品的泡孔形貌参数如图 7-19（b）所示。当饱和压力为 10 MPa 时，泡孔密度最大，为 $7.21×10^6$ 个/cm³，平均泡孔直径最小，为 51.6 μm。由于 CO_2 与硅橡胶之间具有良好的亲和性，CO_2 饱和压力越高，硅橡胶基体中溶解的 CO_2 含量越高[图 7-19（a）]，导致更多气泡成核。然而，当饱和压力为 14~18 MPa 时，较强的 CO_2 塑化引起的聚合物基体强度降低，气泡趋于合并，泡孔尺寸增大，泡孔密度由 $1.44×10^6$ 个/cm³ 降至 $4.00×10^5$ 个/cm³，泡孔尺寸由 124.7 μm 增加至 201.2 μm。

3. 升温发泡的温度和时间对泡孔形貌的影响

预硫化的样品在经历 CO_2 饱和和升温发泡后，将继续进行硫化过程，因此发

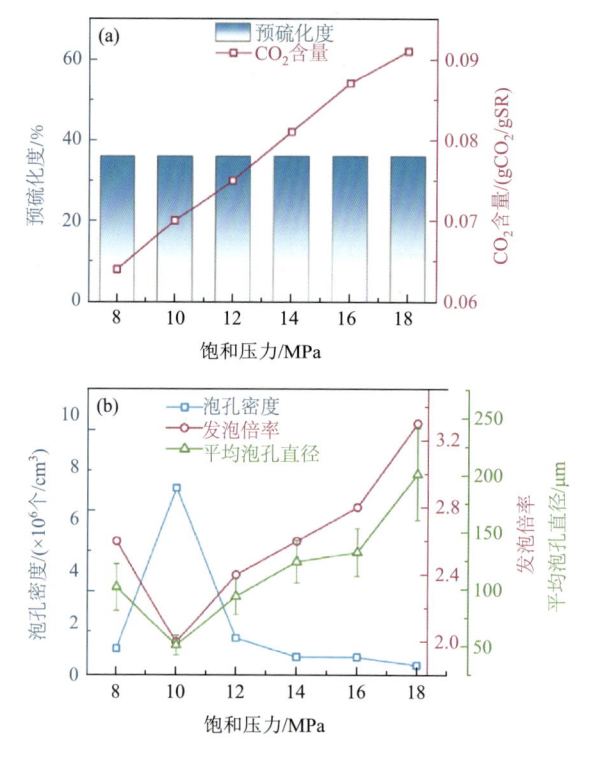

图 7-19 硫化度和 CO_2 含量（a），以及发泡样品泡孔参数（b）随 CO_2 饱和压力的变化规律

泡过程是硫化和发泡耦合的过程。当硅橡胶的发泡温度较低或发泡时间较短时，硅橡胶的硫化度较低是导致硅橡胶基体强度降低的主要因素，会出现更多的泡孔合并。随着进一步的硫化反应，橡胶的弹性模量和复合黏度增加，有利于聚合物发泡。

预硫化后的硅橡胶样品在压力为 10 MPa、温度为 35℃ 的 CO_2 中饱和 120 min，然后加热到 150～180℃ 发泡 60 min，在发泡阶段结束时测定了样品的硫化度，得到的硅橡胶发泡样品的泡孔形貌如图 7-20 所示。发泡温度为 150℃ 时，发泡后的硫化度不足，气泡生长过程中的聚合物基体强度不足以保持气泡的良好状态；当

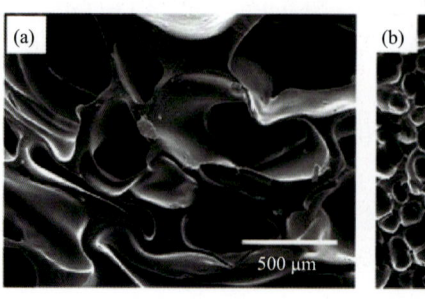

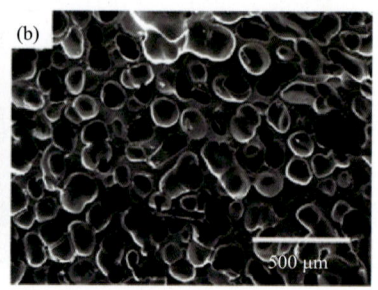

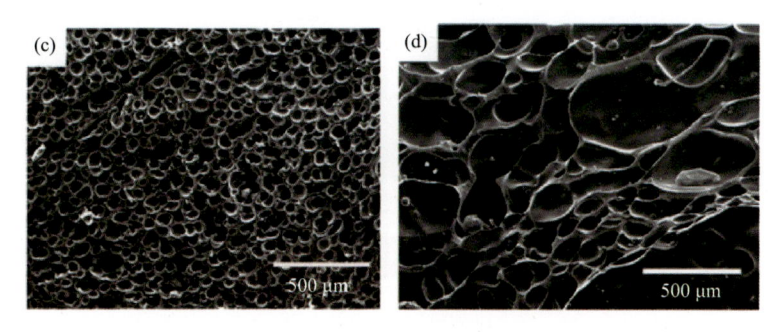

图 7-20 不同发泡温度下发泡样品的泡孔形貌

(a) 150℃；(b) 160℃；(c) 170℃；(d) 180℃

发泡温度为 160℃时，发泡后的硫化度升高，泡孔密度增加，泡孔尺寸减小；当发泡温度达到 170℃时，硫化反应速率增加，聚合物基体强度足以避免泡孔的合并，形成较小尺寸和较高泡孔密度的发泡材料；当发泡温度继续为 180℃时，硫化完全，产生较高的交联网络，限制了气体的溶解以及气泡的成核和生长，因此发泡倍率下降。

在 170℃下改变发泡时间，泡孔形貌如图 7-21 所示，当发泡时间从 20 min 增加到 60 min 时，发泡阶段结束时的硫化度增加，泡孔尺寸减小，泡孔密度增加。一方面，低硫化度时聚合物基体强度较低，导致泡孔合并较多；另一方面，高硫化度时交联网络较高，限制了气泡的生长。当发泡时间增加到 80 min 时，样品在发泡阶段结束时，硫化度达到 100%。由于硫化反应完全，泡孔生长充分，泡孔密度、平均泡孔直径和发泡倍率的变化较小，形貌参数基本保持不变。

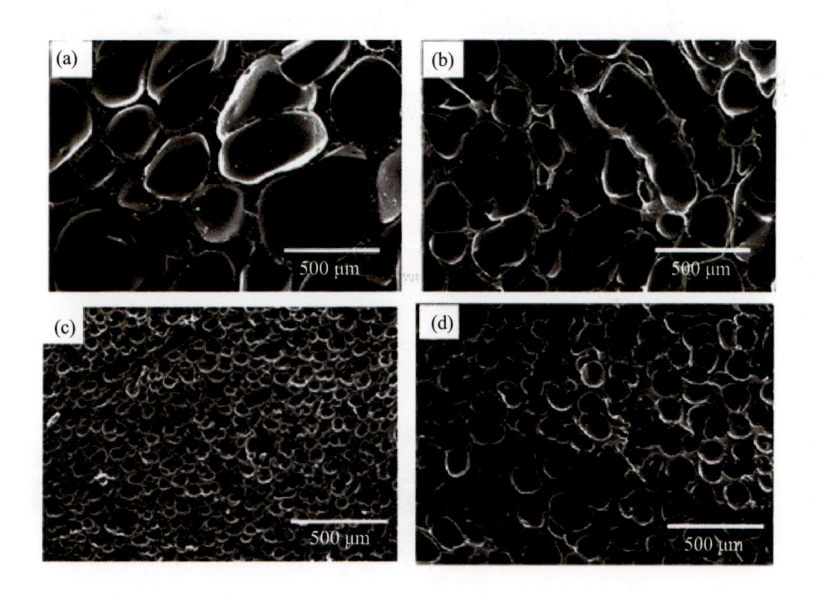

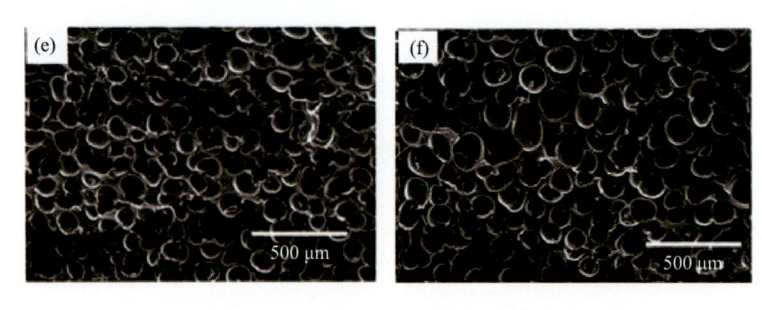

图 7-21　不同发泡时间下发泡样品的泡孔形貌

(a) 20 min；(b) 40 min；(c) 60 min；(d) 80 min；(e) 100 min；(f) 120 min

7.4.2　硅橡胶的快速降压发泡

降压发泡法的 CO_2 饱和过程是在高温下进行的，CO_2 的溶解扩散和硅橡胶的硫化反应同时进行。温度和压力共同影响硅橡胶的自由体积和 CO_2 在硅橡胶基体内的扩散系数；由于高温下硫化反应和 CO_2 溶解同时进行不易控制，发泡窗口较窄，往往较难形成均匀致密的泡孔结构，因此关于快速降压法制备硅橡胶发泡材料的研究鲜有报道。

1. 高压 CO_2 饱和时间、温度和压力对泡孔形貌的影响

以甲基乙烯基硅橡胶为基料、添加 25 phr（每 100 份橡胶的添加量）的气相白炭黑作为填料、4 phr 的羟基硅油作为结构控制剂和 1 phr 的过氧化二异丙苯（DCP）作为硫化剂，混合制备硅橡胶样品。混合后的样品在 110～140℃、16 MPa 的 CO_2 压力条件下饱和 10～60 min 后，进行快速降压发泡[62]。

当温度为 110℃时，随着饱和时间从 10 min 增加至 60 min，硅橡胶基体内的 CO_2 含量降低，硫化度增加。由于硫化反应速率较低，硅橡胶基体强度不足，会发生泡孔的合并和坍塌，形成了较大的泡孔（图 7-22）。在 120℃时，随着饱和时间的增加，硫化度从 13.3%逐渐升高至 46.8%，硅橡胶基体内的 CO_2 含量随饱和时间先增加后降低；130℃时，饱和 60 min 后，硅橡胶基体内的 CO_2 含量已低至无法测量。在同一温度下，随着时间的增加，硅橡胶基体内溶入的 CO_2 增加，但由于交联程度的增加，溶入基体内的 CO_2 从交联区域被排挤出，导致 CO_2 含量先增加后减少，随着温度的增加，硅橡胶的硫化速率增加，基体内更多的交联网络不仅限制了泡孔的生长，也阻碍了 CO_2 的溶解[63, 64]。

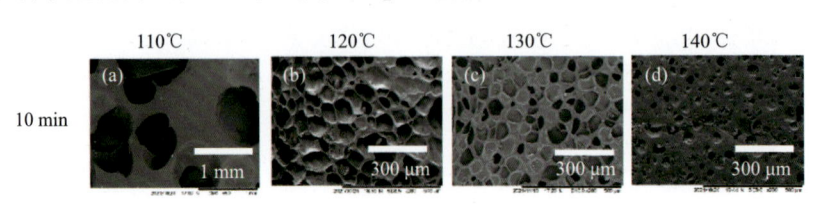

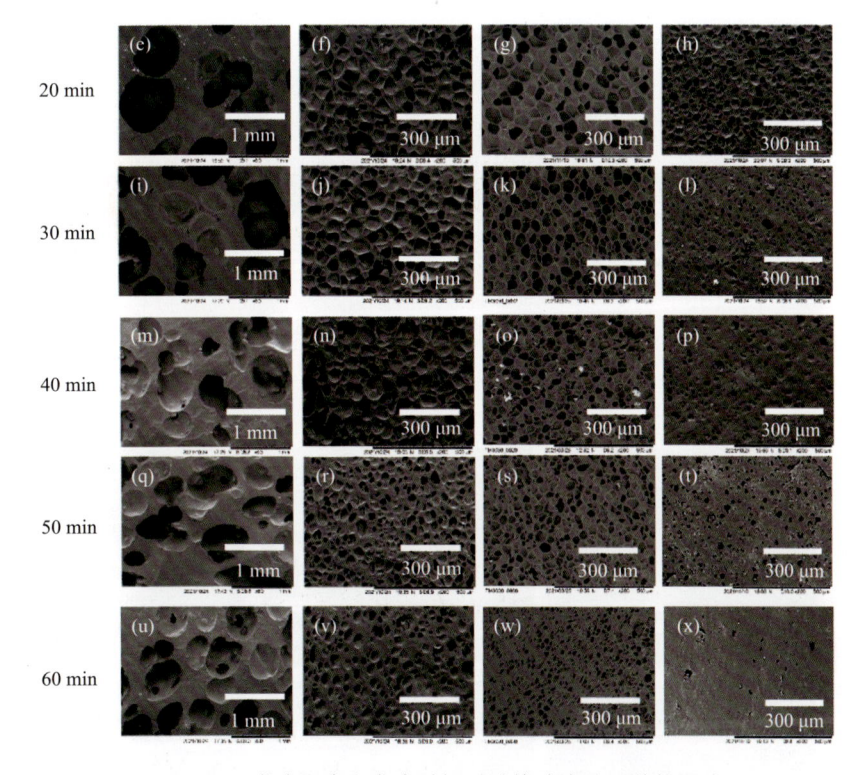

图 7-22　发泡温度和发泡时间对硅橡胶泡孔形貌的影响

较适宜的硫化度范围使硅橡胶基体具有足够的强度支持泡孔的生长，可以制备出均一、致密的球形密闭硅橡胶发泡材料。当温度为 140℃时，随着时间的增加，硫化度高达 60.5%，交联网络更为致密，严重限制了 CO_2 的溶解和扩散，硅橡胶基体内的 CO_2 浓度在饱和时间 40 min 时，已经低至无法测量。由于 CO_2 含量过低，不能提供足够的成核驱动力，硅橡胶中只有极少量的泡孔 [图 7-22（x）]。当发泡温度优化为 110～140℃，CO_2 饱和压力优化为 8～18 MPa，可以得到平均泡孔直径为 13.9～646.4 μm，泡孔密度为 $1.0×10^4$～$7.9×10^7$ 个/cm^3 的硅橡胶发泡样品。

在高温高压下，CO_2 的溶解和硫化反应同时进行，对于较短的时间和较低的温度，硫化度低占主要因素，在这过程中，泡孔容易合并和破裂，泡孔尺寸大；在 CO_2 的饱和压力为 16 MPa、温度为 120～130℃、时间为 20～50 min 时，硅橡胶的硫化度和 CO_2 的塑化作用有较好的匹配关系，使泡孔形貌良好的合适硫化度范围为 19.8%～48.2%。对于较长的时间和较高的温度，过高的交联程度导致 CO_2 溶入硅橡胶基体内较为困难，无法形成发泡材料。

2. CO_2 饱和压力和泄压速率对泡孔形貌的影响

将硅橡胶样品在 120～130℃，CO_2 压力为 8～18 MPa 下饱和 30 min，进行快

速降压发泡。由于 CO_2 与硅橡胶具有良好的亲和性，CO_2 饱和压力越高，硅橡胶基体中溶解 CO_2 含量越高；饱和压力高时，硫化度有明显提升。

根据经典的成核理论，较高的 CO_2 饱和压力会带来更大的气体溶解度和更高的泡孔成核速率[65, 66]。然而研究发现，在较高的 CO_2 饱和压力下，泡孔的成核密度下降。如图 7-23（b）和（d）所示，在 120℃时，随着饱和压力的增加，硅橡胶发泡材料的泡孔密度从 $7.98×10^6$ 个/cm³ 增加到 $4.25×10^7$ 个/cm³ 再降至 $1.64×10^6$ 个/cm³。在 130℃时，随着饱和压力的增加，硅橡胶发泡材料的泡孔密度从 $1.66×10^7$ 个/cm³ 增加到 $7.92×10^7$ 个/cm³ 再降至 $3.86×10^7$ 个/cm³；在饱和压力超过 16 MPa 时，硅橡胶的泡孔尺寸和发泡材料密度趋于稳定。

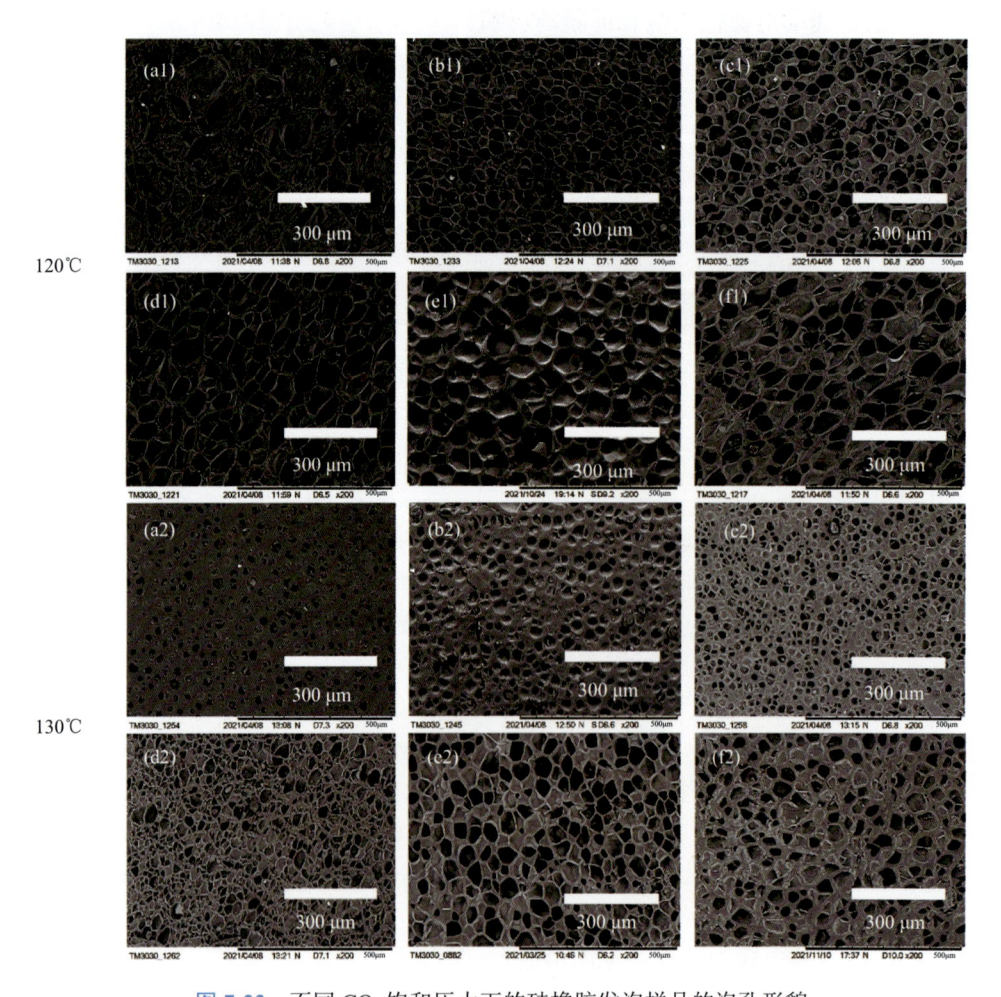

图 7-23　不同 CO_2 饱和压力下的硅橡胶发泡样品的泡孔形貌
（a）8 MPa；（b）10 MPa；（c）12 MPa；（d）14 MPa；（e）16 MPa；（f）18 MPa

当饱和压力为 8~10 MPa 时，随着饱和压力的增加，CO_2 溶解度增加，泡孔密度增加，符合经典成核理论。当饱和压力超过 12 MPa 时，硅橡胶发泡材料的泡孔密度下降，这是由于 CO_2 饱和压力的增加，更多的 CO_2 扩散到硅橡胶基体中，大大增加了硅橡胶分子链的流动性，打破了气相白炭黑和硅橡胶之间的相互作用。简而言之，CO_2 的塑化作用促进了硫化反应，同时随着 CO_2 溶解量的增加，硅橡胶有足够的强度来支持泡孔的生长，CO_2 的塑化作用降低了硅橡胶基体的黏弹性，因此泡孔尺寸增加，泡孔密度降低，形成了相对均匀和致密的球形闭孔的硅橡胶发泡材料。当体系压力超过 16 MPa 时，CO_2 浓度对于硅橡胶的硫化度影响较小，泡孔形貌变化趋于稳定。

3. 泄压速率对硅橡胶泡孔形貌的影响

图 7-24 为不同泄压速率硅橡胶发泡材料的泡孔形貌图，制备硅橡胶发泡材料的条件为 CO_2 在 120℃、16 MPa 下，样品饱和 30 min。泄压速率由 5.8 MPa/s 增加至 76.1 MPa/s，发泡倍率由 1.6 增加至 3.0，泡孔尺寸由 259.4 μm 减小至 40.8 μm，泡孔密度从 3.0×10^4 个/cm³ 增加到 1.42×10^7 个/cm³。泄压速率的提高将导致泄压

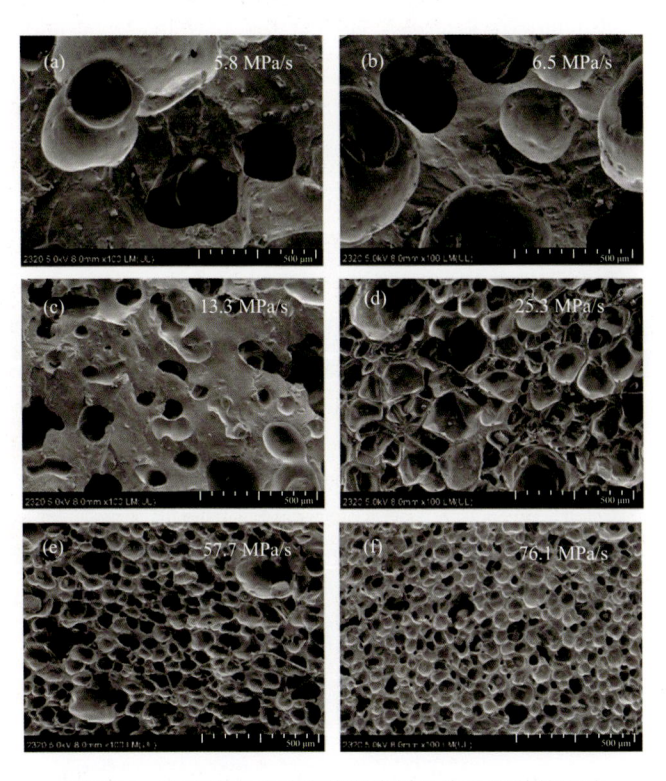

图 7-24 泄压速率对硅橡胶发泡样品泡孔形貌的影响
（a）5.8 MPa/s；（b）6.5 MPa/s；（c）13.3 MPa/s；（d）25.3 MPa/s；（e）57.7 MPa/s；（f）76.1 MPa/s

时 CO_2 的过饱和度提高，从经典的成核理论中得知[67]，随着饱和压力增加，泡孔成核的自由能减小，这有利于泡孔的成核，由此可知，在泄压过程中，更多溶解的 CO_2 被用于泡孔成核而不是泡孔生长，导致泡孔成核密度增加，泡孔的尺寸减小[31, 68]。随着泄压速率持续增加，硅橡胶发泡材料的各项参数变化趋势变缓。

总体而言，对于快速降压发泡体系，严格把控每个阶段的硫化度是制备硅橡胶发泡材料的关键因素，硅橡胶交联反应对于温度极其敏感，因此控制发泡温度尤为重要。

7.5 本章小结

热固性聚合物的超临界 CO_2 发泡过程，通常存在预固化、发泡、后固化等不同阶段，也可以是固化和 CO_2 饱和同时发生的过程。饱和过程中耦合固化反应，导致体系分子量动态变化，影响了 CO_2 在体系中的溶解和扩散过程，影响 CO_2 塑化作用和体系黏弹性，最终影响了聚合物的发泡过程和泡孔形貌。

高温高压条件下的固化反应受多种因素影响，实验难以简单确定温度、压力和聚合物分子量对 CO_2 扩散的影响，可以通过模拟和实验结合研究超临界 CO_2 与不同分子量/固化度聚合物体系的复杂相互作用和相关性质，为在微观层面理解超临界 CO_2 发泡热固性聚合物提供理论指导。

本章为超临界 CO_2 发泡制备热固性聚合物微孔材料以及应用性能构建提供了参考。目前，对于热固性聚合物的超临界 CO_2 发泡过程仍处于实验室研究阶段，对于其工程放大和应用性能研究需要进一步深入研究。

参 考 文 献

[1] Engels H W，Pirkl H G，Albers R，et al. Polyurethanes：Versatile materials and sustainable problem solvers for today's challenges[J]. Angewandte Chemie International Edition，2013，52（36）：9422-9441.

[2] Randall D，Lee S. The Polyurethanes Book[M]. Hoboken：John Wiley & Sons Inc，2002.

[3] Radovich D A，Steppan D D，Spitler K G，et al. Method and apparatus for the production of essentially void free foams: U.S. Patent 6034147 [P]. 2000-3-7.

[4] 翁汉元. 聚氨酯工业发展状况和技术进展[J]. 化学推进剂与高分子材料，2008，6（1）：1-7.

[5] 翁汉元. 聚氨酯工业的最近发展[J]. 化学推进剂与高分子材料，2003，19（1）：8-13.

[6] 方禹声，朱吕民等. 聚氨酯泡沫塑料[M]. 2 版. 北京：化学工业出版社，1994.

[7] Ogi D，Kumar R，Gandhi K. Water blown free rise polyurethane foams[J]. Polymer Engineering & Science，1999，39（1）：199-209.

[8] Raveendran P，Ikushima Y，Wallen S L. Polar attributes of supercritical carbon dioxide[J]. Accounts of Chemical Research，2005，38（6）：478-485.

[9] 徐阳. 含 PEO 的嵌段共聚物 CO_2 发泡行为及其应用研究[D]. 上海：华东理工大学，2015.

[10] Hu D, Yan L, Liu T, et al. Solubility and diffusion behavior of compressed CO_2 in polyurethane oligomer[J]. Journal of Applied Polymer Science, 2019, 136 (8): 47100.

[11] Bjelovic Z, Ristic I S, Budinski-Simendic J, et al. Investigation of formation kinetics of polyurethanes based on different types of diisocyanates and castor oil[J]. Hemijska Industrija, 2012, 66 (6): 841-851.

[12] Sankar G, Nasar A S. Cure-reaction kinetics of amine-blocked polyisacyanates with alcohol using hot-stage fourier transform infrared spectroscopy[J]. Journal of Applied Polymer Science, 2008, 109 (2): 1168-1176.

[13] d'Arlas B F, Rueda L, Stefani P M, et al. Kinetic and thermodynamic studies of the formation of a polyurethane based on 1, 6-hexamethylene diisocyanate and poly(carbonate-*co*-ester) diol[J]. Thermochimica Acta, 2007, 459 (1-2): 94-103.

[14] Lucio B, de la Fuente J L. Rheokinetic analysis on the formation of metallo-polyurethanes based on hydroxyl-terminated polybutadiene[J]. European Polymer Journal, 2014, 50: 117-126.

[15] Papadopoulos E, Ginic-Markovic M, Clarke S. A thermal and rheological investigation during the complex cure of a two-component thermoset polyurethane[J]. Journal of Applied Polymer Science, 2009, 114 (6): 3802-3810.

[16] Xiong X, Ren R, Liu S, et al. The curing kinetics and thermal properties of epoxy resins cured by aromatic diamine with hetero-cyclic side chain structure[J]. Thermochimica Acta, 2014, 595: 22-27.

[17] Debakker C J, George G A, John N A S, et al. The kinetics of the cure of an advanced epoxy resin by Fourier transform Raman and near-IR spectroscopy[J]. Spectrochimica Acta Part A Molecular Spectroscopy, 1993, 49 (5-6): 739-752.

[18] Vyazovkin S, Chrissafis K, Di Lorenzo M L, et al. ICTAC Kinetics Committee recommendations for collecting experimental thermal analysis data for kinetic computations[J]. Thermochimica Acta, 2014, 590: 1-23.

[19] 杨泽, 胡冬冬, 刘涛, 等. 高压气体氛围中的聚氨酯非等温固化动力学[J]. 化工学报, 2018, 69 (11): 4728-4736.

[20] Kissinger H E. Reaction kinetics in differential thermal analysis[J]. Analytical Chemistry, 1957, 29 (11): 1702-1706.

[21] 周晨, 杨泽, 许志美, 等. 高压二氧化碳强化的聚氨酯等温固化反应[J]. 化学反应工程与工艺, 2018, 34 (4): 334-341.

[22] Parks K L, Beckman E J. Generation of microcellular polyurethane foams via polymerization in carbon dioxide. II: Foam formation and characterization[J]. Polymer Engineering & Science, 1996, 36 (19): 2417-2431.

[23] Parks K L, Beckman E J. Generation of microcellular polyurethane foams via polymerization in carbon dioxide. I: Phase behavior of polyurethane precursors[J]. Polymer Engineering & Science, 1996, 36 (19): 2404-2416.

[24] Hopmann C, Latz S. Foaming technology using gas counter pressure to improve the flexibility of foams by using high amounts of CO_2 as a blowing agent[J]. Polymer, 2015, 56: 29-36.

[25] Saint-Michel F, Chazeau L, Cavaillé J Y, et al. Mechanical properties of high density polyurethane foams: I. Effect of the density[J]. Composites Science and Technology, 2006, 66 (15): 2700-2708.

[26] Saint-Michel F, Chazeau L, Cavaillé J Y. Mechanical properties of high density polyurethane foams: II. Effect of the filler size[J]. Composites Science and Technology, 2006, 66 (15): 2709-2718.

[27] Choe K H, Lee D S, Seo W J, et al. Properties of rigid polyurethane foams with blowing agents and catalysts[J]. Polymer Journal, 2004, 36 (5): 368-373.

[28] Kim C, Youn J R. Environmentally friendly processing of polyurethane foam for thermal insulation[J]. Polymer Plastics Technology and Engineering, 2000, 39 (1): 163-185.

[29] Park H, Youn J. Processing of cellular polyurethane by ultrasonic excitation[J]. Journal of Manufacturing Science and Engineering, 1992, 114 (3): 323-328.

[30] Yang Z, Liu T, Hu D, et al. Foaming window for preparation of microcellular rigid polyurethanes using

[30] supercritical carbon dioxide as blowing agent[J]. The Journal of Supercritical Fluids, 2019, 147: 254-262.

[31] Yang Z, Hu D, Liu T, et al. Strategy for preparation of microcellular rigid polyurethane foams with uniform fine cells and high expansion ratio using supercritical CO_2 as blowing agent[J]. The Journal of Supercritical Fluids, 2019, 153 (104601): 1-8.

[32] Yang Z, Hu D, Liu T, et al. Effect of the properties of polyether polyol on sorption behaviour and interfacial tension of polyol/CO_2 solutions under high pressure condition[J]. The Journal of Chemical Thermodynamics, 2019, 133, 29-36.

[33] Kinyanjui J M, Hatchett, David W. Thermally induced changes in the chemical and mechanical properties of epoxy foam[J]. Journal of Cellular Plastics, 2010, 46 (6): 531-549.

[34] Šesták J, Berggren G. Study of the kinetics of the mechanism of solid-state reactions at increasing temperatures[J]. Thermochimica Acta, 1971, 3 (1): 1-12.

[35] Vyazovkin S, Burnham A K, Criado J M, et al. ICTAC Kinetics Committee recommendations for performing kinetic computations on thermal analysis data[J]. Thermochimica Acta, 2011, 520 (1-2): 1-19.

[36] Roudsari G M, Mohanty A K, Misra M. Study of the curing kinetics of epoxy resins with biobased hardener and epoxidized soybean oil[J]. Acs Sustainable Chemistry & Engineering, 2014, 2 (9): 2111-2116.

[37] Sun H, Liu Y, Wang Y, et al. Curing behavior of epoxy resins in two-stage curing process by non-isothermal differential scanning calorimetry kinetics method[J]. Journal of Applied Polymer Science, 2014, 131 (17): 1-8.

[38] Xiong X, Zhou L, Ren R, et al. The thermal decomposition behavior and kinetics of epoxy resins cured with a novel phthalide-containing aromatic diamine[J]. Polymer Testing, 2018, 68: 46-52.

[39] Koga N, Vyazovkin S, Burnham A K, et al. ICTAC Kinetics Committee recommendations for analysis of thermal decomposition kinetics[J]. Thermochimica Acta, 2023, 719: 179384.

[40] Horie K, Hiura H, Sawada M, et al. Calorimetric investigation of polymerization reactions. III. Curing reaction of epoxides with amines[J]. Journal of Polymer Science Part A-1: Polymer Chemistry, 1970, 8 (6): 1357-1372.

[41] Markovic S, Dunjic B, Zlatanic A, et al. Dynamic mechanical analysis study of the curing of phenol-formaldehyde novolac resins[J]. Journal of Applied Polymer Science, 2001, 81 (8): 1902-1913.

[42] Kamal M R. Thermoset characterization for moldability analysis[J]. Polymer Engineering & Science, 1974, 14 (3): 231-239.

[43] Fan M, Li X, Zhang J, et al. Curing kinetics and shape-memory behavior of an intrinsically toughened epoxy resin system[J]. Journal of Thermal Analysis and Calorimetry, 2015, 119 (1): 537-546.

[44] Domínguez J C, Alonso M V, Oliet M, et al. Kinetic study of a phenolic-novolac resin curing process by rheological and DSC analysis[J]. Thermochimica Acta, 2010, 498 (2): 39-44.

[45] Lyu J, Liu T, Xi Z, et al. Effect of pre-curing process on epoxy resin foaming using carbon dioxide as blowing agent[J]. Journal of Cellular Plastics, 2017, 53 (2): 181-197.

[46] Wise C W, Cook W D, Goodwin A A. Chemico-diffusion kinetics of model epoxy-amine resins[J]. Polymer, 1997, 38 (13): 3251-3261.

[47] Rabinowitch E. Collision, co-ordination, diffusion and reaction velocity in condensed systems[J]. Transactions of the Faraday Society, 1937, 33: 1225-1233.

[48] Chern C S, Poehlein G W. A kinetic model for curing reactions of epoxides with amines[J]. Polymer Engineering & Science, 1987, 27 (11): 788-795.

[49] Ito A, Semba T, Taki K, et al. Effect of the molecular weight between crosslinks of thermally cured epoxy resins on the CO_2 bubble nucleation in a batch physical foaming process[J]. Journal of Applied Polymer Science, 2014,

131（12）：1-8.

[50] Lyu J，Liu T，Xi Z，et al. Cell characteristics of epoxy resin foamed by step temperature-rising process using supercritical carbon dioxide as blowing agent[J]. Journal of Cellular Plastics，2018，54（2）：359-377.

[51] Ling Y，Yao S，Chen Y，et al. Synergetic effect between curing reaction and CO_2 diffusion for microcellular epoxy foam preparation in supercritical CO_2[J]. The Journal of Supercritical Fluids，2022，180：105424.

[52] 胡冬冬，吕佳逊，刘涛，等. 泡孔结构形貌对环氧树脂发泡材料抗压性能的影响[J]. 高分子材料科学与工程，2018，34（7）：60-65.

[53] 黎星，邵亮，李晓强，等. 硅橡胶发泡材料的泡孔结构调控及其性能[J]. 陕西科技大学学报，2021，39（2）：93-99.

[54] 孙豪，张家平，汤琦，等. 结构化控制剂种类及配比对硅橡胶性能的影响[J]. 合成橡胶工业，2021，44（6）：481-487.

[55] Liu J，Yao Y，Chen S，et al. A new nanoparticle-reinforced silicone rubber composite integrating high strength and strong adhesion[J]. Composites Part A：Applied Science and Manufacturing，2021，151（106645）：1-9.

[56] Shang S，Gan L，Yuen M C，et al. Carbon nanotubes based high temperature vulcanized silicone rubber nanocomposite with excellent elasticity and electrical properties[J]. Composites Part A：Applied Science and Manufacturing，2014，66：135-141.

[57] Namitha L K，Ananthakumar S，Sebastian M T. Aluminum nitride filled flexible silicone rubber composites for microwave substrate applications[J]. Journal of Materials Science：Materials in Electronics，2015，26（2）：891-897.

[58] Zhang H，Lin Y，Zhang D，et al. Graphene nanosheet/silicone composite with enhanced thermal conductivity and its application in heat dissipation of high-power light-emitting diodes[J]. Current Applied Physics，2016，16（12）：1695-1702.

[59] Hong I K，Lee S. Cure kinetics and modeling the reaction of silicone rubber[J]. Journal of Industrial and Engineering Chemistry，2013，19（1）：42-47.

[60] Lyu J，Hu D，Liu T，et al. Non-isothermal kinetics of epoxy resin curing reaction under compressed CO_2[J]. Journal of Thermal Analysis and Calorimetry，2017，131（2）：1499-1507.

[61] Zhang T，Yao S，Wang L，et al. Effect of vulcanization and CO_2 plasticization on cell morphology of silicone rubber in temperature rise foaming process[J]. Polymers，2021，13（19）：3384.

[62] Zhang T，Yao S，Wang L，et al. Key factors for regulation of cell morphology in supercritical CO_2 direct rapid depressurization foaming silicone rubber process[J]. The Journal of Supercritical Fluids，2023，202：106036.

[63] Song L，Lu A，Feng P，et al. Preparation of silicone rubber foam using supercritical carbon dioxide[J]. Materials Letters，2014，121：126-128.

[64] Ariff Z，Zakaria Z，Tay L，et al. Effect of foaming temperature and rubber grades on properties of natural rubber foams[J]. Journal of Applied Polymer Science，2008，107（4）：2531-2538.

[65] Zhang J，Han B，Li J，et al. Carbon dioxide in ionic liquid microemulsions[J]. Angewandte Chemie International Edition，2011，50（42）：9911-9915.

[66] Tuminello W，Dee G，McHugh M，et al. Dissolving perfluoropolymers in supercritical carbon dioxide[J]. Macromolecules，1995，28（5）：1506-1510.

[67] 周洪福，王向东. 热塑性聚合物改性及其发泡材料[M]. 北京：化学工业出版社，2020.

[68] Okolieocha C，Raps D，Subramaniam K，et al. Microcellular to nanocellular polymer foams：Progress（2004-2015）and future directions-A review[J]. European Polymer Journal，2015，73：500-519.

结 束 语

自1930年EPS商业化以来,聚合物的物理发泡技术已经更新迭代了近100年。然而,由于传统物理发泡使用氟利昂或烷烃,对环境和安全造成了严重的污染和危害,因此,基于CO_2或N_2的超临界流体物理发泡技术由于其绿色环保、安全无毒的特点展现出极大的应用潜力。

目前,超临界流体物理发泡技术已经实现了釜压发泡、模压发泡、挤出发泡、注塑发泡等众多产业化应用技术,从而可以制得发泡珠粒、发泡板材、发泡薄膜、发泡异型材等诸多产品,这使得超临界流体物理发泡技术在聚合物发泡材料的研发和产业化表现出极大的学术研究价值和产业化应用价值。本书通过总结归纳作者团队近二十年来的研究工作、研究同行的部分工作以及产业界的发展状况,较为系统地阐述了超临界流体物理发泡聚合物材料中的基本问题与产业化技术,包括超临界流体与聚合物的相互作用、超临界流体发泡聚合物行为的调控手段、超临界流体间歇发泡技术、超临界流体微孔注塑发泡技术、超临界流体挤出发泡技术以及超临界流体中反应与发泡耦合过程。

超临界流体物理发泡技术的工艺参数相对易于控制、生产设备相对便于设计,与其他发泡技术相比更容易进行工业化放大。然而,在超临界流体物理发泡技术的工业化放大过程中,仍然存在几类需要改进或解决的问题。

(1)各类超临界流体物理发泡技术尽管具有相似的发泡机理,但其对聚合物原料的需求却不尽相同,此外,目前针对超临界流体物理发泡技术开发的发泡专用原料十分有限,绝大部分情况下都是在已有牌号中寻找是否有适合超临界流体发泡的原料,因此,需要针对具体发泡工艺,开发超临界流体物理发泡专用原料。

(2)需要进一步研究和阐明聚合物发泡材料的结构性能关系,包括聚合物的分子结构、聚集态结构、泡孔结构等对发泡材料的弯曲性能、拉伸性能、回弹性能、压缩性能、尺寸稳定性等的影响。

(3)针对间歇发泡存在的过程效率较低/批次稳定性较差,注塑发泡存在的发泡倍率较低、挤出发泡存在的产品性能较差等问题,从创新工艺策略开发、高效装备设计等方面，持续优化强化现有发泡技术，形成具有优异性能的产品体系以及高效发泡技术。

（4）开发超临界流体物理发泡的创新工艺技术，采用微波场、超声场等外场辅助强化发泡过程，通过异型器件的一体化成型，建立发泡材料可循环利用加工方法，降低过程能耗、提高过程综合效率，提升产品性能，制备具有优异性能的聚合物发泡材料。

此外，在过去的十多年中，超临界流体物理发泡技术在国内外的市场应用需求牵引下蓬勃发展，市场应用研究、应用基础研究、材料功能化研究受到越来越多的重视。结合我国政策导向以及现有研究基础，有以下几类功能化发泡材料具有研究前景。

（1）高性能化学机械抛光（CMP）发泡材料：高硬度弹性体发泡材料具有出色的耐磨性、耐热性以及尺寸稳定性，在CMP中可以保持抛光过程的平稳和表面不变形，其表面沟槽与微孔结构可以储存、输送抛光液，排出废物以及保证化学腐蚀，实现晶圆表面的全局平坦化。

（2）低介电特性高频高速印制电路板（PCB）基质材料：通过超临界流体发泡可以在聚合物基体中引入空气，从而实现具有超低介电常数及介电损耗的发泡材料制备，这些特性使其可以满足高频高速通信领域的应用需求，实现高频信号传输过程中的高效与稳定。

（3）红外隐身材料：通过泡孔结构的调控可实现红外信号波的反射耗散以及优秀的低热导率，达到优异的红外隐身效果，可应用于军工及热防护等领域。

（4）电磁屏蔽材料：利用电磁波在泡孔中的多次界面反射与散射及界面极化等实现了超宽吸收带以及超强吸波能力，从而展现出出色的电磁屏蔽性能。

（5）组织引导再生材料：通过超临界流体发泡可一步制备具有双层孔结构的组织引导再生材料，小孔层能有效防止上皮细胞进入骨缺损位置为骨组织生长提供空间，大孔层引入微/纳米填料可以调控降解微环境，促进成骨。

（6）柔性传感材料：利用热塑性弹性体材料发泡后极其软弹的特点，可制备具有高灵敏度的先进柔性传感器，进而对微弱信号（如脉搏、喉结振动等）进行有效识别与检测。

（7）高性能化发泡材料：具有高耐温、高强度的特种工程塑料能够在航空航天、军工、极端环境中应用，并长期保持良好的性能，有望实现我国在这些领域的创新突破。

（8）具有信号增益效果的透镜天线：超临界流体梯度发泡技术具有材料轻量化、过程可控化等优点，可以通过梯度发泡构筑聚合物基体内部的不均匀物理场，从而实现发泡材料内部的连续性介电分布，制备具有信号增益效果的透镜天线。

超临界流体物理发泡技术可以突破传统化学发泡的技术限制，用于制备密度更低、性能更优的高性能发泡材料。目前，超临界流体物理发泡技术已经在军工、航空航天、新能源电池、高频高速通信、高端消费品等诸多领域实现了创新应用，为我国行业企业转型升级的发展需求提供了有力保障。这一新兴技术已经得到国内外企业、终端用户的高度关注，其必将成为聚合物发泡材料领域的重要发展方向。

关键词索引

B

变模温辅助微孔注塑发泡............146
变压饱和....................................113

C

超临界流体................................... 1
尺寸稳定性................................... 5
长链支化....................................... 6

F

反应挤出改性..............................187

G

高熔体强度聚丙烯......................169
高熔体强度聚酰胺-6 200
高熔体强度聚酯..........................184
格子流体模型.............................. 16
固化反应....................................... 9
固态发泡....................................... 5

H

化学发泡....................................... 1
混合发泡剂.................................. 41

J

降压发泡....................................... 6

解吸扩散速率.............................. 21
聚氨酯泡沫................................215

K

开合模辅助微孔注塑发泡............146
抗收缩策略.................................. 41
可视化辅助微孔注塑发泡............149
扩链... 32

L

拉伸流变....................................178
拉伸硬化..................................... 73
连续挤出发泡............................... 4

M

模压发泡....................................... 4

N

能量损失率................................128

Q

气泡壁演化.................................. 73
气泡聚并..................................... 76

R

热固性聚合物发泡......................... 9

热塑性聚合物发泡 9
熔融发泡 5

S

升温发泡 6
塑化作用 5

W

微孔注塑发泡 4
微孔注塑发泡模拟 154
微孔注塑化学发泡 157

X

型腔反压辅助微孔注塑发泡 146

Y

压缩弹性模量 118
诱导晶型转变 34
预固化 9
预硫化 38
原位聚合改性 151

Z

珠粒发泡 4